JN232743

無線通信と
ディジタル変復調技術

変復調の基礎／スペクトル拡散通信／CDMA, OFDM, UWB

RF DESIGN SERIES

石井 聡 [著]
Satoru Ishii

CQ出版社

はじめに

　現代の無線通信は，ほとんどがディジタル伝送方式です．ディジタル化の流れはとどまるところを知りません．そしてそのほぼすべてに，高度かつ複雑な（数年前には名前さえ聞かなかったような）ディジタル変復調技術が採用されています．

　たとえ無線通信機器の設計までを手がけなくとも，無線通信機器を扱ったり周辺を設計するには，これら最新の変復調技術の基礎的なしくみの理解が必須です．

　この高度に複雑化した最新のディジタル変復調技術でさえも，実は，その基本と本質は，旧来の方式の延長線上にあります．基本がわかれば，その延長で複雑な方式もかならず理解することができるでしょう．

　そこで本書は，ディジタル変復調技術の基本中の基本から最新の技術まで，基本と本質を重視し，従来にはなかったほど仔細にわたって，懇切丁寧に説明するよう構成しました．従来なら数式でさらりと説明されているようなことも，丹念に，かつわかりやすく，導入から詳細まで解説しています．

　本書は，現場技術者や，営業技術，生産技術に携わる方を対象に，ディジタル変復調技術のしくみを，とことんわかりやすく解説しました．また，これから無線通信技術を学ぼうとしている学生の方も，ほかの学術書とは異なる切り口の本書で，違う視点をもって研究に入ることができると思います．

　さらに全体にちりばめられた息抜の話題で，硬い内容の途中休憩に，また私自らについてや，研究開発に対しての考え方を理解していただければ幸いです．

　最後になりましたが，今回，この機会を与えていただいたCQ出版株式会社の蒲生良治社長，本書の編集ご担当である今一義氏，エレクトロニクス・セミナ事務局の川尻敏美氏，それぞれの方々には多大なるお世話をいただきましたことに深くお礼を申し上げます．

　また，私の社会人博士課程の指導教官であり，その前から，そして今は研究室OBとしてさらに公私共々，たいへんお世話になっております，横浜国立大学大学院教授の河野隆二先生にも，この本を執筆する大きな力を与えていただいたことも含めて，この場をかりて深くお礼を申し上げます．

2005年7月　石井　聡

無線通信とディジタル変復調技術

目次

第1章 身の回りのディジタル無線通信，そのわけ —— 017

- **1-1** 身の回りで使っている無線通信システムのなかに —— 017
- **1-2** 有限な資源「電波」—— 018
  - 電波資源の定義 018
  - ひしめき合う周波数資源をより有効に活用する 019
- **1-3** なぜディジタルで伝送するのか —— 020
  - SN比の関係 020
  - 伝送に必要な帯域幅は伝送速度に比例する 022
  - データ圧縮技術の進歩 023
  - ディジタル変復調では一度に多数のビット情報を伝送できる 024
- **1-4** アナログ技術は廃れるのか —— 026

第2章 まずは基本の基本「アナログ変復調」—— 027

- **2-1** 変調/復調するとは —— 027
- **2-2** 振幅を変える AM（Amplitude Modulation），振幅変調 —— 029
  - AMはどうやって変調するか 029
  - AMはどうやって復調するか 029
- **2-3** 周波数を変える FM（Frequency Modulation），周波数変調 —— 031
  - FMはどうやって変調するか 031
  - FMはどうやって復調するか 032
- **2-4** 位相を変える PM（Phase Modulation），位相変調 —— 032
  - PMはどうやって変調するか 032
  - PMはどうやって復調するか 033
- **2-5** ディジタル変復調への「かけはし」として —— 034

第3章	**ディジタル変復調の基礎を理解しよう** ─────── 035
3-1	**アナログ変調とディジタル変調はどう違うか**─────035
	ディジタル変調を1/0矩形波で考えてみる　035
	ディジタル・データをフィルタリングする　036
	アナログ変調とディジタル変調を比較する　037
	整理してみよう　038
3-2	**アナログ復調とディジタル復調はどう違うか**─────038
	アナログ復調の場合　038
	1と0さえ判断できればよいディジタル復調　039
	判断できればよいとは言え……　041
	ディジタル変復調に関する用語　041
3-3	**簡単な無線データ伝送システムの構成**─────042
	変調回路　043
	周波数変換と送信　043
	受信と復調回路　044
3-4	**ビットとシンボルの定義と違い(一度に多ビットを伝送する)**─────044
	四つの状態(電圧レベル)で伝送してみる　044
	実際のディジタル変調では　045
	シンボルという用語と定義　045
	なぜこのようにするのか　046
3-5	**振幅を変えるASK変調**─────047
	ASK(Amplitude Shift Keying)変調の波形　047
	より詳細に見てみると　049
	ASK変調の変調回路例　050
	ASK変調の復調回路例　052
	Column1　ランダム・データ　052
3-6	**周波数を変えるFSK変調**─────053
	FSK(Frequency Shift Keying)変調の波形　053
	FSKの変調指数"m"　054
	FSK変調の変調回路例　055
	FSK変調の復調回路例　056
3-7	**FSK変調についてもっと詳しく!**─────058

なぜ変調指数 m を変えるとスペクトルの形が変化するのか？ 058
m の違いをベッセル関数から理解してみる 060
必要な帯域：カーソン則から求めてみよう 061
変調指数 $m＝0.5$ の FSK「MSK」 062

3-8 位相を変える PSK 変調 ──── 064
位相，それを変える PSK（Phase Shift Keying）とはなんだろう 064
PSK 変調の波形 068
PSK 変調の変調回路例 069
PSK 変調の復調回路例 071

3-9 PSK と位相と周波数と乗算するということ ──── 072
乗算するということ 072
位相と周波数 072
PSK 変復調における乗算 073
周波数ミキサの周波数変換における乗算 074

第4章 ディジタル変復調をより深く，より広く理解しよう ── 075

4-1 コンスタレーションで考えよう ──── 075
コンスタレーション 075
位相を極座標で表わしてみよう 075
BPSK を極座標上に表わしてみる 076
4 状態の方式の場合 076
より実践的なコンスタレーション 079

4-2 実際の回路・変調信号とコンスタレーション ──── 081
コンスタレーションと実際の信号レベル 081
コンスタレーション表記と実際の場合 082
EVM で考える 083
どうすれば，なぜ IQ に分離できるのか 085

4-3 PSK 方式の拡張 ──── 087
4 相 PSK：QPSK 方式 087
8 相 PSK 方式 088
$\pi/4$ シフト QPSK 変調方式 089
QAM 方式 090

その他の変調方式　091
4-4　**変調信号の帯域幅とその帯域を制限する**────091
　　　スペクトルの幅，そして形状　091
　　　送信帯域を制限（信号をフィルタリング）する　093
　　　ディジタル信号処理技術で実現する「ナイキスト・フィルタ」　095
　　　アナログ回路で作ってみよう　095
　　　フィルタリングをする場合のデメリット　099
　　　GMSK：ガウス・フィルタでMSKの帯域制限　101
4-5　**シンボル間干渉**────104
　　　シンボル同士が干渉するとは，どういう意味か　104
　　　シンボル間干渉が発生すると何が起こる？　105
　　　別のシンボル間干渉の発生する要因「マルチパス」　105
4-6　**現代のディジタル信号処理技術で実現するナイキスト・フィルタ**────106
　　　ナイキスト・フィルタとは　106
　　　送受信系でのナイキスト・フィルタの応用　112
　　　実際の回路設計　114
4-7　**周波数と位相の関係：QPSKとMSKは双子**────120

第5章　*SN比とビット・エラー・レートの測定*　────123

5-1　**シンボル・タイミング検出とアイ・パターン**────123
　　　通信フレームの構成　123
　　　アイ・パターン　126
　　　実際のアイ・パターンの測定方法　127
　　　ベースバンド信号をアイ・パターンで見てみよう　130
　　　アイ・パターンとシンボル・タイミングとの関係　132
5-2　**ビット・エラーの発生と原因**────135
　　　雑音の種類　135
　　　Column2　無線と有線のデータ伝送の大きな違い　135
　　　熱雑音と内部雑音を合わせて「白色雑音」として取り扱う　138
　　　白色雑音によって発生するビット・エラー　142
　　　受信限界感度というものがある　143
　　　雑音はどこから，どのように入ってくるのか　144

白色雑音によるレベル変動はガウス分布　145
ガウス分布とビット・エラー　148
Column3　BERとerfc，Q function　152

5-3　ビット・エラー・レートの測定方法 ──── 156
ビット・エラー・レート・テスタ　156
ビット・エラー・レート・テスタはどう動く　157
適切にサンプル・タイミングを設定しよう　161
BERTをFPGAで作ってみよう　164

5-4　受信回路での適切なフィルタリングとは ──── 168
受信信号のSN比を向上させるための帯域制限　168
近傍の雑音を除去するIFでのフィルタリング　169
IFでのアナログ・フィルタ特性のここだけは押さえよう　170
群遅延特性　172
感度，BER特性を決定させるベースバンドでのフィルタリング　174
サイン波だけの評価ではまったく不足　175
フィルタの等価雑音帯域の求め方　176

5-5　感度の考え方 ──── 177
無線通信における，電力・電圧レベルの表示のしかた　177
CN比とSN比とE_b/N_o　180
受信回路のフロント・エンドのNF　182

5-6　ビット・エラー・レートを悪化させるその他の要素 ──── 184
復調回路での問題点　185
無線通信チャネルでのマルチパス　186
ビット・エラー・レートとフレーム・エラー・レート　186
101010……の繰返し連続ビット，つまりサイン波でBER測定はしない　189

第6章　変復調から見た電波伝搬 ──── 191

6-1　電波の伝わりかた「電波伝搬」──── 191
電波の減衰　191

6-2　マルチパスとマルチパス・フェージング ──── 192
マルチパスとは何だろう　192
マルチパス・フェージングでビット・エラーがどのように発生するのか？　195

6-3	**変復調から見たマルチパス・フェージング**―196
	再度，マルチパスによるシンボル間干渉　196
	マルチパス遅延とフェージングは表裏一体　199
	歪みの発生　201
	マルチパスの解決方法　202
	ここまでをまとめると　203
6-4	**電波伝搬とマルチパスをより定量的・定性的に考える**―203
	マルチパスをモデル化すると　203
	シンボル間干渉の除去と通信路の等化（概念）　205
	Column4　z変換と通信路応答　206
	受信レベルの分布　209
	瞬時・短区間・長区間での変動・減衰　211
	隠れ端末問題　211
	Column5　チャネル応答　213

第7章　現代のディジタル無線通信のコア技術「スペクトル拡散通信」――215

7-1	**なぜスペクトル拡散通信か**―215
	疑問だらけのSS通信　215
	SS通信の特徴　216
	SS通信の起源と現在　216
7-2	**SS変調の基本を理解しよう**―217
	従来の変調方式からSS通信を理解する　217
	SS通信の拡散変調方式　219
	SS通信の特徴：秘話性と秘匿性　221
	1次変調と2次変調　222
7-3	**DS変調（拡散）をより詳しく理解しよう**―223
	方式1（1次変調が先）　223
	2次変調でのスペクトル拡散のための掛け算（乗算）とはなんだろう　224
	方式2（2次変調が先）　225
	方式2を使って，DS変調方式をやさしく理解しよう　226
	XORが乗算回路だというのはなぜだろう？　227

最後にもう一度　228

7-4　拡散符号（疑似雑音符号）をより詳しく理解しよう ─── 228
雑音の性質をもつ拡散符号　228

PN符号とは　229

PN符号の作り方の例　229

CDMA携帯で使われるGold系列　230

PN符号の性質（自己相関）　231

SS通信はPN符号の相関を用いる　232

相関特性あれこれ　233

拡散符号と拡散率　235

7-5　DS復調（逆拡散）をより詳しく理解しよう ─── 237
DS方式の逆拡散　237

逆拡散の処理利得（Process Gain），受信信号を「浮き上がらせる」　239

逆拡散での拡散符号のタイミング　240

逆拡散回路例　241

SS通信を簡単にイメージするには　242

7-6　FH変調（拡散）をより詳しく理解しよう ─── 244
FH方式の変調回路　244

FH方式のチャネル切り替え　245

7-7　FH復調（逆拡散）をより詳しく理解しよう ─── 246
FH方式の逆拡散と同期保持　246

低速FH方式の同期捕捉プロセス　247

高速FH方式の同期捕捉プロセス　248

7-8　SS通信に関する重要なトピックス ─── 248
FDMA，TDMA，CDMA　248

遠近問題　249

レイク（Rake）受信　250

7-9　IEEE 802.11bなど実際のSS通信方式 ─── 252
IEEE 802.11b無線LAN　252

Bluetooth　255

ZigBee　256

GPS　256

産業用無線　257

第8章 携帯電話に展開されるSS通信技術「CDMA」 —— 259

8-1 CDMAとCDMA携帯電話システム —— 259
Code Division Multiple Access　259
IMT-2000：W-CDMAとcdma2000　260
標準化の流れと標準化できなかった流れ　262
SS通信技術がベースといえ「超絶技巧」なCDMA方式IMT-2000携帯　264

8-2 IMT-2000におけるCDMA：符号で多重する —— 268
W-CDMA上り（アップ・リンク）　268
cdma2000上り（リバース・リンク）　270

8-3 CDMA携帯電話でのセル・システム —— 271
セル・システムとは　271
遠近問題と送信パワー・コントロール　273

8-4 CDMAには欠かせないWalsh符号（Walsh関数） —— 276
Walsh符号，3分間クッキング　277
相互相関を計算してみよう　278
cdma2000におけるWalsh符号を使った
　　Orthogonal Modulation（直交変調）　280
IMT-2000におけるCDMA逆拡散（上り回線）　281

8-5 必須となった新技術：HPSK —— 283
HPSKとは　283
HPSKを実現する回路　285
W-CDMAの規格におけるHPSKの記述　288

8-6 IMT-2000でのSS通信に関する重要なトピック —— 289
可変ビット・レートの実現と収容数の拡大　289
Column6　送信パワー・アンプの電力利用効率　290
ソフト・ハンド・オーバ（ソフト・ハンド・オフ）　291
レイク（Rake）受信　292

第9章 変復調から見たRFアナログ回路 —— 293

9-1 受信回路の構成あれこれと注意点 —— 293
スーパー・ヘテロダイン方式　293

ローカル回路からのスプリアス（副次）発射　295
イメージ受信とスプリアス受信　296
ローIFやゼロIF（ダイレクト・コンバージョン）の回路構成　297

9-2　ディジタル変復調で気をつけたいRFアナログ回路 ── 299
受信感度を決定する，フロント・エンドLNAの*NF*と
　　インピーダンス・マッチング　299
*EVM*とRFアナログ回路　300
送信パワー・アンプの電力利用効率・直線性と変調スペクトル　304

9-3　*EVM*とAM/PM変換について突っ込んでみよう ── 308
*EVM*に影響を与えるAM/PM変換とは　308
等価回路でAM/PM変換の正体をつかもう　308
AM/PM変換をSPICEシミュレーションで見てみよう　310
AM/PM変換を実測で見てみよう　312

9-4　ディジタル無線機の設計現場から ── 314
システム・テストの考え方　314
広帯域信号とスペアナの飽和　315
測定器をうまく使おう　315
理論と実践の積み重ね　316

Column7　技術者に贈る書籍紹介　317

第10章　OFDMとUWBによる高速データ通信 ── 319

10-1　OFDMの基本 ── 319
OFDMにおいて周波数が直交しているとは　321
OFDMは基本的には多チャネル伝送　322
サブキャリアごとの波形を足し合わせてみる　323

10-2　逆FFTによるOFDM変調の考え方 ── 325
FFTはなにかを考える　325
ある信号をFFTしてみる　326
逆FFTによるOFDM変調　328

10-3　OFDMを実際に応用するうえでの基本ポイント ── 330
マルチパスとOFDM　330
送信パワー・アンプの問題点　332

OFDM応用例　333
- **10-4　UWBの基本**────333
  - UWB通信方式の生い立ちから現在まで　333
  - UWBの基礎技術　334
- **10-5　UWBにおける現状の動向**────337
  - アメリカFCCでの技術基準　337
  - 標準化とデファクト化の動き　339
  - UWBの今後の動向など　342

第11章　次のステップ：理論主体の本を読みこなす ──── 345

- **11-1　はじめに**────345
  - ディジタル変復調は理論主体の本が多い　346
  - まず言っておきたいこと　347
  - 例えば，$f(t)$とは　347
  - $e^{j\omega t}$と複素数表記について　348
  - MATLABやSciLabでシミュレーションしてみる　350
- **11-2　変復調の理論式のポイント**────350
  - 一般的に用いられる関数や変数の文字　350
  - デルタ関数による表記　352
  - 直交すること　352
  - フーリエ変換と相関　353
  - 畳込み積分・畳込み和　355
  - 掛け算と畳込み積分：時間領域と周波数領域の変換　357
- **11-3　理論式を読みこなすためのポイント**────360
  - 雑音の表現は何のことはない，正規分布の応用　360
  - 数式はブロック図と一緒（のものも多い）　360
  - ディジタル信号処理の概念の理解も重要　362
  - 抵抗の大きさは1Ω　362
  - コピーしてペンで記入してみよう　363
  - ギリシャ文字に悩まされるな　363
- **11-4　数式の例**────363
  - 変調信号　364

マルチパス遅延広がり　365
マルチパス・チャネル（伝送路）　366
LMSアルゴリズム　366
OFDM　369
インパルス方式UWB　370
落穂ひろい　ざっと目をとおして直感しよう　371
Column8　産・学でアナログ技術者の養成を　373

参考・引用文献 ———————————————— 374

索引 ————————————————————— 377

無線通信とディジタル変復調技術

第1章
身の回りのディジタル無線通信，そのわけ

❖

私たちの生活の中に
ディジタル無線通信を利用したツールが増えてきました．
なぜ，ディジタル無線通信が必要とされているのでしょう？
通信をディジタル化するメリットを
電波の性質や社会のニーズと合わせて考えてみます．

❖

1-1　身の回りで使っている無線通信システムのなかに

　図1-1を見るまでもなく，現代は無線通信がユビキタス（Ubiquitous）の具現として，一般の人々に多数利用されています．言葉の何たるかを定義する前に，技術的なことは何もわからないが流行や便利なものに敏感な人々，とくに若い世代がまったくユビキタス・ハイテクというものを意識せずとも，日常の一般的なツールの一つとして，すでにそれらの機器を使いこなしています．
　完成度の低い，どこか弱点を持つ技術は，その限界をユーザに簡単に見破られて

［図1-1］現代の無線通信は「ユビキタス（Ubiquitous）」の具現

しまうものですが，現在使われているこれらの機器は，ハイテクをハイテクと感じさせない，超ハイテク技術のなせる技ではないかと感じます．

ディジタル変復調（変調と復調を略してこう呼ぶ）技術は，このハイテク・システムの中でデータ伝送を実現するために，その主要な部分に用いられており，現代社会において開花し結実した技術の主役を演じていることにまちがいはありません．

本書でこれから説明していくディジタル変復調技術は，上記に示した例だけではなく，現在の無線通信機器にはほとんどと言ってよいほど高い割合で用いられている技術です．そこで，この章では本題の前座として，なぜディジタル無線通信システムが用いられているかを簡単に説明していきましょう．

1-2 　　有限な資源「電波」

● 電波資源の定義

電波法では，電波は3000GHz（= 3THz = 3,000,000MHz）までの周波数として規定されています．この電波法は**電波**という限られた周波数資源を，公平かつ能率的に利用しようと定められた法律です．その電波は**図1-2**に示すように，大体VHF（Very High Frequency）帯からUHF（Ultra High Frequency）帯が主に用いられています．

このうち10GHzを超える周波数は，いまだに開拓されていない周波数ですが，実際問題として高周波回路の作り込みがかなり難しいことや，長距離の通信が確

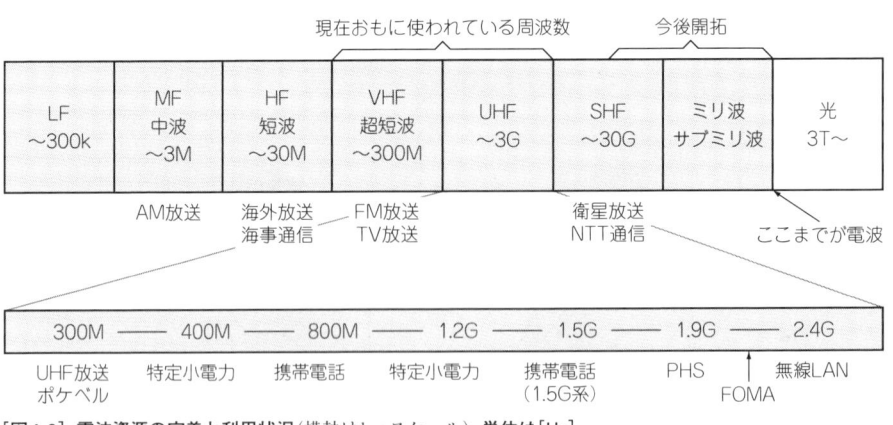

[図1-2] **電波資源の定義と利用状況**（横軸はlogスケール）**単位は[Hz]**

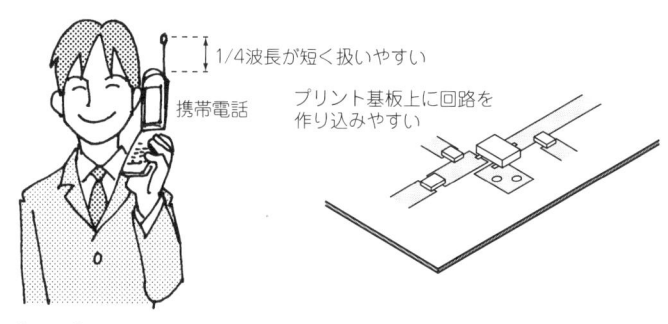

[図1-3] VHF，UHF帯が多用される理由

保できないことから，ほとんど使用されていないのが実情です．3000GHzから10GHzを引くと，なんと2990GHzもあります．

つまり実際に使われている周波数は，電波として規定されている周波数のうち0.3％程度であり，この中に多数の局が，まさにひしめき合って**限られた資源の電波**を使っています．

さて，電波の中でも，大体VHF（30MHz～300MHz）からUHF（300MHz～3GHz）がおもに使われていると説明しました．この周波数帯は，電波の波長が10m～10cmと短く，アンテナとして電波を放射する効率が高くなる1/4波長としても2.5m～2.5cmとなり，人間がアンテナ付き無線機（より一般的には携帯電話）として使いやすい周波数帯であると言えます．

同様に，その電子回路は小さいチップ型の部品で充分な性能が得られることや，一般的なプリント基板上に回路を作り込むことが容易なので，使いやすい周波数帯であると言えるでしょう（とは言え，実際の高周波回路の作り込みは大変である）．

当然，使いやすい**華**の周波数帯は，より多くの無線局が**ひしめき合って**利用することになります．

● ひしめき合う周波数資源をより有効に活用する

以上の理由もあり，VHFからUHFの周波数は非常に混み合っています．逆に携帯電話などのシステムを考えれば，できるだけ多くのユーザを収容，つまり同時に通信できる環境を提供することが要求されることは誰でも想像でき，考えられることです．この相反する問題を解決するには，決められた周波数帯域の中で，できるだけ有効に無線通信のできる変復調方式が望まれるということです．

アナログ伝送とディジタル伝送を比べると，ディジタル伝送のほうが少ない無線

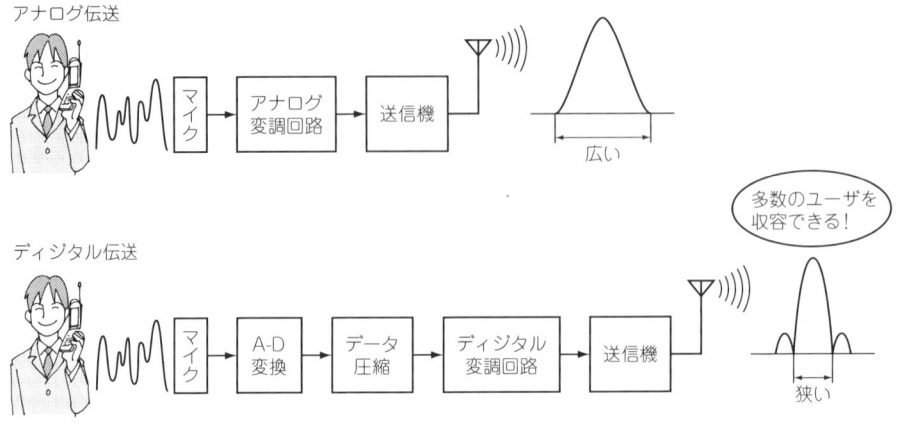

[図1-4] アナログ伝送とディジタル伝送で同じ情報量を伝送する

周波数帯域で通信することができます(**図1-4**).これが,従来のアナログ伝送からディジタル伝送にシフトしていく理由の一つになっています.

1-3 なぜディジタルで伝送するのか

　従来の無線伝送は,アナログ伝送が主体でした.例えばAM放送やFM放送,さらにテレビなどはアナログ伝送です.そのテレビさえも地上波ディジタル・テレビに移行しようとしています.他の従来型方式も順次ディジタル伝送に移行していくでしょう.
　なぜ,このように伝送方式のディジタル化が進んでいくのでしょうか.これには,いくつかの理由があります.

● SN比の関係
　テレビの例で考えてみましょう.従来のアナログ伝送方式だと,受信する側において,図1-5(a)に示すように高いSN(Signal to Noise)比で受信した場合は高い品質,この例では良質な画質が得られますが,同図(b)のようにSN比が悪くなってくる(雑音が増えてくる)と,徐々に画質が悪くなってきます.これは受信した信号の波形自体がそのまま画像となっているため,信号に乗った雑音が画像信号の一部として画面にそのまま現れるからです.

(画像はわが家の三男坊)

(a) 高いSN比 Good!
(b) SN比が悪くなってくると Poor!

[図1-5] 従来のアナログ伝送方式

(a) 高いSN比 Good!

スレッショルド
(b) 受信信号に雑音が乗った場合．SN比が悪くなってきた Good!

スレッショルド
(c) 雑音がより大きくなってスレッショルドを超えている NG!

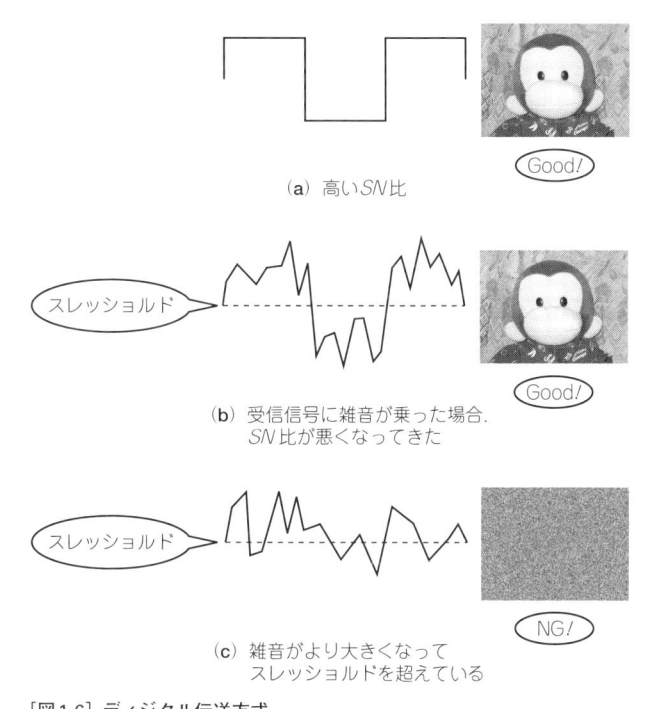

[図1-6] ディジタル伝送方式

　一方，ディジタル伝送方式では，**図1-6(a)**に示すようにデータは1/0のディジタル・ビット情報として送られます．高いSN比の場合はアナログ伝送方式と同様，ビットは正しく受信側に送られます．そのため，当然画質の低下はありません．
　では，SN比が悪くなった場合はどうでしょうか．**図1-6(b)**に受信信号に雑音が乗った例を示します．この雑音を上記のアナログ伝送方式の場合で考えてみると，

これだけ信号に雑音が乗ったら画像はかなり雑音によって乱されてしまいます．しかし，ディジタル伝送方式では，受信した信号が1であるか0であるかの，いわゆる一般社会でも言われているような**ディジタル的な決定**をします．いくら受信信号が雑音によって乱されていても，ある基準値（これをスレッショルド；閾値（しきい値）と呼ぶ）に対して**どっちであるかを決める**だけです．そのため，いくら雑音が乗った信号であっても，あるレベルの雑音の量までなら，きちんと1なら1，0なら0という正しい値が出力されるわけです．

アナログ伝送方式では，すでに画面が雑音っぽくてかなり見えづらくなっているレベルでも，ディジタル値を元にして画像を構成した画面は画質の劣化がなく，雑音のない場合と同じようにとても鮮明なものが得られます．

それでは，さらに雑音が増えた場合を考えてみましょう．**図1-6（c）**を見てください．この雑音の量は，先の（b）の例と比較するとかなり大きい量です．ここでは受信信号に乗る雑音により，基準値であるスレッショルド・レベルを超えてしまっています．この場合は，送信側が1を送信したとしても，正しく1であると決定されず，0が出力されてしまいます．雑音がこのレベルになるともう受信はできなくなります．

とはいえ，本書では説明しませんが，ビット・エラー訂正技術がここに応用されます．現在のディジタル変復調は，この訂正技術とは切っても切れない関係です．

もし，上記のように**1を0として出力してしまう場合**でも，ビット・エラー訂正技術によって誤りを訂正することで，正しいデータを伝送させることができるわけです．

この技術を用いることで，**図1-6（c）**のような，さらに雑音の多い環境下であっても，エラーのない，より信頼性の高い通信が可能になります．

● 伝送に必要な帯域幅は伝送速度に比例する

ここでまず，伝送に必要な帯域幅について説明します．

同じアナウンサが，たくさんの原稿と，少ない原稿を同じ時間を使ってしゃべるには，たくさんの原稿のときには早口でしゃべる必要があります．また，高い音まで緻密に再生できるオーディオ機器は，高い周波数帯域まで対応しているのが普通です．

このこととまったく同じで，より多いデータを一定時間に伝えようとすると，伝送速度は高速になり，伝送速度に比例した**より高い周波数**が必要になり，その

結果として，比例したより広い帯域が必要になります．このことを元にして以下のデータ量と帯域幅についてもう少し詳しく見ていきましょう．

● **データ圧縮技術の進歩**

　音声や画像のデータを単純にA-D（アナログ－ディジタル）変換して伝送する場合，非常に大量のデータ量となるので，高速の伝送速度が必要になります．この様子を図1-7に示します．

　例えば，4kHz帯域の音声信号（電話レベルの音質）を，8kHzのサンプリング速度で8ビット分解能でサンプリングしたとします．このとき，1秒間に必要なデータ量は，

$$8kHz（サンプリング速度）\times 8ビット（分解能）= 64kbps\ ^{※1}（bpsはビット・パー・セコンド，1秒あたりに伝送するビット数．ビット・レート）$$

となり，最小の場合でも，アナログの4kHzの信号を伝送するのに，ディジタルで32kHz（64kbpsのビット速度の半分）の帯域が必要な計算になります．これでは，有限の無線周波数帯域幅（例えば全体で32kHz帯域）しか提供できない無線システ

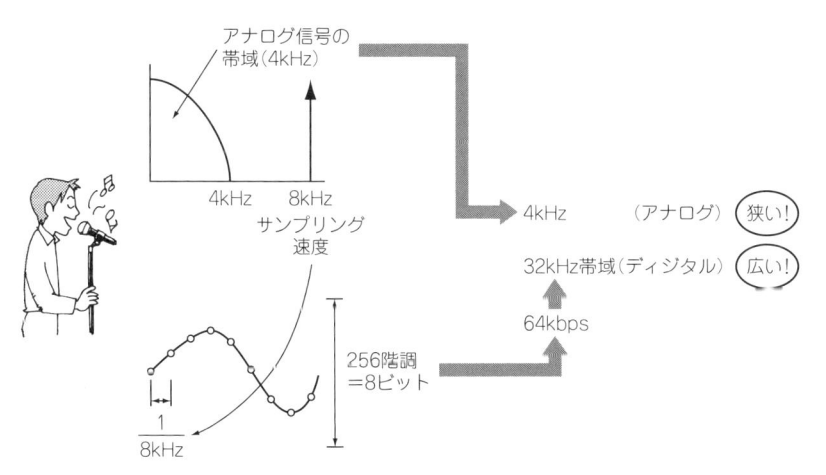

［図1-7］アナログ伝送と単純にディジタル化して伝送した場合の比較

※1：この考えがISDNの64kbpsの基本速度算出の根本になっている．

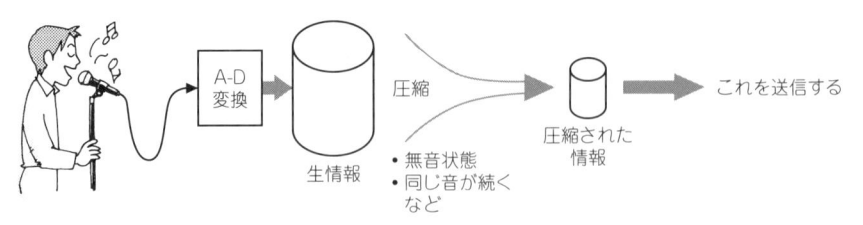

[図1-8] 音声や画像の情報を圧縮する

ムからすれば,「1システムあたり4kHz：32kHz＝1：8の帯域幅なので,アナログのほうが8倍多く同時通信ができる.アナログのほうが良いのではないか？」と思うのも当然といえるでしょう.

しかし,もっと低速で伝送できるように,ディジタル信号処理技術を使ってデータの圧縮が行われます.これは現在,高機能かつ高速度のディジタル素子(ディジタル・シグナル・プロセッサなど)が低コストで入手や作製が可能になったからなせる技です.

例えば音声では,無音区間や同じような音が継続する部分,映像では,同じ色や画像が継続する部分が,情報を圧縮できる部分です.それらを有効に圧縮することで,多い情報量をわからない,気がつかない,問題ない程度に少なくして,全体のデータ量を少なくすることができます.これを図1-8に示しています.

これは例えば,CDのシングル曲データをMP3に変換すると,オリジナルのWAVファイルの約1/10程度になるのは,最近の身近な良い例といえるでしょう.データ量が少なければ,より低い通信速度となり,より狭い帯域幅での伝送が可能になります.

一方,データやファイルを伝送する場合には,未圧縮のファイルは圧縮ができますが,すでに圧縮されている場合は,ほぼファイル・サイズぶんの伝送をしなくてはなりません.

● ディジタル変復調では一度に多数のビット情報を伝送できる

ディジタル変復調のメリットとして,一度に複数のビット情報を送れるという点があります.これは第3章で詳しく説明しています.詳細はそちらを見ていただくとして,ここでは概念を,たとえ話として説明します.図1-9を見てください.

[図1-9] 一度に多数のビット情報を伝送する概念の説明

[表1-1] ディジタルで伝送される理由をまとめる

・SN比の低いところでも安定した通信が可能
・データ圧縮技術によりディジタル化しても必要なデータ量を少なくできる
・一度に多数のビット情報を伝送できる
・この2，3番目により，使用帯域幅をアナログ方式と比較して，同じか，より狭くできる

　例えば，A～Hという文字を表示するサインボードがあったとします．A～Hは8個の異なる種類であり，8＝3ビットぶんなので，1文字で3ビットの情報を一度に伝送できることになります．これと1と0を(1ビットずつ)表示させるサインボードを比較すると，1/3の伝送速度でよいことになります．ディジタル変復調でもこれとまったく同じことができるのです．

　この技術を用いることで，より低い伝送速度と狭い帯域でデータを伝送することが可能になるわけです．

　いままで説明した技術を用いることで，ディジタル伝送でもアナログ伝送と同じか，より狭い帯域で同程度の量の情報伝送が可能になるわけです．ここで**表1-1**にまとめてみましょう．

1-4 アナログ技術は廃(すた)れるのか

　最先端のディジタル通信，ディジタル変復調技術も，実はアナログ回路があってこそ成り立っています．ディジタルといっても，実際に伝送される際の波形は，まるっきりアナログ波形です．図1-10のようにディジタル信号処理の後のD-A変換，変調，増幅，送信，そして受信，増幅，復調(A-D変換も含む)と多数かつ複雑なアナログ回路を経由して伝送するわけですから，まともにアナログ回路が動かなければ，いかに素晴らしい方式であっても砂上の楼閣(ろうかく)になってしまうことがわかるでしょう．

　つまり，アナログ技術は廃れることはなく，高性能なディジタル処理を実現するためには，なくてはならない綿々と生きる技術，実は最先端の技術の一部であると言えます．この要求があることは，現在の技術者求人の様子からもわかると思います．

　読者の皆さんの中には，アナログは古臭いという概念をもっている人がいるかもしれませんが，見直してくれましたでしょうか？

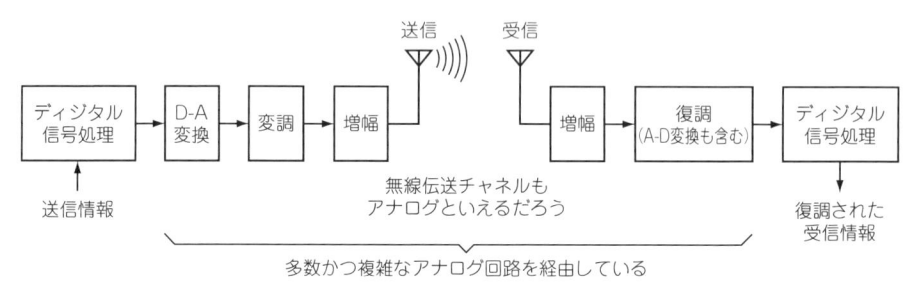

［図1-10］アナログ回路を通して伝送される．アナログあってのディジタル伝送

第2章

まずは基本の基本「アナログ変復調」

❖

伝えたい信号を電波に乗せる方法と，
電波に含まれる信号を取り出す方法を
キャリアの振幅，キャリアの周波数，キャリアの位相の
それぞれを使った場合の動作の原理を確かめます．

❖

2-1　変調/復調するとは

　離れた2点間の通信を無線で行うために，送信したいデータをそのまま無線信号として伝送することはできません．例えばEIA232Fのケーブルに流れる1/0のデータがそのまま遠くに伝わるわけがないことは明らかでしょう．

　そこで無線周波数を用い，無線通信を行います．しかし，ただ無線周波数（例えば）800MHzのサイン波の信号を相手方に送るだけでは，目的とした，送信したいデータを伝送することができません（図2-1）．そのためには，データをこの無線周

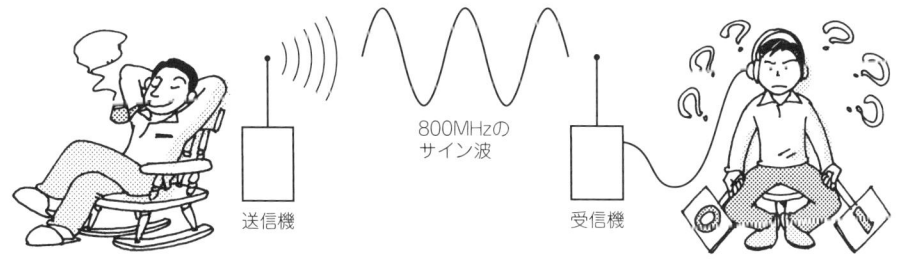

[図2-1] 無線周波数のサイン波を伝送するだけではデータは送れない

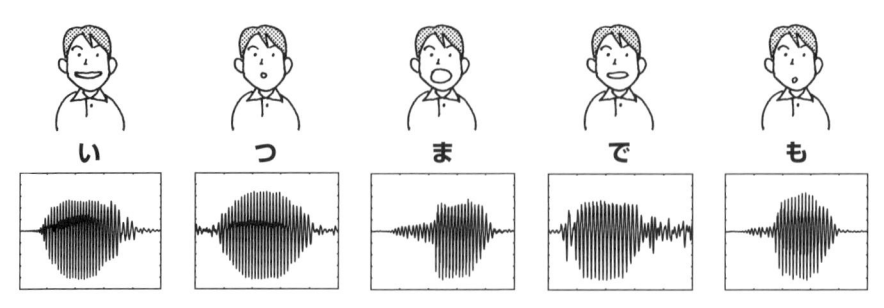

[図2-2] 人の声，音響振動に違いを与えて伝える，受ける．これが変調，復調

波数のサイン波に乗せる必要があります．
　このことを人の声で考えてみましょう．図2-2にこれを示します．「あー」と同じ強さで同じ音の，単純な音響振動をずっと続けて出していても，相手は何をいっているのか，わかりません．相手に自分の言いたいことを伝えるには，「いつまでもわすれない」と，強さを変えたり，違う音を使ったり，つまり発音として，単純な音響振動に**違い**を与えて，言いたいことを伝えています．
　変調は，まったくこれと同じことです．無線周波数のサイン波に対して，送信側で違いを与えて，離れた受信側に対して自分から送りたい内容を伝えます．
　もう一度，人の声に戻ってみましょう．違いを与えられた「いつまでもわすれない」という音響振動を耳で受け，音響振動の「い・つ・ま・で・も」を一つずつ，異なる発音ごとの違いを見つけて，その違いの意味を取り出すことにより，相手の言いたいことを理解します．
　復調も，まったくこれと同じことです．違いを与えられた無線周波数の信号に対して，受信側がそれぞれの違いを見つけて，送信側の送った内容を理解します．
　このように純粋なサイン波（スッピンの信号とも言える）に違いを与え，意味付けすることが変調であるといえます．この**スッピン信号**のことを専門用語として**搬送波**とか，その英語表現として**キャリア**（carrier）と呼びます．本書では，これ以降は統一して**キャリア**と呼びます．
　最初に，ここでは導入として，従来方式であるアナログ変調について説明していきます．アナログ変調とディジタル変調は異なり，新旧のものとも考えることもできますが，本質からすると，それぞれ単にアナログ情報をキャリアに乗せるか，ディジタル情報をキャリアに乗せるかの違いだけであり，変調の原理として

```
              ┌─ 振  幅 ─┐
キャリアの ─┼─ 周波数 ─┼─ を変化させて（違いを与えて），相手方に情報を送る
              └─ 位  相 ─┘
                    │  │  │
                    │  │  └─► 振幅変調   Amplitude Modulation   AM
                    │  └────► 周波数変調  Frequency Modulation   FM
                    └───────► 位相変調   Phase Modulation       PM
```

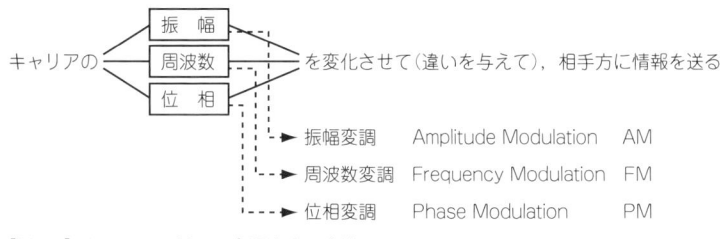

[図2-3] キャリアに対して変調をする方法

は同じであるといえます．キャリアに対してアナログ変調するには，図2-3に示す3種類があります．

　昔から用いられてきたアナログ変調は，このうち，振幅変調（これ以降AMと呼ぶ）と周波数変調（これ以降FMと呼ぶ）が主流で，位相変調（これ以降PMと呼ぶ）はあまり用いられません．しかし，ディジタル変復調においてPMは主流の変調方式であり，とても重要な概念です．

　これ以降では，AM，FM，PMそれぞれの変調と復調のしかたについて説明していきます．なお，PMについては場合によると，いま一つ理解できないかもしれませんが，以降のディジタル変復調の章でよりわかりやすく，詳しく説明しますので，あまり心配しないでください．

2-2　振幅を変えるAM（Amplitude Modulation），振幅変調

　AMは，中波のAM放送が一例，そしてTVの映像信号もAMの仲間です．

● AMはどうやって変調するか

　図2-4はAMの変調をする過程を示しています．図2-4(a)のアナログ信号で，(b)のなんの変化もないスッピンなキャリア信号の振幅を変化させ，(c)の変調波形のように，キャリアの振幅を変化させることで振幅変調（AM）します．この変調された信号を無線で受信側に伝送（送信）します．

● AMはどうやって復調するか

　変調され，無線伝送された信号を受信側で受信し，その内容を取り出すことを復調と呼びます．図2-5に示すように，受信信号(a)の上半分を切り出し，そのピ

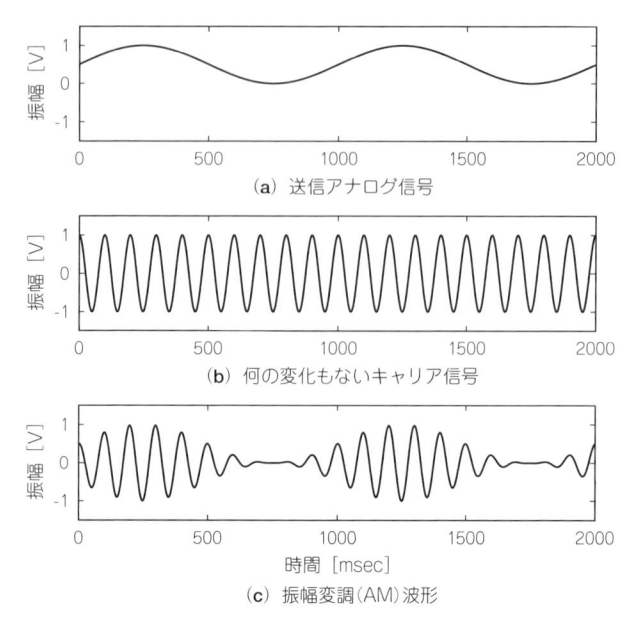

[図2-4] AMの変調をする過程

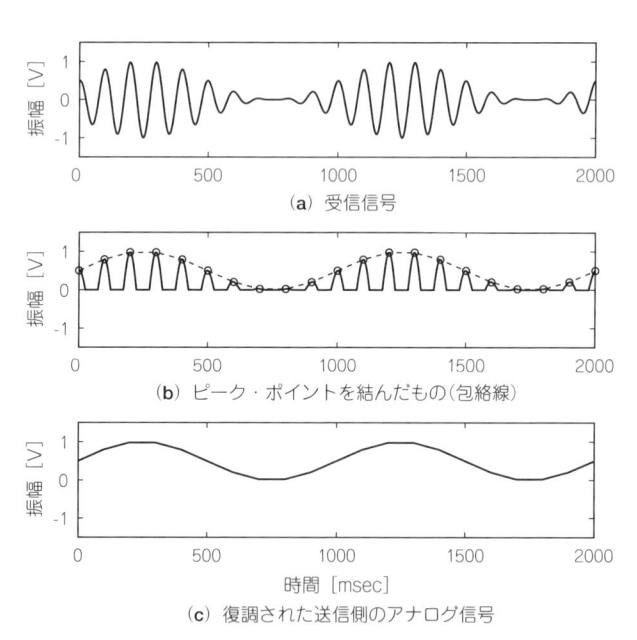

(a) 送信アナログ信号
(b) 何の変化もないキャリア信号
(c) 振幅変調(AM)波形

[図2-5] AM信号を復調する方法

(a) 受信信号
(b) ピーク・ポイントを結んだもの(包絡線)
(c) 復調された送信側のアナログ信号

ーク・ポイントを(b)のように結んでいくようにすれば(包絡線),図2-4(a)の送信側のアナログ信号,図2-5(c)を取り出すことができます.

2-3 周波数を変えるFM(Frequency Modulation),周波数変調

FMは,FM放送,TVの音声信号などが例として挙げられます.

● FMはどうやって変調するか

図2-6は,FMの変調する過程を示しています.図2-6(a)のアナログ信号で,(b)のなんの変化もないスッピンなキャリア信号の周波数を変化させ,(c)の変調波形のように,キャリアの周波数を変化させることで周波数変調(FM)します.この変調された信号を無線で受信側に伝送(送信)します.

変調には,いくつかの方法があります.もっとも単純なのは,周波数発振器の発振周波数を振らせる,つまり外部から強制的に周波数を変える方法です.

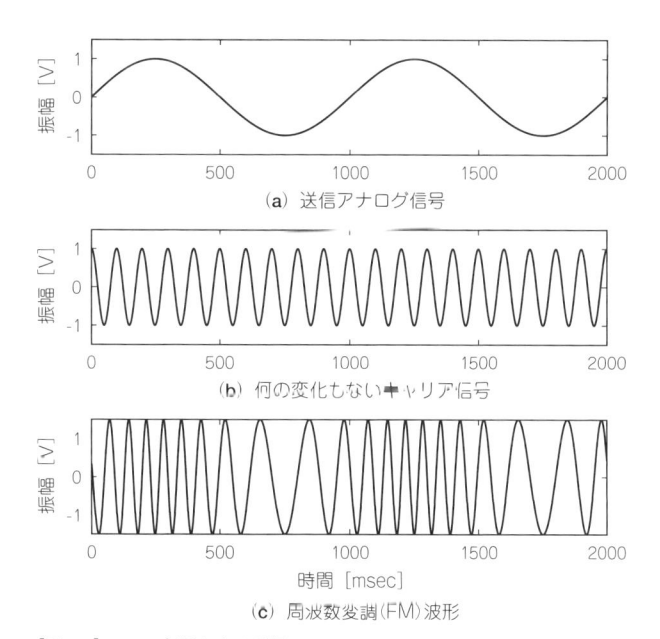

[図2-6] FMの変調をする過程

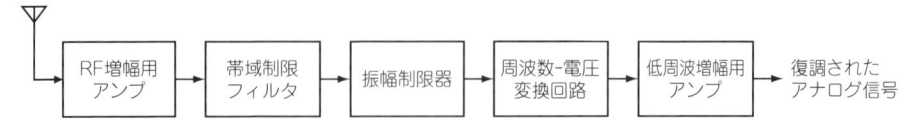

[図2-7] FM信号を復調する方法

アンテナ → RF増幅用アンプ → 帯域制限フィルタ → 振幅制限器 → 周波数-電圧変換回路 → 低周波増幅用アンプ → 復調されたアナログ信号

● FMはどうやって復調するか

　FMの場合は，図2-7に示すように，振幅制限器(リミッティング・アンプとも呼ぶ)を通して，周波数を電圧に変換する回路(クワドラチャ検波回路，レシオ検波回路，フォスターシーレ検波回路など)に振幅を一定にした受信信号を与えることで，その出力電圧として周波数変調された送信側のアナログ信号を復調します．

　振幅制限器とは，受信信号の電圧振幅を一定にするものです．FMでは必要な変調要素は周波数成分として含まれているので，不要な振幅変動を避ける点からも，この回路が周波数から電圧への変換回路の前に置かれています．

2-4　位相を変えるPM(Phase Modulation)，位相変調

　一方でPMは，一般的に使われる例といえるものはほとんどないかもしれません．それでいて，ディジタル変復調方式ではかなりの重要な位置を占めているのは興味深いものです．以下では位相の概念を簡単に説明していますが，第3章でより詳しく説明します．なお，PMの変復調方法はかなり複雑であり，詳細を確認されたい場合は，参考文献(25)，(30)，(31)が参考になると思います．

● PMはどうやって変調するか

　PMには，位相という概念が使われます．位相は二つのサイン波の時間差ともいえます．図2-8(a)のアナログ信号の電圧レベルに比例するように，(b)の何の変化もないスッピンなキャリア信号の時間的タイミングを変化させ，元々のキャリアから時間差を作り出し，(c)の変調波形のように位相変調(PM)されます．

　電圧レベルが変化するにしたがって，時間的タイミング(時間差と位相)が徐々に変化することから，結果的に周波数も変化していることになります．この変調された信号を無線で受信側に伝送(送信)します．

　PM変調回路は，アームストロング(Armstrong)方式，ベクトル合成方式などがあります．

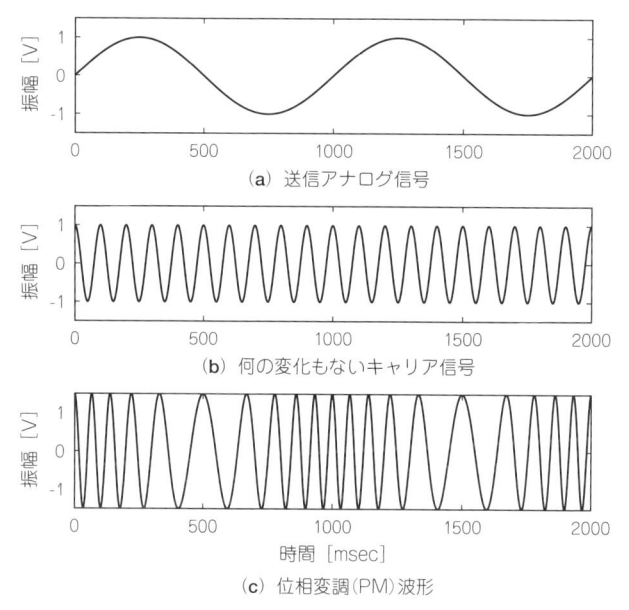

[図2-8] (a) 送信アナログ信号 / (b) 何の変化もないキャリア信号 / (c) 位相変調（PM）波形 — PMの変調をする過程

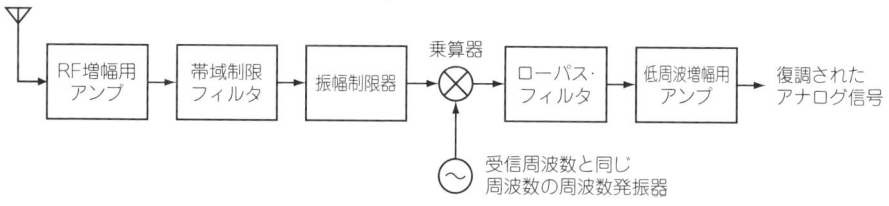

[図2-9] PM信号を復調する方法

● PMはどうやって復調するか

　図2-9は，PMを復調する復調回路の例です．これはアナログ回路方式のプロダクト（乗算）型位相検波回路です．

　FMの場合と同様，振幅の変動はPMの復調には不要なので，ここでも前段に振幅制限器が用いられます．一方でこの回路およびPM自体の問題として，検出できる位相変化量が，図2-9のアナログ方式で±90°まで，ディジタル回路型位相検波回路でも±180°の位相変化までしか正しく復調できません．

　これは，位相の概念自体が0°から±180°しかないのでしかたがないことです．

2-4　位相を変えるPM（Phase Modulation），位相変調 | 033

回路が複雑なことと，この理由でアナログ変復調ではPMがほとんど使われていないのだろうと考えられます．

2-5　ディジタル変復調への「かけはし」として

　この章では，アナログ変復調について概略を説明してきました．従来から行われているアナログ変調方式で，キャリアに変調をかけるのは，基本的にここまで説明した**振幅，周波数，位相**の3方式しかありません．

　ここで，次の章から具体的な説明をしていくディジタル変復調が，アナログ変復調と何が違うかという点を明確にしておくと，単に**アナログ信号で変調をかける**か**1/0のデータ，ディジタル値によって変調をかける**だけの違いです．そういう意味からすれば，概念としてはディジタル変復調のほうが単純であるといえます．付加される技術は多岐にわたりますが，基本概念としてはそれだけであり，なにも恐れる必要がないわけです．

　逆にいうと，ディジタル変復調も基本的には，アナログ変復調と同じ**振幅，周波数，位相**の3方式しかありません．それらが複雑に融合して複雑な変調方式が成立しているだけなのです．

無線通信とディジタル変復調技術

第3章
ディジタル変復調の基礎を理解しよう

❖

アナログ変調とディジタル変調の違いと，
ディジタル変調を実現するための回路の考え方を見てみます．
振幅を変化させるASK，周波数を変化させるFSK，位相を変化させるPSKの
それぞれのしくみと波形を見ていきます．

❖

3-1　アナログ変調とディジタル変調はどう違うか

　第2章の最後で，アナログ変復調とディジタル変復調の違いは，ただ，アナログ値でキャリアを変調するか，ディジタルの1/0でキャリアを変調するかであると説明しました．また，変調をかけるのはアナログとディジタルはともに，**振幅，周波数，位相**の3種類しかないと説明しました．こう考えればディジタル変復調を理解するための入り口は，とても敷居が低く感じられると思います．
　それでは次に，送信側のディジタル変調について考えてみましょう．

● ディジタル変調を1/0矩形波で考えてみる

　ディジタル変調は1/0情報を送るという目的だけだと説明しました．1/0のデータが受信側に伝送されれば良いのです．しかしながら，無線通信と有線通信とが異なることは，**有限な資源である電波を有効に使う**という点に集約されるといえます．
　図3-1を見てください．図3-1(a)のように，1/0が完全な矩形波として1kbps＝500Hzで伝送される場合，信号の立ち上がりと立ち下がりは非常に急峻です（ここではディジタル値"1"を＋5V，"0"を0Vとしている）．つまり，高い周波数までのエネルギーをもっているといえます．
　図3-1(b)は，この完全な矩形波の場合の周波数スペクトル[※1]（横軸が周波数）を

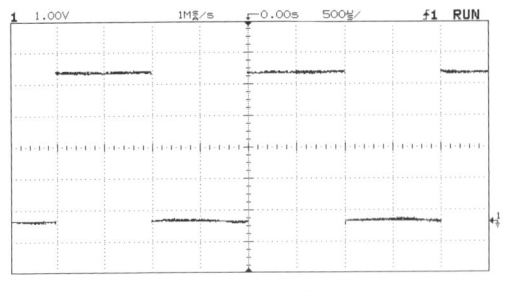

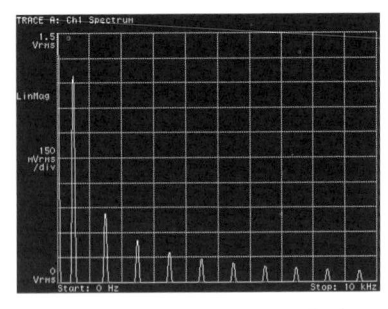

　　　　　(a) 完全な矩形波信号　　　　　　　　(b) 完全な矩形波信号の周波数スペクトル

[図3-1] 1/0のデータを矩形波で伝送する

示しています．繰り返し周波数の3倍，5倍，7倍……と（これを高調波という）奇数次の周波数が出ています．3倍の高調波では1/3，5倍の高調波では1/5と，かなり大きいレベルの高調波になっています．これでは高い周波数帯域（キャリアを変調した場合には広い周波数帯域）にまで信号が広がってしまい，**有効に使いたいイコール狭い帯域で送りたい**という目的に逆らってしまいます．

　狭い帯域で送ることができれば，隣のチャネルに対して影響を与えにくいので隣の通信チャネルとの周波数間隔を狭くできます．

● ディジタル・データをフィルタリングする

　次に図3-2を見てください．ここで1/0の矩形波の高調波成分を完全に取り去るようなフィルタ，この場合はローパス・フィルタ（低域通過フィルタ；Low Pass Filter）を通してみます．このフィルタは，とても重要なのですが，この段階では，どういうフィルタなのかは深く考えないでください．第5章で詳しく説明します．

　このフィルタ出力の信号波形と周波数スペクトルを図3-3に示します．図3-3(a)では，元々矩形波だったものが，急峻な立ち上がりと立ち下がり（つまり肩の部分）がなくなり，サイン波形状に変化しています．同様に図3-3(b)のようにスペクトルもまったく高調波を含んでいないことがわかります．

　こうすれば1/0の情報自体は，図3-3(a)の真中から上半分（+2.5V～+5.0V）で"1"を，下半分（0V～+2.5V）で"0"を表わすことができますし，さらに，**狭い帯域**

※1：本測定は以降で示すベクトル・シグナル・アナライザという測定器をスペクトラム・アナライザとして動作させ測定を行っている．スペクトル測定は通常縦軸を図3-12に示すようにdB（デシベル）で表示するが，ここでは特別に実数レベル（真値）で表示している．

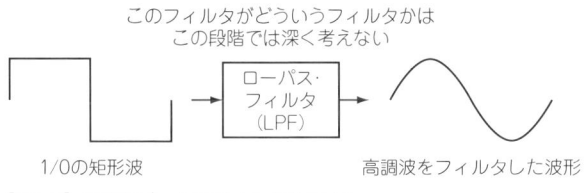

[図3-2] 矩形波データにフィルタをかける

（a）フィルタをかけられた信号

（b）フィルタをかけられた信号の周波数スペクトル

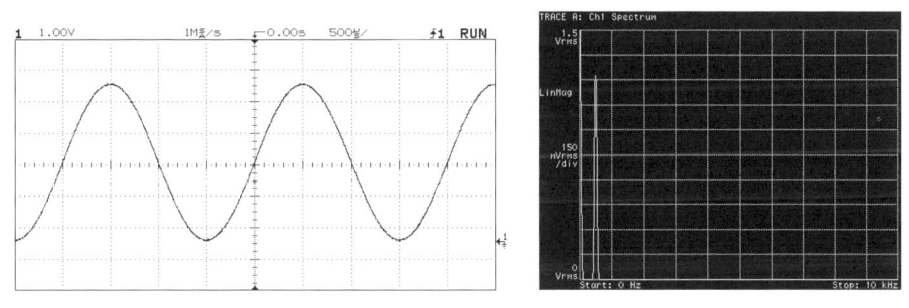

[図3-3] フィルタをかけられた1/0信号とそのスペクトル

で送りたいという目的にぴったり合致します．これを使ってデータを伝送すれば良いことがわかります．

　実際のディジタル変調でも，説明したようにフィルタリングを行い，ディジタル信号とはいえ，急峻な立ち上がりと立ち下がりをなくしてアナログ的な信号になっているのです．これは余分なエネルギー（隣の通信チャネルに影響を与える成分）を出さないようにすることが目的です．

● アナログ変調とディジタル変調を比較する

　アナログ変調とディジタル変調の違いは，変調する信号がアナログ値であるか，ディジタルの1/0であるかだと説明しました．また，変調をかける方法は，アナログとディジタルどちらも，**振幅，周波数，位相**の3種類しかないと説明しました．

　さて，それではアナログ変調とディジタル変調はどのように関連しているのかを具体的に示してみます．表3-1は，それぞれの変調のしかたの相関関係を示しています．これで一目瞭然だと思います．前にも述べましたが，結局は表3-1の方式が

3-1　アナログ変調とディジタル変調はどう違うか　｜　037

[表3-1] アナログ変調とディジタル変調の比較

変調のしかた	アナログ変調	ディジタル変調	使用例
振幅を変える	AM	ASK（Amplitude Shift Keying） 振幅シフト・キーイング	ラジコン，リモコン，ETC
周波数を変える	FM	FSK（Frequency Shift Keying） 周波数シフト・キーイング	特定小電力データ通信用無線機， GSM（ヨーロッパの携帯電話）
位相を変える	PM	PSK（Phase Shift Keying） 位相シフト・キーイング	衛星放送の音声信号， PDC/PHS（日本の携帯電話）

[表3-2] ディジタル変調という意味合いのまとめ

- ディジタル変調は単純に1/0の信号を伝送するだけ
- 矩形波であるディジタル・データそのままだと，広い帯域が必要になる
- 無線通信では，できるだけ狭い帯域での伝送が要求される
- そこで余分な帯域を取り去るためにフィルタリングが行われる
- フィルタリングされたディジタル・データだった信号は，アナログ的な信号になる
- つまりディジタル変調とはいえ，アナログ的な信号を伝送している

基本であり，たとえ複雑なディジタル変調方式でさえも，この基本を組み合わせて実現しているだけなのです．

ここで使われているシフト・キーイングという言葉は，状態をシフトしてキーイング（ON/OFF）することを言います．元々電信通信[※2]に由来する言葉です．

● 整理してみよう

ここまでの話をまとめると，表3-2のようになります．なんと，アナログ変調に回帰しているような話です……とは言っても，実際の変調回路自体はまったく異なるのですが，その話は後述します．

3-2　アナログ復調とディジタル復調はどう違うか

次に受信側，ディジタル復調について考えてみましょう．

● アナログ復調の場合

アナログ伝送では，波形すべてが情報になっていました．そのため，アナログ復

※2：余談だが私もアマチュア無線のモールス通信が好きなほう．

[図3-4] 送信信号に対して忠実な復調が要求されるアナログ復調

（a）送信した信号　（b）忠実に復調できる回路の信号　（c）忠実に復調できない回路の信号　（d）受信したときに雑音が混入した信号

調においては，受信した信号の波形の形状を正確にかつ忠実に再生しなければなりません．図3-4のように送信した信号（a）を忠実に復調できる回路の信号（b）と，そのように復調できない回路の信号（c）では，どちらが良いかは一目瞭然でしょうし（これを忠実度という），受信したときに雑音が混入した信号（d）では信号自体がノイズっぽくなってしまうことがわかります．

この信号（b），（c），（d）の波形を音として聞いたり，画像として見たりする場合には，復調波形自体の形状が送信したアナログ信号の波形を忠実に再現しなければ，まともに聞こえたり，見えたりしないこと，さらに雑音が乗っている場合には，視聴したものがノイズっぽいことは容易に想像できると思います．

● 1と0さえ判断できればよいディジタル復調

さて，ディジタル復調です．フィルタリングされたアナログ的な（図3-3のような）ディジタル変調信号が伝送されてきたとします．これを受信し，その信号をディジタル復調します．

ディジタル復調は，とにかく受信した信号が"1"であるか"0"であるかを判断できれば良いだけですので，ある基準値（スレッショルド[※3] = Threshold；閾値と呼ぶ）を基準にして上か，下か（つまり"1"か"0"か）だけを検出できればよいことになります．この判断をして，元のビット情報（符号情報）に戻すことを**復号**ともいいます．

これを実際の回路も交えて，図3-5に示してみます．この例では，受信信号（a）は+2.5Vを中心にしてPP（ピーク・ツー・ピーク）5Vの信号であると仮定しています．この信号を1/0を判断する回路，この例ではコンパレータ回路となっていますが，比較基準電圧の+2.5Vと比較します．比較電圧より高い場合，コンパレー

※3：私は「スレシホールド」とも言っている．私が二十歳前後に受験していた無線従事者国家試験ではこう呼んでいたし，現在でもこの呼び方も存在する．いろいろ議論もあるようだが…（私のこだわりかも）．なお本書ではスレッショルドで統一する．

タはH = "1"を出力し，低い場合にL = "0"を出力します．つまり単純に比較基準電圧との大小でディジタル値が決定するわけです．この比較基準電圧がスレッショルド電圧になります．

図3-5では，信号の立ち上がりで出力が"0"から"1"になる電圧と，信号の立ち下がりで出力が"1"から"0"になる電圧とに若干の差をもたせたヒステリシス型コンパレータ回路になっています．これは入力信号に雑音が乗っていた場合に，スレッショルド電圧付近で出力が1/0間でばたつかないようにするために付加してあります．

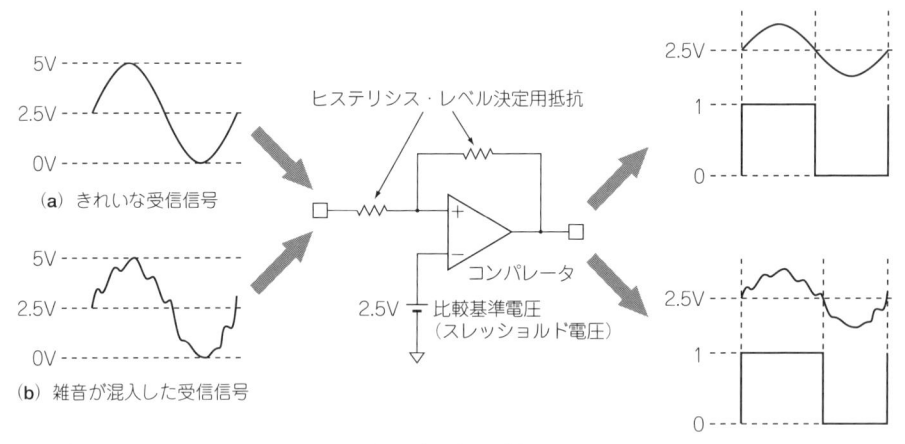

[図3-5] 受信波形が1か0かを判定できればよいディジタル復調

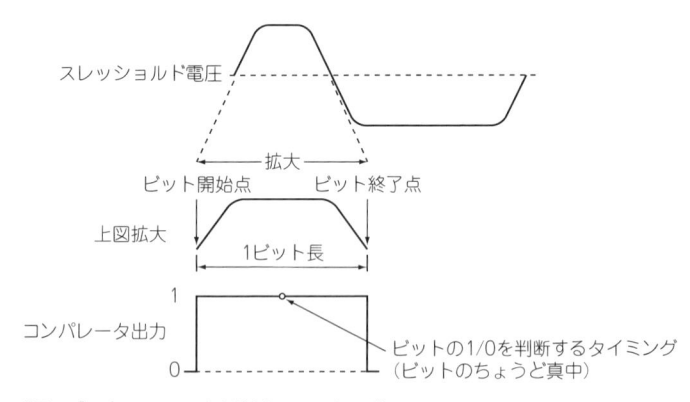

[図3-6] ビットの1/0を判断するタイミング

040　第3章 ディジタル変復調の基礎を理解しよう

次に受信信号(b)では，受信したときに雑音が混入した場合を想定していますが，この場合でもただ単純に＋2.5Vを基準にして比較しているだけなので，雑音があっても，問題なく1/0を判断できることになります(その量にもよるが)．

● 判断できればよいとは言え……

単純に1/0が判断できればよいという点からすれば，受信信号の波形は送信信号に対して忠実度が高い必要はありません．

忠実度という尺度ではありませんが，ビット・エラーを最小にするとか，感度をより良くするという点からすれば，ディジタル変復調にはそれ相応の最適化(とくにフィルタの特性と性能)をする必要があります．これについては，第5章の**5-4受信回路での適切なフィルタリングとは**の項で，より詳しく説明します．

また，アナログ回路をかじったことのある人だと，図3-5に示してあるヒステリシス電圧とビット判断との関係はどうなるのか？と思われると思います．

こちらについても第5章の**5-1シンボル・タイミング検出とアイ・パターン**の項で，同期とサンプリングについて詳しく説明しますが，図3-6のようにビットの1/0を判断するタイミングを受信開始時点で決めておき，あるビットの開始点と終了点のちょうど真ん中をもって，その時点で1/0を判断するようにします．こうすることで，安定した1/0の判断(つまり復調)を実現しています．

その点からすれば，ヒステリシス差電圧を大きく(深く)しすぎると，検出タイミングがずれて安定した受信ができなくなります．これも，第5章5-6「ビット・エラー・レートを悪化させるその他の要素」の項で説明します．

● ディジタル変復調に関する用語

これ以下，ディジタル変復調の話を進めていくうえでの(ほかの文献でも使用している)，用語の定義を行いましょう．ちょっと聞きなれない言い方かもしれませんが，業界人や専門家はこの言い方を使います．以降は，本書ではこの用語に統一して説明していきます．

[表3-3] ディジタル変復調に関する用語

しきい値(閾値)，スレッショルド	1/0を判断する電圧レベルのこと
判定	受信側で1/0を判断すること
復号	受信側で1/0を判定してもとのビット(符号)情報に戻すこと
2値化	コンパレータなどで1/0を判定し，1/0の値にすること．1ビットA-Dと言うことも最近は多い

[表3-3] ディジタル変復調に関する用語（つづき）

誤る，ビット誤り，ビット・エラー	1/0の判定をまちがってしまうこと（雑音などで信号がスレッショルドを超えてしまう場合）
（無線）通信路，（無線）チャネル	無線通信区間（電波で飛ばす部分）のこと
シンボル	以降(3-4節)に説明．「符号」とも呼ぶ
ビット・レート	1ビットを伝送する速度（bit per second；bps）
シンボル・レート	以降(3-4節)に説明．1シンボルを伝送する速度（symbol per second；sps, もしくはbaud；ボー）．本書ではspsを用いる
状態	以降に説明するが，単純にはシンボルを規定する電圧レベルの種類と理解して良い
ベースバンド(baseband)，～信号，～帯域	「基底」とも呼ばれるが，変調信号，および復調信号自体だと思えばまちがいない
2値，多値	1/0で動作しているのか，複数の状態を一つのシンボルとして動作しているのか
サイド・バンド(側波帯)	キャリア両脇に発生する信号自体のエネルギー(スペクトル)．場合によっては余分な信号も含まれる．またキャリアがノイズっぽい場合にも，その雑音成分が周波数変動としてサイド・バンドに現れる
包絡線（ほうらくせん）	ディジタル変調に限ったことではないが，変調信号の波形のピークをつないだ線
dB（デシベル）	二つの電力・電圧の比の対数を10/20倍したもの．電力ならdB = $10\log(P_1/P_2)$，電圧ならdB = $20\log(V_1/V_2)$．電力でも電圧でも同じ値になる．英語読みだと「ディービー」だが，皆「デービー」と言う
ビット・エラー・レート（BER；Bit Error Rate）	ビット誤りが発生する率

3-3　簡単な無線データ伝送システムの構成

　無線でデータを伝送する場合，キャリアに対してディジタル変復調を行ってデータを伝送することはわかりましたね．それでは，実際に使われている無線データ伝送システムがどのような形で構成されているかを簡単に説明しましょう．
　図3-7は，携帯電話をイメージして，さらにそれを簡略化したシステムの一例です．この構成は第9章で詳しく説明しますが，**スーパー・ヘテロダイン方式**というものです．なお，説明は省略しますが，RF(Radio Frequency；高周波)回路の各ブロックには，必要な信号を適切に取り出すためにフィルタが挿入されています．このフィルタは，ここまで説明したディジタル・データをフィルタリングするものではなく，余分なRF信号をフィルタリングするものです．

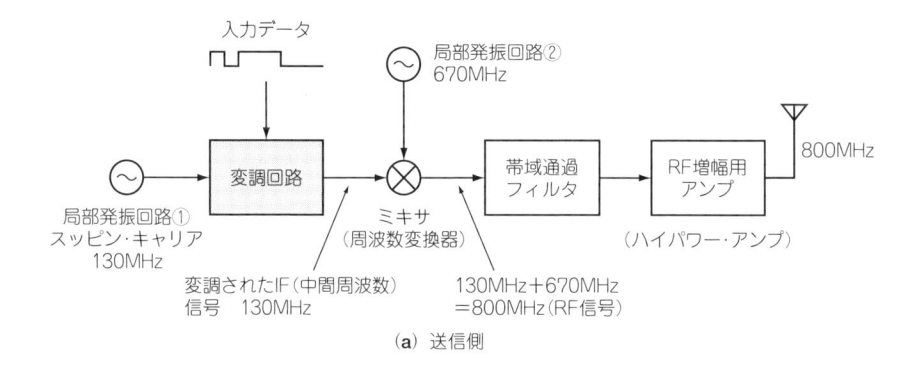

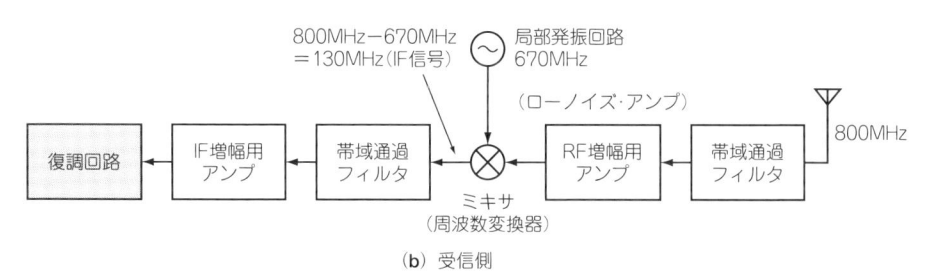

[図3-7] 無線データ伝送システムの簡略化した構成図

(a) 送信側
(b) 受信側

● 変調回路

　図3-7(a)の送信側では，**スッピン**の130MHzのキャリアが局部発振回路①で作られます．この130MHzのキャリアに対して，入力データに応じたディジタル変調がなされます．ディジタル変調は，このようにRF信号のキャリアに対して行うものではなく，**中間周波数**(IF；Intermediate Frequency)というRF信号より低い周波数の信号に対して行うことが多いのです．しかし，最近の傾向としては回路のローコスト化と簡略化のために，直接RF信号に変調をかける構成のものも増えてきています．

● 周波数変換と送信

　ディジタル変調された信号は，ミキサ(周波数変換器)と局部発振回路②を用いて，130MHz＋670MHz＝800MHzのRF信号に周波数変換されます．この信号が増幅されて，送信信号としてアンテナから放射されます．

● 受信と復調回路

　図3-7(b)の受信側では，アンテナで受信したRF信号をいったん増幅し，復調させるためにミキサで800MHz − 670MHz = 130MHzと上記と同じIF信号に変換します．これをディジタル復調するわけです．

　この図のグレーで示した部分が変復調回路です．これを見ると，全体の無線システムの中でディジタル変復調回路がどこに位置するかがわかると思います．

3-4 ビットとシンボルの定義と違い（一度に多ビットを伝送する）

　第1章でディジタル変復調では一度に多数のビット情報を伝送できると説明しました．もう少し詳しく説明していきましょう．読み進めるうちに，ビットとシンボルの違いがわかってくると思います．

● 四つの状態（電圧レベル）で伝送してみる

　図3-1〜図3-3では，"1"を＋5V，"0"を0Vとしました．これだと一度に1ビットしか伝送できないことになります．ディジタル回路やイーサネット，EIA232Fの通信などからすれば当然なことでしょう．

　それでは図3-8を見てください．(a)は1/0(＋5.0V，0V)の場合です．(b)は＋

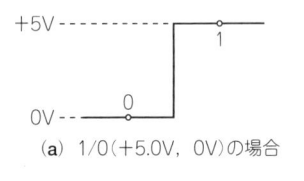

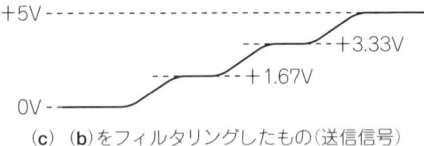

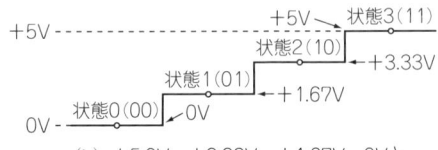

(a) 1/0(＋5.0V，0V)の場合

(b) ＋5.0V，＋3.33V，＋1.67V，0Vと四つの電圧レベルにした

(c) (b)をフィルタリングしたもの(送信信号)

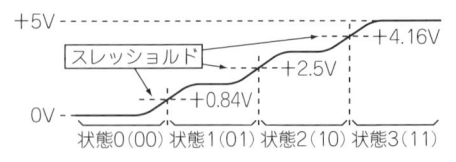

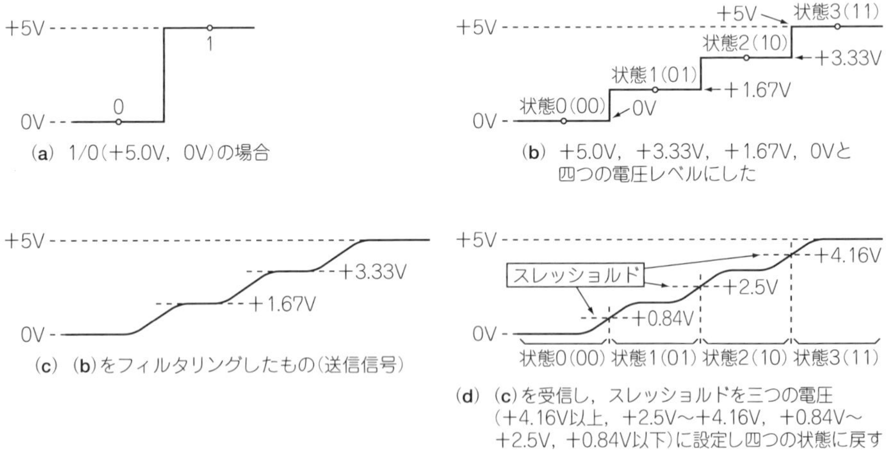

(d) (c)を受信し，スレッショルドを三つの電圧（＋4.16V以上，＋2.5V〜＋4.16V，＋0.84V〜＋2.5V，＋0.84V以下）に設定し四つの状態に戻す

[図3-8] 四つの状態で伝送してみる

5Vから0Vの間を四つに分けて＋5.0V，＋3.33V，＋1.67V，0Vと四つの電圧レベル（これから使う言い方では**状態**）に分けたものです．さらにこれをフィルタリングしたものが(c)となります．これを送信側で変調される（生成される）ベースバンド信号であるとしましょう．これは四つの状態，つまりそれぞれ示しているように，2ビット（11，10，01，00）を表わせることがわかります．

　この信号(c)を送出，伝送し，受信側で(d)のようにスレッショルドを三つの電圧（＋4.16V以上，＋2.5V〜＋4.16V，＋0.84V〜＋2.5V，＋0.84V以下）に設定して，電圧レベルから四つの状態に戻せば，2ビット（11，10，01，00）に戻せることもわかります．

● **実際のディジタル変調では**

　四つの異なる電圧レベル（状態）で送ることにより，一度に2ビットが伝送できることがわかりました．なお，ここまでの説明は**電圧**，つまり振幅を変えることで説明しましたが，第2章からの説明のとおり，ディジタル変調では，**振幅，周波数，位相**を変えて伝送します．**振幅，周波数，位相**をそれぞれを変えれば，異なる**状態**を作り出すことができるわけです．

● **シンボルという用語と定義**

　図3-9を参照してください．この一つの**状態**が続いている期間（時間）のことを，ディジタル変復調では1シンボル（一つの記号という意味．文字などの情報を伝送するという意味から由来すると考えられる．私も**シンボル**という聞きなれない言葉を最初に聞いたときは，言葉自体に違和感をもった）と呼びます．文献によっては**符号**と呼んでいるものもあります．

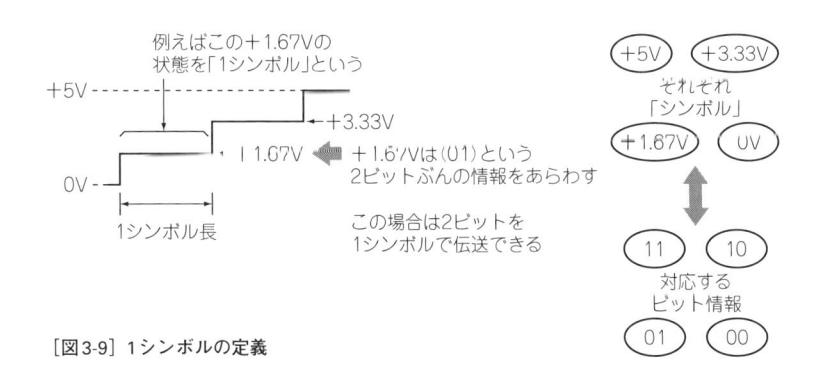

[図3-9] 1シンボルの定義

3-4　ビットとシンボルの定義と違い（一度に多ビットを伝送する）　045

1/0をそのまま伝送する場合は，1ビット＝1シンボル（つまり2状態）ですが，このように複数（上記では4）の状態で伝送する場合は，1ビット≠1シンボルとなり1シンボルで複数のビットを伝送できることになります．

　また，2を超える異なる状態で伝送することを**多値**で伝送するとも言います．

● なぜこのようにするのか

　なぜ，こんなことをするかというと，第1章で説明したように，伝送する速度を下げ，狭い帯域で伝送することで，限られた資源の電波を有効に使おうということが目的です．より平たく言うと，**限られた周波数帯でできるだけ多くのユーザが通信できるようにしよう**というものです．

　速度を下げるという点ですが，例えば，ビット・レートが10kbpsのデータを伝送したいとき，先ほどの例のように1シンボルあたり2ビットを伝送できるシステムの場合，シンボルから次のシンボルへ電圧が変化する速度は5000回/秒になります．これは5ksps（シンボル・パー・セコンド）と呼ばれますが，さきほどの10kbpsと比較して半分の速度になっています．つまり速度が低ければ伝送に必要な帯域幅

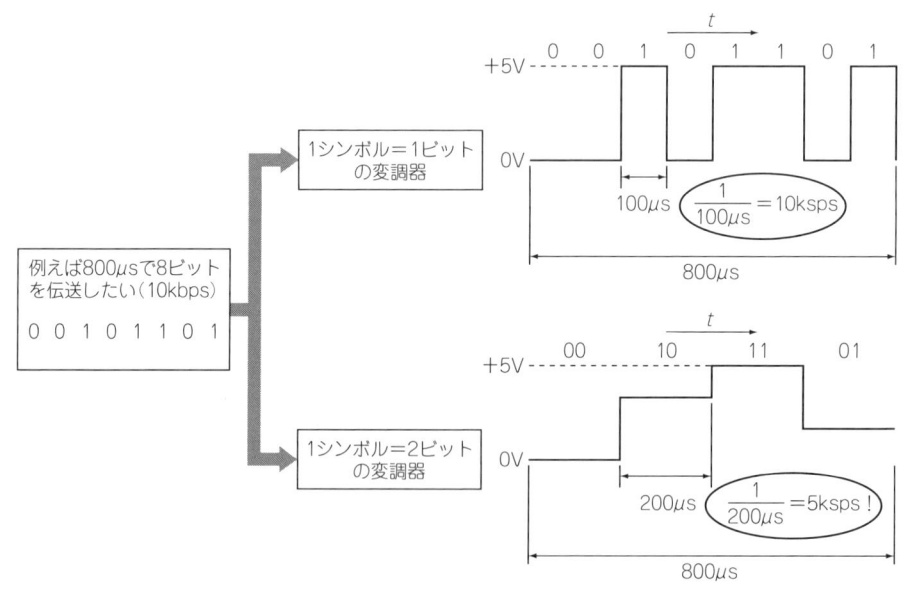

［図3-10］複数のビットを1シンボルで伝送することで狭帯域の通信を可能にする

は狭くて済むので，狭帯域での伝送が可能になります．より複数のビットを1シンボルで伝送させれば，さらに狭帯域で伝送できます．このようすを図3-10に示します．

ところが，どんどん詰め込めば良いというものでもなく，1シンボルあたりの伝送ビット数が増えるにしたがい感度特性が悪くなります．つまり通信距離が短くなっていくという問題が発生します．通信距離は，ほかにもいろいろな条件（送信電力，アンテナ，通信路，周波数，実現性など）との関係で決まってきます．

ここで注意しなくてはならない点があります．もう一度，図3-8(c)を見てください．フィルタリングされた送信波形であっても，一つのシンボルの中心では，もともとの(b)の電圧ぴったりの値になっています．実際はぴったりになるように，波形なまりが発生しないようなフィルタを用いなければなりません．これは，次の第4章の後半でもう少し詳しく説明します．

3-5　振幅を変えるASK変調

ここでの説明は，やさしく説明するために，ベースバンド信号はフィルタリングをせず，矩形波そのままを用いています．その点に注意して読み進めてください．

● ASK（Amplitude Shift Keying）変調の波形
▶ 1/0の繰り返しデータの変調波形

1/0の繰り返しの1kspsの送信ベースバンド信号波形とASK変調波形を，時間信号としてオシロスコープで観測した波形を図3-11に示します．図の上がベースバンド信号波形，下が変調された信号になります．

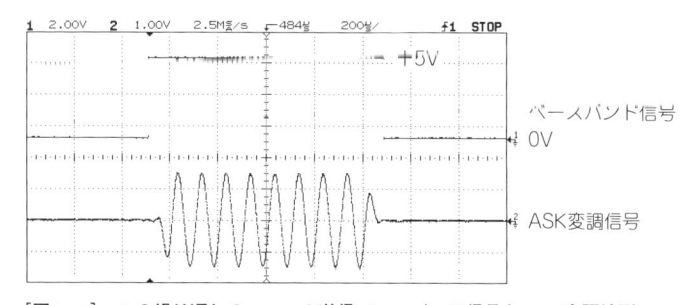

［図3-11］1/0の繰り返しの1kspsの送信ベースバンド信号とASK変調波形

ディジタル・データとベースバンド信号との関係を"0"⇒0V，"1"⇒＋5Vとしてあります．この関係は，送受信間で取り決めがされていればそれでよく，逆の"0"⇒＋5V，"1"⇒0Vとなっていても良いのです．

▶ 1/0の繰り返しデータのASK変調スペクトル

図3-12は，上記の1/0の繰り返しの1kspsの送信ベースバンド信号波形をASK変調したスペクトルです．

キャリアの両わきに，送信データの繰り返し周波数と同じだけずれた位置（±500Hz）に，信号エネルギー（スペクトル）があることがわかります．ビット・レート（＝シンボル・レート）が1kbpsなので，信号繰り返し周波数は半分の500Hzになり，その周波数にスペクトルが出ています．つまり，変調する速度によって，キャリアからどれだけ離れたところに信号スペクトルが現れるかが決まるということです．

キャリアからさらに離れたところに出ているスペクトルは，ベースバンド信号の高調波です．3次，5次のレベルが図3-1に示した理論どおり出ています．また，2次，4次のレベルは理論的には出てこないはずですが，実際には現れています．これはアナログ的な歪みによって発生していると考えられます．

単純な1/0の繰り返しデータでは，変調された信号のスペクトルは無線通信の教科書で見るような**おわん型**ではなく，線スペクトルになることもわかりますね．

▶ ランダム・データで変調してみる

図3-13は，ランダム・データ（Column 1参照）の1kspsの送信ベースバンド信号

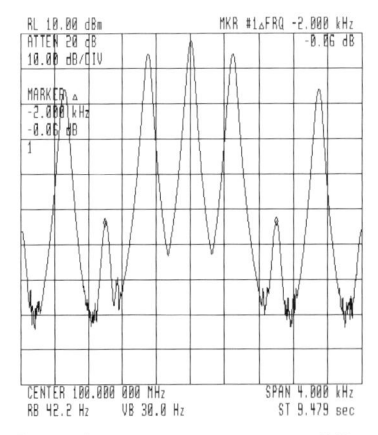

[図3-12] 1/0の繰り返しの1kspsの送信ベースバンド信号をASK変調したスペクトル

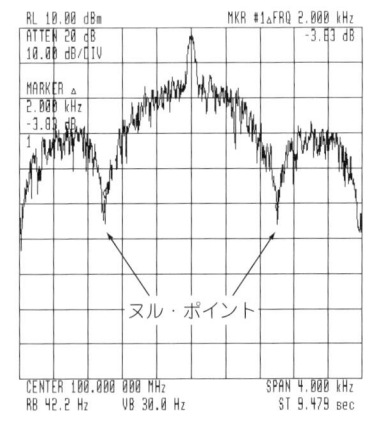

[図3-13] ランダム・データの1kspsの送信ベースバンド信号をASK変調したスペクトル

をASKで変調したスペクトルです．このランダム・データで変調された信号のスペクトルが，一般に無線通信の教科書に載っているスペクトルとなります[※4]．

　これらの教科書には当然だとして詳しい説明がありませんが，ランダム・データを与えた場合に図3-13のスペクトルになるわけで，図3-12を見てもわかるように，繰り返し信号などの周期的な，ランダムでない信号では，特定の位置，もしくは偏ったスペクトルが見えることになります．

● より詳細に見てみると
▶ 角が出ていることに注目しよう

　図3-13にはキャリアの周波数に**角**（ツノ）が出ていることがわかります．この角が出る理由を図3-11から解析していきます．

　図3-11は1/0の連続ですが，ベースバンド信号は0Vと+5Vの間を動いています．この直流成分（つまり，カットオフ周波数がかなり低いローパス・フィルタを通した信号）は，中間電位の+2.5Vになります．キャリアの角は，この+2.5Vの直流成分がベースバンド信号の周波数ゼロ成分のエネルギーとして見えているのです[※5]．

　ランダム・データの場合も直流成分は+2.5V付近になるので，いずれにしても角が出てしまうことがわかりますね（Column 1に示すような条件のデータなら，ほぼ+2.5V）．

　これは変調に関係しない，つまりむだなエネルギーです．一方，PSKはこのむだを発生させない効率の良い変調方式です．

▶ スペクトルがなくなるヌル・ポイント

　図3-13にはストンとレベルが低くなっているところが見えます．キャリアからちょうどビット・レートの周波数だけ離れたところに出ています．ここはベースバンド信号のスペクトル自体がない**ヌル・ポイント**と呼ばれます．

▶ スペクトルの形

　図3-13のおわん型のスペクトルは，そのベースバンド信号はランダム・データの矩形波であり，フィルタリングされていません．このスペクトルはsinc関数と呼

※4：教科書には単一パルスが**おわん型**だと表記してある．ランダム・データがおわん型になるのは，信号の**自己相関**ということに深く関連している．自己相関については本書の後半でも述べるが，これらの相互関係は本書の範囲を超えるので説明しない．

※5：この説明でわかるように，実はベースバンド信号とASK変調波のスペクトルは同じ形状である．このような変調方式を**線形変調**と呼ぶ．この場合，変調波と等価ベースバンド信号は同じと考えることができ，理論解析をする場合には，等価ベースバンド信号を用いて行うのが一般的．

(a) sinc関数自体　　　　　　　　　　(b) デシベルの電力表示としたもの

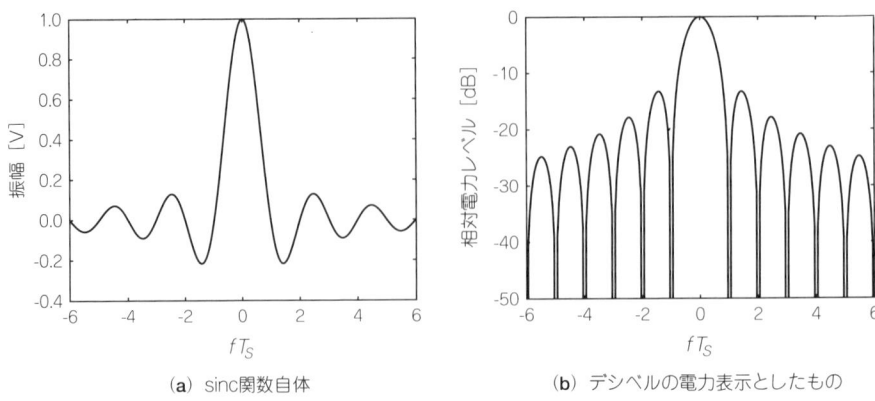

[図3-14] sinc関数と，それを電力単位デシベル表示とした関数の形状

ばれる関数の形状をしています．本書で初めて数式を使いますが，ディジタル信号処理やディジタル変復調を理解するのに大切ですから，ここで説明します．

式(3-1)は，電圧レベルを示しており，スペクトラム・アナライザで表示される電力(それもデシベルの単位)では，これを二乗し，logをとり，10倍したものになります．これも式(3-2)に示します．

$$S(f) = \operatorname{sinc}(\pi f T_S) = \frac{\sin(\pi f T_S)}{\pi f T_S} \quad \cdots\cdots\cdots(3\text{-}1)$$

$$S(f) = 10\log\{\operatorname{sinc}(\pi f T_S)\}^2 = 10\log\left\{\frac{\sin(\pi f T_S)}{\pi f T_S}\right\}^2 \quad \cdots\cdots(3\text{-}2)$$

ここで，fは横軸となる周波数，T_Sはシンボル・レートになります．

また，図3-14にsinc関数と，それをデシベルの電力表示とした関数の形状を示してみます．上記のヌル・ポイントもこの式により表わされます．

なお，この図には，先の**直流成分が周波数ゼロ成分のエネルギーとして見える角(ツノ)**はありません．直流成分とsinc関数自体は無関係だからです．

● ASK変調の変調回路例

図3-15は，ASKの変調回路構成です．発振器によって作られたキャリアを後段で増幅しますが，この増幅度を可変させることで変調を行います．図のように信号経路途中を送信データに応じてON/OFFさせれば，簡単にASK信号が作れます．

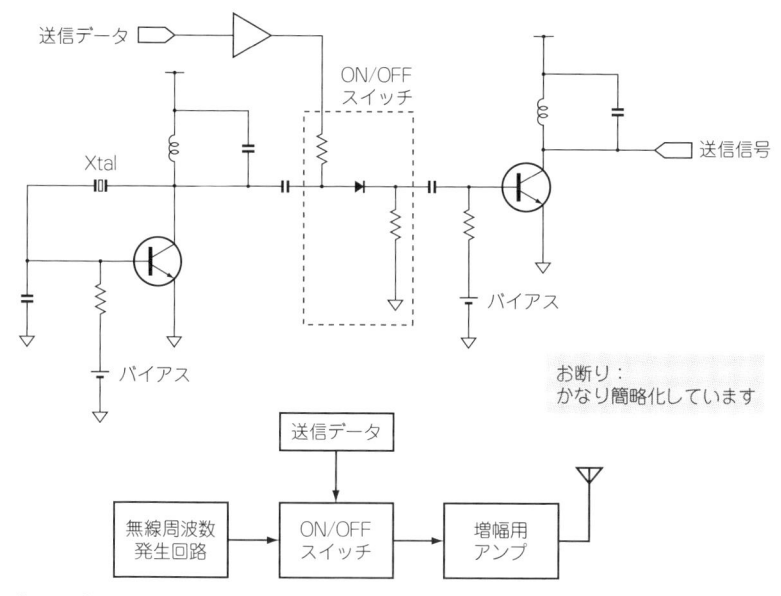

[図3-15] ASKの変調回路構成

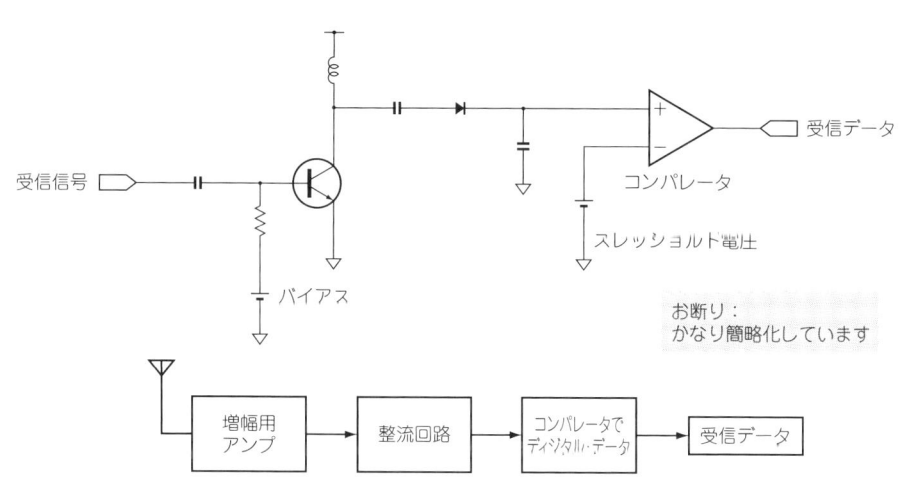

[図3-16] ASKの復調回路構成

3-5 振幅を変えるASK変調

Column 1

ランダム・データ

　図3-13で示されるスペクトルの送信データは，ランダムとはいえ，完全にランダムではありません．これらに用いられるデータは疑似雑音符号，英語ではPN(Pseudo Noise)Sequenceというものです．PN符号と一般的には言います．またビット・エラー・レート・テスタなどの測定器では，PRBS(Pseudo Random Binary Sequence)という言い方もします．

　PN符号は，データのつながりの短い区間ではランダムな1/0信号となっていますが，このランダムのビットには一定の繰り返しがあります．これを**周期**と呼んでいます．さらに1周期中の"1"と"0"の数がバランスが取れているのも特徴です．

　エラー率は，PN符号を用いて評価が行われます．一般的には511ビットの周期をもったPN9(PRBS-9)や，32767ビットの周期をもったPN15(PRBS-15)と呼ばれる，9段/15段のシフト・レジスタによって構成される回路で生成されたランダム・データを用います．

　PN9を生成するシフト・レジスタを**図C3-1**に示します．シフト・レジスタはD型フリップ・フロップをカスケードに接続すればよく，このシフト・レジスタの途中で最終段のレジスタからフィードバックされた値と前段のレジスタの値をXORすることで，PN9を生成することができます．シフト・レジスタ長(N)での最長のPN(PRBS)符号長(m)は以下の式で求めます．

$$m = 2^N - 1 \quad \cdots\cdots\cdots\cdots\cdots\cdots\cdots\cdots\cdots\cdots\cdots\cdots\cdots\cdots\cdots\cdots\cdots\cdots\cdots\cdots\cdots (\text{C3-1})$$

　最長の符号長を生成するためには，このXORする位置はどこでも良いわけではなく，作り方は決まっています(3入力以上のXORの場合もある)．例えば，9段で511ビットのPN符号を生成する場合には，48通りしかありません．

　また，このPN符号は第7章以降で説明する**スペクトル拡散通信**や**CDMA**でとても重要な要素技術になります．

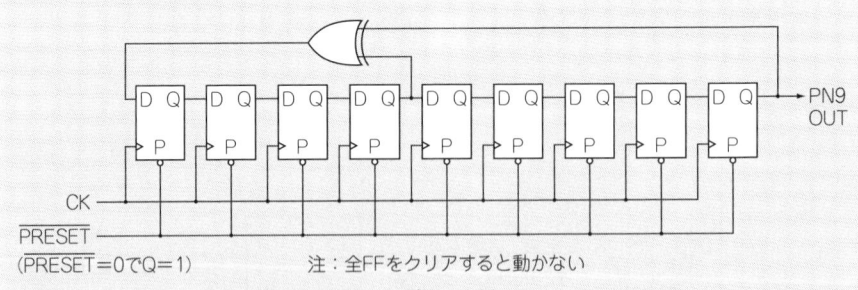

[図C3-1] PN9(PRBS-9)を生成するシフト・レジスタの例

● ASK変調の復調回路例

図3-16は，ASKの復調回路構成です．受信した信号を増幅したのちに，整流回路で信号を整流し，受信信号のピーク・ポイント（包絡線）を検出し，これをコンパレータで2値化すれば，受信データを復調できます．

3-6　周波数を変えるFSK変調

FSKについても，説明をやさしくするために，ベースバンド信号はフィルタリングをせず，矩形波をそのまま用います．ここでは，FSKは振幅が一定であることを意識していてください．

● FSK（Frequency Shift Keying）変調の波形
▶ 1/0の繰り返しデータの変調波形

1/0の繰り返しの1kspsの送信ベースバンド信号波形とFSK変調波形を，時間信号としてオシロスコープで観測した波形を**図3-17**に示します．図の上がベースバンド信号波形，下が変調された信号になります．ベースバンド信号のレベル変化に応じて，キャリアの周波数が変化していることがわかります．

ディジタル・データとベースバンド波形との関係を"0"⇒低い周波数，"1"⇒高い周波数としてあります．この関係は，送受信間で取り決めがされておればそれでよく，逆の"0"⇒高い，"1"⇒低いとなっていても良いのです．

▶ FSK変調スペクトル

図3-18は，上記の1/0繰り返しの1kspsの送信ベースバンド信号をFSKで変調したスペクトルです．**図3-19**は，ランダム・データの1kspsの送信ベースバンド信号をFSKで変調したスペクトルです．

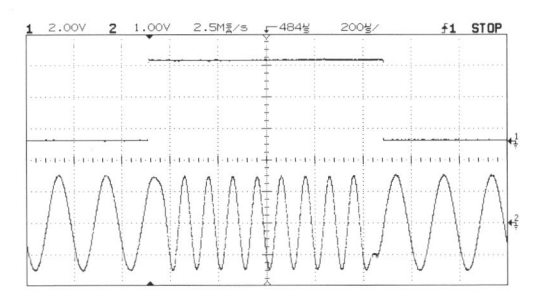

［図3-17］1/0の繰り返しの1kspsの送信ベースバンド信号とFSK変調波形

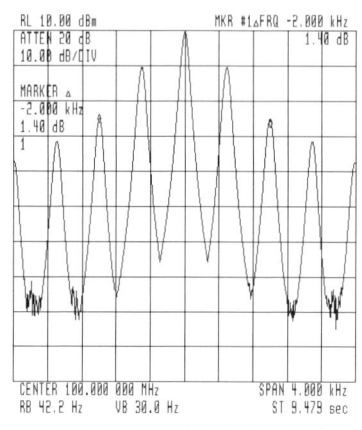

[図3-18] 1/0の繰り返しの1kspsの送信ベースバンド信号をFSK変調したスペクトル

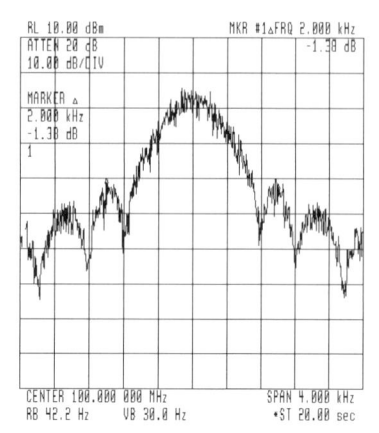

[図3-19] ランダム・データの1kspsの送信ベースバンド信号をFSK変調したスペクトル

　それぞれASKの場合と似てはいますが，よく見てみると，若干スペクトルの形が違うことに気づくのではないかと思います．1/0繰り返しの場合も，2次，3次，4次の高調波に対応する部分がそれぞれ現れています．
　この波形の形が異なることについては，次の節で説明します．

● FSKの変調指数 "m"
　FSKは周波数を変えて，異なる状態を作り出して変調を行います．この周波数を変える度合いを表わす指数を**変調指数** m といいます．m は以下の式で表わされます．

$$m = \frac{周波数変化量}{送信シンボル・レート} \qquad (3\text{-}3)$$

　式(3-3)からもわかるように，このmは，キャリア周波数にはよらず，送信シンボル・レートと周波数変化量によって決まります．例えば$m=0.5$とし，送信シンボル・レートを1kspsとすると，入力ベースバンド信号1/0に対する周波数変化量は500Hzになります．周波数の変化は，中心（キャリア）周波数に対して，半分半分（この例では±250Hz）を変化させるようにします．
　図3-20は，同じ送信ランダム・データでFSK変調し，変調指数mを変えたものです．$m=0.5$, $m=0.7$, $m=1.0$として変調してあります．先ほどのASKとは，スペクトルの形状が異なりますが，変調指数ごとでも異なっていることがわかり

(a) $m=0.5$

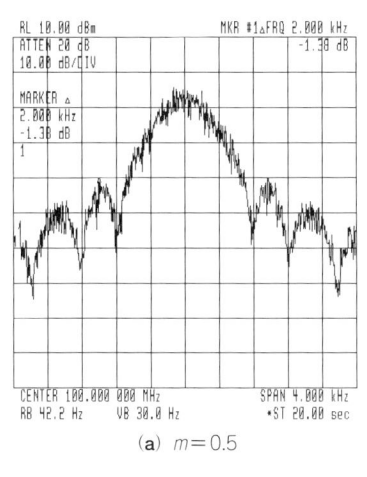

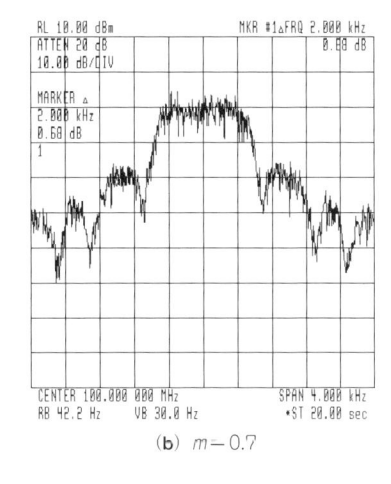

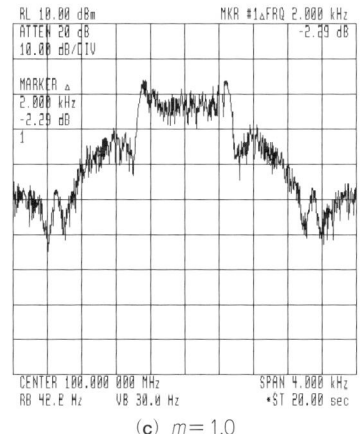

(b) $m=0.7$

(c) $m=1.0$

[図3-20] FSK変調し，変調指数 m を変えたスペクトル

ます．形状が変化する理由については，3-7節でもう少し詳しく説明します．

● **FSK変調の変調回路例**

　FSKは，キャリアの周波数を切り替えれば変調できるので，二つの発振器を用意して送信データに応じて発振器を切り替える方法が考えられます．しかし，現在一般的に使用する用途としては現実的ではありません．

　一般的には，図3-21のように，VCXOの発振周波数を変化させるとか，キャリ

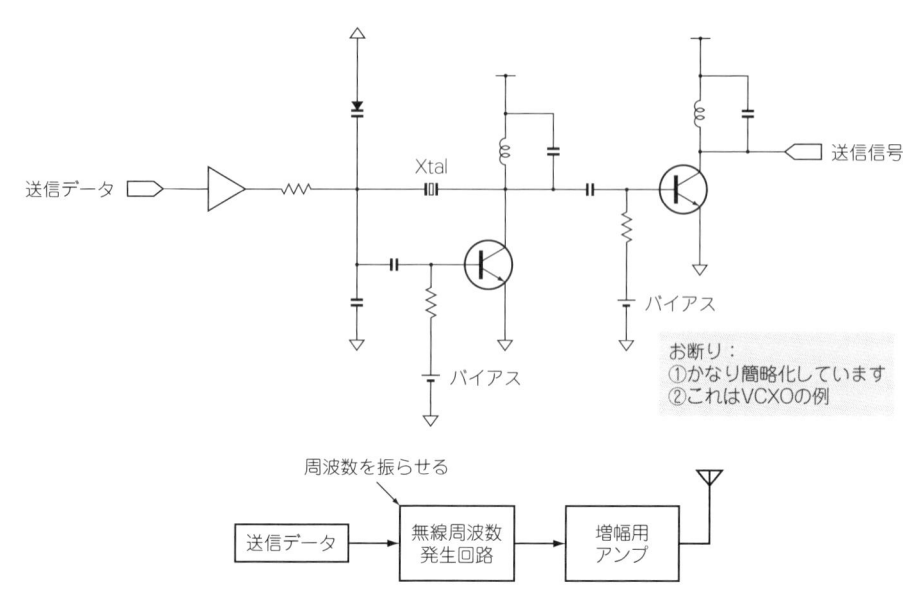

[図3-21] FSK変調の変調回路例

お断り：
①かなり簡略化しています
②これはVCXOの例

ア周波数にロックしているPLL（Phase Locked Loop）のVCO（Voltage Controlled Oscillator）発振周波数を送信データによって強制的に動かすようにします．

▶PLL方式FSK変調回路の注意点

PLLは目的の周波数にロックするようにフィードバックがかかっていますが，FSK変調するには外部から電圧を与え，このフィードバックを強制的にある周波数（つまりFSKの"1"，"0"各々に対応する周波数）に振らせます．

このフィードバックの応答速度に対して送信データの速度が十分に速くないと，うまく変調がかけられないことになり，逆に連続して同じ送信データが入力されるとフィードバックが応答してキャリア周波数に引き込まれてしまいます．設計時には，以上のことを十分考慮する必要があります．

また，後述のPSKで用いるIQ変調器でもFSK[※6]を作ることができます．

● FSK変調の復調回路例

図3-22は，FSK復調の簡便な方法としてよく使われるクワドラチャ検波方式の

※6：一般的には$m = 0.5$のMSKに用いられる．MSKは3-7節で説明する．

お断り：
① かなり簡略化しています
② このままではまともには動きません

LCR回路

リミッティング・アンプ

コンパレータ

スレッショルド電圧

クワドラチャ検波回路など

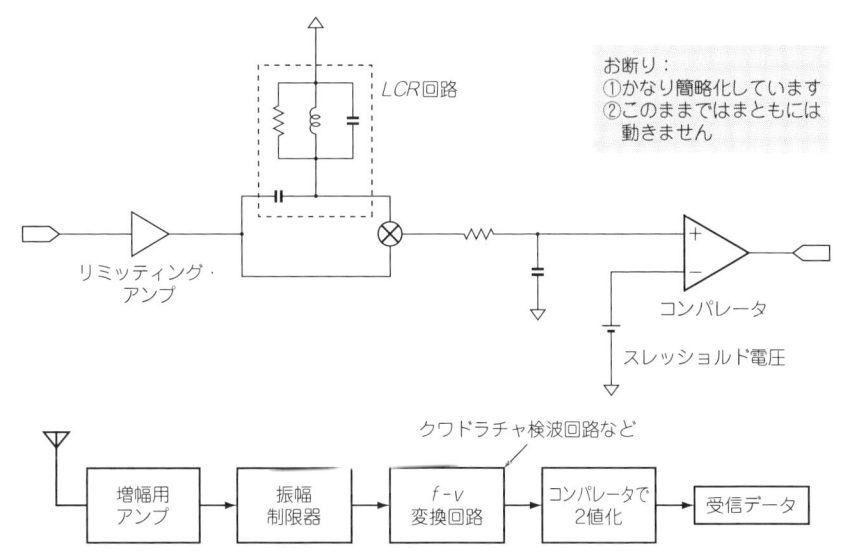

増幅用アンプ → 振幅制限器 → $f-v$ 変換回路 → コンパレータで2値化 → 受信データ

[図3-22] FSK変調の復調回路例（クワドラチャ検波方式の概念）

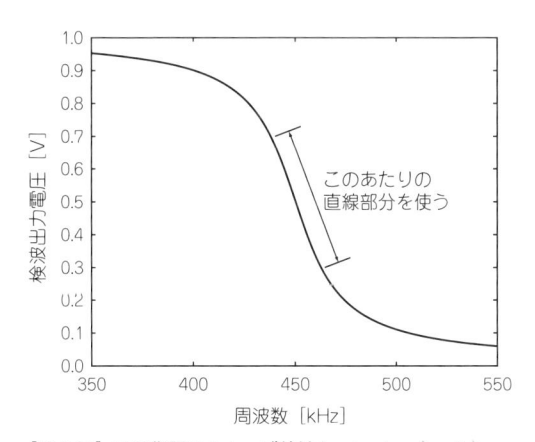

[図3-23] FSK復調のSカーブ特性（シミュレーション）

このあたりの直線部分を使う

概念です．FM復調と同じように，振幅制限器（リミッティング・アンプ）で受信信号を一定振幅にした後に，図中の LCR 回路を通過させると，周波数に応じて位相が変化します．この信号と元の信号をミキサでミキシング（乗算）し，低周波成分のみを取り出すと，周波数に対して出力電圧が変化するようになります．

この特性例を図3-23に示します．この図の曲線をSカーブと呼びます．このSカ

3-6　周波数を変えるFSK変調　|　057

ーブの直線部分を使ってFSK復調を行い，さらにコンパレータでビット判定と2値化をして，受信データを復号して出力します．

3-7 FSK変調についてもっと詳しく！

● なぜ変調指数 m を変えるとスペクトルの形が変化するのか？

変調スペクトルでおもしろい点は，ベースバンド信号自体のスペクトルと変調信号のスペクトルは，ASK，PSKはそれぞれが同じ形をしており(PSKについては後述)，FSKは同じ形にはならないことです(**図3-24**)．

FSKが同じ形にならないことは，図3-20で説明したように，変調指数 m を変えるとスペクトルが変化することから，直感的に理解できると思います．

それぞれのスペクトルが等しいASK，PSKを**線形変調**と呼び，スペクトルの異なるFSKを**非線形変調**と呼びます．

では本題ですが，単純に言うと[※7]，ASK，PSK(PSKについては後述)は，キャ

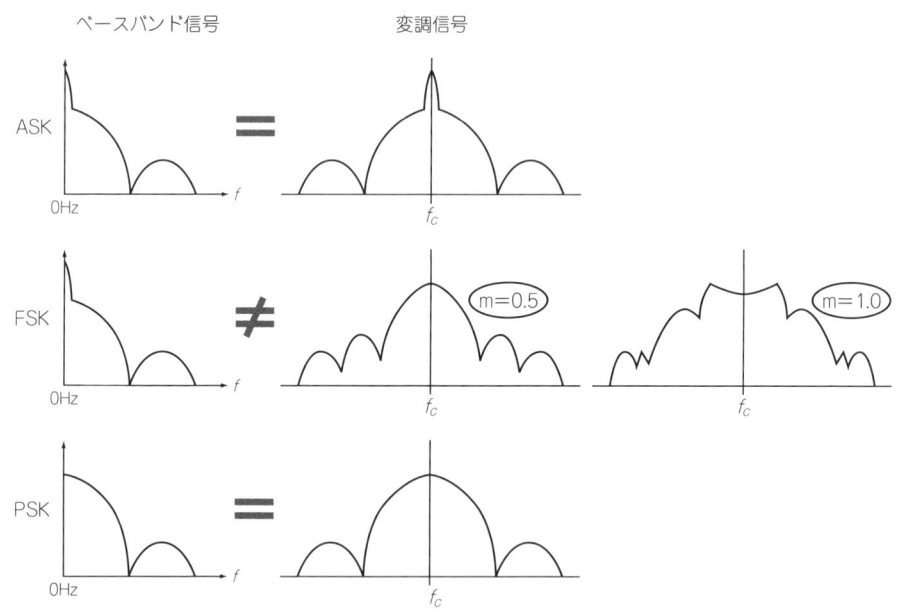

[図3-24] ベースバンド信号のスペクトルと変調信号のスペクトルを変調方式ごとに比較する

※7：この説明は数式を用いたほうが実は簡単に説明できる．

リアを振幅方向に対して変化を与え，FSKは周波数自体を変えてしまうという違いです．

つまり，ASKとPSKはキャリア自体には影響を直接与えないわけで（単にレベルが変化するだけ），キャリアであっても直流電圧であっても，ベースバンド信号の変化に対応して振幅方法へ変化させることはどちらも可能であるといえます．

逆に，FSKはキャリア自体を周波数という軸で変化させます．そこには，もともとのキャリアは存在しないことになります．つまり，直流電圧においては同じようには変化させることができず，結論的にはFSK変調信号とベースバンド信号とは異なるふるまいになるわけです．このようすを**図3-25**に示します．

さらに言うと，mを変えていくと，ベースバンド信号ともともと異なるふるまいのものが，さらに**キャリア自体の周波数変化量が変わる**という点で，より異なってくるため，それぞれのmによってスペクトルの形が変わることになります．

ひき続き，以下のベッセル関数の説明で，より理論的に説明していきましょう．

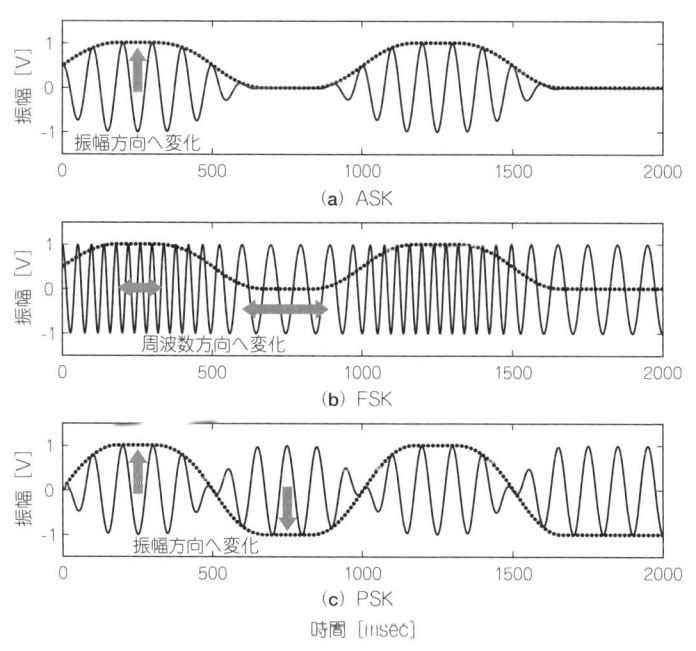

[図3-25] ASKとPSKは振幅方向に変化し，FSKは周波数方向に変化する

● mの違いをベッセル関数から理解してみる

▶ ベッセル関数と実際の変調スペクトルの大きさ

　FM方式を説明する教科書には，ベッセル関数の記述がよくあります．FMなりFSKを考える上で避けては通れませんが，よくわからないという話も聞きます．ここでは実際にFSKでおもに用いられる部分について突っ込んで説明します．

　第1種ベッセル関数(図3-26)は，周波数変調の数式を変形させていく結果としてたどり着く関数で，この変形のようすは参考文献(30)に詳しく説明されています．

　この関数は，サイン波変調信号(ベースバンド信号と考えても可)周波数と変調指数により，キャリア両脇にそれぞれ発生するサイド・バンド(側波帯)の信号エネルギー(スペクトル)のレベルを示しています．このスペクトルのようすは，図3-18(ただし変調は矩形波)と同じようにスペクトラム・アナライザで観測できます．

　一般的に，FSKディジタル変調において，変調指数は，$m = 0.5$，0.7，1，2程度にします．ここでは，この範囲に限定して話をしましょう．図3-26の横軸は変調指数m，縦軸は実際に発生するレベル(これは電圧)，J_nのnはキャリアからn番目のスペクトルを表わします．つまりJ_0はキャリア自体となります[※8]．

　表3-4は，上記の変調指数ごとにベッセル関数から求めた，サイド・バンド電力です．図3-26の電圧レベルおよび，それを二乗して電力としキャリア周波数スペクトルとの電力比(dB値)，それぞれを示しています．電力比はスペクトラム・アナライザで実際に観測できるdB比と同じです．

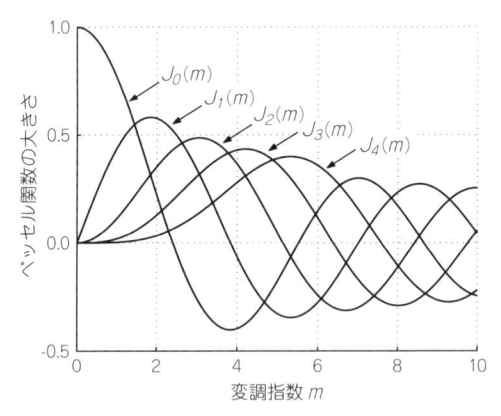

[図3-26] 一般的に見られる第1種ベッセル関数の図

※8：上記の説明と図3-26を見ると，$m = 2.40$になるとキャリア(J_0)が消えてしまうことがわかる．スペクトラム・アナライザで見ても確かにそうなり，興味深い．この値を元に測定系の校正もできる．

[表3-4] 変調指数とサイド・バンド電圧/電力レベル．カッコ内は電力比
(dB値．ただしキャリア周波数レベルとの比で正規化してある)

m	キャリア	サイド・バンドの番号				
		1	2	3	4	5
0(無変調)	1 (0dB)	0	0	0	0	0
0.5	0.9385 (0dB)	0.2423 (-11.8)	0.0306 (-29.7)	0.0026 (-51.3)	0.0002 (-75.3)	0 (-101)
0.7	0.8812 (0dB)	0.329 (-8.6)	0.0588 (-23.5)	0.0069 (-42.1)	0.0006 (-63.2)	0 (-86.3)
1	0.7652 (0dB)	0.4401 (-4.8)	0.1149 (-16.5)	0.0196 (-31.8)	0.0025 (-49.8)	0.0002 (-69.7)
2	0.2239 (0dB)	0.5767 ($+8.2$)	0.3528 ($+4$)	0.1289 (-4.8)	0.034 (-16.4)	0.007 (-30.0)

▶ ベッセル関数とFSK変調

上記のベッセル関数の説明では，その変調信号（ベースバンド信号）はサイン波でした．実際のFSK変調は図3-24のようなおわん型の複雑なベースバンド信号スペクトルになります．しかしながら，そのうちの特定の周波数スペクトルだけに注目すれば，上記のサイン波での考え方を応用することができます．

表3-4では，mが大きくなっていくにしたがって，1番目のサイド・バンド，2番目と，それぞれ徐々に大きくなっています．それを図3-20のスペクトルと比較して見ていくと，mが大きくなるにしたがい，キャリアから離れた部分の電力が大きくなっていくことがわかり，ベッセル関数により，スペクトルの形が変化する理由が理解できると思います．

● 必要な帯域：カーソン則から求めてみよう

以下では，FSKで必要となる周波数帯域幅を説明します．とはいえ，実際の受信回路では第5章でも説明しますが，以下の問題があり，このままズバリとはいきません．

- フィルタ素子の個体ばらつき
- 送受信間のキャリア周波数のズレ
- フィルタの群遅延特性
- これらの温度による特性変化

FSK変調は，安易に実際の回路として実現できる一方で，説明してきたように非線形変調であり，理論解析はASKやPSKと比較してかなり困難度が高いという

おもしろい（厄介な!?）特徴があります[※9]．

帯域幅をベッセル関数からアプローチして求めることも考えられますが，複数のスペクトルごとの位相差もあり，単純な足し合わせ（重ね合わせ）では正確な結果は得られません．

▶ カーソン（Carson）の経験則

これは近似計算であり，以下の帯域があれば，経験的に問題ないというものです．変調指数が$m > 6$だと正確なようです．それよりmが小さくなっても，この値より狭めになる程度なので，実際の設計ではこの値を採用してもよさそうです．

$$必要な帯域幅 = シンボル・レート + 周波数変化量(f_L \sim f_H) \quad \cdots\cdots\cdots(3\text{-}4)$$

▶ なぜ必要な帯域幅の議論をするか

なぜ必要な帯域の議論が必要かというと，第5章で詳しく説明するSN比の問題があるからです．受信側をできるだけ狭い帯域として雑音を少なくし，SN比を高くして復調しなくてはなりません．

その一方で，上記に示した帯域よりかなり狭い帯域のフィルタを使った場合は，全体のエネルギーが通過できないため，振幅が一定のはずのFSK変調波・復調波に振幅変動や，復調波形にシンボル間干渉[※10]が生じてしまいます．実際に変復調回路を作る場合は，実験により検証することが必要でしょう．

● 変調指数 $m = 0.5$ の FSK「MSK」

変調指数が0.5のFSKは，特殊な例としてMSK（Minimum Shift Keying）と呼ばれます．これはシンボル周波数f_Lとf_Hが**直交する**最小の周波数差であることがミニマムといわれる理由です．直交の概念は，実は簡単なのですが，少しわかりづらいので，ここでさわりを説明し，第11章11-2「変復調の理論式のポイント」の項の「直交すること」でもう少し詳しく説明します．

▶ MSKはシンボル同士が直交する

ここでいう**直交する**とは，二つの信号を掛け合わせたときに，その結果がゼロになるという意味です．MSKが直交することを実際の値で説明してみます．図3-27を見てください．10kHzのキャリアを1kspsでFSK変調したとします．$m = 0.5$

[※9]：これまでの説明でわかるように，FSKは**非線形変調**であり，変調波と等価ベースバンド信号は同じではない．そのため，理論解析をする場合には，等価ベースバンド信号を用いて解析できない．
[※10]：前シンボルのレベルがなんだったかで次のシンボル波形がその影響を受けて変化してしまうもの．詳しくは次の第4章で説明する．

f_L = 9.75kHz

f_H = 10.25kHz

(a) f_L = 9.75kHz, f_H = 10.25kHzをそれぞれ1シンボル長

(b) 1シンボル長あたりの差周波数信号

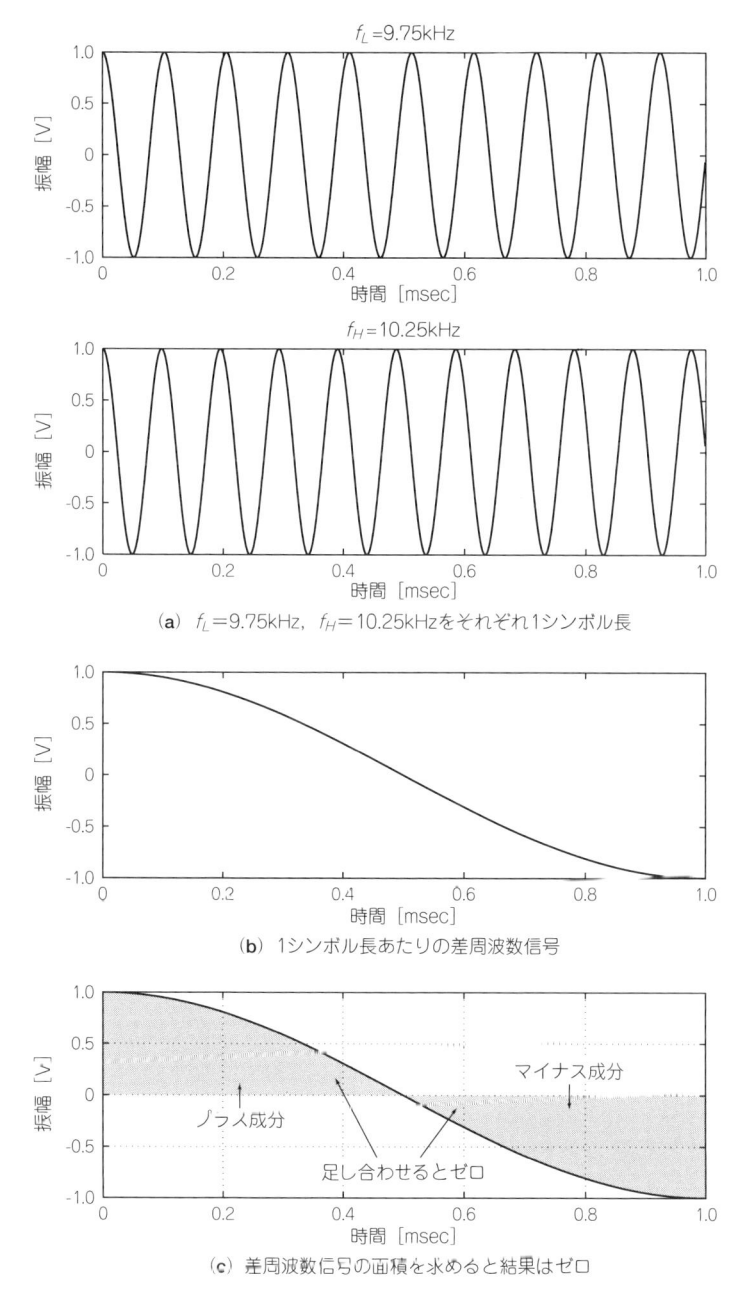

プラス成分
マイナス成分
足し合わせるとゼロ

(c) 差周波数信号の面積を求めると結果はゼロ

[図3-27] MSKと「直交」の意味合い

3-7 FSK変調についてもっと詳しく！ | 063

なら，$f_L = 9.75\text{kHz}$と$f_H = 10.25\text{kHz}$になることがわかりますね[図3-27(a)]．

この二つの周波数の差は500Hzです．1シンボルの長さは1msecですから，1シンボル長あたりで図3-27(b)のように，それらの差周波数信号は，サイン波の半周期がゼロを中心としてプラスが側に半分，マイナス側に半分となります．

この面積を求め（積分する），プラス・マイナスの符号まで考えると，図3-27(c)のようにプラス・マイナスがちょうどバランスしているので，結果はゼロになります．これがf_Lとf_Hの二つのシンボルが直交するという概念的な意味です．

▶ 直交しているMSKが使われる理由

この特徴から，上記3-6のFSK復調だけでなく，第4章で説明するようなPSK方式のIQ復調器でも復調できるのです．このことは，さらに詳しく第4章の「QPSKとMSKは双子」の項で説明していますので，そちらも見てください．同じくMSK変調についてもIQ変調器が使えます．

またFSK，MSKは，ベースバンド信号をフィルタリングして帯域を狭く制限した場合でも，変調信号の振幅が一定となるため，増幅器などの設計がとても簡単になる利点があります（詳細は第9章）．これらの利点から，古くから研究され，欧州のGSM携帯などで実用に供されてきたのでしょう．

3-8　位相を変えるPSK変調

PSKについても，説明をやさしくするために，ベースバンド信号はフィルタリングをせず，矩形波そのままを用いています．しかし，PSKはディジタル変復調での主役であり，実際のシステムでは，フィルタリングがとても重要です（第5章で説明）．

この項では，PSKの理解をより深められるように，変調波形を示す前に，位相というものをどのように考えていけばよいかを説明しましょう．実はPSK変調をする過程はASKにとてもよく似ています．振幅変調の延長とも言えるかもしれません．このあたりを意識しながら，以下を読み進めてください．

● 位相，それを変えるPSK（Phase Shift Keying）とはなんだろう
▶ タイミングのズレと位相

図3-28はキャリアと，それに対してタイミングを少しずらした，キャリアと周波数の等しいサイン波です．(b)はキャリアに対して1/4周期タイミングが遅く，(c)は1/2周期分でありキャリアが反転した波形です．(d)は3/4周期タイミングが

遅くなっています．

ここでキャリアの1周期を360°の角度分と考えると，それぞれのタイミングのズレは90°, 180°, 270°と対応します(キャリア自体は0°になります)．このタイミングのズレを角度として表わしたものが**位相**です．これを変化させた変調方式が位相変調，すなわちPSKです．

▶ **0°と180°に限定してみると，それがBPSK**

図3-28の0°と180°の位相分の2状態に限定して，変調用のシンボルとして割り当てると，それは2値，1/0を表わす(つまりバイナリの)PSK変調になります．これをBPSK(Binary PSK)と呼び，PSK方式の基本になります[※11]．これ以降では，このBPSKという用語を多用していきます．

(a) キャリア(0°)

(b) 1/4周期タイミングが遅い(90°)

(c) 1/2周期タイミングが遅い(180°)

(d) 3/4周期タイミングが遅い(270°)

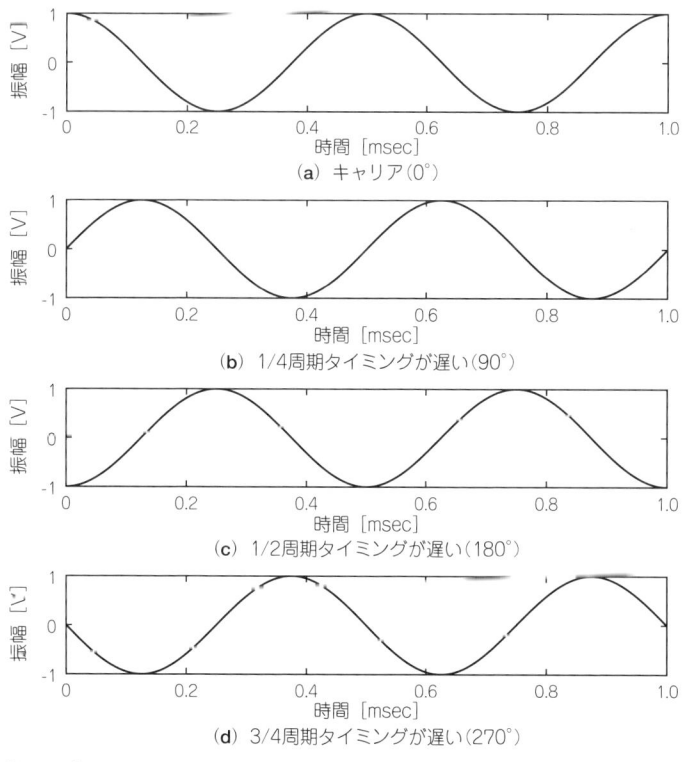

[図3-28] キャリアとタイミングをずらしたサイン波

※11：PSKもBPSKだけではなく，もっと多値のものがある．その一つのQPSKは第4章で説明する．

▶ どうやって0°と180°の位相差を作り出すか

(c)は1/2周期分でありキャリアが反転した波形という図3-28の説明を見てください．180°位相がずれるということは**反転している**ということです．

例えば，2Vを－1倍すれば，－2Vになります．－1倍するというのは，電気回路で言えば，極性が反転することであり，逆方向に接続することを意味します．図3-29にキャリア(a)とそれを－1倍した波形(b)を示します．これは，図3-28の180°ずれた波形とまったく同じです．つまり，サイン波を－1倍することは，

- サイン波が反転すること
- それは位相が180°ずれること
- －1を掛算(乗算)するとも言う

と言いかえることができます．これがBPSKでの**位相を変える**変調です．－1を掛算(乗算)するというのは，本当に単に中学校の掛け算と同じです．

また興味深いことに，位相を変えて変調するにもかかわらず，その作り方は振幅を変える(－1倍している)ものです．つまりPSK変調は，ASK変調の派生とも言えるわけです．これがPSK変調が線形変調である理由でもあります．

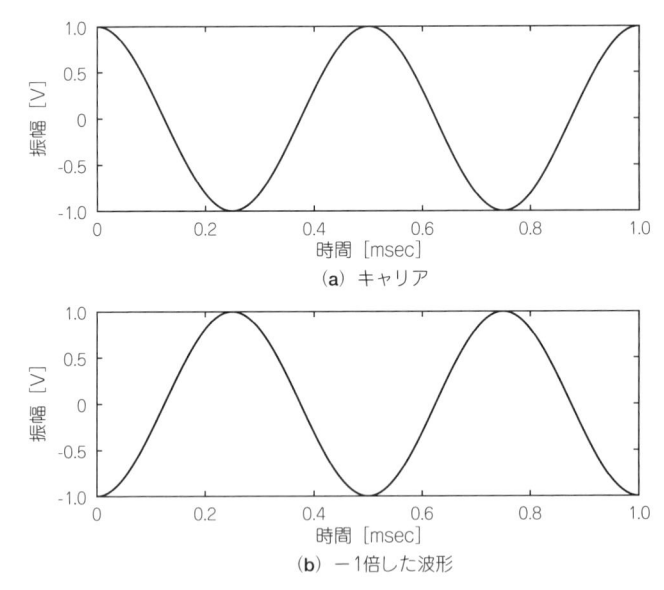

[図3-29] キャリアと－1倍した波形

▶ −1倍はディジタル回路からどう変換するのか

変調する元データは，ディジタル回路から出力される1/0のデータです．−1という値はありません．そこで−1が出せるように変換が必要です．**図3-30**は変換の概念です．

(a)において，レベルが+5Vと0Vのディジタル信号(ベースバンド信号)があった場合，これでスイッチSW_1〜SW_4を操作し，+5Vのときはキャリア発振器の(−)が(r)とつながるように，0Vのときには(+)が(r)とつながるようにします．

こうすることで，0Vのときに0°の位相の信号，+5Vのときに180°の位相の信号を作ることができます．これにより等価的に−1倍を作り出しているのです．

(b)においては，レベル変換をしています．+5Vと0Vの中点の+2.5Vをグラウンド電位とすれば，+2.5Vと−2.5Vを作ることができます．実際の回路としては，−1倍ではなくてもよく，+/−それぞれの大きさが 縮であれば(例えば±2.5Vでも)良いのです．反転させることが目的なので，後段で増幅すればいくらでも希望の出力電圧/電力を作り出すことができるからです．

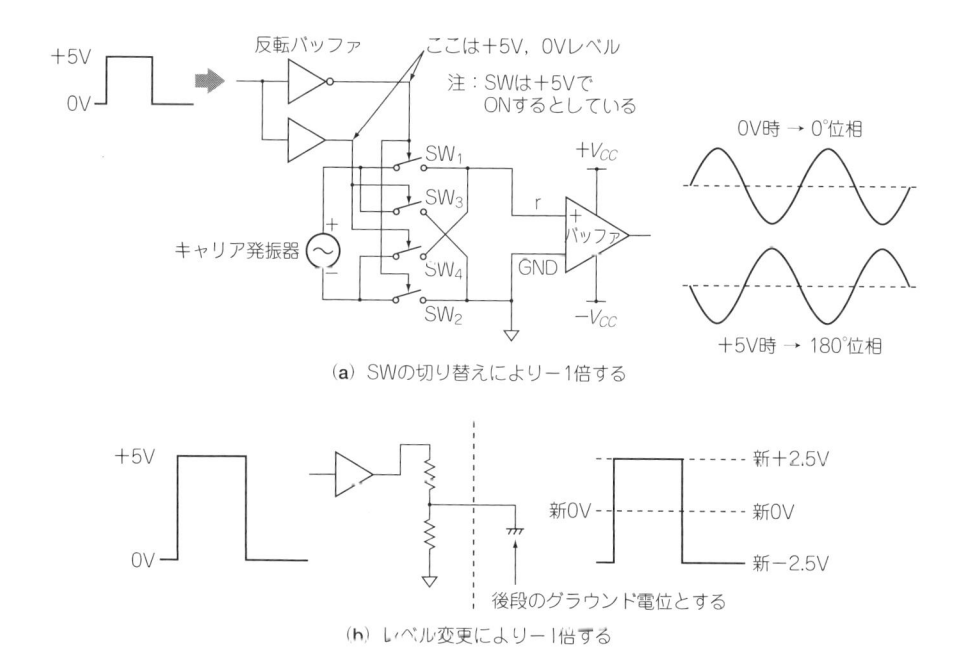

[図3-30] −1倍をディジタル回路から作る概念

● PSK変調の波形
▶1/0の繰り返しデータの変調波形
　1/0の繰り返しの1kspsの送信ベースバンド信号波形とBPSK変調波形を，時間信号としてオシロスコープで観測した波形を**図3-31**に示します．図の上がベースバンド信号波形，下が変調された信号です．上記の説明のとおり，ベースバンド信号のレベル変化に応じて，キャリアの位相が**反転**していることがわかります．反転しているのが，位相が180°変わっているということですね．
　ディジタル・データとベースバンド波形との関係を"0"⇒位相0°，"1"⇒位相180°としてあります．この関係は，送受信間で取り決めがされていれば，逆の"0"⇒位相180°，"1"⇒位相0°となっていてもよいのです．
▶PSK変調スペクトル
　図3-32は，上記の1/0の繰り返しの1kspsの送信ベースバンド波形をPSKで変調したスペクトルです．**図3-33**は，ランダム・データの1kspsの送信ベースバンド波形をPSKで変調したスペクトルです．
　それぞれASKの場合とかなり似ていることがわかります．しかし，大きく違うところは，PSKはキャリア周波数のスペクトルが見えなくなっていることです[※12]．
▶角が出ていないことに注目しよう
　図3-13のASKの場合と**図3-33**を比較してみてください．ASKの場合にはキャリア周波数の**角**(ツノ)がありましたが，PSKの場合にはほぼ見えなく(理論的にはゼロ)なっています．この角が消える理由を**図3-31**を使って解析していきます．ここでもASKの場合の**図3-11**と比較してみてください．

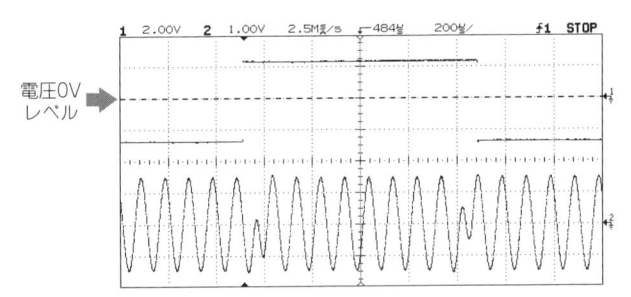

[図3-31] 1/0の繰り返しの1kspsの送信ベースバンド信号とPSK変調波形

※12：理論的にはゼロになる．低いレベルのキャリアが出てしまうことをキャリア・リークと呼ぶ．詳しくは第9章で説明する．

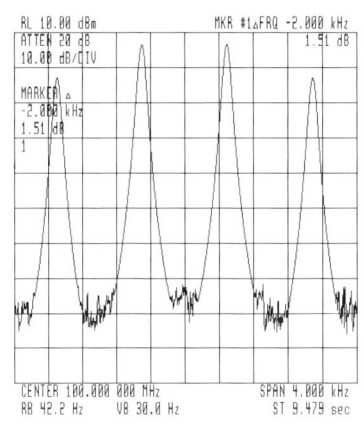

[図3-32] 1/0の繰り返しの1kspsの送信ベースバンド信号をPSK変調したスペクトル

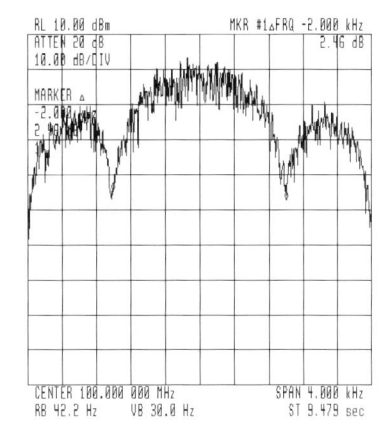

[図3-33] ランダム・データの1ksps の送信ベースバンド信号をPSK変調したスペクトル

図3-31は1/0の連続ですが，ベースバンド信号は－2.5Vと＋2.5Vの間を動いています．ASKと異なり，この直流成分は中間電位の0Vになります．キャリアの角がないのは，直流成分がゼロだからです．第5章で詳しく説明しますが，この余分な角がないぶん，PSKの受信感度特性は良くなっています．

▶ スペクトルの形はsinc関数そのまま

図3-14(b)のsinc関数の形状と，図3-33を比較してみてください．PSKの場合はまったくsinc関数そのままであることがわかりますね[13]．

● PSK変調の変調回路例

図3-34は，BPSKの変調器の構成です．キャリアは，DBM (Double Balanced Mixer) で送信ベースバンド信号の1/0によりキャリアの極性が切り替えられ，PSK信号となります．ここでDBMは乗算器として動作します．

では，DBMの動作も含めて説明していきます．送信ベースバンド信号としてDBMへ，例えばビット"1"を－5V，"0"を＋5Vにして入力させれば，DBM内部のダイオードがスイッチとして動作します．

図3-34(a)は，DBMに＋5Vが加わった場合で，ダイオードD_1とD_2がONしてキャリアはそのままの極性で出力されます（説明のため，ダイオードON/OFFの図で

---

[13] : ASKの説明とまったく同じ説明で繰り返すが，ベースバンド信号とPSK変調波のスペクトルは同じ形状である．このような変調方式を**線形変調**と呼ぶ．この場合，変調波と等価ベースバンド信号は同じと考えることができ，理論解析をする場合には，等価ベースバンド信号を用いて行うのが一般的．

3-8 位相を変えるPSK変調 | 069

は，トランスは取り去っている）．一方で，−5Vが加わると，ダイオードD_3とD_4がONしてキャリアは極性が反転されて出力されます．結果的に位相0°と180°を出力することと等価になり，PSK変調がかけられるわけです．

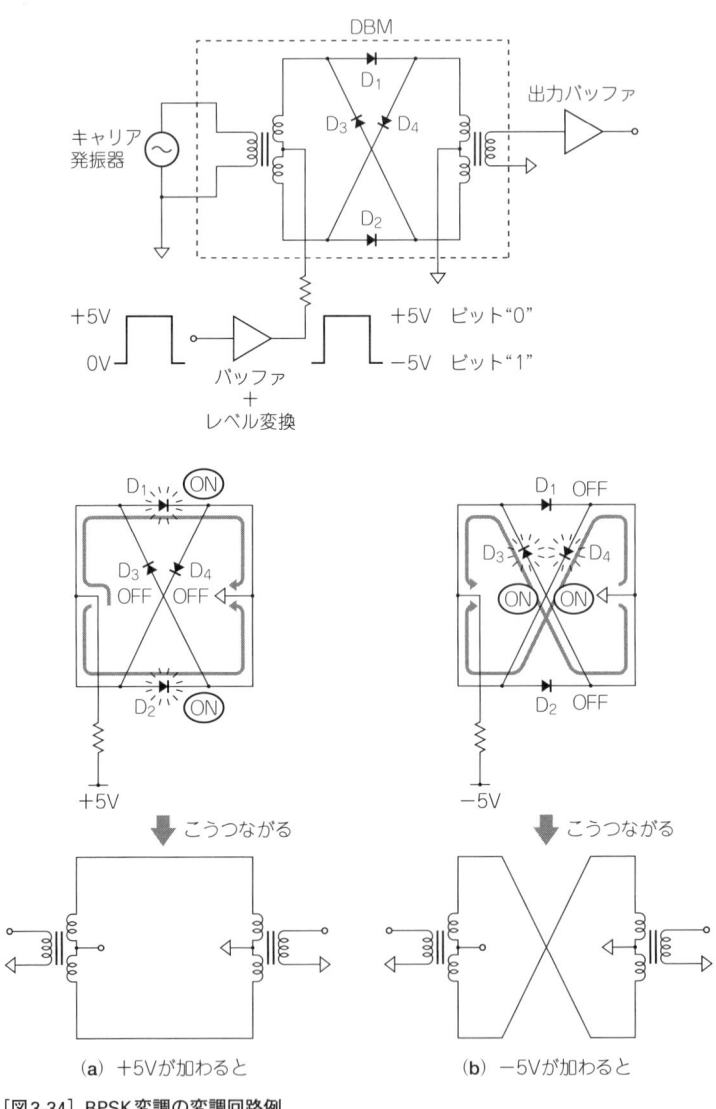

[図3-34] BPSK変調の変調回路例

● PSK変調の復調回路例

ここでの回路例としては，BPSKの例を示しています．多値のPSKの場合には，第4章の4-2「実際の回路・変調信号とコンスタレーション」(p.81)の項で説明するIQ復調器という回路が用いられます．

▶ 遅延検波方式

図3-35は復調方式の一つ，遅延検波というものです．受信信号と，それを1シンボル時間ぶんだけ遅延させた信号とをDBMなどで乗算することで，一つ前の変調状態との位相差を出力させます．

この乗算処理は変調での乗算と同じ考えで，逆に復調の処理をするものです．二つの位相の異なるサイン波が乗算されると，2倍の周波数の成分と位相差に応じた直流成分が出ることを利用しています．

▶ 同期検波方式

図3-36は，もう一つのPSK復調方式で同期検波というものです．入力された変調信号は，キャリアの絶対位相をキャリア抽出回路で検出します．この抽出方法は，逓倍方式，逆変調方式，コスタス・ループ方式，ディジタルPLL方式などがあり

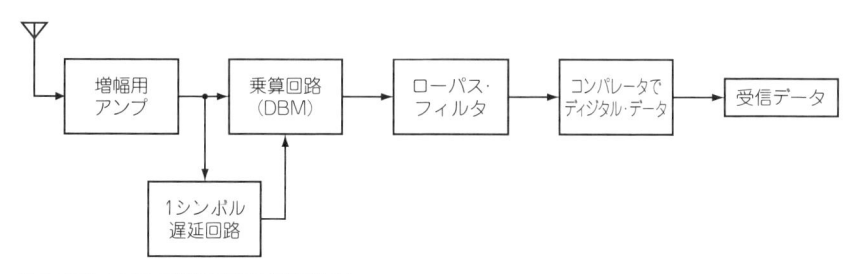

[図3-35] BPSKの復調回路例（遅延検波）

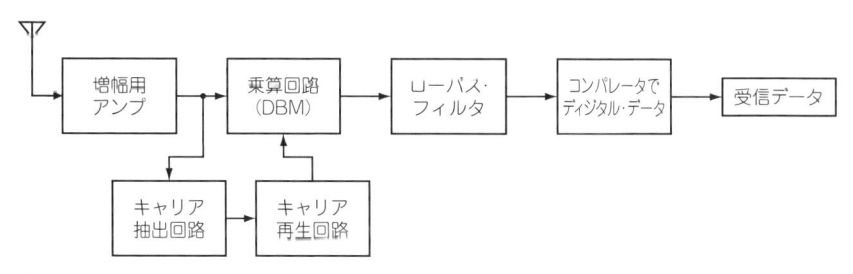

[図3-36] BPSKの復調回路例（同期検波）

3-8 位相を変えるPSK変調

ます．抽出されたキャリアに基づき，キャリアを複製した安定した信号がVCOなどにより作り出され，この信号を絶対位相として遅延検波と同じ処理を行う乗算回路(DBMなど)に入力し，それぞれの位相差を取り出します．

遅延検波，同期検波のどちらとも，取り出された位相差はそのままキャリアに変調されていた信号なので(遅延検波は前シンボルとの差分位相)，これを2値化してディジタル信号として取り出せば良いことになります．

同期検波は，移動体通信では通信路環境の変化が激しいために，キャリアの抽出が難しいことなどから，固定通信を主体として用いられています(しかしながら，現在は移動体通信でも同期検波を採用することが多くなってきている)．また理論上，遅延検波に対して受信感度を3dB高くすることができます．

なお，ここではPSK方式について説明してきましたが，先に説明したようにこの方法を拡張するとMSK方式にも復調方式として利用することができます．

3-9　PSKと位相と周波数と乗算するということ

● 乗算するということ

無線通信システム，RF回路，ディジタル変復調では，乗算(掛け算)がとても重要な概念です．以下の処理はすべて乗算で実現されています．

- PSK変調(MSK変調も含む)
- 周波数変換(周波数ミキサの動作)
- PSK復調(MSK復調も含む)
- スペクトル拡散通信(詳細は第7章で解説)

それぞれまったく異なる処理に思えるかもしれませんが，原理的にはどれも乗算で処理をしています．スペクトル拡散通信は第7章で説明するとして，ここではPSK変復調と周波数変換について説明しましょう．

● 位相と周波数

まず最初に，位相と周波数が相互にどのように関係しているかを確認しましょう．

周波数f[Hz]は，1秒間にサイン波($\cos\theta$)[※14]の角度(位相)θが360°(ラジアン表示なら2π[ラジアン])を何度回ったかを表わします．

※14：サイン波といいながら，コサイン波(cos)で説明している．どちらでも同じなのだが，その理由は第11章$e^{j\omega t}$と複素数表記についてで詳細を解説する．

またfに2πをかけた角周波数ω[ラジアン/sec]は，1秒間に角度(位相)がラジアン表示でどれだけ変化したかを示します．つまり角度(位相)を微分したものが角周波数だということなのです．まとめの意味も含めて，式で示してみましょう．

位相θ[ラジアン(radian)] $= 2\pi \times f$[Hz] $\times t$[sec] $+ \theta_0$ ……………(3-5)

角周波数ω[ラジアン/sec] $= 2\pi f$ ……………………………(3-6)

$d\theta/dt = 2\pi f = \omega$ ………………………………………………(3-7)

なお，θ_0はもともとの位相ズレなり変調による位相成分です．この概念がよくわかると，MSKとPSKの関係(詳細は第4章で解説)がよく理解できます．

● **PSK変復調における乗算**

DBMを用いてPSK変調とPSK復調を行うと説明しました．送信では，例えば+1V，−1V(レベルは一例)のベースバンド信号をキャリアと乗算する処理をして0°，180°の位相差のある変調信号を作り出します．受信は，受信信号にキャリアと同じ信号を乗算して，0°，180°の位相差を取り出します(復調)．これは結局，変調と復調のそれぞれ，$\cos\theta$の**角度θ**に対して，乗算による数学的な**図3-37**の処理が行われるためです．

とくに復調においては，以下の三角関数の公式が電気回路の動作として動いているのです．

$2\cos A \times \cos B = \cos(A+B) + \cos(A-B)$ ………………………(3-8)

式(3-8)で二つのコサイン波を掛け合わせると，和と差の位相成分が作り出されることがわかります．例えば，**図3-37**の復調においては，

【変調】	【復調】
PSK変調のベースバンド信号(+1V，−1V)	受信信号の位相は，$\theta = 2\pi f_0 t + \phi_m$(0°と180°)
×	×
周波数f_0のキャリア．位相θ_0で表わすと$2\pi f_0 t$	周波数f_0のキャリア．位相θ_0で表わすと$2\pi f_0 t$
‖	‖
$\cos(2\pi f_0 t)$と$-\cos(2\pi f_0 t)$ができあがる	$\theta = 2\pi f_0 t + \phi_m - 2\pi f_0 t = \phi_m$
変調波の位相は，$\theta = 2\pi f_0 t + \phi_m$(0°と180°)になる	復調した位相は，ϕ_mになる

[図3-37] PSKの乗算による変復調のようすの説明

受信信号の位相：$\theta = 2\pi f_0 t + \phi_m$
キャリアの位相：$\theta_0 = 2\pi f_0 t$

とすれば，和と差の成分が作り出されるので，復調された位相θ_{RX}は，

$$\theta_{RX} = (2\pi f_0 t + \phi_m) \pm 2\pi f_0 t$$

から，

$(2\pi f_0 t + 2\pi f_0 t + \phi_m) = \underline{2\pi \times 2 f_0 t} + \phi_m$ の成分と，
ϕ_m の成分

の二つの信号が取り出されます．ここで波線で示す部分は，f_0の2倍の周波数成分となり，これらの信号をローパス・フィルタを通すと，直流成分のϕ_mだけが残り，無事に復調できることになります．

　一方で変調においては，ベースバンド信号自体にはキャリアがなく，直流信号のようなものです．位相と言える概念は存在しえません．＋1，－1という振幅しかなく，単純な乗算の過程になっています．これがPSKが振幅変調の一種であるという由縁でしょう．BPSK以外の多値変調の場合は，IQ変調器などの**ベクトル変調器**により，キャリアに対してϕ_mの成分を付け加える処理をさせます．

● 周波数ミキサの周波数変換における乗算

　周波数ミキサには，いろいろな種類がありますが，一般的には多くの場合，DBMを用います．ミキサによる周波数変換も，PSK復調の乗算となんら変わるものではありません．二つの異なる周波数(f_1，f_2)が乗算されると式(3-8)を元にして，その和と差の周波数($f_1 \pm f_2$)が発生します．これを用いて，違う周波数に変換できるのです．変換後にはフィルタを通して目的の周波数($f_1 + f_2$か$f_1 - f_2$のどちらか)を取り出します．

　なお，変復調の説明では位相，この周波数変換の説明では周波数で示していますが，ここまでの話から，**表わし方が違うだけで結局は同じだということがわかり**ますね．

無線通信とディジタル変復調技術

第4章
ディジタル変復調をより深く，より広く理解しよう

❖

コンスタレーションを使った表現方法を使い，
BPSK，QPSK，8相PSK，π/4シフトQPSK，QAMのしくみを見ていきます．
その後，帯域を制限するためのフィルタとして，
ナイキスト・フィルタ，ベッセル・フィルタ，ガウス・フィルタ，
コサイン・ロールオフ・フィルタのしくみと特徴を見ていきます．

❖

4-1 コンスタレーションで考えよう

● コンスタレーション

　コンスタレーション(Constellation[※1])とは，**星座**のことを言います(集い，組み合わせという意味もある)．ディジタル変復調において，このコンスタレーションの考え方はとても重要であり，本書の後半，およびほかの参考書においても，変調の図での説明は，すべてこのコンスタレーションで示されています．

　さて，第3章の3-8で，PSKの位相について説明しました．コンスタレーションはこの位相の考え方と振幅を極座標上に表わしたものです．

● 位相を極座標で表わしてみよう

　先にPSKの位相について説明しました．ここまでPSKの位相は，シンボル"0"の0°と"1"の180°だけの2相のPSK(BPSK)しか説明していません．では，この状態を極座標で表わしてみましょう．

　まず，極座標について説明します．極座標は，ある点を角度ゼロとして中心に対しての**角度**で表わすようになっています．またその大きさは，中心からの長さとし

[※1]：コンスタレーションとも読めるか，発音は[kὰnstəléiʃən / kɔ̀nstəléiʃən]であり，無線通信業界でも発音に正しく「タ」が使われている．

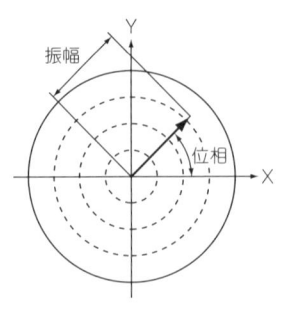

[図4-1] 極座標の例（直交座標も一緒になっている）

て表わします．そして，

- この**角度**が変復調では**位相**になる
- この**大きさ**が変復調では**振幅**になる

の2点が特徴です．図4-1は極座標の例です．ややこしい話ですが，より厳密いうと，図にはX，Y軸が表記してあり，円で示される極座標の部分と，X，Yの直交座標部分が一緒に表記されてます．コンスタレーションの図としては，この直交座標の軸で表記されるのが普通です．また，この図を（とくに直交座標部分を）**位相平面**という呼び方もします．

● BPSKを極座標上に表わしてみる

図4-2はもともとのキャリアと，BPSKで変調された信号の波形を示しています．図4-2(a)の①の部分（シンボル"0"）は，キャリアに対して位相のずれがないため，0°です．これは図4-2(b)の極座標で，X軸のプラス方向を0°とし，反時計方向への回転をこの角度とすれば，(b)の①の部分になり，角度0°となります．一方で図4-2(a)の②の部分（シンボル"1"）は，180°回転した位置になりますから，(b)の②の部分になります．

このようにBPSKを**コンスタレーション**として表わせます．この場合，BPSKなので2状態しかありませんから，コンスタレーションもこの2状態を図上に星としてプロットし，**二つの星をもつ星座**となります．

● 4状態の方式の場合

次に，先の第3章3-4のシンボルの説明のように2状態だけではなく，4状態を一

(a) 時間軸で表してみる

(b) 極座標上に表してみる

(c) コンスタレーション

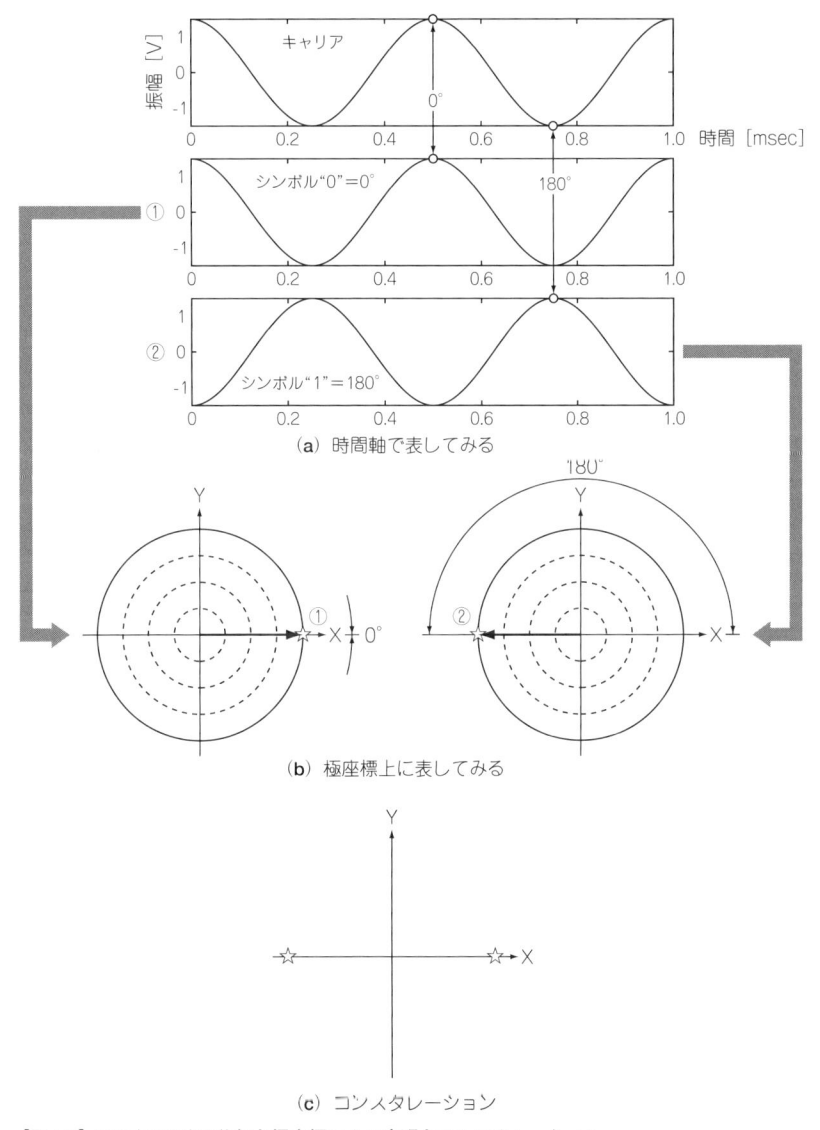

[図4-2] PSK(BPSK)の位相と極座標による表現とコンスタレーション

気に伝送できるものとして考えてみます（実はこれがこの章の4-3で説明する4値PSK；QPSKである）．ここで**図4-3**のような4状態が，それぞれキャリアに対し

4-1 コンスタレーションで考えよう | 077

て45°,135°,225°,315°の位相差をもっていると考えてみます.

このとき,さきの極座標の角度の考え方から,この位相差を極座標として示してみると,座標の中心に対して,45°⇒①,135°⇒②,225°⇒③,315°⇒④として**四つの星が光る**コンスタレーションになります.ここで**なぜ0°,90°……ではないのか？**という質問については,この章の4-3,QPSKの項で説明していきます.

①位相差45°

②位相差135°

③位相差225°

④位相差315°

コンスタレーション

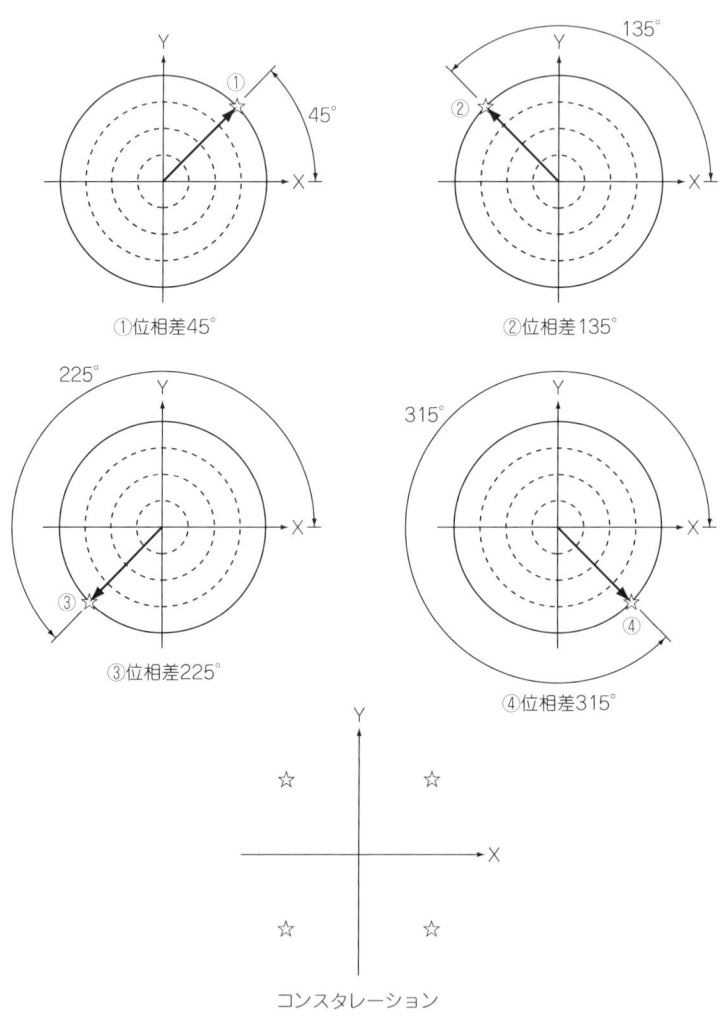

[図4-3] キャリアと4値PSK（QPSK）信号の位相差の関係とコンスタレーション

● **より実践的なコンスタレーション**
▶ **X軸，Y軸をI相，Q相にチェンジ！**

　ここまで直交座標部分をX，Y軸と言ってきました．ここでのX，Y軸は90°の位相差をもっています．**位相**が違う，ということで，X軸はI相（In phase），Y軸はQ相（Quadrature Phase）と呼びます．合わせてIQ平面，IQ軸などと呼びます．これ以降は，X軸をI相，Y軸をQ相として統一して表わしていきます．また極座標軸は表記しません．

　この90°の位相差をもっているIQ軸は，**直交しているもの**同士です．ここでいう直交するという意味は，単純にX，Y軸として90°で直交していることを指すのではなく（考え方では関連があるが），**相関がない**という意味をもっています．第3章3-7「MSKはシンボル同士が直交する」の項での説明とまったく同じなのです．

▶ **直交するIQ相**

　次項の4-2「どうすれば，なぜIQに分離できるのか」にも関連しますが，I相とQ相が直交するということを図で説明してみます．図4-4にI相であるコサイン波(a)，

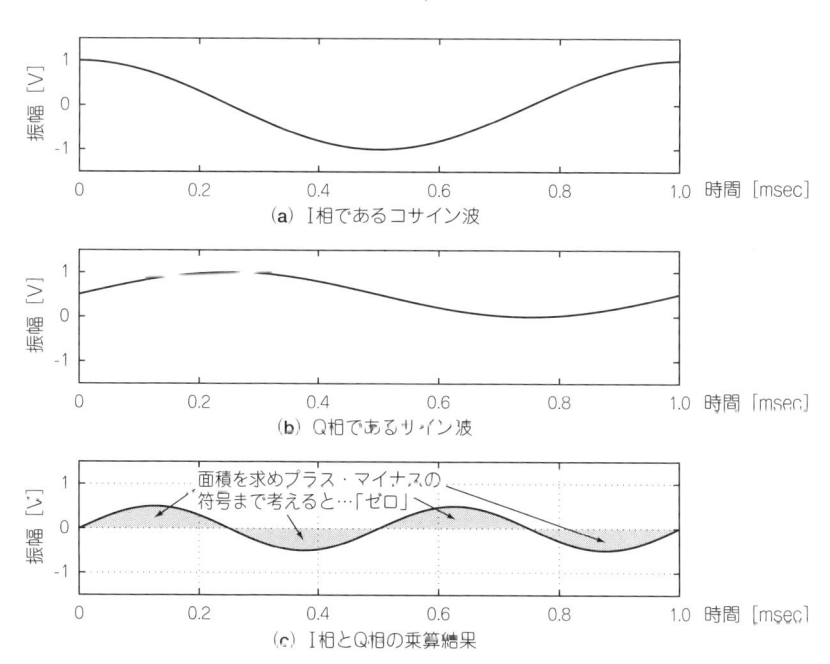

[図4-4] 直交するI相とQ相．乗算して積分するとゼロになる

I相から90°ずれたQ相であるサイン波(b)が示されています．これを1周期にわたって乗算してみましょう．

乗算結果は(c)になります．(c)の面積を求めプラス・マイナスの符号まで考えると(つまり積分すると)，答えはゼロになります．具体的な回路としては，DBMで乗算して，ローパス・フィルタを通す(積分する)ものになります．このローパス・フィルタ出力がゼロのままだということです．これを**直交**すると定義します．つまり，I相とQ相は互いに独立に扱えるということです．

▶ **さらに振幅まで導入する**

ここまではコンスタレーションに対して**位相**の考え方のみを説明してきました．極座標に位相と長さがあるように，コンスタレーションも図4-5のように，長さ方向，つまり信号の振幅を表わすことができます．

位相を変化させて4状態を作りましたが，さらに振幅も(ASK的に)変化させれば，同図のようにさらに複雑な状態を表わすことができます．これでコンスタレーション上で変調された信号の，**位相と振幅**の変調状態それぞれを表わせるわけですね．

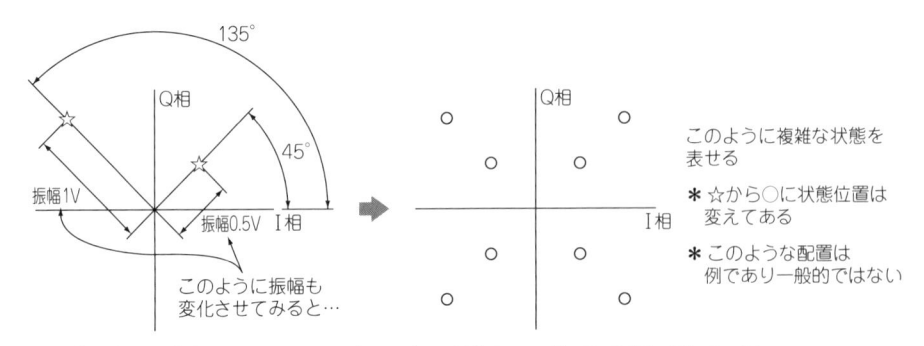

[図4-5] **振幅まで考慮したコンスタレーション**(この図からX=I相，Y=Q相に変えている)

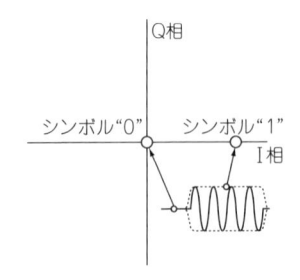

[図4-6] **振幅まで考慮すれば，ASKもコンスタレーションで表わせる**

これをもとにASKについてコンスタレーションで示してみましょう．図4-6は，ASKのコンスタレーションです．(例えば)シンボル"0"のとき振幅が0V，"1"のとき1Vで，位相は変化しないわけですから，この図のように表わされるわけです．

図4-5，図4-6ともども，最大振幅レベルを中心からの**距離＝1**であるとしています．これを規格化するといいます．

ここまでの説明で，ようやくコンスタレーションについてすべてを示すことができました．これで変調信号の位相情報と振幅情報の両方を一度に一つの図に示すことができるわけです．

4-2　実際の回路・変調信号とコンスタレーション

● コンスタレーションと実際の信号レベル

実際は，回路出力のベースバンド信号(受信の場合は復調ベースバンド信号)の電圧レベルは0.1Vであったり，5Vであったりするでしょうが，コンスタレーションの表記としては，上記に示したように，電圧レベルを**規格化**して基準電圧レベルを1として表わします．そのため，コンスタレーションの位置として電圧変動のない変調方式の場合には，振幅は**1である**として参考書は記述していますし，ベクトル・シグナル・アナライザと呼ばれる変調方式解析用計測器でも，図4-7に示すように，**規格化して1である**ように表示します(ベクトル・シグナル・アナライザの写真はp.131の図5-10を参照)．なお，この図では，実際のコンスタレーション(a)と，これ以降で説明する状態間を遷移するようすも入れてある(b)の二つの図を表示しています．

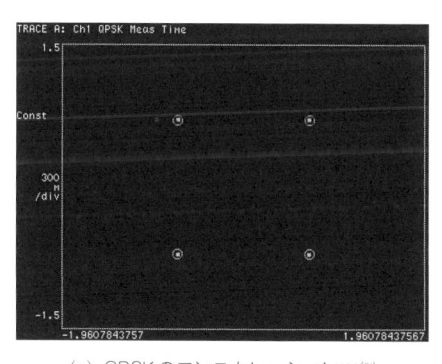

(a) QPSKのコンスタレーションの例 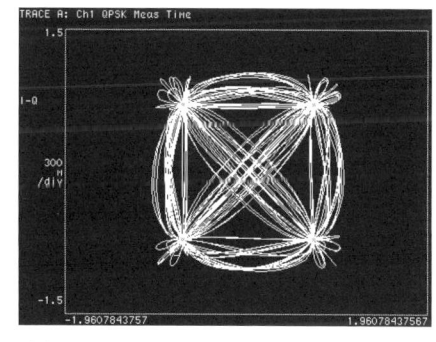　　(b) コンスタレーションに遷移途中も入れて表示

[図4-7] 実際のベクトル・シグナル・アナライザでのコンスタレーションの例(QPSK)

● **コンスタレーション表記と実際の場合**

　ここまでの説明は，シンボルの中心のタイミング(このタイミングを**シンボル・ポイント**と呼ぶ)での話です．この一瞬のタイミングでは，正しくシンボルのあるべき点のみをコンスタレーションで示すことができます．コンスタレーションとしてはこれで良いのですが，実際の実時間での変調信号の位相と振幅は，極座標の上で複雑に動き回ります．これは，帯域を制限するためにフィルタリングをしているからです．

　いまだにQPSKの説明はしていませんが，図4-8では，このQPSK，4値をもつPSKのもともとの2ビットずつのデータ(a)，それがフィルタリング(それもシンボル間干渉が生じないように適切に)をされた時間軸での波形(b)と，その軌跡をコンスタレーション上に表わしたもの(c)をそれぞれ示してみます．複雑な軌跡を描いていることがわかりますね．

シンボル番号	1	2	3	4	5	6
もともとの2ビット・データ(I, Q)	(0, 0)	(1, 1)	(1, 0)	(0, 1)	(1, 1)	(1, 0)
レベル変換された実際のシンボル値(I, Q)	(+1, +1)	(-1, -1)	(-1, +1)	(+1, -1)	(-1, -1)	(-1, +1)

(a) もともとの2ビットずつのデータ

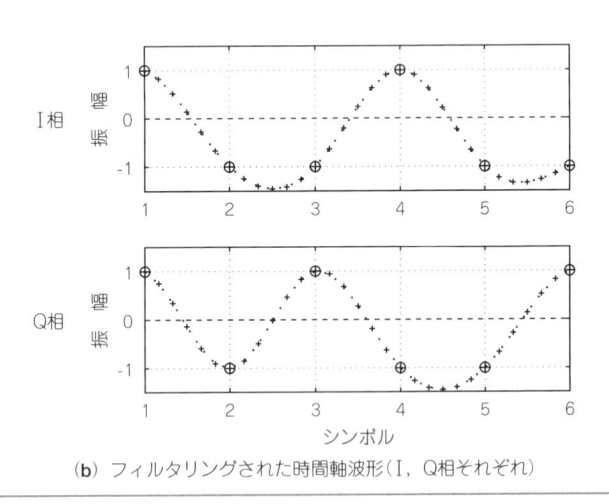

(b) フィルタリングされた時間軸波形(I, Q相それぞれ)

[図4-8] QPSKのフィルタリングをされた時間軸波形と，その軌跡

● **EVMで考える**

シンボル・ポイントにおいて，本来あるべき位置から，変復調した結果の実際のシンボルの位置とのズレを，EVM(Error Vector Magnitude)と呼びます．これは図4-9のようなずれ量を用いて，式(4-1)のように表わします．実際は100倍してパーセントで表示します．これで定量的にどれだけ正しく変復調が行われているかが把握できます．

$$EVM = \frac{|Dem - Ref|}{|Ref|} \quad \cdots\cdots\cdots\cdots\cdots\cdots\cdots\cdots (4\text{-}1)$$

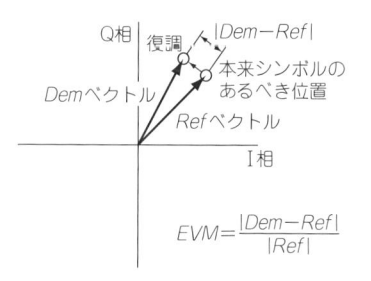

[図4-9] EVMの定義

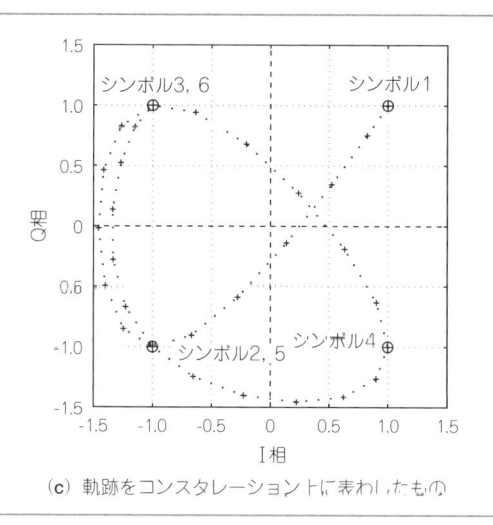

(c) 軌跡をコンスタレーション上に表わしたもの

4-2 実際の回路・変調信号とコンスタレーション | 083

(a) SN比が低くなった　　(b) キャリア・リーク(キャリア・フィード・スルー)

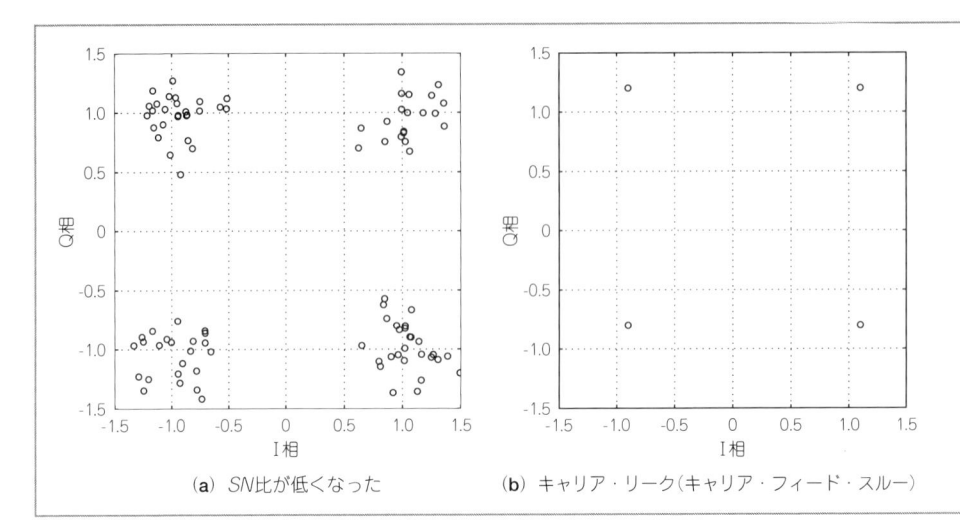

[図4-10] *EVM*の悪化のようす

ここでDemとRefはそれぞれベクトル量になり，絶対値としてベクトルの長さを求めますので，*EVM*は単に大きさになります．また，測定が複数回にわたって行われた場合，*EVM*は複数の結果を二乗和平方根値(RSS；Root Sum Square)として，以下の式のように求めます．

$$EVM = \sqrt{\frac{\sum_{n=1}^{N}|Dem(n) - Ref(n)|^2}{\sum_{n=1}^{N}|Ref(n)|^2}} \quad \cdots\cdots(4\text{-}2)$$

ここで，$Dem(n)$，$Ref(n)$は複数回(ここではN回)測定する測定回ごとの測定結果です．

*EVM*が悪化する理由は以下のものがあります．

- 受信SN比が低くなりノイズっぽくなった
- キャリア・リーク(キャリア・フィード・スルー)
- 増幅器のAM−PM変換(第9章で説明)
- VCOの残留FM雑音(同上)
- 送受信間の周波数オフセット(および周波数トラッキング特性)

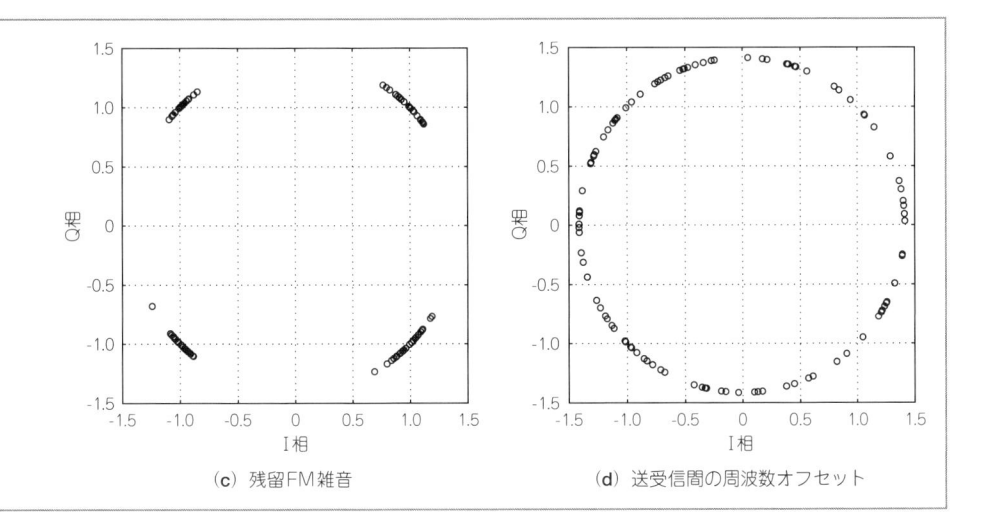

(c) 残留FM雑音　　　　　　　　　　(d) 送受信間の周波数オフセット

　上記のように，現実の無線システムでは多岐の原因によってEVMが悪化します．それぞれが実際にどのように現れて見えるかを図4-10に一例を示してみましょう[※2]．

● どうすれば，なぜIQに分離できるのか
　以下に示す，QPSK，QAMなどではIQ相に分離して考えることが必要です．
　ここまででI相とQ相は直交すると説明しました．図4-11は，受信信号をそのIQ相に分離するための回路です．これをIQ復調器といいます．ここでもDBMなど乗算回路が用いられています．
　受信された変調信号がこの回路に入力されます．受信信号はキャリアと同じ周波数の信号と，さらにその信号を90°位相をずらした信号とでI相回路，Q相回路に入力された信号をそれぞれ乗算します．こうすると，3-9で説明したような周波数(位相でもある)の和と差の成分が表4-1のようにそれぞれ得られることになります．ここでコサインの掛け算の式(3-8)を再度見てください．この信号をローパス・フィルタを通し，差の成分のみを取り出すと，それがI相，Q相になるのです．

※2：ベクトル・シグナル・アナライザで測定しようとしたが，測定の一部においてアナライザ内部で自動補正がかけられ，うまく悪化の様子を示せなかった．そのためここではシミュレーションで裸の様子を示してみた．

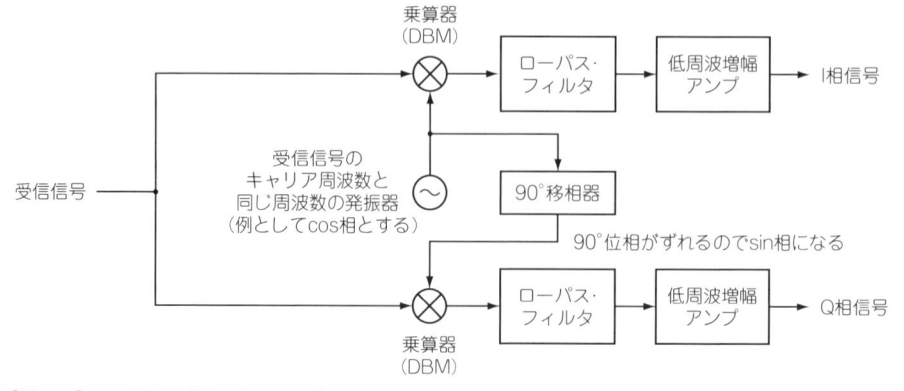

[図4-11] IQ相に分離するための回路

[表4-1] IQ相を乗算したときの得られる周波数，および位相成分

I相	和の位相成分	$2\pi \times 2f_0 t + \phi_m$	この信号（周波数$2f_0$）はローパス・フィルタで減衰され，出力には現れない
	差の位相成分	ϕ_m	I相として出力に現れる（I_{out}）
Q相	和の位相成分	$2\pi \times 2f_0 t + \phi_m - \pi/2(90°)$	この信号（周波数$2f_0$）はローパス・フィルタで減衰され，出力には現れない
	差の位相成分	$\phi_m - \pi/2(90°)$	Q相として出力に現れる（Q_{out}）

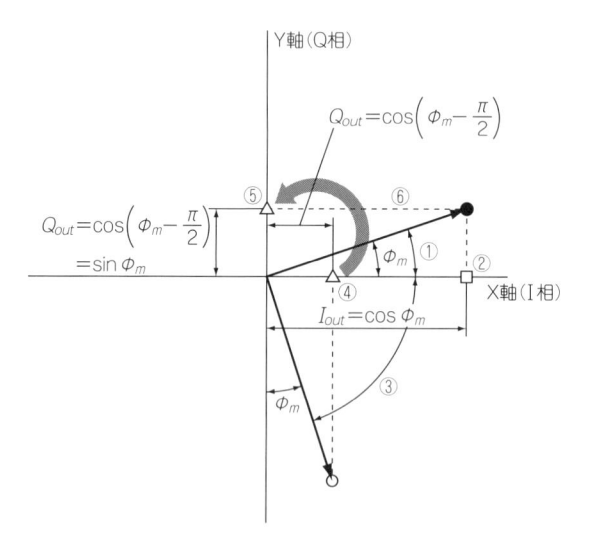

[図4-12] I_{out}，Q_{out}分離の原理をX，Y軸上で説明する

ではここで**表4-1**と式(3-8)を見ながら，このIQ相が作られるようすを**図4-12**に示します．黒丸はシンボル点です．$I_{out} = \cos(\phi_m)$ は角度①のX軸成分②になります．$Q_{out} = \cos(\phi_m - \pi/2)$は同じく③のX成分④になります．

④を太矢印のようにY軸に移動させ，Y軸から見てみると，④は⑤の位置，つまり⑥のように$\sin(\phi_m)$であることがわかります．

このようにしてI_{out}がI相信号，Q_{out}がQ相信号として得られます．いったんIQ相に分離されれば，それぞれ独立に扱うことができます．

補足すると，IQ相が互いに独立して扱えるという意味は，4-1の**直交するIQ相**の項でも示しています．

4-3　PSK方式の拡張

無線通信の技術革新により，さらに効率の良い変調方式が各種開発されています．PSK方式から拡張した変調方式を以下に説明していきましょう．

● 4相PSK：QPSK方式

いままで説明したBPSKは，"0"，"1"をそれぞれ0°，180°の位相に割り当て変調するというものでした．ここで送信データを2ビットずつに区切って，四つの状態，すなわち(00)，(10)，(11)，(01)を考えてみましょう．この4状態をそれぞれ45°，135°，225°，315°の位相に割り当てて変調すると，一度に2ビットぶんの情報を送ること(4値の多値化)ができます．

4値でPSK変調することをQPSK(Quadrature PSK)と呼びます．QPSKの回路実現方法は，**図4-13**に示すように，送信データ2ビットぶんをシリアル－パラレル変換し，一方とキャリアを乗算器であるDBMによりBPSK変調し，他方とキャリアの位相を90°ずらしたものとをBPSK変調したもの同士を足し合わせます．

これをコンスタレーションで理解してみましょう．**図4-14(a)**を見てください．例えばキャリアに＋1が乗算された信号を①，90°ずらしたキャリアにも＋1が乗算された信号を②とします．それらが足し合わされ，(ベクトルとして)合成されるので，結果は③のように45°位相になります．

同様に図4-14(b)においては，**キャリア×－1**を①，**90°ずらしたキャリア×＋1**を②とすれば，合成された信号は135°の位相になります．

こうしてQPSK変調信号を作り出すことができます．この①，②の変調信号がI相，Q相信号になります．これでこの章でQPSKを45°を基準として説明してきた

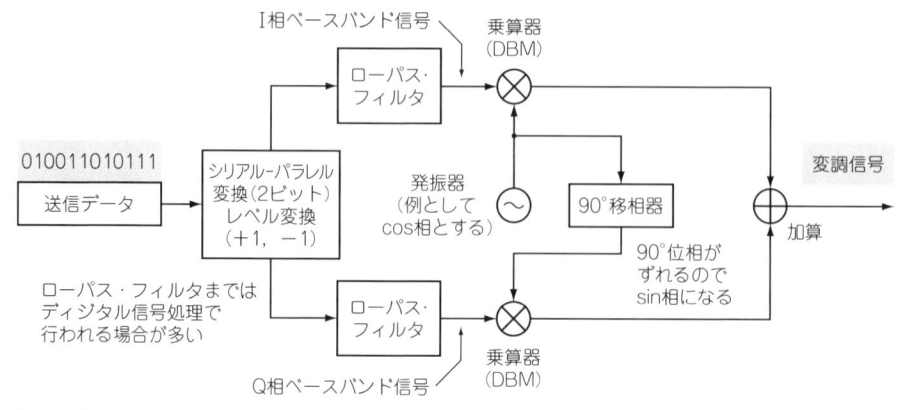

[図4-13] QPSKの変調回路実現方法

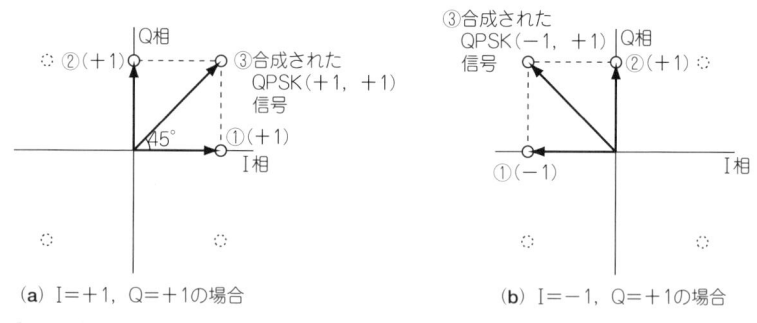

[図4-14] QPSKの変調をコンスタレーションで示す

(a) I＝＋1，Q＝＋1の場合
(b) I＝－1，Q＝＋1の場合

理由がわかると思います[※3]．

QPSKでのシンボル・レートは，送信データのビット・レートの1/2になります．

● 8相PSK方式

このIQ信号をさらに拡張させ，送信データを3ビットずつ区切って八つの位相状態に割り当てて送信すれば，一度に3ビットの情報を送ることができます．これが8相PSKです．このコンスタレーションを図4-15に示します．8PSKであってもIQ信号の2相信号で変調信号を作ることができます．シンボル・レートはもとも

※3：実際問題としては基準位相をどこに取るかなので0°，90°，180°，270°でも良い場合もある．I相，Q相それぞれコンパレータで2値化する場合は，45°が望ましい．第6章で説明するCCK，第7章で説明するHPSKは，0°を基準（合成されているためもあるが）にしている．

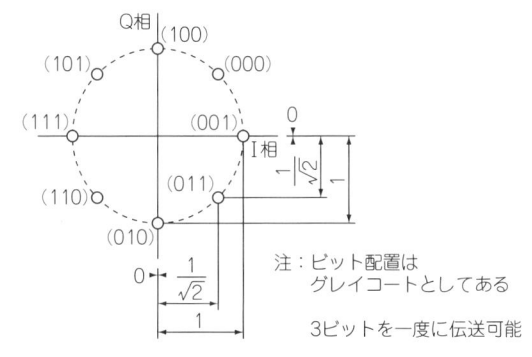

[図4-15] 8相PSKのコンスタレーションとIQ相それぞれの振幅レベル

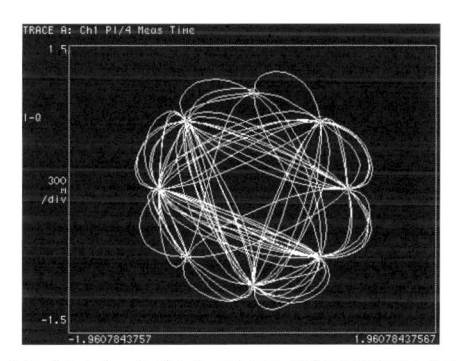

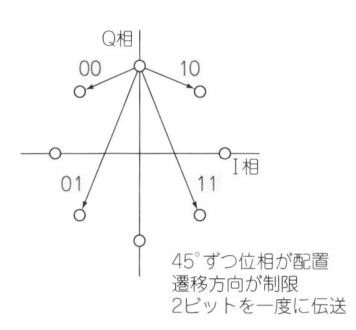

(a) コンスタレーションと状態変化(遷移)　(b) ベクトル・シグナル・アナライザでの測定のようす
[図4-16] π/4シフトQPSKのコンスタレーションと状態変化(遷移)のようす

との送信データのビット・レートの1/3になります．

IQ相それぞれの振幅レベルは$(1, 1/\sqrt{2}, 0, -1/\sqrt{2}, -1)$となり，これをI相，Q相それぞれをキャリアに変調させ，合成すれば8PSK変調となります．

● π/4シフトQPSK変調方式

この方式は，第2世代(2G；2nd Generation)携帯電話や，PHSに利用されています．コンスタレーション自体は，8状態(つまり8相PSKと同じ)としますが，次の変調状態に移るのを，$\pm\pi/4$，$\pm 3\pi/4$と制限します．つまり，ある状態からは四つの状態にしか移りません．そのため，1シンボルで2ビットを伝送し，シンボル・レートは送信データのビット・レートの1/2になります．

このようすを図4-16に示します．この状態変化時に図の中心点(信号振幅がゼロ

の位置)を通りませんから，変調信号のレベルがゼロになることがありません．そのため，アナログ的なメリットとして，送信アンプの回路設計が楽になったり，電源バッテリの電力を有効(つまり長時間の通話)に使うことができます．詳細は第9章で説明します．

また，詳細は触れませんが，π/4シフトQPSKは，シンボル間にかならず最小π/4の位相変化があることから，FSK復調方式でも復調することができます．これは，以降の4-7QPSKとMSKは双子の項でも，関連することを説明します．

● QAM方式

QAM(Quadrature Amplitude Modulation)，直交振幅変調は，ASKとPSKの混血と考えることができます．図4-17は16値QAMのコンスタレーションです．BPSK，QPSK，8PSKでは変調状態の振幅レベルは一定でした．また8値PSKでは，I相，Q相をそれぞれ五つの振幅レベルで表わし，合成しました(できあがった信号の振幅は一定)．QAMは，コンスタレーションで見ると，状態によって振幅レベルが異なっています．図4-17の16値QAMの場合，I相，Q相それぞれの振幅レベルは(-1，$-1/3$，$+1/3$，$+1$)となり，これを合成しています．

つまり，位相と振幅を変化させることで，より多くの情報を一つの変調状態で送ることができます．16値QAMの場合には，16状態となるため1シンボルで4ビットを一気に送ることができます．この場合，シンボル・レートは送信データのビット・レートの1/4になります．

より多値を伝送するには，**PSKで位相変調の状態数をもっと増やせばよいので**

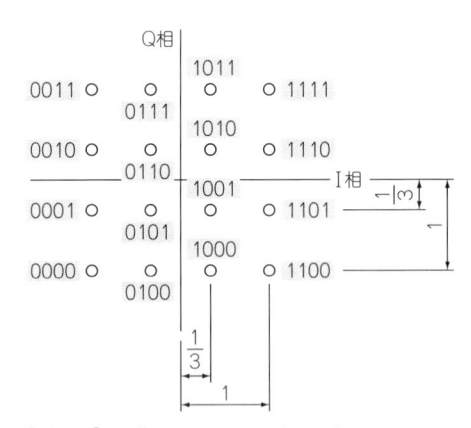

[図4-17] 16値QAMのコンスタレーション

はないかと思うかもしれませんが，SN比を考えると高い感度性能を確保することができません（これは第5章で説明する）．そのため振幅まで利用しているのです．

● その他の変調方式

以降の変調方式については，内容も豊富かつ重要なので，本書の後半で詳しく説明していきます．

- GMSK方式（送信帯域の制限とフィルタに深く関連するので，次節で説明する）
- スペクトル拡散変調方式
- CDMA方式（スペクトル拡散変調方式の一部）
- OFDM方式
- UWB方式

4-4　変調信号の帯域幅とその帯域を制限する

● スペクトルの幅，そして形状

▶ 変調速度を変えたスペクトルを見てみよう

より多くの情報を伝えようとすると，より多くの帯域が必要になります．第3章でも説明してきた，式(3-1)，式(3-2)，図3-14，3-8節の説明を，実際のスペクトラム・アナライザの波形で改めて見てみましょう．

図4-18(a)は2400bpsで，かつベースバンド信号を矩形波としてBPSK変調（BPSKなのでビット・レートとシンボル・レートは等しい）した場合のスペクトルを示しています．図4-18(b)は，送信データの速度を4800bpsとしたものです．見てわかるように，(a)に対して(b)は帯域が2倍に広がっています．シンボル・レートにスペクトルの周波数帯域幅が比例しています．

ポイントは，スペクトルの周波数帯域は広がっていますが，スペクトル形状自体はどちらもsinc関数，つまり同一ということです．シンボル・レートに比例して，同じスペクトルが周波数軸に対して幅が広くなったり狭くなったりしているだけといえます[※4]．

▶ より広い帯域をスペクトラム・アナライザで見てみよう

図4-18(h)のPSK変調されたスペクトルをより広い帯域で見てみると，図4-19

※4：この説明は，スペクトル拡散通信を理解するうえでとても重要なので要注意．

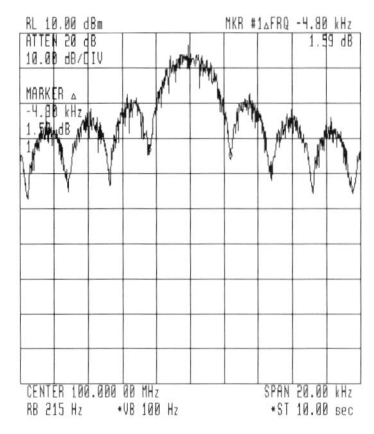

（a）2400bpsでBPSK変調

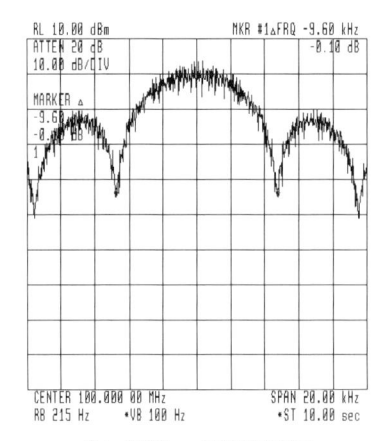

（b）4800bpsでBPSK変調

［図4-18］2400bpsおよび4800bpsでBPSK変調

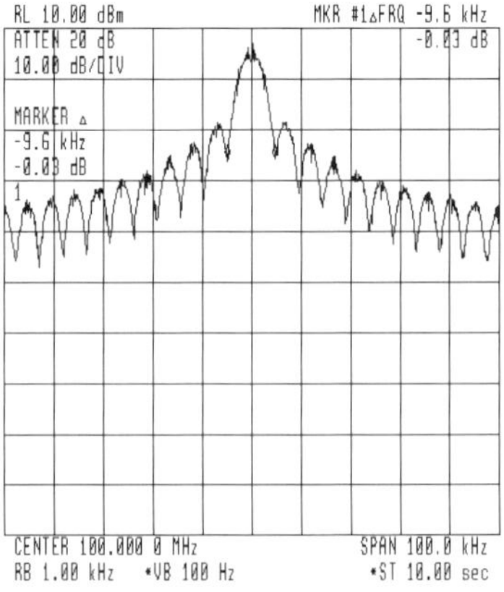

［図4-19］より広い帯域でスペクトルを見てみる

のように複数の山になっていることがわかると思います．この電力スペクトルもsinc関数です[※5]．つまり，変調スペクトルはキャリアを中心に無限に広がっているということです．実際には雑音レベル（第5章で示す熱雑音や半導体の内部雑音）があるので，ある範囲を超えると雑音レベル以下になり，実際のスペクトルは見えなくなってしまいます．

※5：第3章のように$10\log\{\mathrm{sinc}(x)^2\} = 20\log\{\mathrm{sinc}(x)\}$に比例．

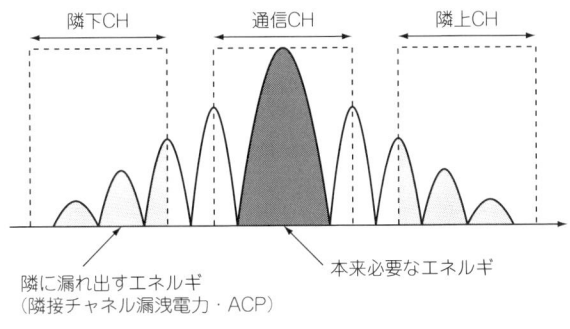

[図4-20] 隣のチャネルへの影響度合いとACP

　ところで図4-18，図4-19のスペクトルは，スペクトラム・アナライザが電力のlog（デシベル）表示となっていることと，測定分解能帯域幅（選択フィルタ）の関係で，$\mathrm{sinc}(x) = 0$となるヌル・ポイント（最小点）は，図3-14(b)のようにまったくのゼロにはなっていません．

▶ 無線通信における周波数チャネル

　無線通信では，ほとんどの場合，周波数を等しい間隔で分割して個別の無線通信ごとを分離/分割しています．図4-20のように自分のチャネルで送信している電波が隣のチャネルに影響を与えてはいけません．

　一方で，図4-19のように矩形波のベースバンド信号で変調した場合，送信スペクトルは無限の帯域に広がってしまいます．図4-20は，隣のチャネルへの影響度合いを示しています．この度合いを定量的に示すものを隣接チャネル漏洩電力（ACP；Adjacent Channel leakage Power，"leakage"のない場合もある）と言います．ACPは，自分のチャネル内の電力と隣のチャネルに漏洩する電力との比で表わします．電波法の無線設備技術基準には，無線システムごとにACPが規定されています．

　ACPが大きいと隣のチャネルの通信に対して自分の電波が影響を与えてしまい，問題が発生してしまいます．また，できるだけ多くのユーザを収容しようとすれば，チャネル間隔を狭く設定したいのは当然でしょう．

　これらの問題には**信号をフィルタリングする**ことで対処します．

● 送信帯域を制限（信号をフィルタリング）する

　送信帯域幅を制限するため，送信信号をフィルタリングします．帯域制限の方

法の一つは，キャリアが変調された状態でフィルタにより変調信号の余分な帯域を取り除く方法ですが，図4-21のように変調帯域幅とフィルタの性能・精度やフィルタの帯域幅の関係で実現性が乏しく，ほとんど用いられません．

そこで，実際にはベースバンド信号自体をローパス・フィルタで帯域制限します．図3-24に出てきたように，ベースバンド信号自体のスペクトルと変調信号のスペクトルは，ASK，PSKなどの線形変調のものは同じ形をしています．つまり，

- ベースバンド信号をフィルタリングし，キャリアを変調した**変調信号**は，ベースバンド信号が帯域制限されたのとまったく同じ**スペクトル形状**で帯域が制限される

ことになります．また，関連事項として**表**4-2に示したことが挙げられます．

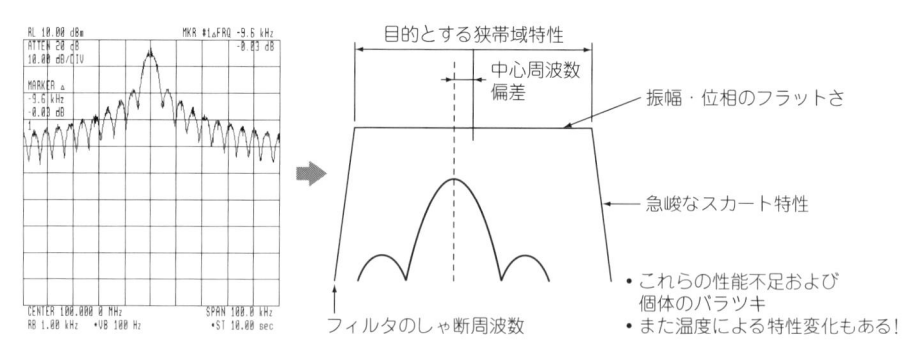

[図4-21] キャリアを変調した信号をフィルタを通し帯域制限するのは難しい

[表4-2] 送信帯域を制限することに関しての関連事項

・最適にフィルタリングできるフィルタの周波数帯域幅なり，特性がある(この章の4-5「シンボル間干渉」，4-6「現代のディジタル信号処理技術で実現するナイキスト・フィルタ」の項で説明)
・不適切にフィルタリングすると4-5に示すシンボル間干渉が発生する
・変調信号を電力増幅する増幅器の非線形性により，サイド・バンドのレベルが上昇してしまう(この節の「PSKは振幅が変動する」や第9章の「変復調から見たRFアナログ回路」の項で説明)
・非線形変調のFSKであっても，ベースバンドの帯域を制限すれば同様に変調信号のサイド・バンドを低減できる(この章の4-4「GMSK；ガウス・フィルタでMSKの帯域制限」の項で説明)
・帯域制限をするとベースバンド波形は矩形波からサイン波に近くなる．これもベースバンド波形がアナログ的であると言える

▶ 実際に帯域制限をする方法

　ベースバンド信号をローパス・フィルタで帯域制限する方法は，DSP（Digital Signal Processor）などでのディジタル信号処理とD-A変換器によってディジタル・フィルタを実現する方式と，アナログ・ローパス・フィルタを用いる方法があります．携帯電話や無線LANでのベースバンド信号の帯域制限は，ディジタル・フィルタによって行われています．理由は，ディジタル・フィルタでローパス・フィルタを実現した場合，部品の精度誤差による不安定性などがないので，安定した特性のフィルタが作りこめるからです．また，アナログ・フィルタでは実現できない性能でさえも，ディジタル・フィルタでは実現できます．

● ディジタル信号処理技術で実現する「ナイキスト・フィルタ」

　Harry Nyquist（1889-1976）[※6]は，情報通信理論/制御理論の父とも言える研究者であり，自動制御理論，サンプリング定理などが有名でしょう．

　彼の伝送理論の業績に，現在のディジタル変復調で使用されている理論があります．それが**ナイキスト・フィルタ**です．これはとても重要な概念なので，節をあらためて，4-6「現代のディジタル信号処理技術で実現するナイキスト・フィルタ」の項で詳しく説明します．

　ナイキスト・フィルタを用いると，**図3-14(b)**や**図4-19**に示したような無限の帯域まで広がるスペクトルが，**図4-22(b)**，(c)のように最小でシンボル・レートぶん（といっても現実には実現はほぼ不可能），最大でもその2倍までしか信号がない，つまりそれ以外に漏れ出すエネルギーがないという高い精度の帯域制限を実現できます．

● アナログ回路で作ってみよう

　私もはんだゴテを握る普通の技術者[※7]であることの証明（？）として，アナログ・フィルタ回路での帯域制限をやってみましょう．

　低域のみを通過させるローパス・フィルタの場合，減衰量が周波数に応じて徐々に大きくなっていくため，ナイキスト・フィルタのように**漏れは完璧にない**という回路は実現できませんが，データ伝送システムを設計するうえでは，ほぼ必要十分

※6：http://en.wikipedia.org/wiki/Harry_Nyquist/によると，彼は1917年から1954年の間，AT&T本社およびベル研究所に研究者として勤務していた．もう一方の情報理論の雄，Claude E Shannonも1941年から1972年までベル研究所に在籍しており，顔を合わせていたことは興味深い．しかしShannonは自宅で一人研究に没頭していたらしい．またトランジスタ効果を発見したWilliam Shockleyらも，それが1947年のベル研究所であったこともまた興味深い．

※7：さらに日常業務の現場としては**切った貼った**がほとんどかもしれない（汗）．

(a) 帯域制限なし

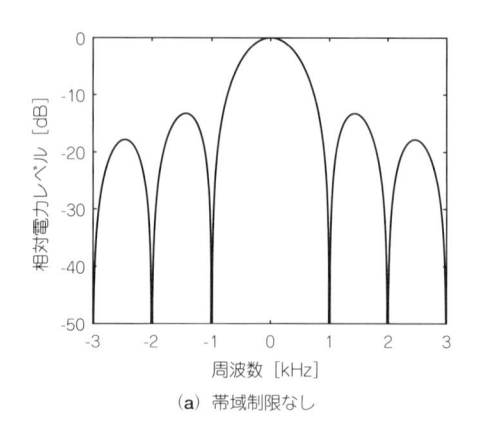

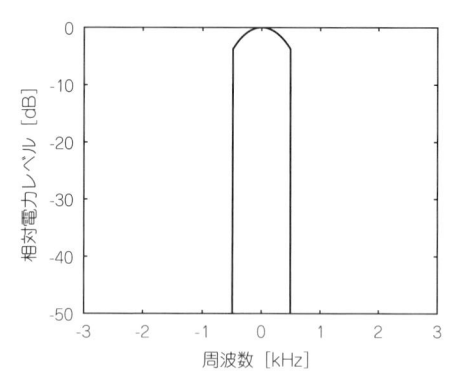

(b) 最小のシンボル・レートぶん（実現はほぼ不可能）

(c) 最大でもシンボル・レートの2倍

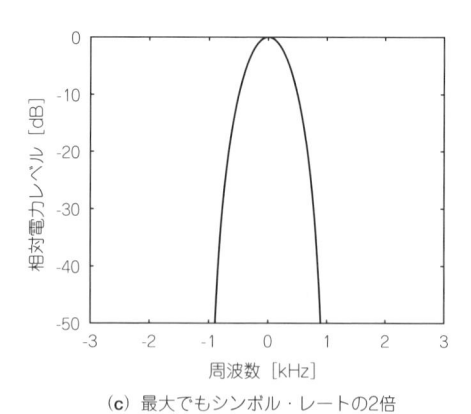

[図4-22] ナイキスト・フィルタを用いた帯域制限（1kbps）

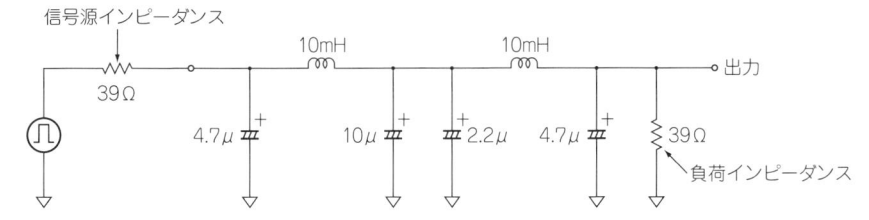

[図4-23] 1kbpsのBSPKベースバンド信号を帯域制限するフィルタ回路

の性能(4-6に示すようなナイキスト基準を満足できるものでもありませんが)を確保することができます．

図4-23は，1kbpsのBSPKベースバンド信号を帯域制限するローパス・フィルタです．10mHのコイルしか手持ちがなかったので，それに合わせた入出力インピーダンスと入出力特性を手計算とシミュレーションで求めてみました．本当は以下に説明するようにベッセル・フィルタを実現すべきですが，**安易に実現する**という観点での設計です．

▶ アナログ・ローパス・フィルタを設計する場合の考え方

上記に設計したローパス・フィルタは，以下のような考えをもとにしています．

(1) ローパス・フィルタの群遅延特性

これは，ローパス・フィルタの周波数対位相の直線性を表わす指標(詳細は第5章「群遅延特性」の項で解説)ですが，これを目的の周波数範囲にわたってできるだけ定遅延になるようにします．これは次節の4-5で示すシンボル間干渉を発生させないようにするためです．

(2) 群遅延特性をよくするには

上記(1)で示した特性を良くするには，ローパス・フィルタのLC回路のQを低くすることです．$Q = 0.5$以下が目安でしょう．

(3) 周波数特性

シンボル・レートの1/2の周波数で振幅減衰量90％程度を目安にします(この考え方も第5章で詳しく解説する)．

(4) せめぎあい

(2)を良くするとローパス・フィルタの減衰特性は悪いものになってしまいます．さらに(3)を満足させようとすると，高い周波数にカット・オフ周波数をもっていかなくてはなりません．そのため，これらの性能と帯域制限のせめぎあいになってしまいます．このへんのバランスが大事です．

▶ベッセル・フィルタがベスト

　本質論をすれば，従来のアナログ回路技術の延長の点からは，ベッセル・フィルタがベストです．ベッセル・フィルタは，上記(1)の群遅延特性がフラットなので，4-5で示すシンボル間干渉が発生しません．ただし，上記と同じように，減衰特性はバタワース型やチェビシェフ型よりも悪くなります．

▶アナログ・ローパス・フィルタを用いた帯域制限特性

　図4-24にこのローパス・フィルタの減衰特性，図4-25に群遅延特性を示します．さらに図4-26に1kbpsのBSPKベースバンド信号（ランダム・データ）をローパス・フィルタで帯域制限した時間軸の波形を示します．波形には，信号ナマリ（ナマリがないこと，イコール，シンボル間干渉がないということ．第5章「群遅延特性，アイパターンで見てみよう」の項も合わせて参照のこと）がかなり少なくなっています．つまり，きれいに帯域制限され，伝送できるわけです．

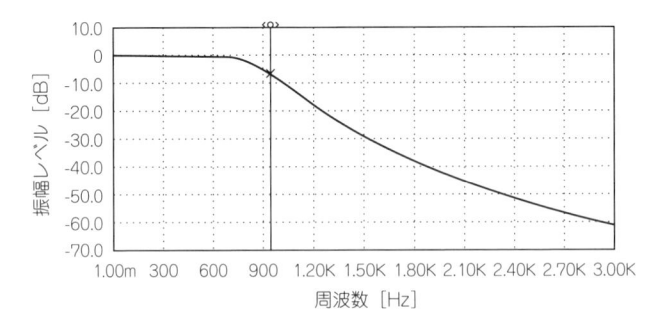

[図4-24] シミュレーションによるアナログ・ローパス・フィルタ減衰特性
（−6dBポイントで約950Hz）

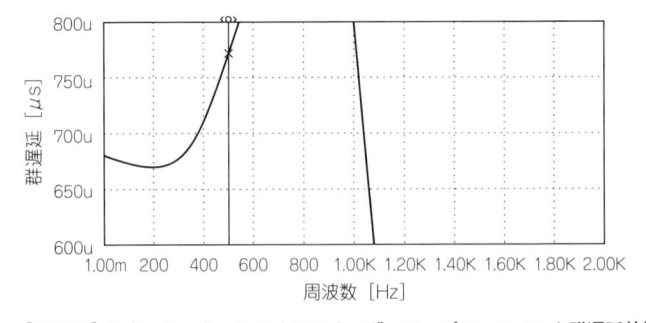

[図4-25] シミュレーションによるアナログ・ローパス・フィルタ群遅延特性
（500Hzまでで群遅延が±100μs以下）

また，図4-27にこの帯域制限したベースバンド信号で変調した信号の周波数スペクトルを示します．アナログ・ローパス・フィルタでも，図4-19にあるようなサイド・バンドがかなり抑圧されていることがわかりますね．

● フィルタリングをする場合のデメリット
▶ PSKは振幅が変動する

　PSKで帯域制限をしない場合は，キャリアのレベル（包絡線）は変化しません．しかし，帯域制限をかけると，包絡線が変化するので，送信RF増幅器に高い直線性（リニアリティ）が必要になり，回路設計が厄介になります．このことを図4-28に示します．図中の信号レベルが低い部分は，リニアリティの高い範囲で動作す

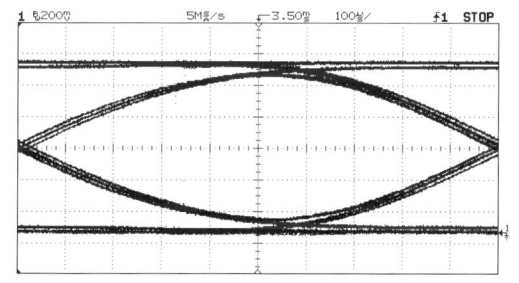

［図4-26］ 1kbpsのBSPKベースバンド信号（ランダム・データ）をアナログ・ローパス・フィルタで帯域制限した波形

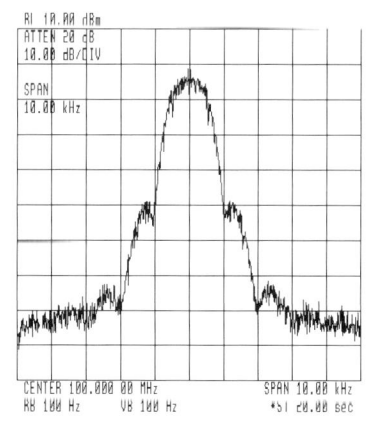

［図4-27］ アナログ・ローパス・フィルタで帯域制限した変調信号スペクトル

4-4　変調信号の帯域幅と帯域を制限する　099

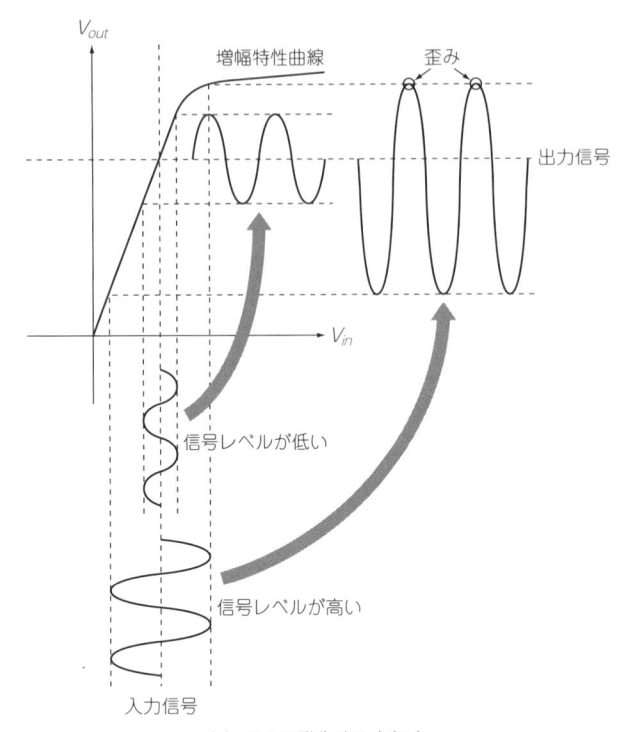

(a) 歪みの発生するようす

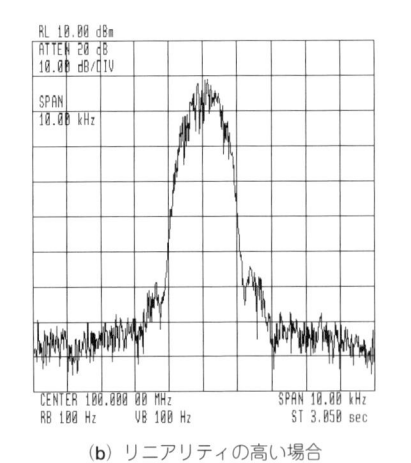

(b) リニアリティの高い場合

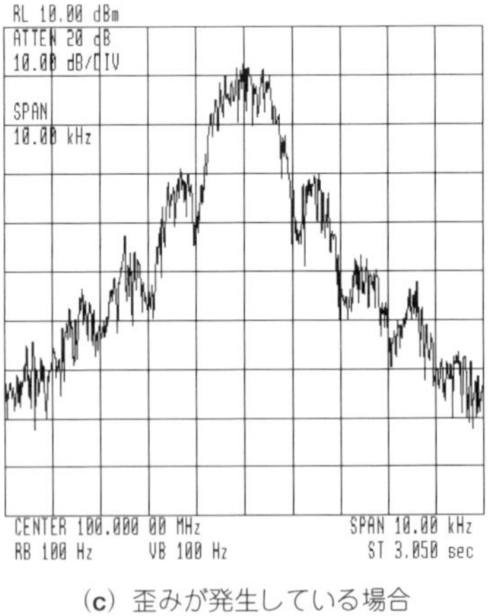

(c) 歪みが発生している場合

[図 4-28] PSKで帯域制限しても，送信RF増幅器のリニアリティがないとサイド・バンドが上昇する

るので問題は発生しませんが，信号レベルの高い部分(増幅特性曲線の上方の非線形のあたり)で歪みが発生してしまいます．図4-28(b)と図4-28(c)に，歪みが発生するようすの一例を示します．

　この歪みが第9章「直線性と変調スペクトル」の項にも示すように，サイド・バンドを上昇させてしまいます．これはp.64にPSK変調はASK変調の延長であると説明したように，PSKが振幅を変動させることに関係する，完全にアナログ回路の問題です．

▶MSKはPSKのような振幅変動のデメリットがない

　ちなみに，スペクトルの最初のヌル・ポイントは，BPSKではシンボル・レートと同じ周波数に生じます．MSKの場合は，シンボル・レートの0.75倍に生じます．さらにMSKは包絡線が一定なので，送信RF増幅器(受信も同様に)の設計が楽なのです．つまり必要とする帯域が狭く，素質の良い変調方式であると言えます．さらに引き続き次の節を見てください．

● GMSK：ガウス・フィルタでMSKの帯域制限

　GMSK(Gaussian MSK)は図4-29のように，ベースバンド信号とMSK変調回路の間にガウス・フィルタというものを挿入して，余分な高調波帯域を制限しMSK変調することで，余分なサイド・バンドを除去することができます．

　ガウス・フィルタの形状$H(f)$は，以下の式のようになります[※8]．

$$H(f) = \exp\left[(-2 \times \log_e 2)\left\{\frac{(f-f_c)T_S}{BT_S}\right\}^2\right] \quad \cdots\cdots\cdots(4\text{-}3)$$

　ここで，f_cは中心周波数，Bは3dB帯域幅(振幅レベルが$1/\sqrt{2}$になる帯域幅)，T_Sはシンボル1周期の時間(シンボル・レートの逆数)です．BとT_Sの積が大きけ

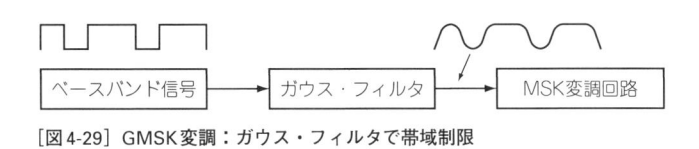

[図4-29] GMSK変調：ガウス・フィルタで帯域制限

※8：ガウス波形は正規分布の形状と同じものである．第5章での雑音の概念にも，このガウス分布(正規分布)が重要になる．

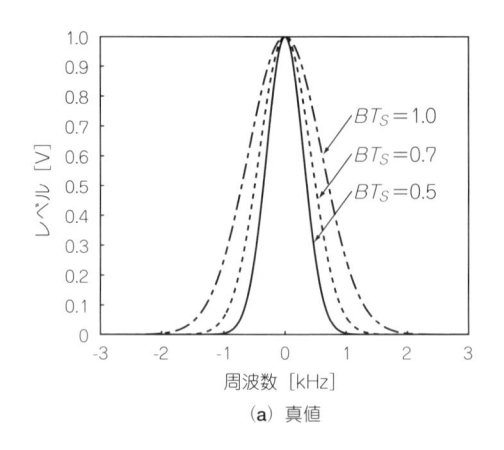

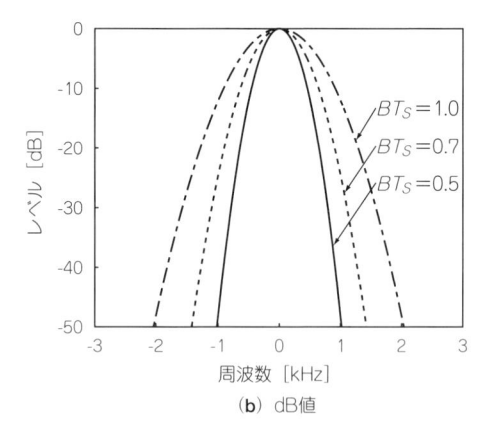

[図 4-30] GMSK 変調に用いられるガウス・フィルタの特性 ($BT_S = 0.5$, 0.7, 1　$T_S = 1\text{ms}$)

れば，フィルタはブロードな形になり，小さければシャープになります．シャープになれば本章の4-5に示すシンボル間干渉がより多く出てきてしまいます．$BT_S = 1.0 \sim 0.7$ 程度が良いところでしょう．このフィルタの特性を図 4-30 に示します．

ベースバンド波形と変調信号スペクトルの両方を図 4-31 に示してみます．なお，この例では，$BT_S = 0.5$, 0.7, 1.0 となっています．非線形変調方式とはいえ，BT_S と変調信号スペクトルの帯域制限が見事に関連しているのがわかりますね．

ガウス・フィルタには，フィルタリングされた信号にナイキスト・フィルタのようなオーバーシュートがないことが特徴です（詳しくは4-6「現代のディジタル信号処理技術で実現するナイキスト・フィルタ」の項を参照）．また，群遅延特性が平

$BT_S=0.5$

$BT_S=0.7$

$BT_S=1.0$

(a) 変調ベースバンド波形

(b) 変調信号スペクトル

$BT_S=0.5$

$BT_S=0.7$

$BT_S=1.0$

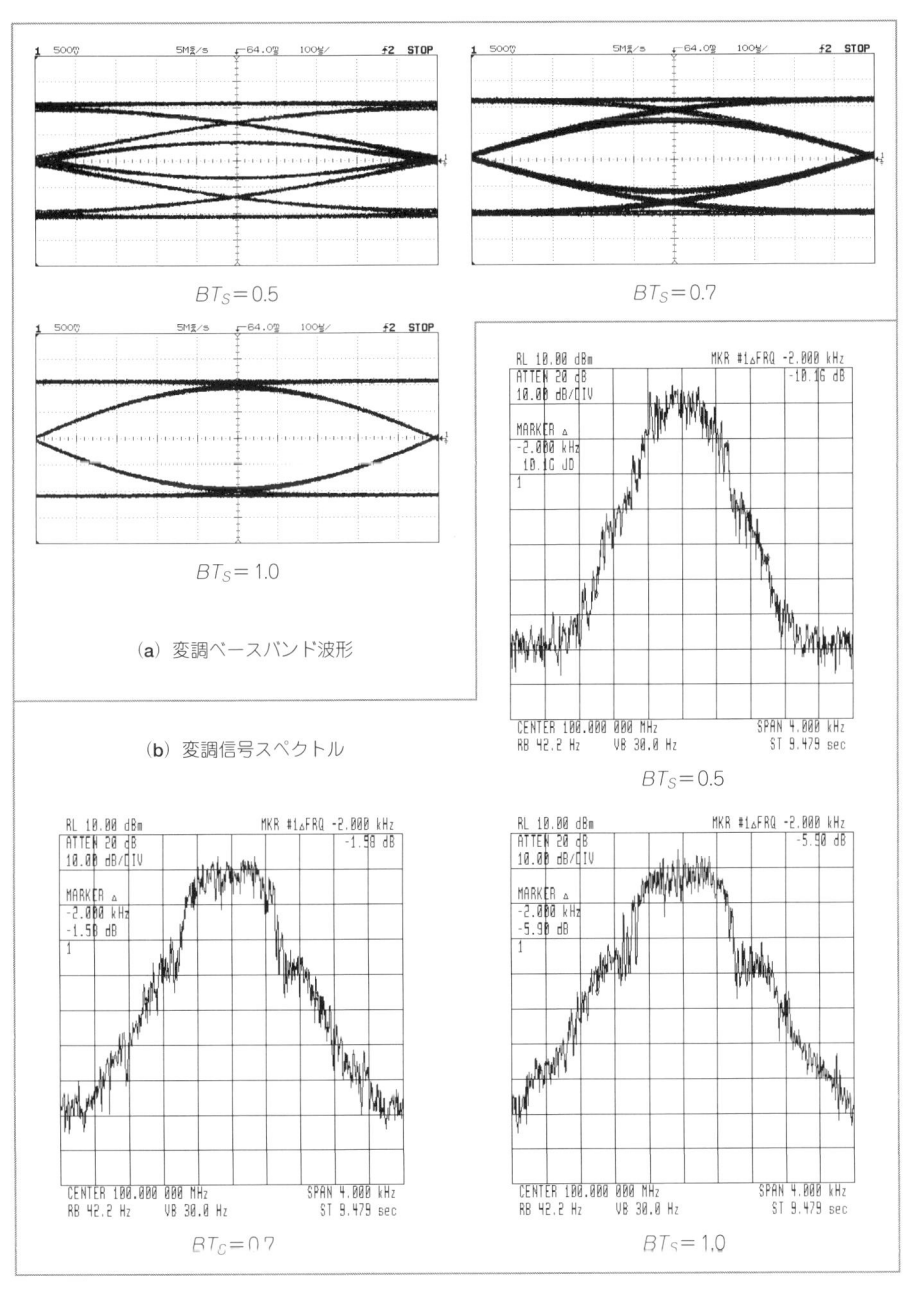

[図4-31] GMSK変調ベースバンド波形と変調信号スペクトル($BT_S=0.5, 0.7, 1$)

4-4 変調信号の帯域幅と帯域を制限する

坦(定遅延)だという基本的な特性をもっています．そのため，FSKのように周波数変化量(最大周波数偏移)が規定されている場合には有効です．

4-5　シンボル間干渉

ここまでに何回か出てきましたが，シンボル間干渉という言葉は聞きなれない言葉だと思います．この意味合いをいくつかの観点から説明していきましょう．この概念(問題)はディジタル変復調でとても重要です．

● **シンボル同士が干渉するとは，どういう意味か**

例えば，**図4-32**のように複数のビットが連続するディジタル・データ(a)を想定してください．ここでは，"0"が連続したあとに1ビットだけ"1"になり，また"0"になるというパターンのデータだとします．このビット・レートは1kbpsだとします．これを，カット・オフ周波数が200Hz程度の簡単なローパス・フィルタを通したとします．これを通した波形が(b)になります．

"1"のデータはレベルがかなり低くなっています．ローパス・フィルタの通過周波数帯域が低いために1/1kHz = 1msecのパルスが通らない(なまってしまう)という状態です．これはローパス・フィルタの帯域が低いということもポイントですが，目的とするデータ・ビットを"1"のビットとすると，**前の0が連続しているために**この"1"がきちんと出てこない，ということになります．例えば，この前のビット列がすべて"1"であれば，当然この"1"のビットは，きちんと"1"が出てきます．

このように，前のビットが何かによって，その次のビットが影響を受けてしまうことを**シンボル間干渉**といいます．シンボルの間同士での**干渉**とは，それ以前の状

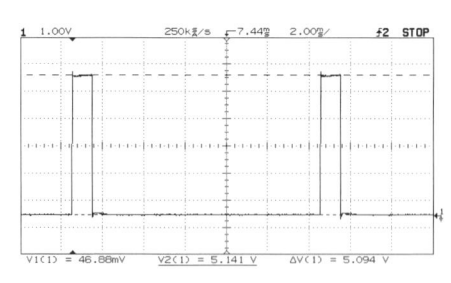

(a) 複数のビットが連続するディジタル・データ

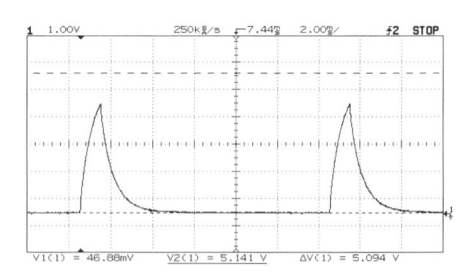

(b) カット・オフ周波数が200Hz程度のローパス・フィルタを通したもの

[図4-32] シンボル間干渉が発生するようす

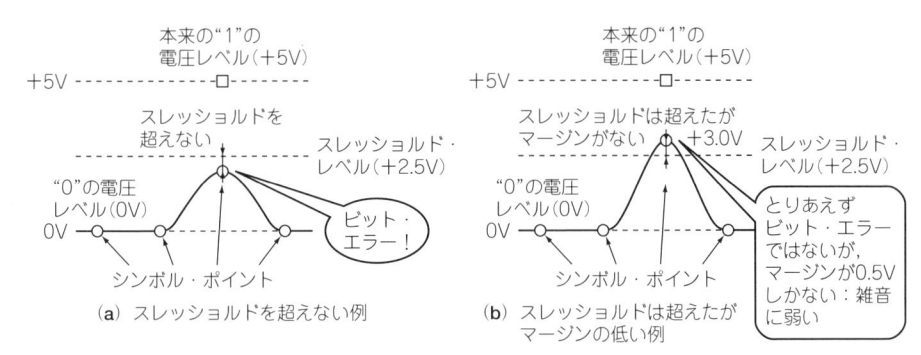

[図4-33] シンボル間干渉でビット・エラー特性が悪化する

態によって**引きずられてしまう**ということです．

● シンボル間干渉が発生すると何が起こる？

　シンボル間干渉により，まず一番最初に思い浮かぶことは図4-33(a)で示すように，本来"1"であるべきビットのところが，スレッショルド電圧を超えられずに"0"として判定されてしまうことでしょう．これでは当然ビット・エラーが発生してしまいます．

　もしも信号がスレッショルドを超えたといっても，例えば図4-33(b)のように，"1"の本来の電圧レベルが+5.0Vだとして，+2.5Vのスレッショルドを超えてはいるが，+3.0Vまでしか行かないと，スレッショルドに対して本来2.5Vのマージンがあるところ，0.5Vしかないので雑音に対して弱く，つまりビット・エラーを発生させる可能性が高いことがわかります．この波形の形状とビット・エラーについては，第5章で詳しく説明します．

● **別のシンボル間干渉の発生する要因**「マルチパス」

　上記はフィルタによりシンボル間干渉が発生することを説明しました．これは単純に電子回路内部で発生するシンボル間干渉であるといえます．しかし無線通信として考えた場合，無線通信路(つまり空間)を伝わって信号が伝送されます．このとき**マルチパス**(詳細は，第6章「変復調から見た電波伝搬」の項で説明)という，**やまびこ**のように，もともと同じタイミングの送信信号が，複数の経路を伝わり，複数の異なるタイミングで受信側に到来するという現象が発生してしまいます．

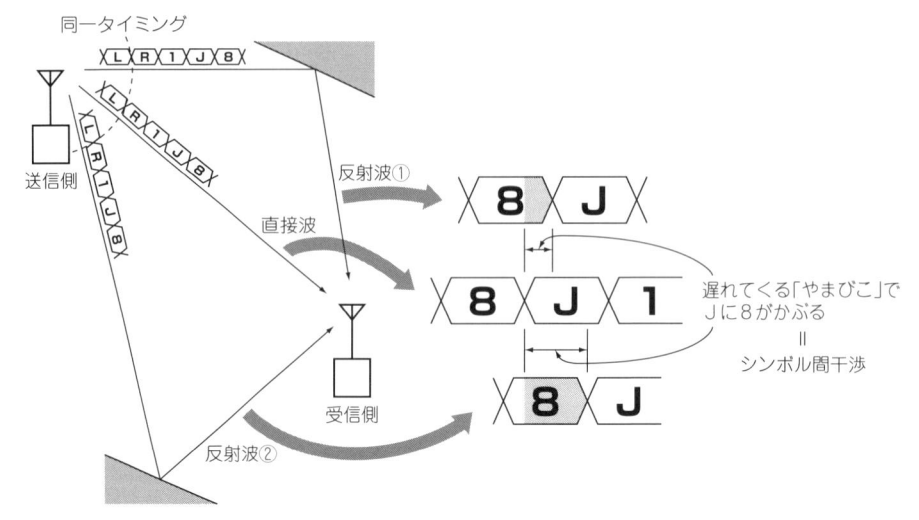

[図4-34] マルチパスによる「やまびこ」現象でシンボル間干渉が発生する

このマルチパスにより，図4-34のようなシンボル間干渉が発生してしまいます．やまびこと表現しましたが，もっと身近な例では，温泉など，少し広めのお風呂の中で早口でしゃべると，エコーで何を言っているかわかりづらくなることがありますが，あれとも同じです．

このように電子回路内部の構成，および無線通信路において，それぞれシンボル間干渉が発生することがわかると思います．

4-6 現代のディジタル信号処理技術で実現するナイキスト・フィルタ

DSPなどを用いて，ディジタル信号処理によりベースバンド信号を帯域制限することが，現在の無線通信システムでは主流になっています．ディジタル値として処理されるので，高い安定度と精度を実現することができます．

ここで用いられるのが**ナイキスト・フィルタ**です．ちょっとややこしいのですが，できるだけわかりやすく，信号のふるまいの観点から説明していきましょう．

● ナイキスト・フィルタとは
▶ 最初に波形のふるまいをイメージしよう

アナログ・フィルタでもそうですが，フィルタの通過帯域から阻止帯域の間の

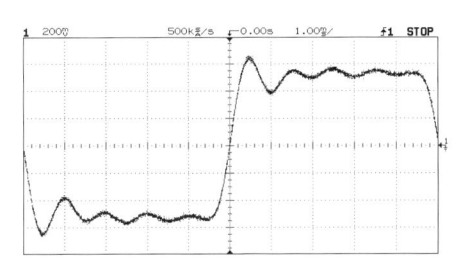

[図4-35] 帯域を狭くしたフィルタに矩形波を通すと，リンギングが生じる（シンボル間が干渉を引き起こす）

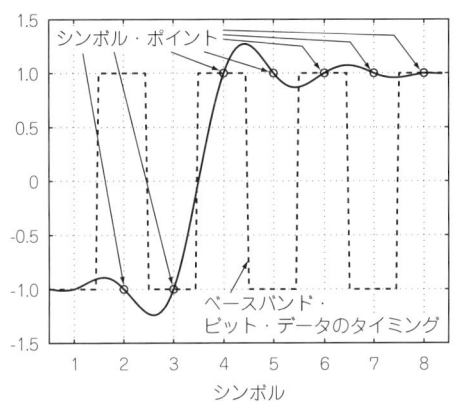

[図4-36] リンギングがちょうどシンボル・ポイントでそのシンボルの本来のベースバンド信号レベルを通過するようなフィルタ（シンボル間干渉を引き起こさない）

　傾斜（スカート特性）を急峻にしていくと，矩形波を通した場合は図4-35のようにリンギング（ディジタル回路屋からすればオーバシュートとアンダシュート）が発生します．もし，このリンギングが図のように表われてしまうと，先に説明したシンボル間干渉になってしまいますね．

　では，図4-36のようにリンギングの発生が，それ以降のシンボルにおいてちょうどシンボル・ポイント（中心）で，そのシンボルの本来のベースバンド信号レベルのところを通過したとしましょう．そのベースバンド信号をシンボルのちょうど中心でサンプリングして復調すれば，

- フィルタリングで帯域はかなり狭くできて
- 本来は問題となるリンギングが
- シンボル・ポイントで影響を与えない
- シンボル間干渉を引き起こさず復調（ビット判定・復号）ができる

となります．このこんなことできるの？を実現するのが，ディジタル信号処理で実現できる**ナイキスト・フィルタ**です[※9]．

※9：なお，私もアナログ・シミュレータを使って試行錯誤でナイキスト・フィルタ**もどき**が設計できた．誤差をいくらか許せばコンピュータ・シミュレーションにより，アナログ回路でも実現可能と思われる．参考文献(1)にも同様の話が載っている．

▶ナイキスト・フィルタとは

　シンボル間干渉をゼロにするため，フィルタのインパルス応答がシンボル周期の整数倍でゼロになるというナイキストの第1基準を用います．ナイキスト・フィルタは，これを元にしています．でもこれじゃ，なんだかわかりませんね．

　まず，フィルタの**インパルス応答**について説明します．

　インパルス(デルタ関数ともいう) とは数学的な定義で，ある時間は無限大の大きさ，かつ幅は無限小，それ以外の時間は大きさゼロというパルスです．積分したときの大きさは1になります．現実には実現は無理ですが，もしこのパルスをスペクトラム・アナライザで観測すると，周波数無限に一定レベルのスペクトルが観測できるというものです．

　この無限にスペクトルが広がっているパルスを，ローパス・フィルタに通せば，低い帯域の成分だけが取り出されます．これは図4-32，図4-35，図4-36に示す矩形波のものと同様，インパルス波から**なまった波形が取り出されます**(フィルタによってはリンギングをもつ場合ともたない場合がある．ナイキスト・フィルタはリンギングをもつ)．これがフィルタのインパルス応答です．

　先の定義によれば，このインパルス応答が**ナイキストの第1基準**を満たすようになれば，シンボル間干渉が発生しません(シンボル中心で影響を与えない)．これが，ナイキスト・フィルタです．

▶フィルタのインパルス応答

　以下に示しますが，ナイキスト・フィルタ，それもよく使われているコサイン・ロールオフ・フィルタには**ロールオフ率 α** というものがあり，これがパラメータになっています．α は，0から1の範囲となります．

　ロールオフ率が $\alpha = 0.3$ の場合のフィルタのインパルス応答を図4-37に示します．一緒にベースバンドのタイミングも丸で示してあります．矢印の長さが1シンボルぶんの長さです．

　いま，インパルス応答の(A)の部分を**シンボル(0)のシンボル・ポイントで，その一瞬のタイミングの電圧レベル**と考えてみましょう(電圧レベルをサンプリングしたと考える)．次に，インパルスの応答の(B)の部分は，次のシンボル(1)のシンボル・ポイントです．

　シンボル(0)のシンボル・ポイント(つまりそのタイミングで発生したインパルス信号)によって発生したリンギングが，この(B)のところではちょうどゼロになっています．これはなんと，ロールオフ率が $\alpha = 0.3, 0.5, 1$ の場合，どれであっても同じです．さらにシンボル(2)，シンボル(3)のところでもゼロです．

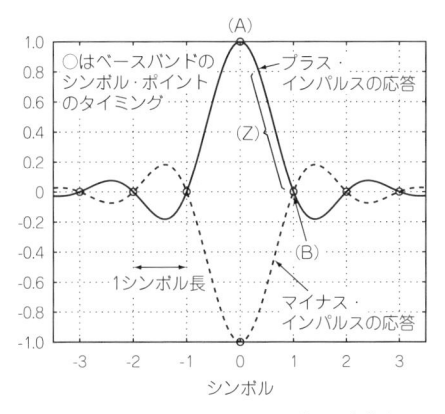

[図4-37] コサイン・ロールオフ・フィルタのインパルス応答（ロールオフ率$\alpha = 0.3$）

　つまりシンボル(0)のシンボル・ポイントでの電圧は次，その次，さらにその次と永遠に先のシンボルにわたってゼロになっています．これは完全に以降のシンボルに影響を与えないことになります．

　この点に関して私は一時悩みました．たしかに(A)の部分だけの電圧レベルが影響を与えないということはわかった．では，このフィルタに矩形波を入力したら(Z)の部分は次のシンボル・ポイントに影響を与えるはずだが？ということです．同じように思う方がいると思うので，引き続き説明していきます．ポイントは**送信信号は矩形波で考えずに，時間幅がゼロのパルス，インパルスで考える**ということなんですが……．

▶ コサイン・ロールオフ・フィルタの周波数特性

　ローパス・フィルタに周波数特性があるように，この特殊なパルス応答を示すコサイン・ロールオフ・フィルタにも周波数特性があります．式(4-4)にこの形状を示す関数を示します[※10]．

　また，**図4-38**に実際の周波数特性を示します．ロールオフ率が，$\alpha = 0$，0.3，0.5，1の場合を示しています．

　ロールオフ率$\alpha = 0$のものはまっすぐにスカートが下がっていますが，これは特殊なケースで**矩形フィルタ**とか"Brick Wall Filter"と呼ばれます．理論解析には検討が簡単なので多用されますが，実際の回路設計においては，DSPの計算量がかなり多くなることから，ほとんど用いられません（実現が難しい）．

※10：文献によって書き方が異なっているが，式を変形していけば同じになる．

式(4-4)のそれぞれが，図4-38のどこを示しているか，わかりやすいように矢印でつないであります．

$$H(f) = \begin{cases} 1 & 0 \leq |f| < f_1 \\ \frac{1}{2}\left\{1 - \sin\frac{\pi(|f| - W)}{2(W - f_1)}\right\} & f_1 \leq |f| < (2W - f_1) \\ 0 & (2W - f_1) \leq |f| \end{cases} \cdots\cdots (4\text{-}4)$$

ここで，$|f| = W$で$H(f)$が1/2になっています．fはキャリアを中心としてプラス側とマイナス側があるので，両方対称であることから絶対値を取り，$|f|$となっています．また，この図ではfがシンボル・レート$1/T_S$（T_S自体はシンボル長）で正規化されているので，実際の周波数はf/T_Sになります．

式(4-4)と図4-38でもビジュアルに示しましたが，それぞれの変数の意味合いを式で示してみます．

▶ 理想ナイキスト帯域幅 W

$$W\,[\text{Hz}] = \frac{1}{2} \cdot \frac{1}{T_S}\,[\text{bps}]\text{ or }[\text{sps}] \cdots\cdots (4\text{-}5)$$

ここで$1/T_S$は，ビットレート/シンボル・レートです．スペクトルはキャリア周波数を中心として$\pm W$だけの幅になります．

▶ ロールオフ率αとフィルタ特性が水平から変化し始めるまでの周波数f_1の関係

$$\alpha = 1 - \frac{f_1\,[\text{Hz}]}{W\,[\text{Hz}]} \cdots\cdots (4\text{-}6)$$

それでもまだわからない！　という人のために，実際に値を入れてみましょう．ロールオフ率$\alpha = 0.5$として，シンボル・レートを1kspsとします．中心周波数（実際はナイキスト・フィルタの形状の話の本質とは無関係だが）はいくつでもかまいません．このとき，式(4-7)のようになります．ここでも式(4-7)から図4-38に向かって矢印を引いてあります．

$$H(f) = \begin{cases} 1 & 0 \leq |f| < 250 \\ \frac{1}{2}\left\{1 - \sin\frac{\pi(|f| - 500)}{2(500 - 250)}\right\} & 250 \leq |f| < 750 \\ 0 & 750 \leq |f| \end{cases} \cdots\cdots (4\text{-}7)$$

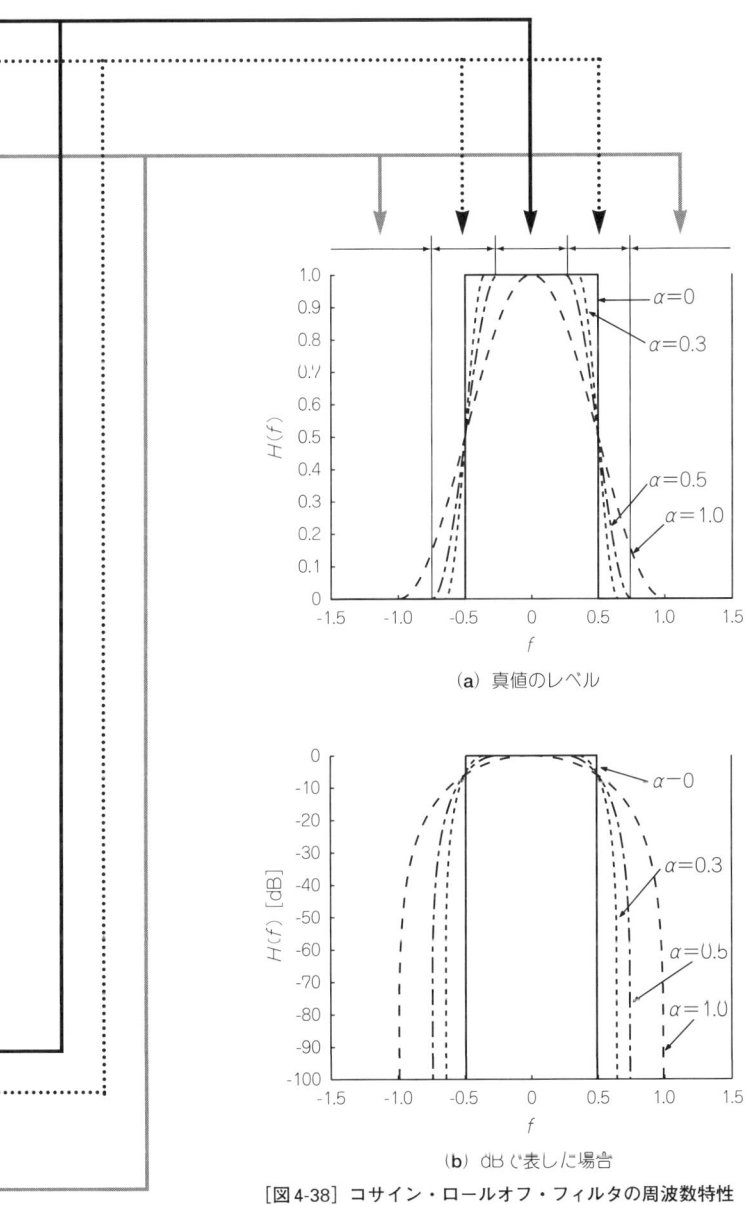

[図4-38] コサイン・ロールオフ・フィルタの周波数特性
（$\alpha = 0$, 0.3, 0.5, 1, ただしdBのレベルは相対値）

(a) 真値のレベル

(b) dBで表した場合

▶ より理論的に深い話

　一方で，より理論的に深い話として，ナイキスト・フィルタには以下の特性があります．

- シンボル・レート $1/T_S$ の半分の周波数 W を中心として，中心側の部分と，外側の部分は対称(奇対称)になる
- フィルタの中心の左右は対称(偶対称)になる

また，補足事項として以下があります．

- 図4-38の(a)はそのままの大きさ(真値)を示しており，学術書でよく見られる図である．ネットワーク・アナライザなどを通して見たと仮定した場合は，同図(b)のように $20\log(x)$ をとり，dBに変換した大きさを見ていることになる(RF回路屋には S_{21} と言ったほうが簡単だろう)
- この周波数特性を逆フーリエ変換すれば，インパルス応答が得られる(ナイキスト・フィルタだけでなく一般的な話)
- 最小でシンボル・レートぶん(といっても現実には困難)，最大でもその2倍の帯域幅までしか信号がない．アナログ・フィルタであったようなフィルタリングによる**漏れ出し**がまったくない
- ある周波数で完全にゼロになることは，時間軸からするとインパルス応答は無限に続くことになる．そのため，実際の設計ではインパルス応答をあるところで打ち切って処理し，誤差が許容できるレベル程度にしてディジタル・フィルタを実現する

● 送受信系でのナイキスト・フィルタの応用
▶ 送受信システムとして考えた場合
　ここまでの話は，

- フィルタリングで帯域を狭くして隣のチャネルに影響を与えないようにする
- フィルタリングで発生するシンボル間干渉をゼロにするためにナイキスト・フィルタを使う

というものでした．一方で，次の第5章でも説明しますが，受信側においては一緒に受信してしまう雑音を最小にするために，こちらでもフィルタリングしなければなりません．

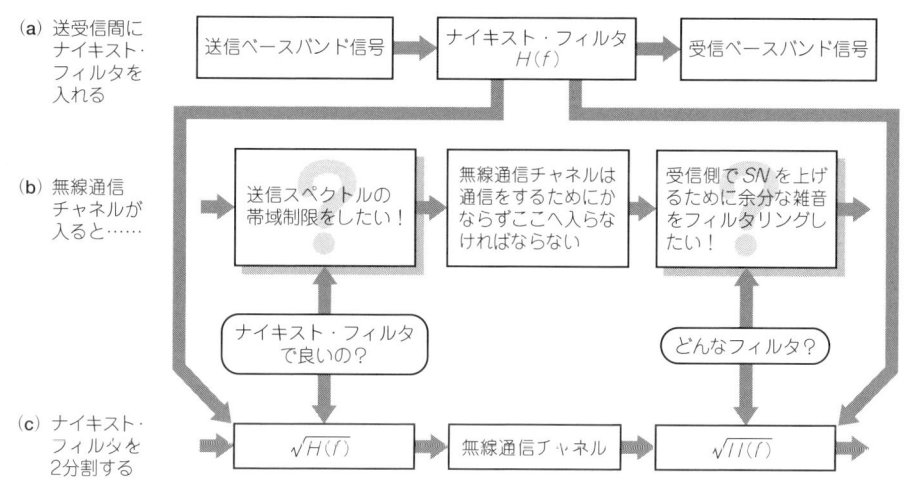

[図 4-39] 無線通信チャネルを含む送受信伝送系でのナイキスト・フィルタの考え方

　このために，実際の送受信システムでは，ナイキスト・フィルタを以下のようにして分割して実装します．

　図4-39を見てください．(a)は，送信ベースバンド信号（フィルタリングされる）から受信ベースバンド信号までを示しています．この途中にナイキスト・フィルタが入ります．

　しかし実際には(b)のように，途中に無線通信チャネル（本来のナイキスト・フィルタの帯域制限の実力を発揮しなくてはならない部分）が入ります．

　一方で再度受信側で，SN比を上げる目的で，余分な雑音（外来雑音や回路内部雑音）を除去するために，フィルタリングしなければなりません．すでに最適にフィルタリングされた信号を，どうやってフィルタリングするのでしょう．[？]には何が入るでしょう．

　この答えが(c)です．なんと，ナイキスト・フィルタを2個に分割します．そしてそれぞれの特性を**掛け算した**ものがナイキスト・フィルタになるようにします．コサイン・ロールオフ・フィルタを一般的に使うといいましたが，

> 二つのフィルタの特性を「掛け算して」コサイン・ロールオフ特性にするため，それぞれをルート特性にして，「ルート・コサイン・ロールオフ・フィルタ」として実装するのです．

この場合，無線通信チャネル上では正しいナイキスト・フィルタ出力ではないわけですから，当然変調されたベースバンド波形も異なってしまいます．つまり無線通信チャネル上の信号は，**ナイキストの第1基準**を満たしておらず，シンボル間干渉が発生してしまっています．受信側のルート・コサイン・ロールオフ・フィルタを通してうまくシンボル間干渉がなくなるようになるわけです．

▶ 必要な帯域幅B（と理想ナイキスト帯域幅W）

図4-38で示すナイキスト・フィルタを通した信号の帯域は，図4-38での大きさがゼロになる幅となります．これより中心から離れた周波数には，エネルギーは存在しません．この帯域幅Bと理想ナイキスト帯域幅Wとの関係は，以下の式(4-8)で示せます．

$$B = 2W(1+\alpha) = \frac{1}{T_S}(1+\alpha) \quad \cdots\cdots\cdots\cdots\cdots\cdots\cdots\cdots\cdots\cdots\cdots\cdots\cdots\cdots (4\text{-}8)$$

ここでわかるのは，必要な帯域幅は，$\alpha=0$だとシンボル・レートのぶん（理想ナイキスト帯域幅Wの2倍）だけでよく，$\alpha=1$だと，その2倍が必要となります．

▶ $\alpha=1$の場合

この場合は，**フル・コサイン・ロールオフ特性**と呼ばれ，シンボル・タイミングおよびシンボル切り替わりタイミングの両方において，シンボル間の干渉がなくなります．これは**ナイキストの第2基準**というものを満足しており，帯域はシンボル・レートの倍必要になりますが，シンボルの切り替え点が適切に検出できることから，次の第5章で示すようなシンボル同期や，シンボル・タイミング・トラッキング（送受信のタイミング・ズレを受信側で補正していく）がとても楽に行えます．

● 実際の回路設計

▶ どんな回路で実現するのか？

I/Qのベースバンド信号を帯域制限するには，DSPなどのディジタル・フィルタでルート・コサイン・ロールオフ・フィルタを実現して行います．フィルタ構成のブロック図を図4-40に示します．このようにシフト・レジスタを複数並べて（DSPならばメモリの配列），このタップごとに重み付けをした値を足し合わせることで，フィルタを実現できます．なお，本質論からすれば，この回路は第11章で示す**畳込み積分**をしています．

表4-3は，シフト・レジスタのタップの重み付けをコサイン，ルート・コサインそれぞれでロールオフ・フィルタができるような値の一例です（サンプリング・レ

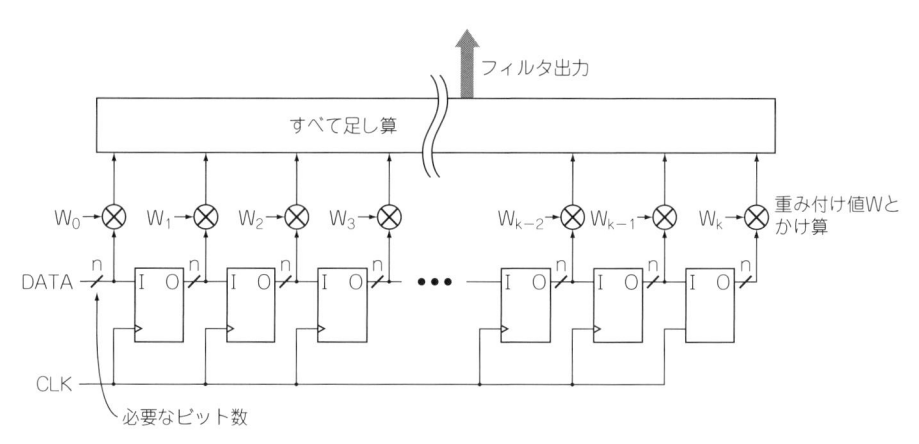

[図4-40] ディジタル・フィルタでのルート・コサイン・ロールオフ・フィルタ，シフト・レジスタで実現する

[表4-3] ロールオフ・フィルタのタップの重み付けの例（サンプリング・レートは8倍）

タップ番号	コサイン・ロールオフ			ルート・コサイン・ロールオフ		
	0.3	0.5	1	0.3	0.5	1
1	0.00000	0.00000	0.00000	0.01100	-0.00889	-0.00392
2	-0.00623	0.00220	0.00049	0.01411	-0.00765	-0.00296
3	-0.01365	0.00425	0.00077	0.01318	-0.00336	0.00000
4	-0.02093	0.00556	0.00060	0.00770	0.00295	0.00338
5	-0.02634	0.00572	0.00000	-0.00167	0.00943	0.00513
6	-0.02808	0.00466	-0.00075	-0.01307	0.01388	0.00390
7	-0.02464	0.00277	-0.00119	-0.02374	0.01447	0.00000
8	-0.01520	0.00087	-0.00095	-0.03051	0.01048	-0.00455
9	0.00000	0.00000	0.00000	-0.03061	0.00267	-0.00699
10	0.01948	0.00114	0.00122	-0.02235	-0.00673	-0.00539
11	0.04051	0.00477	0.00198	-0.00581	-0.01447	0.00000
12	0.05942	0.01057	0.00161	0.01688	-0.01734	0.00647
13	0.07203	0.01715	0.00000	0.04161	-0.01320	0.01010
14	0.07438	0.02219	-0.00220	0.06288	-0.00203	0.00792
15	0.06355	0.02275	-0.00367	0.07479	0.01361	0.00000
16	0.03836	0.01599	-0.00310	0.07225	0.02880	-0.00992
17	0.00000	0.00000	0.00000	0.05231	0.03734	-0.01587
18	-0.04772	-0.02533	0.00459	0.01516	0.03342	-0.01280
19	-0.09845	-0.05761	0.00808	-0.03522	0.01361	0.00000
20	-0.14390	-0.09172	0.00724	-0.09114	-0.02144	0.01714
21	-0.17472	-0.12004	0.00000	-0.14197	-0.06601	0.02857
22	-0.18178	-0.13342	-0.01247	-0.17555	-0.10951	0.02417
23	-0.15750	-0.12250	-0.02425	-0.18013	-0.13799	0.00000

[表4-3] ロールオフ・フィルタのタップの重み付けの例（サンプリング・レートは8倍）（つづき）

24	-0.09719	-0.07953	-0.02462	-0.14639	-0.13670	-0.03673
25	0.00000	0.00000	0.00000	-0.06932	-0.09335	-0.06667
26	0.13045	0.11588	0.06236	0.05038	-0.00132	-0.06285
27	0.28615	0.26250	0.16977	0.20582	0.13799	0.00000
28	0.45525	0.42898	0.32011	0.38430	0.31426	0.13469
29	0.62333	0.60021	0.50000	0.56873	0.50908	0.33333
30	0.77498	0.75875	0.68596	0.73975	0.69858	0.5656
31	0.89559	0.88724	0.84883	0.87838	0.85736	0.7854
32	0.97321	0.97094	0.96034	0.96866	0.96297	0.94281
33	1.00000	1.00000	1.00000	1.00000	1.00000	1.00000
34	0.97321	0.97094	0.96034	0.96866	0.96297	0.94281
35	0.89559	0.88724	0.84883	0.87838	0.85736	0.78540
36	0.77498	0.75875	0.68596	0.73975	0.69858	0.56569
37	0.62333	0.60021	0.50000	0.56873	0.50908	0.33333
38	0.45525	0.42898	0.32011	0.38430	0.31426	0.13469
39	0.28615	0.26250	0.16977	0.20582	0.13799	0.00000
40	0.13045	0.11588	0.06236	0.05038	-0.00132	-0.06285
41	0.00000	0.00000	0.00000	-0.06932	-0.09335	-0.06667
42	-0.09719	-0.07953	-0.02462	-0.14639	-0.13670	-0.03673
43	-0.15750	-0.12250	-0.02425	-0.18013	-0.13799	0.00000
44	-0.18178	-0.13342	-0.01247	-0.17555	-0.10951	0.02417
45	-0.17472	-0.12004	0.00000	-0.14197	-0.06601	0.02857
46	-0.14390	-0.09172	0.00724	-0.09114	-0.02144	0.01714
47	-0.09845	-0.05761	0.00808	-0.03522	0.01361	0.00000
48	-0.04772	-0.02533	0.00459	0.01516	0.03342	-0.01280
49	0.00000	0.00000	0.00000	0.05231	0.03734	-0.01587
50	0.03836	0.01599	-0.00310	0.07225	0.02880	-0.00992
51	0.06355	0.02275	-0.00367	0.07479	0.01361	0.00000
52	0.07438	0.02219	-0.00220	0.06288	-0.00203	0.00792
53	0.07203	0.01715	0.00000	0.04161	-0.01320	0.0101
54	0.05942	0.01057	0.00161	0.01688	-0.01734	0.0064
55	0.04051	0.00477	0.00198	-0.00581	-0.01447	0.00000
56	0.01948	0.00114	0.00122	-0.02235	-0.00673	-0.00539
57	0.00000	0.00000	0.00000	-0.03061	0.00267	-0.00699
58	-0.01520	0.00087	-0.00095	-0.03051	0.01048	-0.00455
59	-0.02464	0.00277	-0.00119	-0.02374	0.01447	0.00000
60	-0.02808	0.00466	-0.00075	-0.01307	0.01388	0.00390
61	-0.02634	0.00572	0.00000	-0.00167	0.00943	0.00513
62	-0.02093	0.00556	0.00060	0.00770	0.00295	0.00338
63	-0.01365	0.00425	0.00077	0.01318	-0.00336	0.00000
64	-0.00623	0.00220	0.00049	0.01411	-0.00765	-0.00296
65	0.00000	0.00000	0.00000	0.01100	-0.00889	-0.00392

ートは8倍，タップ長は7シンボルぶん．ただし0.001の大きさのところで打ち切っている[※11]．

図4-37や**表4-3**を見てもわかるように，このフィルタの重みづけ係数は，中心から隅対象になっているので，例えば32番目と34番目は同じ係数値です．またタップの数を奇数として設定します．

▶ フィルタに入力する信号波形は

このコサイン・ロールオフ・フィルタに矩形波を入力すると，シンボル間干渉のない波形が得られ……ません．本章のp.108「フィルタのインパルス応答」の項の最後で説明しましたが，矩形波を入力するとシンボル間干渉が発生してしまいます．

このフィルタへの入力は**インパルス**でなければなりません．この場合のインパルスは1シンボルあたりにシフト・レジスタの1段だけが大きさをもつような，**図4-41**のようなパルスである必要があるのです．

学術書には，**矩形波を入力する場合は**，ロールオフ・フィルタの係数に$\mathrm{sinc}(\pi f T_S)$の逆数をかけてと説明されていることも多いのですが，実際の回路設計においてはその必要はありません．ただ単純に**リスト4-1**のCプログラムのように[※12]，1シンボルの中心だけで＋1，－1になるよう送信データ・ビットを変換（アップ・サンプル）して，1シンボルのサンプリング数ごとに飛び飛びの，段（タップ）のみを足し合わせます．これをフィルタ出力値として，D-A（Digital to Analog）変換し

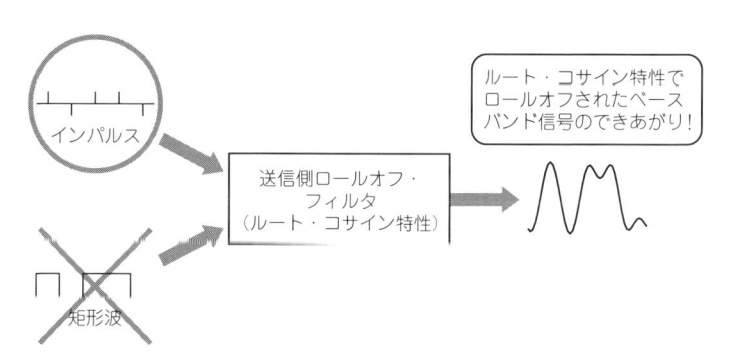

[図4-41] 送信側ロールオフ・フィルタに入力されるのはインパルス．矩形波ではない

※11：一般的にもディジタル・フィルタの設計は，これまた難しく，どこで打ち切るか，サンプリング・レートがどれだけか，なんビットで処理するかなど，いろいろな課題がある．必要とする性能や能力を見極めて設計する必要がある．
※12：VHDLで書きたいのはやまやまだが，Cのほうが理解しやすいだろうと考えて．

てベースバンド信号の電圧レベルとすればよいのです．先に説明したように，このCプログラム**も畳込み積分**をしています．

▶ **受信側でのルート・コサイン・ロールオフ・フィルタでは**

送信側では，インパルスを元にして，ルート・コサイン特性でロールオフされたベースバンド信号が，無線通信チャネルに送出されます．前から言っているよ

[リスト4-1] インパルスからロールオフしたベースバンド信号を生成するCプログラム

```
#include       <stdio.h>

#define SPR    8          /*サンプリングレート*/
#define TPL    65         /*全体のタップ長*/
#define HTAP   33         /*タップの半分（以下に示すタップ係数の数）*/
#define DEPTH  9          /*タップ長が何ビット分に該当するか 65/8 */

static float TapCoeff[HTAP] = {
/*ここに表4-3のタップ係数、タップ番号1～33までを入れる*/
.....
};


float Result[SPR];              /* 1ビット分を入力したときに出来るSPR分のデータ */
short BitStack[DEPTH];
short Inbit;

void rolloff(short Inbit)       /* Inbitは+1,-1 */

/* この関数に+1,-1をビットごとに入力すると、8倍にアップ・サンプリングされ、*/
/* ロールオフされた結果がResult[]に戻ってくる */

{
    short i, SamplePoint, TapNumber, Index;
    float ResultTemp;

    for(i = DEPTH-2; i >= 0 ; i--) {
            /*ビットをスタック上でシフト*/
            BitStack[i+1] = BitStack[i];
    };
```

うに，まるで**アナログ信号**のような波形が伝送されます．

これを受信側でA-D変換したのち，もう一度，同じロールオフ特性のフィルタを通します．しかしこのときには，サンプリングされたすべてのアナログ値（サンプリング・レートが8倍なら，1シンボルにつき8点）を送信側と同じ構成のディジタル・フィルタに入力し，すべてのタップを足し算しなくてはなりません．

このようにすることで，送受信システム全体で，

```c
        BitStack[0] = Inbit;

        for(SamplePoint = 0; SamplePoint < SPR; SamplePoint++) {
                if (SamplePoint == 0) {
                        /*タップ長の最後の分，(65)が有効のとき*/
                        ResultTemp = TapCoeff[0] * BitStack[DEPTH-1];
                }
                else {
                        ResultTemp = 0;
                };
                for(Index = 0; Index < DEPTH - 1; Index++){
                        /*インパルスのあるタップ位置だけを足せば良い*/
                        TapNumber = Index * SPR + SamplePoint;
                        if (TapNumber > HTAP -1) {
                                /*折り返し*/
                                TapNumber = TPL - TapNumber - 1;
                        }
                        ResultTemp += TapCoeff[TapNumber] * BitStack[Index];
                }
                Result[SamplePoint] = ResultTemp;
        }
}


void initdim(void)
/* 最初に呼ぶBitStack[]初期化ルーチン */
{
     short i;
     for(i = 0; i < DEPTH; i++) BitStack[i] = 0;
}
```

- 送信データに対応するインパルスをディジタル・フィルタに入力し，
- 送信側のフィルタはルート・コサイン・ロールオフで，
- これをD-A変換すると，
- 電圧波形は，シンボル間干渉をもつアナログ波形．
- 無線通信チャネルに出た，この信号を受信側で受信し，A-D変換して，
- 受信側のディジタル・フィルタもルート・コサイン・ロールオフで，
- 受信信号すべてのサンプル点の信号をフィルタに入力すると，
- 両方のフィルタを合わせてコサイン・ロールオフ特性が得られる．
- フィルタ出力はシンボル間干渉のないコサイン・ロールオフされたベースバンド信号(のディジタル値)が得られる．

となるわけです．

4-7　周波数と位相の関係：QPSKとMSKは双子

　第3章の3-7「変調指数 $m = 0.5$ のFSK「MSK」」の項や，3-9「位相と周波数」の項でも説明していますが，QPSKとMSKは仲間同士です．それは**角度(位相)を微分したものが角周波数**ということに関係しています．

　QPSKは，**図4-14**のようにコンスタレーションは4点で示されます．それぞれは90°の位相差関係になっています．次に，**図3-27**(MSKの説明)と同じものを時間軸で見てみましょう．10kHzのキャリアを1kspsでMSK変調($m = 0.5$)すれば，$f_L = 9.75$kHzと$f_H = 10.25$kHzになります．これを**図4-42**のように時間軸で見てみると，最初は同じ位相からスタートしたキャリアとf_Lとf_Hは，1シンボル経過すると，f_Lとf_Hはちょうどそれぞれキャリアから90°(f_Lはマイナスに，f_Hはプラスに)ずれていることがわかります．

　コンスタレーションで表わすと，これは**図4-43**のように1シンボルごとに90°位相がずれて見えることです．MSK(FSK)は包絡線レベルが一定なので，シンボルから次のシンボルへ状態変化(遷移)する際は，図のようにコンスタレーションの位相平面上で，円周上を移動していくことになります(この図は2シンボルぶんを示している)．

　いずれにしても，コンスタレーションは90°の位相差の4点になり，QPSKと似たコンスタレーションが得られます．これが仲間同士ということです．

　では，もう少し細かい点を説明しましょう．

$f_L =9.75$kHz

$f_H =10.25$kHz

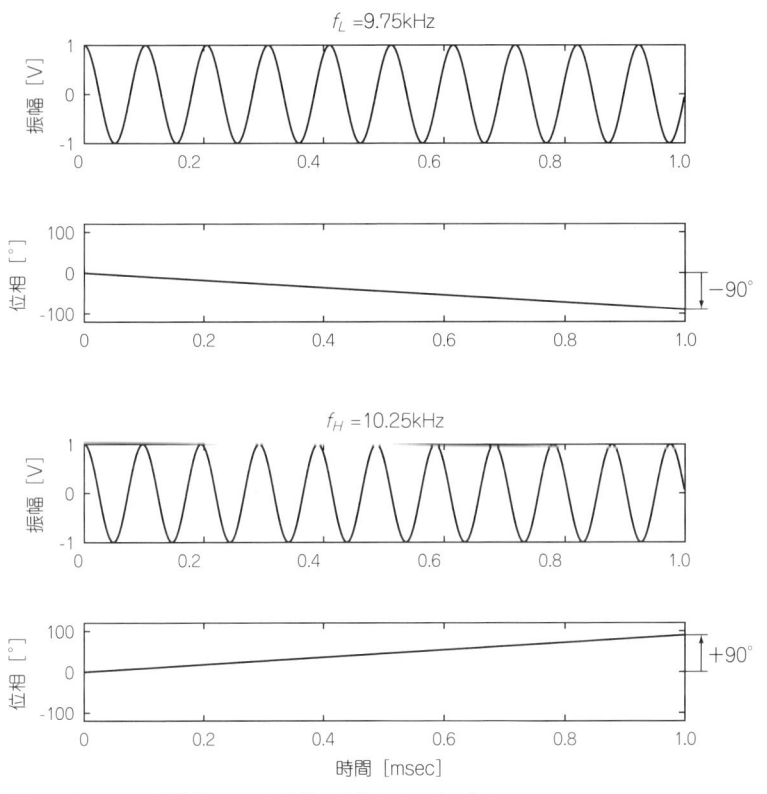

[図4-42] MSKの周波数 f_L, f_H と位相の変化していくようす

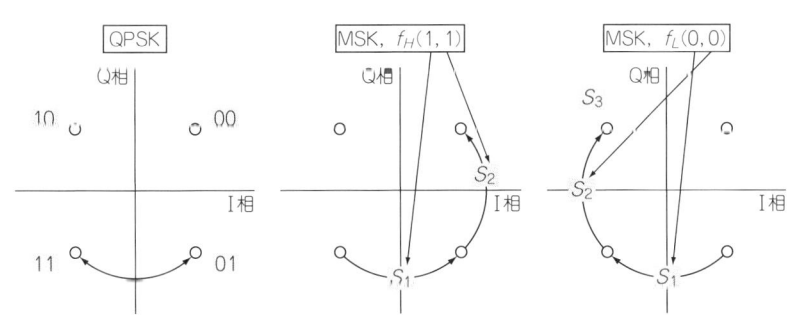

[図4-43] MSKはコンスタレーションで1シンボルごとに90°位相がずれていく．また，円周上を移動していく

4-7 周波数と位相の関係：QPSKとMSKは双子

- コンスタレーションの星の位置は90°ずつで同じだが，MSKはシンボル状態の変化時には円周上を移動する
- QPSKの場合は(帯域制限をしたとして)，シンボル状態の90°変化時でも，かならずしも円周上を移動しない
- OQPSK(Offset QPSK)というものがあり，シンボルごとに90°の位相差に移動する．そのため，これはMSKとかなり近い
- しかしながらOQPSKの状態の変化は，QPSKと同じように移動する

無線通信とディジタル変復調技術

第5章
SN比とビット・エラー・レートの測定

❖

信号を復調するためにはシンボル・タイミングの検出が重要です．
また，無線通信では，SN比の悪化はどうしても避けられません．
受信側で起こるビット・エラーの原因と対策，
そして，ビット・エラー・レートの評価方法を見ていきます．

❖

5-1　シンボル・タイミング検出とアイ・パターン

　図5-1のように，受信した信号からきちんとビット判定し，復号するためには，シンボル・ポイントの中心がどこであるかを正しく検出する**シンボル同期**と，いま受信しているビットが，全体の通信フレームの中でどの位置なのかを判断できるように，フレームの先頭を検出し，位置決めする**フレーム同期**の処理が必要になります（なお，PSKなどキャリアと乗算するものは，キャリア同期を取る必要がある．キャリア同期については参考文献(4)が詳しい）．

　また，シンボル同期を正しく取り，そのタイミングを利用すると，受信したベースバンド信号は**アイ・パターン**と呼ばれる目が開いたような波形で観測することができます．アイ・パターンは受信のみではなく，送信側ベースバンド信号でも同様に波形として観測できます．

● 通信フレームの構成

　一般的に無線通信では，データはフレーム（もしくはパケット，スロットとも呼ばれる）単位で伝送されます．送受信間で意味のあるデータを受け渡しするには，一つの塊として送られなければなりません．送信するデータのどこが開始点で，どこが終了点なのかがわからないと，データに意味をもたせることができないからです．

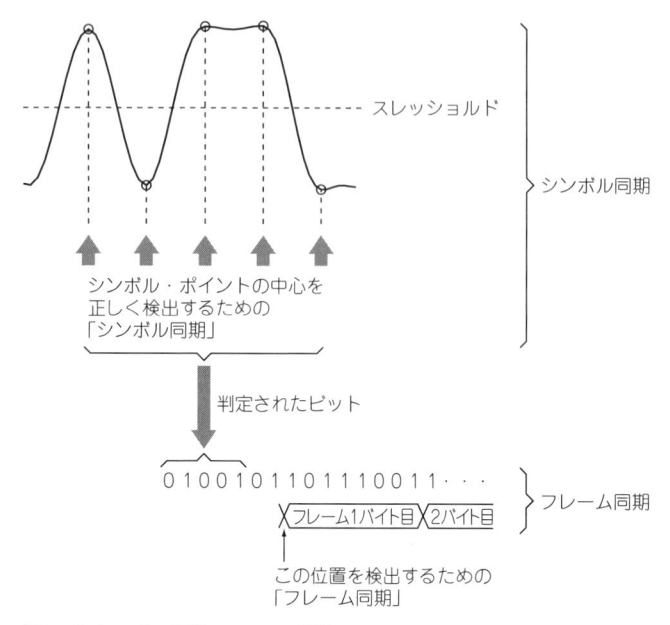

[図5-1] シンボル同期・フレーム同期

プリアンブル (パイロット・シンボル)	ユニーク・ワード	制御情報	データ	チェック・コード

[図5-2] 無線通信フレームの例

　さて，**図5-2**は無線通信フレームの一つの例を示しています．だいたいどの無線システムでも同じような構成になっています．
　最初にプリアンブルと呼ばれるシンボル同期を取ったり，無線通信路の状態を推測したりするエリアがあります．システムによっては，パイロット・シンボルとも呼ばれています．このあとにフレーム同期を取る**ユニーク・ワード**と呼ばれるシンボル列，さらにそのあとに制御情報（例えば自分のアドレス，相手先のアドレス，通信バイト数など）を送るエリアがあります．次にデータ，最後に誤り検出を行うためのチェック・コードがつきます．これで一つのフレームを構成します．

▶ プリアンブル

　一般的には，101010……の繰り返しが連続して送られます．これで受信側はシンボル同期を取ります．システムによっては，このプリアンブルが1と0の繰り返しではなく，パイロット・シンボルとして，シンボル同期を取るとともに以降のフレーム同期まで取り，なおかつ無線通信チャネルの伝送特性（第6章で説明するようなマルチパス遅延の特性，チャネル・プロファイルともいう）を推定する処理まで行わせたりします．

　このプリアンブルで，**シンボル同期**が取れます．

▶ ユニーク・ワード

　以降の制御情報やデータのシンボル列を，バイト単位に復号したり，どのビットがフレームのどの位置になるかを規定するために，フレーム同期を取ることが必要になります．フレーム同期が取れることで，意味あるデータとして復号が可能になります．一般的には8～16ビット程度の，ある決まったデータのビットのつながり[※1]を送信し，それを受信側で同じデータのビット列と受信結果を比較することで，マッチしたときに，**フレーム同期が取れた**とするものです．

　これが取れない限りは，正しくデータを復号することができません．

▶ 誤り検出のためのチェック・コード

　本書では詳しく説明しませんが，誤り検出と誤り訂正は現在のディジタル変復調技術とは切っても切れない関係にあります．

　フレーム中にも冗長な（余分な）ビットを挿入しておき，このビットを用いて誤り訂正をするもの，また，このチェック・コードをもとにして誤っているビットがどこであるかを特定し，そのビットを訂正するなどの誤り訂正を，携帯電話をはじめ，かなりのシステムで行っています．

　しかし，誤り訂正を使っても，うまく訂正できなかった誤ったビットが出てくることがあります．また，誤り訂正を行わないシステムでも，最終的には，復号したビット列が正しいかどうかを判断する必要があります．これを行うのが，誤り検出です．CRC（Cyclic Redundancy Check）という用語を聞いたことがある方も多いと思います．

　CRCは誤り検出を行うための冗長ビット列（つまりこのタイトルでいうところのチェック・コード）をフレームの最後に挿入して処理を行います．

　「有線通信では誤り検出機能がないものも多いが，無線で誤り検出をしなくても

※1：無線設備技術基準によって決まっており，システムごとにそれぞれ異なる．

よいのか？」という質問には，「かならずしてください」というのが答えになります．p.135のColumn 2のように，無線通信ではSN比が悪い領域がかならずあります．またマルチパス・フェージングなどにより急激に受信レベルが劣化します．非常に不安定な通信チャネルであるということです．それを念頭において通信フレームを設計する必要があり，**かならず**という答えになるわけです．

● アイ・パターン

ここまでの説明では，送信側，もしくは受信側で復調されたベースバンド信号波形は，単にオシロスコープで普通に観測したものとして示してきました．

基本的にシンボルとして限定された複数の状態(電圧値)しかないディジタル変復調では，シンボル・ポイントとしては，その状態ぶん(電圧値ぶん)しかありません．

つまり連続したシンボルがどの状態であるかを，繰り返して重ね合わせて表示させれば，送信または受信でのベースバンド信号が，全体的にどのようになっているか，その特徴を知ることができ，また定量的に評価ができます．このために，**アイ・パターン測定**という手法が用いられます．

▶ アイ・パターンの考え方

図5-3は，アイ・パターンを測定するための考え方です．(a)は帯域制限されたベースバンド信号波形ですが，1シンボルごとに点線で区切ってあります．また，シンボルの中心であるシンボル・ポイントは，矢印でそれぞれ示されています．

これを(b)のように重ね合わせて表示させると，シンボルごとのシンボル・ポイントが中心に見え(ここも点線と矢印で示している)，かつ，その中心点では目が開いたような波形が見えることがわかります．これがアイ・パターンです．

▶ アイ・パターンの開口率

以降のビット・エラーの考え方に深く関係しますが，アイがシンボル・ポイント，つまりアイ・パターンの中心でどれだけ開いているかを数値で評価する必要があります．これを**アイ・パターンの開口率**と呼び，**図5-4**の測定値を用いて，式(5-1)のように開口率Aを評価します．**図5-4**のように，分母になる上下の電圧差V_{avr}(平均シンボル間距離)は，それぞれの平均値(中心値)を用い，分子となるアイの開いている間の電圧差V_{min}は，最小の点同士を用います．

$$A = \frac{V_{min}}{V_{avr}} \quad\cdots\cdots\cdots\cdots(5\text{-}1)$$

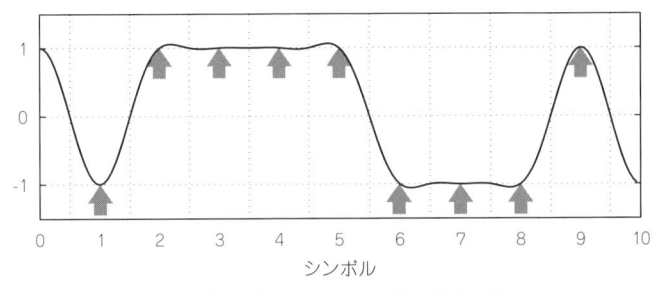

[図5-3] (a) 帯域制限されたベースバンド信号波形

(b) 信号波形を重ね合わせて表示させる

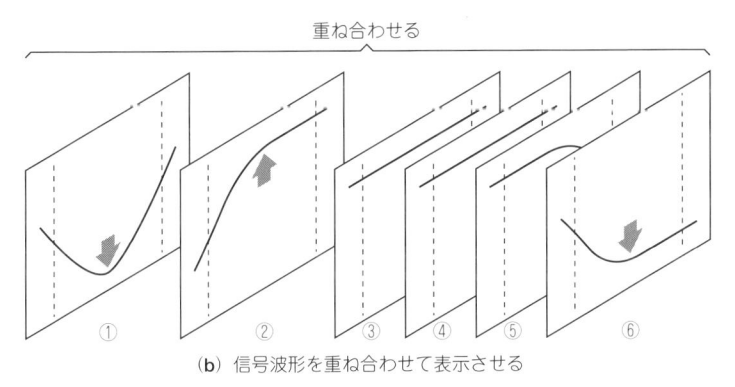

[図5-3] アイ・パターンの考え方

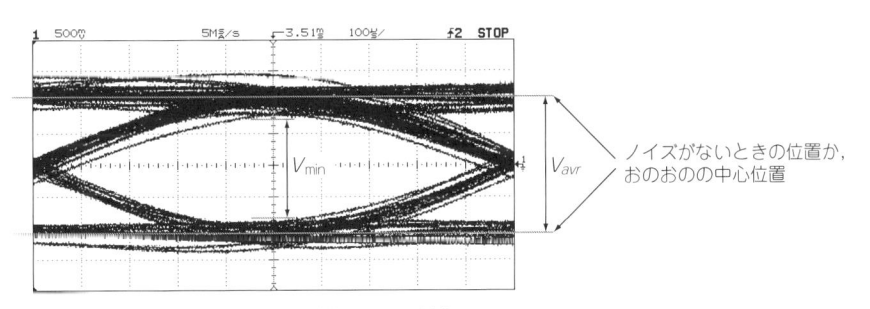

[図5-4] アイ・パターンの開口率の計算のための測定

V_{min}, V_{avr}
ノイズがないときの位置か，おのおのの中心位置

● **実際のアイ・パターンの測定方法**
　アイ・パターンを測定するために一番大切なことは，シンボル・ポイントのタイミングを正しく得るということです．以下にその点を交えて説明していきま

5-1　シンボル・タイミング検出とアイ・パターン | 127

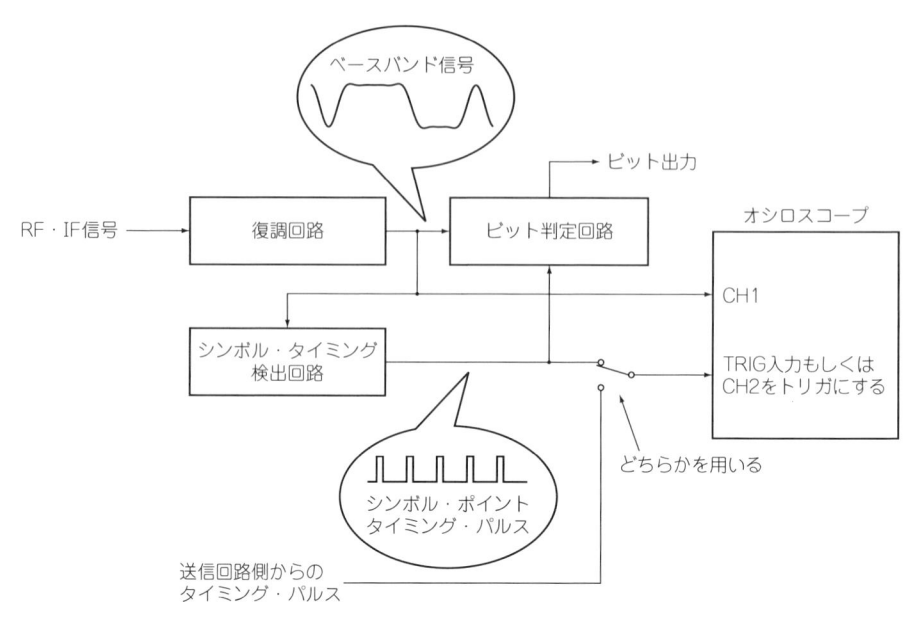

[図5-5] アイ・パターン測定の方法

しょう．

　アイ・パターンの測定は，**図5-5**のようにオシロスコープで簡単にできます．ベースバンド信号のシンボル・ポイントのタイミングを以下の方法で生成し，それをオシロスコープのトリガ入力に入力して，その信号をトリガにしてベースバンド信号を繰り返して表示させます．ベースバンド信号は，PRBSなどのランダム・パターンで送信するときれいなアイ・パターンが観測できます．

　オシロスコープの掃引時間は，画面横いっぱいを1シンボル時間プラスアルファとしてシンボルの切り替え点，つまりアイ・パターンの**目じり**とも言えるところが見えるようにセットします．また，掃引の遅延を適切にセットして，ちょうどシンボル・ポイントのタイミングが画面の真中になるようにします．

　改めて言いますが，このアイ・パターン測定は，送信側と受信側のどちらのベースバンド信号に対しても測定することができますし，そのように活用されています．

▶ **適切なシンボル・ポイントのトリガ・タイミングを取り出す**
　次に，オシロスコープのトリガとして，適切なシンボル・ポイントのタイミン

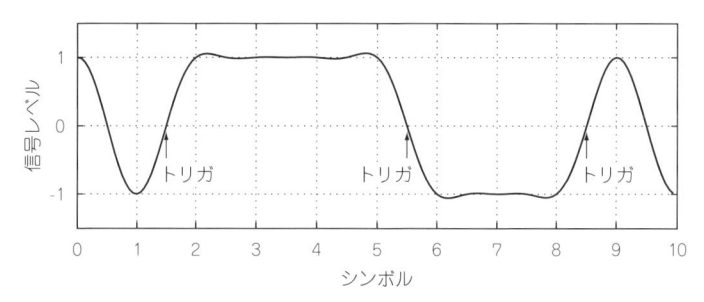

[図5-6] ナイキストの第2基準を満たすベースバンド信号の中間レベルでトリガする

グを得る方法とポイントを以下に説明します．

- 送信側の回路でシンボル・タイミングをパルスとして出力して，そのパルスをトリガとする
- 送信側の送信ディジタル・ビットを使って（つまり帯域制限されていない矩形波），そのパルスをトリガとする．ただし，オシロスコープを立ち上がりトリガとして設定してある場合には，そのシンボルを見るとアイの上側しか出てこないので，PRBSデータの場合は，トリガ点から1～2ビットぶん前か後ろのシンボルを観測するとうまくいく（立ち下がりトリガでも同じ）
- 受信側でタイミング抽出をしたパルスを利用する．受信のアイ・パターンを確認する場合，受信のシンボル・サンプル・ポイントとなるパルスであるため，受信回路全体の特性まで含めたアイ・パターンが得られる
- 図5-6のように，**ナイキストの第2基準**（第4章4-6「$\alpha = 1$の場合」のところで説明）を満たしたベースバンド信号の場合（ガウス/ベッセル/ナイキストの$\alpha = 1$のフィルタ），ベースバンド信号のちょうど中間レベルでトリガさせる（トリガ電圧レベルのアナログ的なズレが出るので，注意が必要）
- 上記の方法の問題点は，多値伝送の場合であり，オシロスコープのセットアップをかなりうまくやらなければ，ほとんどまともに表示できない
- ナイキスト・フィルタで帯域制限している場合，上記の**ナイキストの第2基準**を満足しないと（$\alpha \neq 1$），シンボルの切り替え点でちょうど中間電圧を横切らないことになるので注意
- p.132の「アイ・パターンとシンボル・タイミングとの関係」に不適切な例をいくつか示す

アイ・パターンの実際の測定として，送受信系を一つの机上に設置して各種測定器とともにテスト・ベンチとして実験する場合，受信系の測定の際も送信側のシンボル・タイミングが得られるのが一般的です．そのため，とくにややこしいことを考えなくてもよいのが普通です．

● ベースバンド信号をアイ・パターンで見てみよう
　それでは，実際に測定したアイ・パターンを見てみましょう．
▶ オシロスコープでアイ・パターンを表示させる
　ここでは，送信側でトリガ・タイミングを作り，これをオシロスコープのトリガ入力端子に入れています．ベースバンド信号は，上記に説明したようにテスト・ベンチにて，測定器（実際はRF信号発生器）を通してPRBSで変調したRF信号を受信回路に加え，復調された出力を観測しています．
　オシロスコープは，上記に説明したようにシンボル長プラス・アルファが画面いっぱいになるように掃引時間を設定します．
　図5-7は，アナログ・オシロスコープの例です．アナログ式の場合は連続して掃引すると残像として見えるので，簡単にアイ・パターンが表示されます．
　次はディジタル・オシロスコープを用いた場合です．ディジタル・オシロスコープでは，一回の掃引で一回表示させる[※2]ため，画面の表示モードを，取り込んだ波形を連続して表示するものにして（アベレージングではない），複数のシンボルを表示させるようにします．図5-8は，測定した例です．
　さらに次は，受信レベルが低下してきてSN比が悪くなってきた場合の測定結果を図5-9に示してみます．適切なタイミングでトリガされているので，アイが狭くなってきている正確なようすがわかると思います．
▶ 専用の測定器でアイ・パターンを表示させる
　第4章4-2「実際の回路・変調信号とコンスタレーション」の項（p.81）でも説明しましたが，ベクトル・シグナル・アナライザと呼ばれる，変調特性を測定する専用の測定器があります．実際の無線通信回路の設計を行う現場では，オシロスコープでアイ・パターンを測定するというより，このような測定器を使って，アナログ回路も含めた特性をきちんと定量的に測ることが一般的で現実的です．この測定器の例を図5-10に示します．
　ベクトル・シグナル・アナライザを用いると，測定器自体が自分で測定対象の

※2：私の用いている一般的なものの場合．最近のものはアナログ的に見えるようにわざと表示させるものもある．

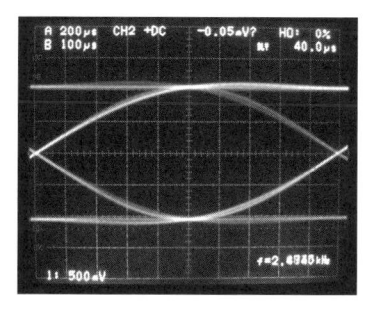

[図5-7] アナログ・オシロスコープでのアイ・パターン測定例(BPSK, 1kbps)

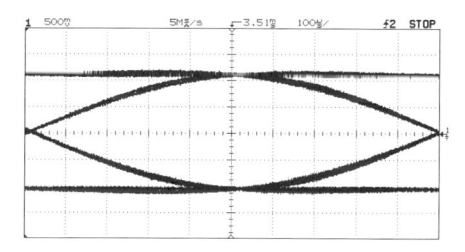

[図5-8] ディジタル・オシロスコープでのアイ・パターン測定例(BPSK, 1kbps)

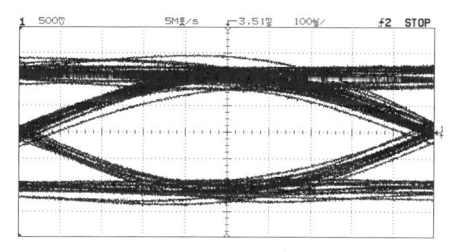

[図5-9] SN比が悪くなってきたところのアイ・パターンのようす(BPSK, 1kbps)

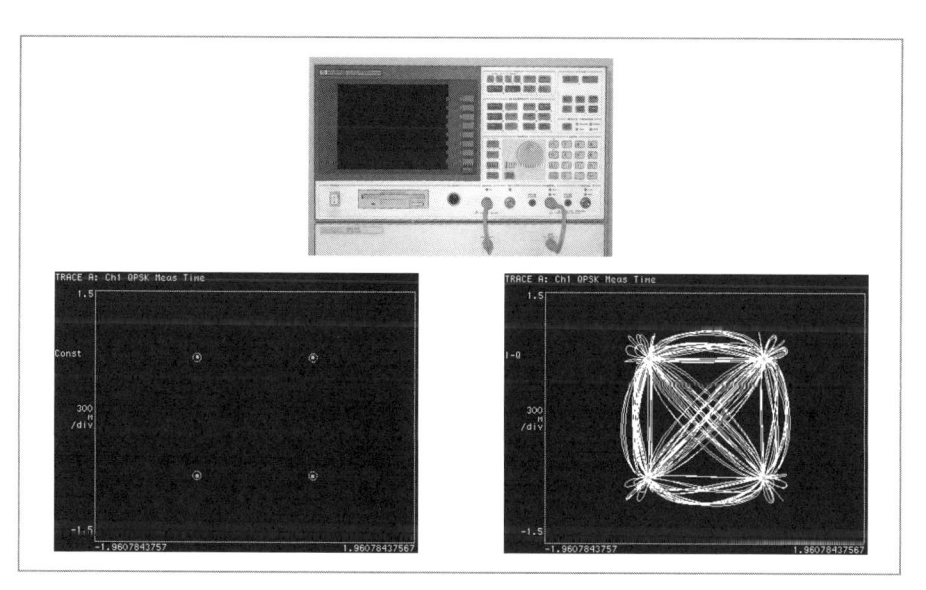

[図5-10] ベクトル・シグナル・アナライザの例

5-1 シンボル・タイミング検出とアイ・パターン | 131

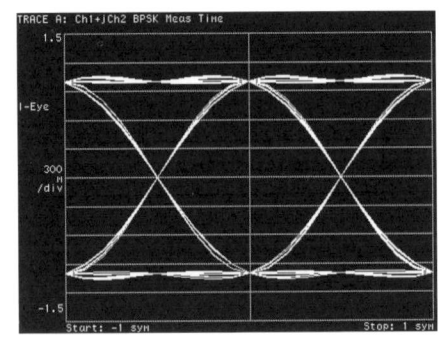

[図5-11] ベクトル・シグナル・アナライザでのアイ・パターン測定例（BPSK，1kbps）

変調信号からシンボル・タイミングを抽出してくれます（一般的にはシンボル・レートをセットして，それをもとにタイミングを自動抽出する）．

この測定器を用いたアイ・パターンの測定結果例を図5-11に示します．

● **アイ・パターンとシンボル・タイミングとの関係**

適切なシンボル・タイミングで正しくオシロスコープにトリガをかけないと，アイ・パターンの正確な測定ができません．先ほどは，適切なトリガの与え方を示しましたが，ここでは逆説的に，不適切な例をあえて示してみます．

▶ **ナイキストの第2基準が満たされてないと，トリガには使えない**

定群遅延であるベッセル・フィルタやガウス・フィルタは，ナイキストの第2基準（第4章4-6のp.114で説明）を満たしています．またナイキスト・フィルタでもロールオフ率 α が $\alpha = 1$ の場合は，この基準を満たしています．

図5-12にこのようすを示します．(a)は，ナイキスト・フィルタで $\alpha = 1$ の場合で，1シンボルごとに点線で区切ってあります．(a)は，シンボルの切り替え点では，ちょうど中間の電圧レベルを横切っており，この電圧レベルをトリガ電圧にセットすれば，きちんと(b)のようにアイ・パターンを表示できます．

一方(c)は，$\alpha \neq 1 (= 0.5)$ の場合です．(c)は，シンボルの切り替え点では中間の電圧レベルを横切っていません．(d)は，正しいタイミングでトリガした $\alpha \neq 1$ $(= 0.5)$ で帯域制限したベースバンド信号のアイ・パターンですが，シンボル切り替え点ではジッタ（前後に変動）が見られます．これではトリガに使えないことは一目瞭然ですね．

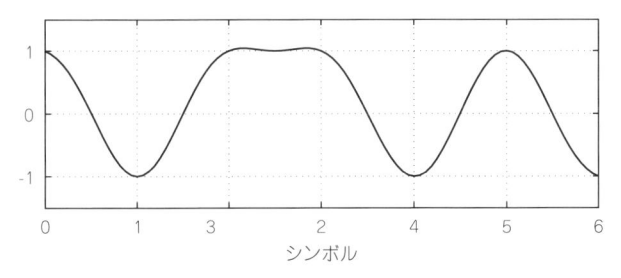

(a) α＝1の場合のベースバンド信号

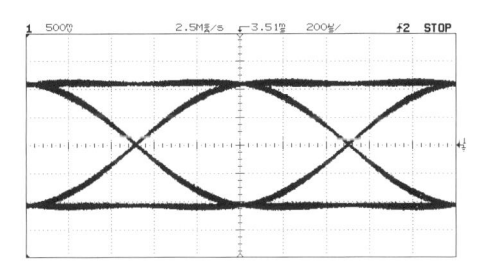

(b) α＝1の場合のアイ・パターン

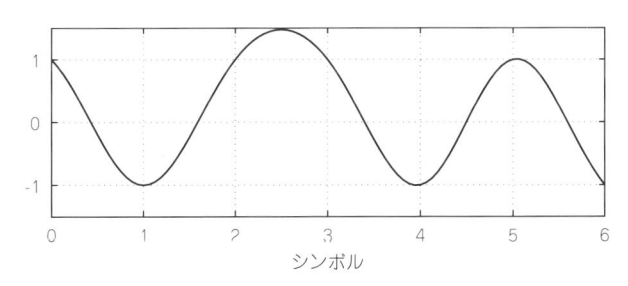

(c) α≠1(＝0.5)の場合のベースバンド信号

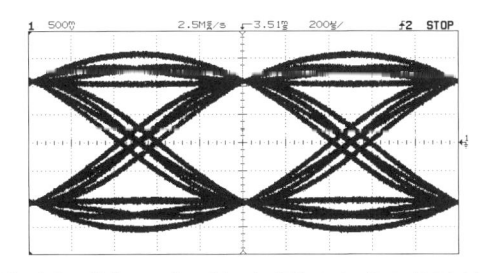

(d) α≠1(＝0.5)の場合のアイ・パターン(正しいタイミングでトリガしたもの)

[図5-12] ナイキストの第2基準を満たすベースバンド信号と満たさないもの．第2基準を満たさなければトリガには使えない

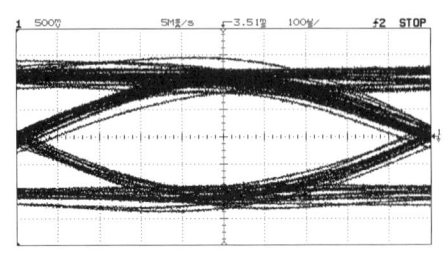

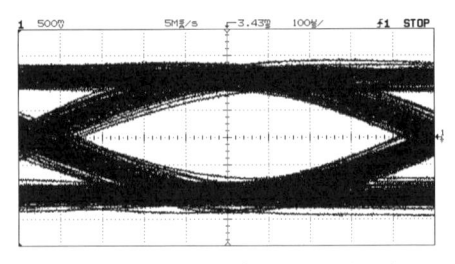

(a) 正しいトリガ・タイミングで観測した場合　　　(b) 受信信号をトリガとして観測した場合

[図5-13] 受信信号をトリガとした場合は正しいアイ・パターンを得られていない

　同じことがシンボル同期を取る場合にもいえます．101010……の繰り返しが連続して送られる場合は問題になりませんが，PN符号をシンボル同期に使ったり，送信側や受信側の回路の動作クロックの誤差によって，徐々に送受信間のシンボル・タイミングがずれていくのを防ぐために，シンボル・タイミング・トラッキングを取らなくてはならない場合は，問題になってしまいます．

▶ 受信し，復調したベースバンド信号でトリガをかける

　受信側だけで簡単にアイ・パターンを観測しようとして，受信したベースバンド信号をトリガにしてアイ・パターンを測定してしまうのは，問題があります（たとえナイキストの第2基準を満足していても）．とくにSN比の低いあたりでは，トリガ電圧に設定していた受信シンボルの中間の電圧レベルあたりでも雑音でジッタが発生して，トリガ・タイミングがずれてしまいます．

　このようすを図5-13に示します．左の(a)は，図5-9の再掲です．同じ条件で，受信した信号をトリガにした場合のアイ・パターンを右の(b)に示します．かなりアイの開きが異なっていることがわかります．これでは本来必要とするアイ・パターンの観測結果にはなりません．

▶ タイミング・ズレが生じた場合に，ビット・エラー・レートが悪化する

　上記の図5-13でもわかるように，正しいタイミングでシンボル・ポイントを検出しないとアイ・パターンを正しく観測できません．これがビット・エラーと感度特性に深く関係します．アイ・パターンが乱れて見えれば，うまく受信できません．当然，同じ感度で受信した信号の場合，アイが乱れているほうがうまく受信できないため，見かけ上，感度が悪くなるわけです．

　このことは，次の5-2でも詳しく説明します．

5-2　ビット・エラーの発生と原因

　有線通信と異なり，無線通信では受信レベルの低い，SN比の悪い状態が発生しやすいと説明しました．SN比が悪いと，ビット・エラーを発生します．つまり通信ができなくなるということです．

　ここでは，無線通信においてなにが雑音であるか，それがどのように無線通信に影響を与えるかを説明していきます．このあと言及していくビット・エラーを定量的に調べたり，判断したりすることの基礎的な理解をここで得ることにしましょう．

● 雑音の種類

　雑音というと，スイッチをON/OFFするときのブチッという雑音，スイッチング電源によるスイッチング雑音，誘導雑音，AC電源のハム雑音などを一般的に思い浮かべると思います．しかし，無線通信においては，以下の(1)，(2)の雑音が重要視され，かつ実際に問題となります．さらには学術研究でも評価対象の雑音として議論されます．

Column2
無線と有線のデータ伝送の大きな違い

　無線データ伝送での受信や復調に関して，有線データ伝送と大きく異なることは，SN比が悪い場合(受信信号の弱い場合)がかならずあり，その場合は復調波形の劣化が激しくなります．これは無線通信距離が長くなったり，相手が物陰に隠れてしまった場合などです．

　さらにやっかいなことに，マルチパス(multi path)と呼ばれる無線通信チャネルの特性により，距離がそれほど離れていなくても，ある位置で急激に受信レベルが低下することがあります．これをマルチパス・フェージング(multi path fading)と言います．

　その一方で，受信機には高感度の受信性能が要求されています．とはいえ単に感度が良好というだけではなく，SN比の悪い領域でもシンボル同期を正確に行い，復調信号中心点(シンボル・ポイント)を適確に検出するような工夫が必要になります．

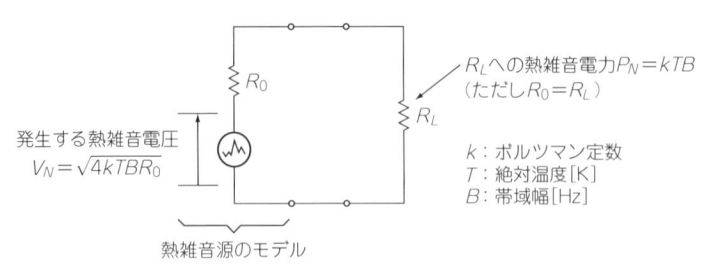

[図5-14] 熱雑音の考え方

(1) 抵抗から発生する熱雑音

抵抗素子からは，**熱雑音(ジョンソン雑音とも呼ばれる)** という逃れられない雑音が発生します．これは抵抗体内部の原子が熱によって振動している中で，原子と電子がぶつかることで，電子の揺らぎとして発生する雑音です．

信号源インピーダンスの抵抗成分もこの熱雑音を発生します．受信回路でもかなり気をつかって内部雑音を抑えますが，たとえそれがゼロであっても，信号源インピーダンスの抵抗成分 R_0 が熱雑音を発生させてしまいます．

熱雑音を式で表わすと以下のようになります．また，あわせて図5-14にも説明しています[※3]．

$$熱雑音電力 \quad P_N = kTB \quad \cdots\cdots (5\text{-}2)$$

$$信号源として見た場合の熱雑音電圧 \quad V_N = \sqrt{4kTBR_0} \quad \cdots\cdots (5\text{-}3)$$

ここで，k はボルツマン定数 $(1.38 \times 10^{-23}\,\text{J/K})$，$T$ は絶対温度 $(0℃は273K)$，B は帯域幅 (Hz) です．関連することとしては，以下があります．

- 熱雑音は抵抗に電流を流したり，電圧をかけなくても発生する
- 式(5-3)は，図5-14で示す信号源電圧(いわゆる開放端電圧)を示している．回路中の負荷抵抗 R_L に加わる電力を求めると，kTB になることがわかる

(2) 受信回路の内部雑音

受信回路の内部雑音も問題になります．内部雑音としてはショット雑音と，先に示した熱雑音，およびこれらにより誘起した電流性雑音や電圧性雑音があります．

※3：式(5-3)は，電圧での表記である．よくOPアンプの技術書などに，OPアンプの入力換算雑音を $10\text{nV}/\sqrt{\text{Hz}}$ などと説明しているが，$\sqrt{\text{Hz}}$ である所以はここからきている．

ショット雑音を説明します．電流を電子素子のPN接合に流した場合，PN接合を電子が一つずつ横切ると，一つの電子の電荷量が移動したことになります（つまり連続した量ではなく，電子の電荷という離散量になるということ）．これがランダムなタイミングでPN接合を横切ると，電子の全体の流れに不均一が発生することになります．これは以下の式で電流性雑音として示されます．

ショット雑音の電流性雑音　　$I_N = \sqrt{2qIB}$ ・・・・・・・・・・・・・・・・・・・・・・・・・・・・・(5-4)

ここで，qは電子の電荷量（1.6×10^{-19} C），IはPN接合間を流れる電流です．このショット雑音による電流性雑音I_Nをもとにして，電子回路内部で相互に影響し余計な電流性雑音や，電圧性雑音が発生し，電子素子の内部雑音になります．熱雑音とは異なりショット雑音は電流を流すことで発生します．

素子の内部雑音としては別にも，$1/f$雑音（フリッカ雑音）などがありますが，話がより複雑になるので，挙げるだけにとどめておきます[※4]．

(3) その他の雑音の種類

$1/f$雑音を簡単に説明しましたが，以下もこういう雑音があり，それらを頭に入れておくのだと理解してもらえればよいと思います．$1/f$雑音同様，本書ではこれらについても取り扱っていきません．

① 宇宙雑音（太陽やほかの恒星や銀河系からの雑音．衛星通信などでは考慮が必要）
② 人工雑音（都市雑音とも呼ぶ．人間が使う電気・電子機器により発生する）
③ 電子部品の振動（高誘電率のセラミック・コンデンサなどが発生しやすい）
④ 車両のイグニッション・ノイズ
⑤ ほかの局の妨害波（完全なる雑音とも言えないが，これも雑音同様に取り扱うこともある．ただし，白色雑音として取り扱えないものがほとんど）

これらのうち，①以外は上記(1)，(2)と振る舞いが異なり，また①②以外はとくに定常的に発生するものではなく，シンボル・レートと比較しても低速で時折発生する，性格の異なる雑音であると言えます．

とくに②の人工雑音は，現代社会では無視できない雑音源ですが，雑音源それぞれが特定の周波数で雑音を発生するため，$1/f$雑音同様，白色雑音とは言えず，本書では理論的観点として取り扱わないこととします．とはいえ，ビット・エラーの発生する大きい原因の一つにはかわりはありません．

※4：発振器のサイド・バンド雑音などに影響を与える．ビット・エラー悪化の原因にもなるが，解析が複雑であり，かつ本書で取り扱っていく**白色雑音**という点からも，範囲を超えていると考えられる．

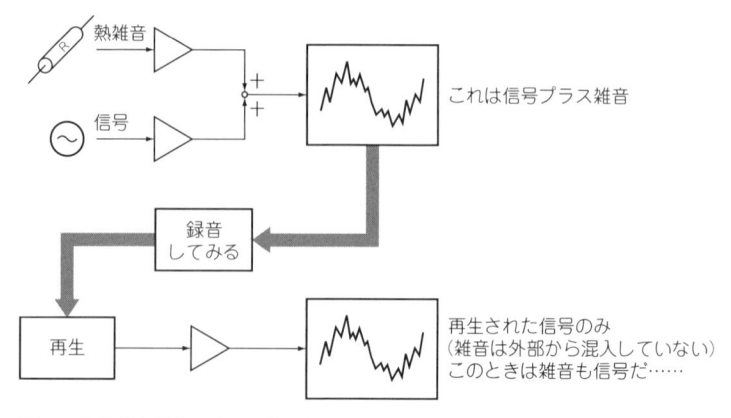

[図5-15] 信号と雑音の違いは実はない

▶ 信号と雑音の違いは，実はない

　ここで概念的な話として理解しておかなければならないのは，信号と雑音の違いです．多くの人は信号と雑音は別物，まったく異なる交流電流・電圧の種類であると認識していると思います．確かにそれはそれで正しく，SN比で考えれば，Sの部分とNの部分であると言えるわけです．

　しかしながら，受信した信号波形として見た場合，図5-15の音響の例のように信号に乗っている雑音は，雑音という信号源から出てきた**信号**であると認識，理解しておくことが必要です．受信信号の波形自体を見てみれば，結局信号成分，雑音成分と言っても**変化している波形自体**に違いはないのです．ただ雑音は，ランダムな波形，つまり自己相関がないだけです．これ以降は，そういう理解で本書を読んでいってください．また実際の評価時についても同じように取り扱ってください．

● 熱雑音と内部雑音を合わせて「**白色雑音**」として取り扱う

　上記の説明で，熱雑音と内部雑音が主にここで考える雑音であると説明しました．これらの雑音をひっくるめて**白色雑音**として取り扱います．また，この白色雑音が無線通信では一番に考えなくてはならない雑音になります[5]．

---

[5]：CDMAでの他局間干渉なども白色雑音として取り扱うことができる．

(a) 周波数軸で見た場合

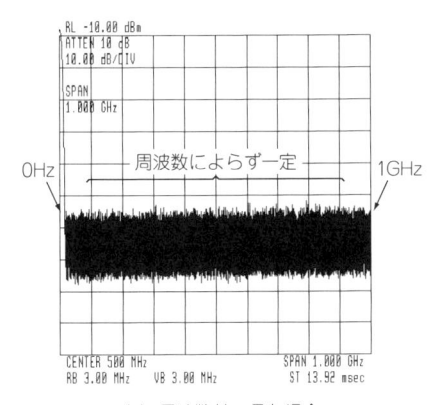

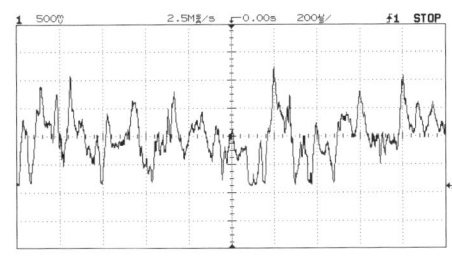

(b) 時間軸で見た場合

[図5-16] 白色雑音のようす

▶ 白色雑音の性質

　白色雑音とは，図5-16(a)のように広い周波数にわたって雑音レベルが変化しない種類の雑音を言います．白色光をプリズムで見たときのスペクトルが，すべての周波数に均一して広がっていることと同じ意味あいとして，白色雑音と呼んでいます．周波数に対して雑音レベルが変化しないことは，式(5-2)および式(5-4)に周波数の項が入っていないことで理解できると思います．

　一方で，図5-16(b)のように時間軸で見てみると，非常に細かく，かつ振幅レベルの異なる信号に見えることがわかります．また，この振幅電圧レベルをサンプリングしてヒストグラムを取ってみると，正規分布になります．つまり白色雑音は，

- 周波数に依存しない雑音信号
- 振幅電圧レベルをサンプリングすると正規分布になる

という性質をもっています．

　また白色雑音は，**受信信号に対して単純に足し算**され，また正規分布が**ガウス分布**とも呼ばれていることから，加法性白色ガウス雑音（AWGN；Additive White Gaussian Noise）と一般的に呼びます．

▶ 白色雑音と帯域

　式(5-2)は帯域幅Bに比例し，式(5-4)も二乗して電力（$P = I^2 R$）にすると，これもBに比例します．これについてもう少し詳しく説明します．

- 学術分野では白色雑音を主として扱い，雑音電力σ^2と表わすことが多い
- Bが1Hzであると定義すれば，1Hz帯域幅あたりの雑音電力となる
- 帯域幅Bがあるということは，実際の回路では**フィルタリングされている**ことを意味する
- Bを掛けると全雑音電力になるということからわかるように，周波数の依存性がない
- 熱雑音，ショット雑音は，1Hzでも，1MHzでも，100GHzでも同じ帯域幅であれば，全雑音電力は等しい
- 回路内部の雑音は，周波数のオーダが異なると(例えば1Hz，1MHz，100GHz)，雑音電力量は変化してくる．しかし一般的な無線通信システムとして取り扱う，ベースバンド帯域幅と比較すれば，その帯域内における周波数に依存した変化量は無視できる

とくに学術研究では**雑音電力**σ^2がとても重要なポイントになります．また注意点として，電力になれば抵抗Rを考えなくてはなりませんが，学術研究や学術系の参考書では，$R=1\Omega$であるとしてすべてを取り扱っています(最初は電子回路屋の私も戸惑った)．これは第11章であらためて説明します．

▶ **熱雑音量を計算してみよう**

それでは抵抗から発生する熱雑音について，具体的にどのくらいの量なのかを計算してみましょう．

重要なポイントとして(使用される抵抗値，電流値などを考えて計算してみてもわかるが)，熱雑音とショット雑音とでは，一般的な無線通信システムにおいては**熱雑音**のほうが支配的になるので，ここではこれを主として考えます．

(1) 1Hzあたりの熱雑音電力

式(5-2)から，$B=1$Hzなので，

$$k \times T = 1.38 \times 10^{-23} \text{J/K} \times (273\text{K} + 27\text{℃}) = 4.14 \times 10^{-21} \text{W/Hz}$$

これをデシベル(dBm，1mWとの比較)で表わしてみると，

$$10 \times \log\left(\frac{4.14 \times 10^{-21} \text{W/Hz}}{1 \times 10^{-3}}\right) = -174 \text{dBm/Hz}$$

(2) 受信機のフィルタを経由し復調回路まで到達する熱雑音電力

機器の内部雑音はゼロであるとして，また，例えば受信機のフィルタの帯域幅が

10kHzだとすると，

$$-174\text{dBm/Hz} + 10 \times \log(10{,}000\text{Hz}) = -134\text{dBm}$$

というレベルになります．なお，logでそのまま計算していますが，

$$4.14 \times 10^{-21}\,\text{W/Hz} \times 10{,}000\text{Hz} = 4.14 \times 10^{-17}\,\text{W}$$

からdBmに変換しても同じです．

(3) これで，何がわかったか

10kHzのフィルタ，これはBPSKなら10ksps以下のシンボル・レートの変調信号相当になりますが，この場合に受信機の内部雑音がゼロであるにしても，−134dBmの雑音が検出されてしまうということです（この雑音が受信機内部で増幅され受信信号とともに復調段に現れることになる）．この−134dBmがどの程度なのか，実感がわきにくい読者もいると思いますが，無線通信に従事している方は，逆にその大きさに驚くかもしれません．

ではここで，**自由空間の伝搬損失**[**参考文献(36)参照**]と呼ばれる電波の伝搬損失量を求める式があり，この計算式を用いて以下の条件において受信側に到来する信号レベルを計算してみます[※6]．

- 距離　　　　　　　100km
- 周波数　　　　　　800MHz
- 送信出力　　　　　1mW（0dBm）
- 送受信アンテナの利得　0dBi

この伝搬損失による受信レベルは−131dBmとなり，−134dBm−（−131dBm）で，なんとSN比が3dB程度しか取れないのです！ 何もしなくても，雑音が発生し，これが無線通信にビット・エラーとして影響を与えるのです[※7]．

(4) 高周波回路屋の悩みとして

先ほど，熱雑音が支配的と話をしましたが，あくまでも**受信機の内部雑音がゼロ**とした場合の仮定であり，実際は回路の内部ロスも含んだ内部雑音が支配的になっているシステムがほとんどなのです（内部雑音も白色雑音として取り扱うことができる）．詳細は，第9章で説明します．

※6：なお，この計算式によって求められた伝搬損失量は理想状態（つまりベスト・ケース）なので，実際はこれより悪くなる．
※7：SN比というのは，Nの大きさは変化せず，Sの大きさが減衰などにより低下するということ．

また，熱雑音や機器内の雑音を，できるだけ低下させる方法があります．それは，回路全体を液体窒素や液体ヘリウムで冷却するのです．絶対温度Tを下げれば，雑音量も低下します．この手法は，電波天文などのとてもシビアな用途で実際に使用されています．

● **白色雑音によって発生するビット・エラー**

　白色雑音でビット・エラーはどのように発生すると考えられるでしょうか．ポイントは三つで，さらに単純なことです．

- 信号の大きさと雑音の大きさの比率，つまりSN比
- サンプリング・ポイント（シンボル・ポイント）
- スレッショルド・レベル

　それでは具体的に見てみましょう．図5-17でビット・エラーについて説明します．(a)ではベースバンド信号[＋1，＋1，－1，－1，＋1]を実線，雑音の大きさの幅を細い点線（この時点ではSN比の大きさに関して定義をしていないので，その大きさがいくつであるとは説明しない），太い直線がスレッショルド・レベル，丸点がシンボル・ポイントです．

　また(b)では，(a)での細い点線の幅の大きさをもつ雑音が，実際に足しあわされた（説明した加法性）ものです．雑音は信号のふるまい，つまりシンボルやデー

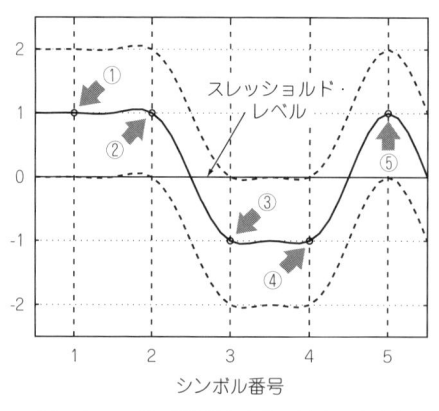

(a) ベースバンド信号を実線，雑音の大きさの幅を細い点線

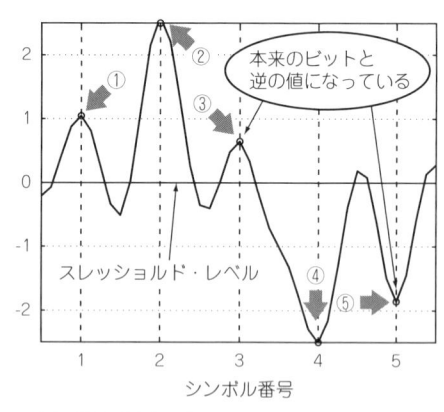

(b) 雑音が実際に足しあわされた信号のふるまい

[図5-17] **白色雑音で発生するビット・エラー**

タがなにであるかには感知せず，勝手にレベルを変化させて，信号レベルに揺らぎを与えています[※8]．

このとき，それぞれのシンボル・ポイント①～⑤では，サンプリングされた結果，つまり復号されたビットはどうなるでしょうか．①，②，④は正しく復号されていますが，③，⑤においては本来のビットとは逆の値が（0のはずが1，1のはずが0）復号されています．これがビット・エラーです．また，

- 白色雑音でのビット・エラーはランダムに発生する
- SN比が高ければビット・エラーが絶対に発生しないというものでもない（例えば，パソコンは雷サージという強烈な雑音でハングアップすることがある）
- SN比が悪ければビット・エラーは悪くなり，発生する周期はだんだん短くなる

という点も重要です．

● 受信限界感度というものがある

これまでに，帯域幅1Hzあたりには少なくとも－174dBmの熱雑音がかならずあり，フィルタ帯域幅が10kHzだとすると－134dBmという大きさの電力雑音になることを説明しました．

つまり，これより低いレベルの信号は雑音に隠れて検出できないのです．これを**限界感度**と言います．いくら高いレベルにまで増幅してもです．

これは直感的な話として，**いくら高価なローノイズのオーディオ・アンプを購入しても，ソースがレコードだとレコードの溝をトレースするカートリッジで発生する雑音からは逃れられない．またボリュームを上げてもSN比は上がらない**ということで，はたとひざを叩かれることと思います．

関連する事項としては，以下があります．

- 本書の第7章で説明する**スペクトル拡散通信技術**では，**処理利得**というもので雑音レベル以下の信号もあるレベルまでは復調できる
- 熱雑音も大事だが実際の回路では，回路のロスも含む機器内雑音が支配的で，ほとんどの場合，これが現実の使用状態での受信感度を決定してしまう
- さらに人工雑音も現実の受信感度を低下させてしまう原因になる
- 感度は，レコードの話のように前段で決まってしまうので，後ろでいくら利得を上げてもムダ

※8：しごく当然のことを言っているが，雑音は無相関であること，白色であることを簡単に説明している．

● **雑音はどこから，どのように入ってくるのか**

ここまで説明した雑音は，どこからどのように入ってくるのでしょうか．図5-18を使って説明します．

(1) **空間伝搬は減衰するのみ**

送信された信号は，空間を伝搬するにしたがい減衰し，受信アンテナに到達します．ここでは単に減衰するのみなので，熱雑音レベル以下にもなったりします．この信号は受信アンテナで受信されます．

▶ **最初は人工雑音，宇宙雑音，他局からの干渉**

受信される時点で，外的な影響である人工雑音と宇宙雑音を一緒に受信します．また，他局からの干渉も一緒に受信します．

(2) **アンテナの抵抗分で熱雑音**

受信アンテナのインピーダンスのロス抵抗分で熱雑音が発生します．この熱雑音が**受信端で足し算**されます．

(3) **受信回路のロスと内部雑音**

上記の熱雑音を含んだ受信信号は，受信回路で増幅されますが，まず受信回路の

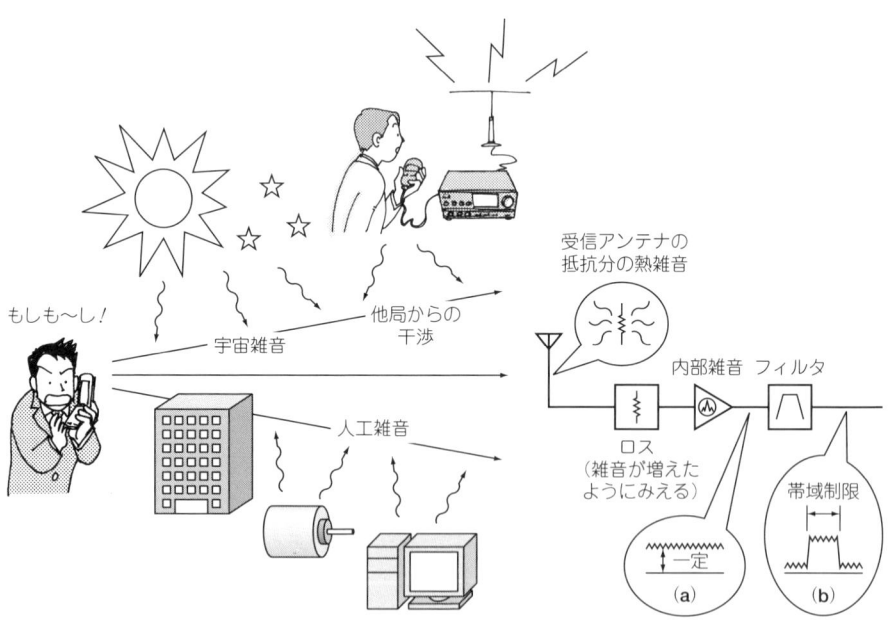

[図5-18] 雑音が混入してくるようす

増幅回路までのロスによりレベルが低下して，見かけ上の雑音が増えます．次に増幅回路では，内部雑音による雑音が付加されてしまいます．この内部雑音も**足し算**されます．

（4）フィルタリングにより帯域制限する

ここまでは（白色雑音については）周波数よる雑音レベルの違いはありません．つまり**図**5-18のスペクトル（a）のように，信号に対して雑音が広い周波数にわたって均一に分布するようになります．

これをフィルタリングして，図のスペクトル（b）のように，ある帯域だけを取り出す（逆にいうと雑音を除去する）ようにします．

このフィルタリングは，**図**5-18のようにRF信号の段階でも帯域を制限できますが，この段階では周波数が高いこと，回路構成の理由により，広帯域のフィルタリングしかできません．つまり信号スペクトルの近くにある雑音除去の目的には使えません．

実際にはミキサで低い周波数に落としたあとのフィルタにて，スペクトル（b）のような信号を得ます．このフィルタはアナログ方式のものや，先に説明したようにディジタル信号処理によってディジタル・フィルタを実現したり，さらには両方を併用したりします．

● **白色雑音によるレベル変動はガウス分布**
▶ **偏差値や品質管理とビット・エラーは同じ**

図5-19のように，我が家の子供たちは偏差値に悩まされ，父親の私は無線機の

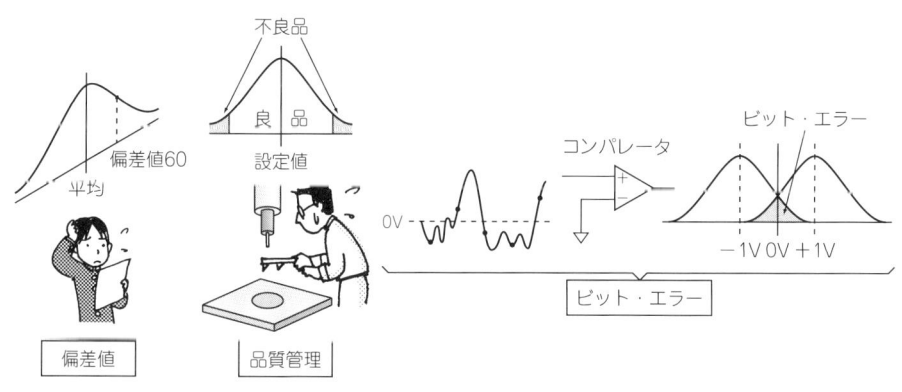

[図5-19] 偏差値や品質管理とビット・エラーは同じ

量産移管時の品質確認や認定試験で，個体ごとのばらつきに悩まされます．これらは，ばらつきが**正規分布**でばらついていると仮定していて，実際問題としてもほぼそうなっています．品質管理においては$\bar{x}$(エックス・バー)と3σ(3シグマ．最近は5σとか6σとか凄いことになっているが)で，ばらつきは正規分布であるとして評価しています．

白色雑音によるビット・エラーは，これらとまったく同じことを評価しているのです．受信した信号が雑音によって**揺らぎ**を受けて，レベルがばらつく……，それを本書では以下に品質管理に一部をたとえて[※9]，ガウス分布なりビット・エラーについて説明していきます．

▶ ガウス分布と正規分布

先ほどの例のように，物事のばらつきは，学業成績も製品の精度や性能も正規分布に分布します．正規分布の分布曲線は，ガウスが提案したガウス関数なので，これを**ガウス分布**とも呼びますし[※10]，無線通信業界では，一般的にはガウス分布の用語を用います(PDF；Probability Density Function；確率密度関数とも呼ぶ)．ガウス分布$g(x)$を式と図で表わすと以下のようになります．

$$g(x) = \frac{1}{\sqrt{2\pi}\sigma} \exp\left(-\frac{x^2}{2\sigma^2}\right) \quad \cdots\cdots(5\text{-}5)$$

ここで，σは標準偏差と呼ばれ，全体のばらつき具合を示しています．ガウス分布は中心をゼロとした場合，x軸のプラス側に無限に大きくなっても$g(x)$はゼロになりません．マイナス側も同様です．

> **重要**
> 白色雑音の場合，σは雑音のrms(Root Mean Square)電圧となり，σ^2としたものが雑音電力になる[※11]．

このガウス分布を発生確率の分布として考えると，確率は全部で1になるので，

※9：品質管理の専門書では，SN比というアプローチをして無線通信技術を引き合いに出すが，変復調技術の専門書ではその逆の説明はほとんどされていない．しかし実際は同じ考え方である．
※10：http://en.wikipedia.org/wiki/Normal_distribution/によると，de Moivre(ド・モアブル)が1733年に最初に正規分布を提案したようだ．またCarl Friedrich Gauss(カール・ガウス)は，1809年にそれを厳密に定義しなおした功績がある．
※11：ここで説明している標準偏差のσが雑音のrms電圧となり，$R=1\Omega$として電力を求められること(つまりσ^2)などの関係は，意外性もありとても興味深い．

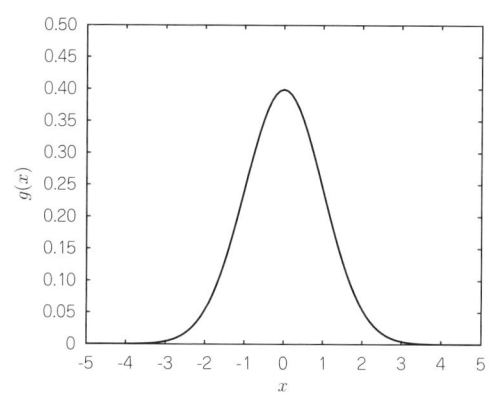

[図5-20] ガウス分布（$\sigma = 1$としてある）

分布全体の面積（つまり全体を積分したもの）が1だとしてみると，$x = 0$のところの最大値$g(0)$は$1/\sqrt{2\pi}\sigma$になります．σが大きければ，ばらつきが大きいので，この$g(0)$はピークが低くなり，σが小さければ，ばらつきが小さいので，$g(0)$はピークが高くなります．

工業製品など完成品の精度ばらつきにおいては，図の$x = 0$の部分が設計値（寸法値）になりますし，あとで説明しますが，ベースバンド信号に加算される白色雑音では，$x = 0$の部分がシンボルの中心値（電圧レベル）になります．つまり実際にガウス分布が活用される場面では，分布の中心は$x = 0$ではなく，$x = $**目標値，目論見値**になるわけですね．

▶ 受信信号と雑音の関係を再度

図5-16(b)に白色雑音の実際のようすを示したように，また，

- 白色雑音は**足し算**される．それが増幅され受信信号とともに復調段へ現われる
- 図5-17のようにベースバンド信号に対して雑音が足し算され，**勝手にレベルを変化させる**（信号に揺らぎが生ずる）
- シンボル・ポイントでベースバンド信号をサンプリングした電圧をヒストグラム化するとガウス分布になる（雑音により揺らいでいる）
- それぞれのシンボル・ポイントでサンプリングした電圧を，スレッショルドの上か下かでビットとして判定し復号する

という点があります．例えば，BPSKベースバンド信号において，ビット"0"の

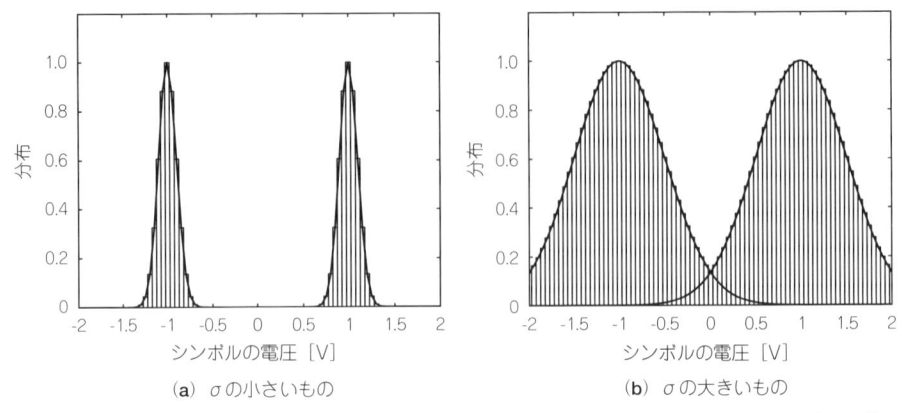

[図5-21] (a) σの小さいもの　(b) σの大きいもの
ベースバンド信号に白色雑音が加算されたときのシンボル・ポイントでの電圧をサンプリングしヒストグラムにしてみた（1に正規化）

電圧が+1V，"1"の電圧が-1Vだと考えます．このビット"0"，"1"について，白色雑音が加算されたベースバンド信号の**シンボル・ポイント**で，その**電圧レベルをサンプリング**し，**ヒストグラム化**したものは，図5-21のようになります（最大値を1として正規化している）．これは雑音によるベースバンド信号のシンボル・ポイントでの揺らぎを見ているのです．

ここで横軸は電圧レベル，縦軸は発生確率（最大値を1として正規化している）となっています．曲線の中心の電圧はベースバンド信号のあるべき位置，ビット"0"の電圧である（例えば）+1Vになります．これを中心として，サンプリングした電圧レベルがガウス分布で変動して（揺らいで）います．

(a)の雑音の少ない，つまりSN比の高い状態では，ばらつきの指数である標準偏差（雑音のrms電圧）σは小さく，ばらつきは少量です．一方でSN比の低い状態では，(b)のようにばらつきが大きくなっています．

● **ガウス分布とビット・エラー**
▶ **ガウス分布においてビット・エラーになる割合**

もう一度言いますが，標準偏差σは雑音のrms電圧になり，σ^2は（$R=1\Omega$としたときの）雑音電力です．これを頭に入れておきましょう．なおこのσは受信回路で増幅された雑音レベルです．つまり復調する処理のところでのレベルで考えます．

さて，図5-21の(b)について，ヒストグラムおよびそれらを結んだ曲線となって

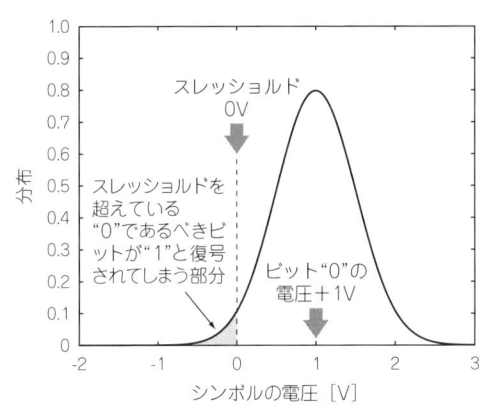

[図 5-22] ガウス分布においてビット"0"であるシンボルがビット・エラーになる割合

いるものを，ガウス分布としての曲線だけにして，あらためて**図 5-22**に図示してみます（この図では実際の量を求めるため，最大値を1に正規化していない）．

ここでビット"0"の電圧である（例えば）+1Vを中心として，サンプリングした電圧レベルがばらついています．さらにスレッショルドを0Vだと仮定すると，図中の斜線部はスレッショルド・レベルを超えており，"0"であるべきものが"1"であると誤認識してしまうことになります．

この部分がビット・エラーとなってしまうわけです．もとをたどれば，この曲線はヒストグラムとして表わされている発生確率の分布曲線ですから（全体の面積が1である），これだけの確率部分が**"0"であるべきビットを"1"と復号してしまう，ビット・エラーが発生してしまう**全体からの割合になるわけです．

▶ *SN比とフィルタの帯域幅，そしてシンボル・レートと変調方式*

以下のことは重要なので，よく理解してください．

ベースバンド信号の振幅を⊥Λ，雑音のrms電圧をσとすると，SN比は$SNR = A^2/\sigma^2$になります．また雑音電力σ^2はフィルタの帯域幅Bに比例します．つまり雑音の点からすれば，

- シンボル・レートがいくつであれ，フィルタの帯域幅Bで雑音電力量σ^2が決まる
- ナイキスト・フィルタを使って最小でかつ最適なBにすれば，σ^2を最小にできる

ということが言え，また，シンボル・レートの点からすれば，

- 同一の変調方式の場合，例えばシンボル・レートを1対10とすれば，ナイキスト・フィルタリングがされていればσ^2も1：10になり，Aが同じならSNRは10：1になる（低速のほうが感度が高い）
- シンボル・レートが1対10であっても，Bを変えなければσ^2が同じになり，SNRは等しくなる．つまり低速なシンボル・レートであってもSNRがかせげない（感度が上がらない）

ということが言えます．さらに，ここでの説明ではBPSKを基本としており，振幅を±Aとしています（つまりピーク・ツー・ピークで$2A[\text{V}]$）．一方でASKで考えれば，振幅は$0[\text{V}]$と$+A[\text{V}]$の間となりますので，ピーク・ツー・ピークが$A[\text{V}]$となり，BPSKと比較してもシンボル間の間隔（電圧差）が狭くなってしまいます．なお本書ではこれ以上は詳しく説明しませんが，このときのBER導出については参考文献(10)が参考になります．

つまりBPSKと比較してASKは感度特性が悪いのです．

また，より多値（QPSK, QAMなど）になれば，よりシンボル間の間隔が狭くなるので，感度特性は悪くなっていきます．

▶ **ガウス分布においてのビット・エラーの計算**

それでは，ガウス分布におけるビット・エラーの計算式を示してみましょう．図5-23のように，"0"と"1"が等しい数で（つまりそれぞれ発生確率が1/2で），振幅±Aで送られているとします．さらに受信側のベースバンド信号をサンプリングした電圧がσのばらつきをもって揺らいでいるとします．このときSN比はA^2/σ^2になります．また図5-22と比較してみると，同じσの形ですが，それぞれの発生確率が1/2なので，ピークが図5-22の1/2になっています．つまり二つの曲線での全体の面積が1になります．

ここで①の部分は"0"であるべきビットが"1"，②の部分は"1"であるべきビットが"0"と，この①＋②がビット・エラーになる全体からの割合，つまり**ビット・エラー・レート（率）**となります．以降はビット・エラー・レート（Bit Error Rate）をBERとして示していきます．

BERを式で，式(5-6)として示してみます．あわせて図5-23と図5-24に矢印でその対比部分を示しています．また，この式は$erfc$とかQ functionという関数でも表わされます（**Column 3**参照）．

$$BER = \frac{1}{2}P_{Err}(\text{Symbol "0"}, \sigma) + \frac{1}{2}P_{Err}(\text{Symbol "1"}, \sigma)$$

$$= \frac{1}{2\sqrt{2\pi}\sigma}\int_{-\infty}^{0} \exp\left\{-\frac{(x-A)^2}{2\sigma^2}\right\}dx + \frac{1}{2\sqrt{2\pi}\sigma}\int_{0}^{+\infty} \exp\left\{-\frac{(x+A)^2}{2\sigma^2}\right\}dx$$

$$= \frac{1}{\sqrt{2\pi}\sigma}\int_{-\infty}^{0} \exp\left\{-\frac{(x-A)^2}{2\sigma^2}\right\}dx \quad \cdots\cdots (5\text{-}6)$$

① 発生確率1/2の
シンボル"0"について
-∞から
スレッショルド
(0V)までが
ビット・エラー

② 発生確率1/2の
シンボル"1"について
スレッショルド
(0V)から
+∞までが
ビット・エラー

発生確率はそれぞれ1/2
(ピークが図5-22の1/2)

振幅$A[V]$

ビット"0"の
電圧$+A[V]$

振幅$-A[V]$

ビット"1"の
電圧$-A[V]$

シンボルの電圧 [V]

[図5-23] シンボルがビット・エラーになる割合からBERを求める

$$BER = \frac{1}{2}P_{Err}(\text{Symbol "0"}, \sigma) + \frac{1}{2}P_{Err}(\text{Symbol "1"}, \sigma)$$

$$= \frac{1}{2\sqrt{2\pi}\sigma}\int_{-\infty}^{0} \exp\left\{-\frac{(x-A)^2}{2\sigma^2}\right\}dx + \frac{1}{2\sqrt{2\pi}\sigma}\int_{0}^{+\infty} \exp\left\{-\frac{(x+A)^2}{2\sigma^2}\right\}dx$$

$$= \frac{1}{\sqrt{2\pi}\sigma}\int_{-\infty}^{0} \exp\left\{\frac{(x-A)^2}{2\sigma^2}\right\}dx$$

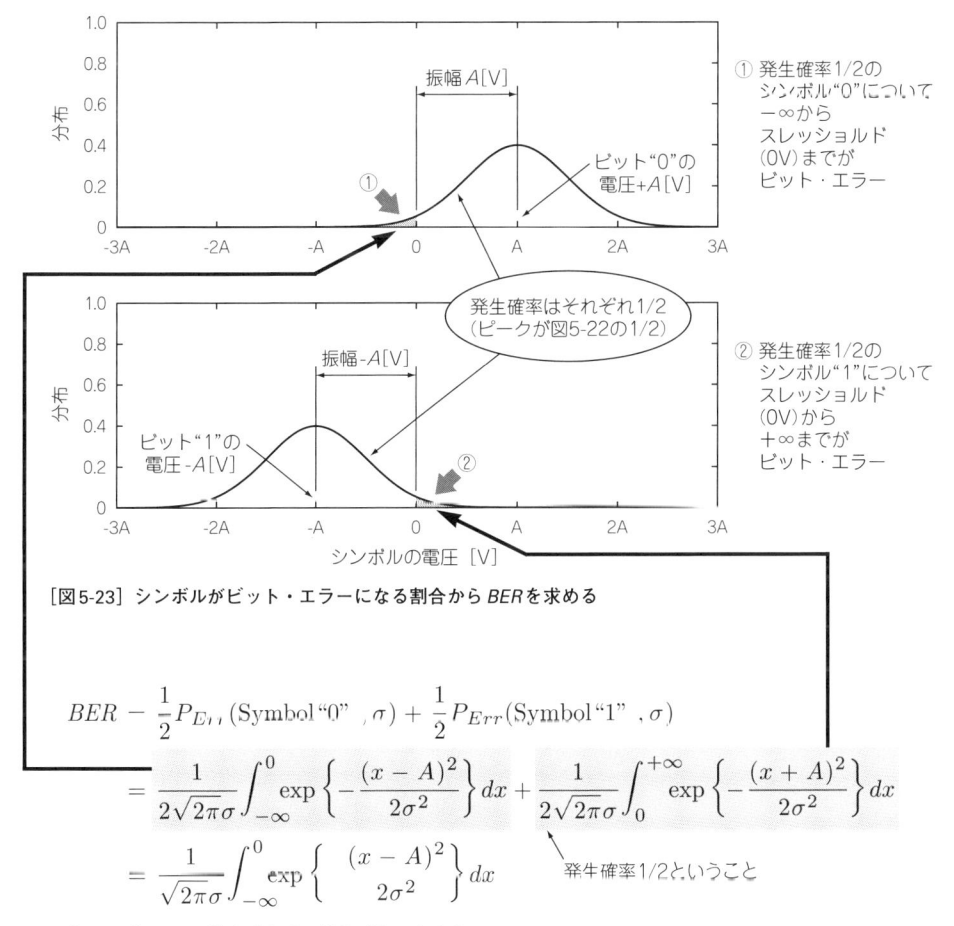

発生確率1/2ということ

[図5-24] BERの算出式とその部分ごとの意味合い

▶FSKの場合には

FSKの場合，変調指数mが変わる，送信側のガウス・フィルタによる帯域制限，受信側で振幅制限，検波後の帯域制限がされることから，上記の式(5-6)となりません．複雑な要因がからみ合うことから，理論解析は困難度が高いようです．簡単化した場合には，e^{-SN}に比例すると文献に示されています．

現場では，実測勝負というのが実際のところでしょうか．

Column 3

*BER*と*erfc*，*Q* function

*BER*の算出式は式(5-6)に示したとおりですが，その他にも$erfc$(complementary error function)とか，Q functionなどの異なった*BER*の求め方があります．異なるといっても手順が少し異なるだけで，ガウス関数を積分するというアプローチはまったく同じです．

ここで$erfc$とQ functionを示し，式の変形していくことで，それぞれが同じであることを示してみます．

まず，$erfc$による*BER*の計算は以下で定義されています．

$$BER = \frac{1}{2}erfc(x) = \frac{1}{2} \cdot \frac{2}{\sqrt{\pi}}\int_{x}^{\infty} \exp(-a^2)da \quad \cdots\cdots(C5\text{-}1)$$

ただし，xは$x = \sqrt{SNR/2}$です．このSNRはSN比でベースバンド信号の信号電圧レベルs[V]と雑音電圧(rms)レベルn[V]($n = \sigma$．以降はσで示す)を**電力として**比を取ったもので，$SNR = s^2/n^2 = s^2/\sigma^2$です．つまり$x = s/\sqrt{2}\,\sigma$です．

また，Q functionによる*BER*の計算は，

$$BER = Q(x) = \frac{1}{\sqrt{2\pi}}\int_{x}^{\infty} \exp\left(-\frac{a^2}{2}\right)da \quad \cdots\cdots(C5\text{-}2)$$

で定義されています．ただし，xは$x = \sqrt{SNR}$です．また，$erfc(x) = 2Q(\sqrt{2}\,x)$です．

では，式(5-6)から出発して，これらの式まで変形させてみます．まず$erfc$です．式(5-6)は，

$$BER = \frac{1}{\sqrt{2\pi}\sigma}\int_{0}^{\infty} \exp\left\{-\frac{(x+s)^2}{2\sigma^2}\right\}dx \quad \cdots\cdots(C5\text{-}3)$$

です．ここで，$a = (x+s)/(\sqrt{2}\,\sigma)$として置換積分してみます．これは$x = \sqrt{2}\,\sigma a - s$と変形でき，$dx = \sqrt{2}\,\sigma da$，$dx/da = \sqrt{2}\,\sigma$になります．また積分範囲の下限は$a$の式に$x=0$を代入してみると，$s/(\sqrt{2}\,\sigma)$となります．これを用いて式(5-6)を変形すると，

▶ コンスタレーションで見てみる

ここまでの説明は，単に**信号の電圧差（距離）**でした．実際はシンボルがコンスタレーションで表わされているように，この受信信号の雑音によるサンプリング・ポイントのレベル変動（ガウス分布）もコンスタレーション上に表わすことができます．**図5-25**は，2次元としてQPSKのコンスタレーションの平面上に表わしたもので，**図5-26**は，コンスタレーションにサンプリング・ポイントのレベルの

$$BER = \frac{1}{\sqrt{2\pi}\sigma} \int_0^\infty \exp\left\{-\frac{(x+s)^2}{2\sigma^2}\right\} dx = \frac{1}{\sqrt{2\pi}\sigma} \int_{s/(\sqrt{2}\sigma)}^\infty \exp(-a^2) \frac{dx}{da} da$$

$$= \frac{1}{\sqrt{2\pi}\sigma} \int_{s/(\sqrt{2}\sigma)}^\infty \exp(-a^2) \sqrt{2}\sigma da = \frac{\sqrt{2}\sigma}{\sqrt{2\pi}\sigma} \int_{s/(\sqrt{2}\sigma)}^\infty \exp(-a^2) da$$

$$= \frac{1}{2} \frac{2}{\sqrt{\pi}} \int_{s/(\sqrt{2}\sigma)}^\infty \exp(-a^2) da \quad \cdots\cdots\cdots\cdots\cdots\cdots (C5\text{-}4)$$

となります．ここで式(C5-1)と比較してみると，式(C5-1)の積分範囲の下限 x は，この式(C5-4)において $x = s/(\sqrt{2}\sigma)$ となりますから，

$$BER = 1/2 \, erfc\{s/(\sqrt{2}\sigma)\} \quad \cdots\cdots\cdots\cdots\cdots\cdots (C5\text{-}5)$$

が得られます．一方で，Q functionは，式(5-6)と式(C5-3)で，$\sigma = 1$ とし，s のレベルを規格化（つまりSN比）して考えます．そうすると，$a = x + s$ となり，a で置換積分するときの積分範囲の下限は s，つまり $\sqrt{SNR}$ になります．これにより，

$$BER = \frac{1}{\sqrt{2\pi}\sigma} \int_0^\infty \exp\left\{-\frac{(x+s)^2}{2\sigma^2}\right\} dx \bigg|_{\sigma=1} = \frac{1}{\sqrt{2\pi}} \int_0^\infty \exp\left\{-\frac{(x+s)^2}{2}\right\} dx$$

$$= \frac{1}{\sqrt{2\pi}} \int_s^\infty \exp\left(-\frac{a^2}{2}\right) \frac{dx}{da} da = \frac{1}{\sqrt{2\pi}} \int_s^\infty \exp\left(-\frac{a^2}{2}\right) da$$

と，$Q(x) = Q(s) = Q(\sqrt{SNR})$ が得られることとなります．

それぞれ，ただ単に同じ計算を違う見方でやっているだけなのです．しかし実際には，これらを使ったBER値の計算は簡単に求められないため，参考文献(10)にあるQ関数表や，MATLAB，EXCEL（なんと！ **分析ツール**の追加アドインに入っている．EXCEL恐るべし……）の組み込み関数 $erfc$ を利用して数値を求めてみてください．

ところで，$erfc$ は erf（error function）の補助関数として定義されており，$erfc(x) = 1 - erf(x)$ となっています．

ヒストグラムを3次元的に表現したものです(QPSKの四つのシンボル・ポイントを丸で示してある．ただし三つしか見えていない)．

このように，IQ平面では，雑音による影響がシンボルの本来の位置からの揺らぎとして，山のすそ野のように広がってくることがわかります．

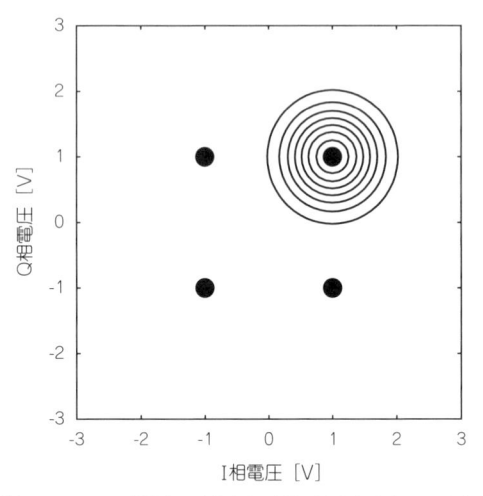

[図5-25] サンプリング・ポイントのレベル変動をIQ平面で2次元で表わした(QPSKとし四つのシンボル・ポイント)

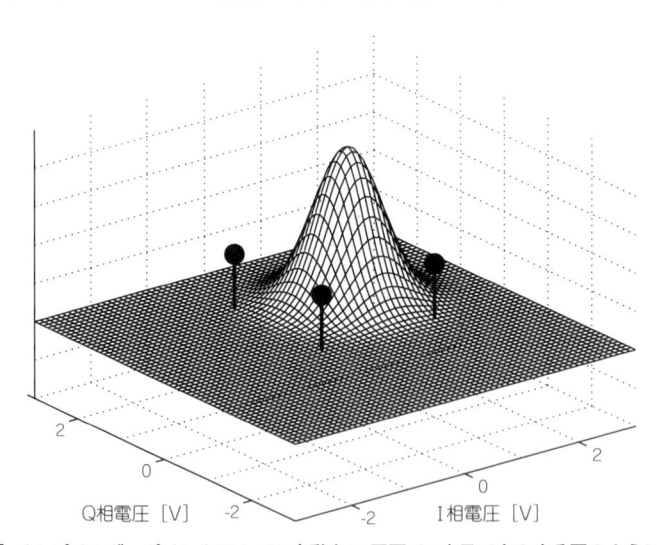

[図5-26] サンプリング・ポイントのレベル変動をIQ平面で3次元で山のすそ野のように表わした(QPSKとし四つのシンボル・ポイント)

なおQPSKの場合はI相，Q相が直交しているので，$erfc$の計算などでは別々に（というより片側を求めるだけで）取り扱うことができます．

▶ **品質管理の3σが99.7％であるのは**

工場で量産品設計や品質管理を担当，経験された方は，**±3σのばらつきの中に良品（合格品）の99.7％が入り，0.3％が不合格品になる**と習ったり実践していると思います．この数学的理由を計算してみると，まさしく$erfc$を計算していることと同じなのです．本書には余計な話ですが，せっかくなので説明しましょう．

図5-27は，品質管理の精度ばらつきと不良率Eを算出する式(5-7)の両方を示しています．これはBERについての**図5-23**，**図5-24**［式(5-6)］を品質管理にあてはめて一つの図で示しています．品質管理では，ばらつきの両側が不良になりますから，$erfc(3/\sqrt{2}) = 0.0027 ≒ 0.3\%$となっているわけです[※12]．なお，式の途中で$\sigma = 1$としている点に注意し，$erfc$の中が$(3/\sqrt{2})$になることはColumn 3の$erfc$の式のあたりを参考にしてください．

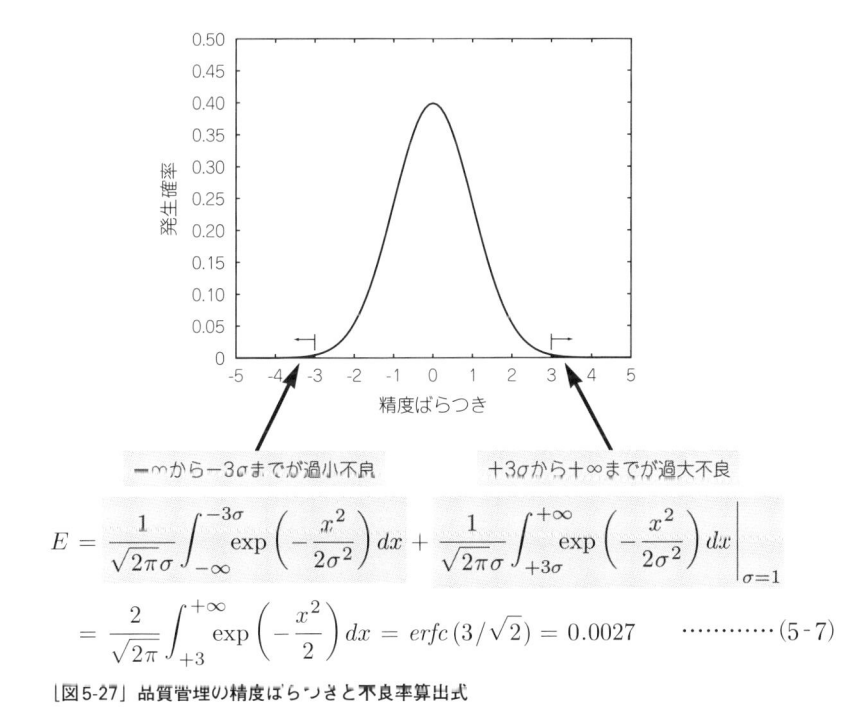

$$E = \frac{1}{\sqrt{2\pi}\sigma}\int_{-\infty}^{-3\sigma}\exp\left(-\frac{x^2}{2\sigma^2}\right)dx + \frac{1}{\sqrt{2\pi}\sigma}\int_{+3\sigma}^{+\infty}\exp\left(-\frac{x^2}{2\sigma^2}\right)dx\bigg|_{\sigma=1}$$

$$= \frac{2}{\sqrt{2\pi}}\int_{+3}^{+\infty}\exp\left(-\frac{x^2}{2}\right)dx = erfc(3/\sqrt{2}) = 0.0027 \quad \cdots\cdots(5\text{-}7)$$

［図5-27］品質管理の精度ばらつきと不良率算出式

※12：もう少し細かい話をすると，中央値極限定理（central limit theorem）というものが深く関係している．

これでわかるように，ビット・エラーの場合の式(5-6)と同じです．BERというのは，**不良品率**なわけですね．

▶ 最後は *BER* が 0.5 になる

SN比がゼロ(dBだと $-\infty$ dB)の場合のBERは，1(つまりすべてがビット誤りになった)ではありません．0.5になります．これは，

- 信号自体を受信していないので，受信信号の中心電圧はちょうどスレッショルド電圧に等しくなる
- つまりスレッショルド電圧を中心にばらつく
- "1"を送ると仮定すると，受信側では50%を"1"として，50%を"0"として検出する
- 同じく"0"を送ると仮定すると，受信側では50%を"0"として，50%を"1"として検出する
- それぞれ半分が正しく，半分がまちがい．つまり $BER = 0.5$ になる

ということです．

5-3　ビット・エラー・レートの測定方法

● ビット・エラー・レート・テスタ

ビット・エラー・レート・テスタ(Bit Error Rate Tester，以下，BERTと呼ぶ)は，ここまで示してきたようなビット・エラーを測定する測定器です．BERTの例を図5-28に示します．また，BERTのブロック図およびテストされるシステムの

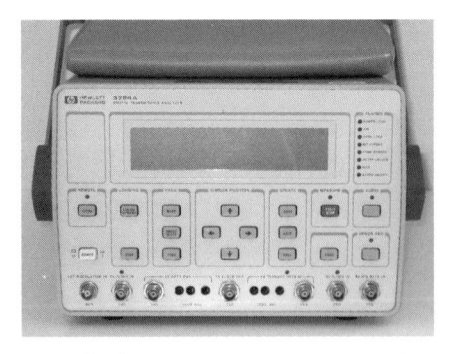

[図5-28] ビット・エラー・レート・テスタの例

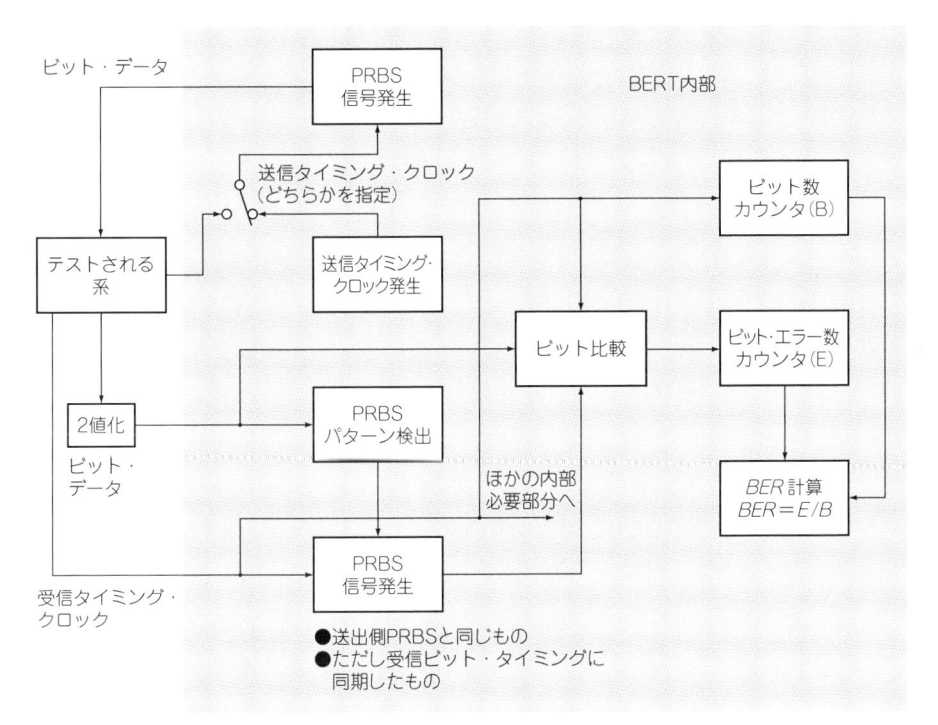

[図5-29] ビット・エラー・レート・テスタのブロック図およびテストされる系の例

例を図5-29に示します．

送信側からPRBS（Pseudo Random Binary Sequence）コード（第3章のColumn 1参照）を送出し，これをテストする系に入力し，テスト系の送信回路なり受信回路なりを通ってきたベースバンド信号を2値化したビット・データを，BERTの受信ビット・データ入力端子に入力して，まちがっているビットの数を数えて，BERや，誤りビット数，誤りの時間間隔などを計測して出力します．

● ビット・エラー・レート・テスタはどう動く

BER測定を行う場合，仮想的な送信データをBERTで作る必要があります．例えば，101010……の繰り返しを送信ビット・データとして与えれば良いのではないかと考えがちですが，これでは実際の測定対象のBERを的確に捉えることはできません．このような繰り返しデータは，繰り返し周波数のスペクトルしかない

ので，テスト用のデータとしては不十分なのです．

　フィルタの位相特性（以降に示すような群遅延特性）が平坦でなかったり，インパルス応答がナイキスト基準を満たしていない場合であっても，これらの同じデータの繰り返しが送られると，単一スペクトル信号の応答になるので，単純な一定遅延しか出ないことになります．そこで，第3章で図3-13や，図3-33で示したようなベースバンド信号帯域いっぱいに広がるような**ランダム**なデータを使う必要があります．それが第3章のColumn 1で説明したようなPRBSコードです．

　PRBSコードを使うと，上記のような位相特性が平坦ではないものやナイキスト基準を満たしていない，設計を誤ったフィルタや回路である場合，それが暴露されてしまいます．これはアイ・パターンで見ると開口率が低下することとして表われます．

▶ **PRBSコードを送信する**

　図5-29において，BERTでPRBSコードが作られて，テストされる系に対してビット・データとして出力されます．送信タイミングを作るクロックはBERT内部で作ることもできるし，外部クロックとして入力することもできます．BERTおよび系の送信側は，このクロックをもとに動作するようになります．

▶ **測定系の接続**

　大体，テスト・ベンチとして動作させる場合は，以下のように接続し試験します．

- PRBSコードはベースバンド信号処理回路にて，ベースバンド信号になる
- ベースバンド信号はRF信号発生器で変調がかけられ，送信信号を発生させる
- RF信号発生器は＋20dBm～－140dBm程度までのとても広い範囲の信号出力レベルを出すことができる
- 信号出力レベルを，BERを測定するあたりの（つまりBERが10^{-1}～10^{-5}程度）レベルにする
- RF信号発生器を受信回路（テストされる系）に接続する
- 受信回路は復調，ビット判定（復号）を行い，受信ビット・データとしてBERTに対して出力する
- あわせて受信タイミング・クロックも以下の方法で作ってBERTに与える

▶ **受信側のタイミング・クロック**

　受信タイミング・クロックを作ってBERTに与えなければなりません．BERTは，このクロックのエッジで受信したビット・データのディジタル値をサンプリングします．

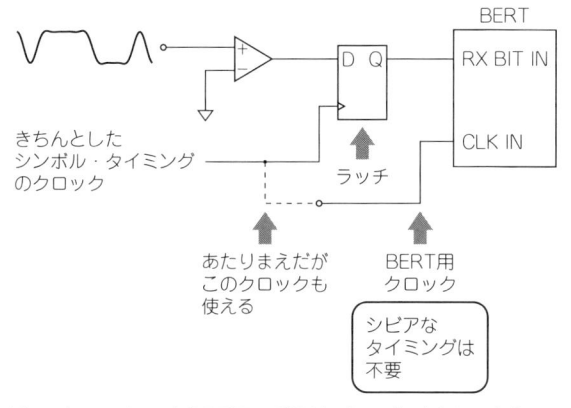

(a) 一度ラッチしてからBERTの受信ビット・データとして与える

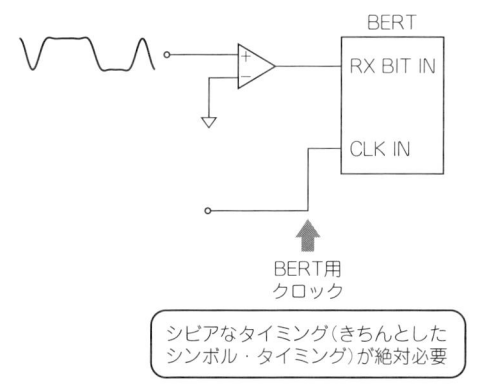

(b) ビット判定された結果をそのままBERTの受信ビット・データとして与える

[図5-30] 受信側のタイミング・クロックの注意点

　このタイミングにも注意点があります．図5-30(a)は，シンボル・タイミングできちんとラッチにビット・データが一度保持されますから，BERTに与えるクロックのタイミングはそれほど気を使うことはありません．

　一方で図5-30(b)は，ベースバンド信号を単にビット判定しただけのものなので，BERTがタイミング・クロックのエッジでサンプリングすることから，このエッジはきちんと正しく受信シンボルの中心タイミングである必要があります．このようすをこの節の後半(p.161)でもう少し詳しく説明します．

　単純に送信側のタイミング・クロックを受信タイミング・クロックに用いてし

まうと，適切な*BER*が測定できないことがありますので，こちらも十分注意してください．

▶ PRBSコードの同期

BERTでは，とくに**フレーム同期**という考えはありません．しかし，PRBSコードのどのあたりを受信しているかの**同期を取る必要があります**．**単純に送受信でタイミングが一緒のはずだから同期を取る必要もないだろうとも思うかもしれません**．

しかし，図5-31のように受信のIFフィルタの群遅延（複数段のIFフィルタぶん）や，送受信それぞれの帯域制限ディジタル・フィルタの処理遅延，誤り訂正（本書では説明していない）などを行うと復号遅延が発生したりで，単純に送出されたPRBSコードが同じタイミングでBERTの受信ビット・データ入力に入力されるということはありません．

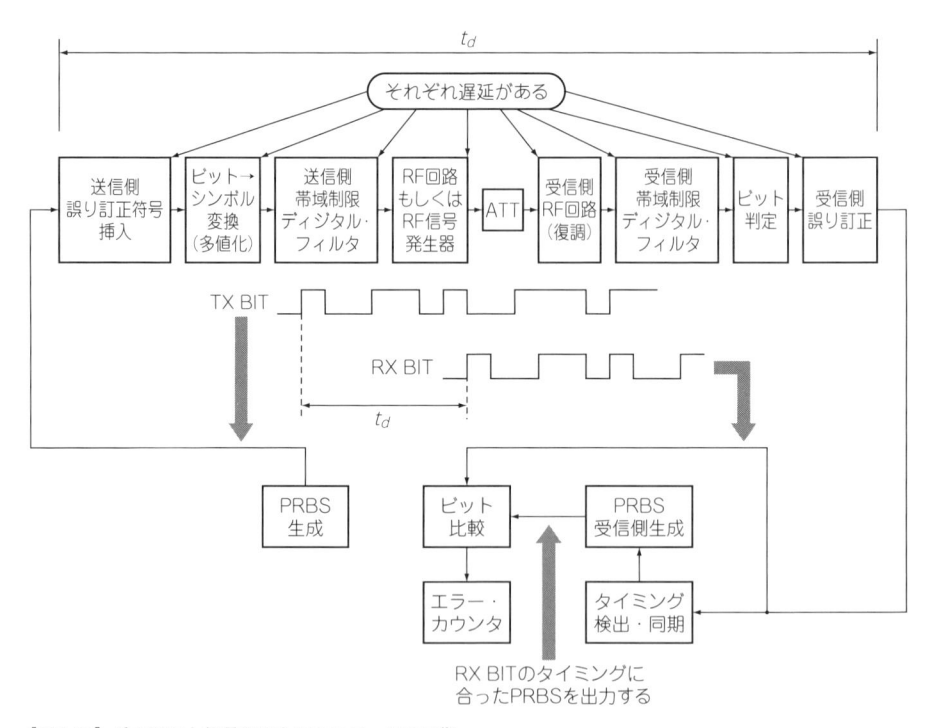

[図5-31] 系の遅延と符号遅延とPRBSコードの同期

第5章 *SN*比とビット・エラー・レートの測定

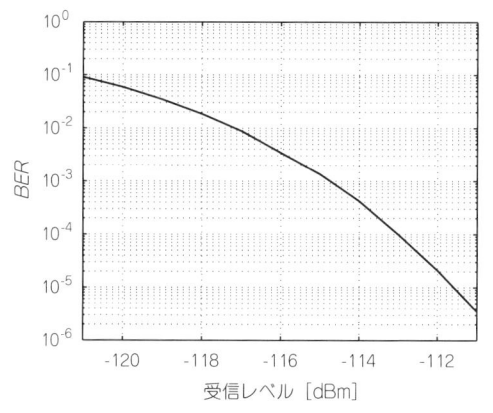

[図5-32] 実際に測定したBER特性の例

そのため，PRBSコードの同期を取る必要があります．PRBSはコードに周期性（例えばPRBS-9なら511ビット，PRBS-15なら32767ビット）があるので，この周期を目安に同期をとることができます．この考え方は，第7章で説明するスペクトル拡散通信での拡散符号の同期の話(p.240)とまったく同じです．

▶BERTでのBERのカウント

同期がとれた場合，送信側でどのPRBSコードを送っているかはわかっているので，このタイミングのビットは"1"であるはずか"0"であるはずかはわかっています．このわかっているビット・データと，受信して判定/復号したビット・データとを比較し，同じものでなかった場合に，エラー・カウンタをプラス1します．

これを例えば100000ビットとか，10分連続して計測させ，以下の式でBERを算出します．さらにエラー・カウンタをリセットさせ，条件を変えるなりして繰り返し測定を行います．

$$BER = \frac{エラー・カウンタ・カウント数}{送信ビット数} \quad \cdots\cdots (5\text{-}8)$$

ここで実際に測定したBERの例を示してみましょう．図5-32は実測のBER特性の例です．

● 適切にサンプル・タイミングを設定しよう

p.159で「きちんと正しく受信シンボルの中心タイミングでサンプリングしよう」

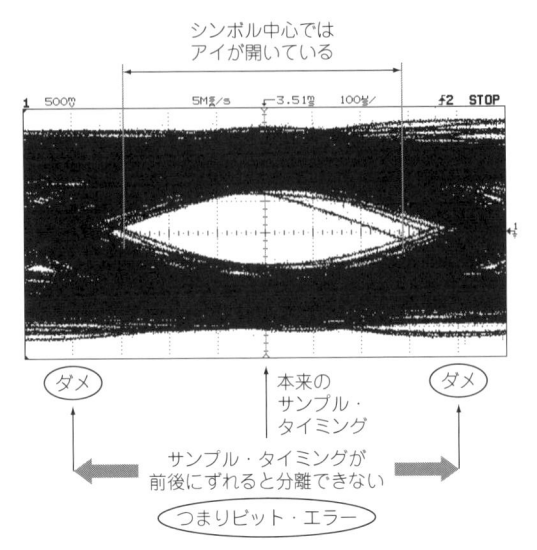

[図5-33] 雑音が加わり SN 比が低くなったときのアイ・パターンとシンボル・サンプリング・タイミング

と説明しました．この話をもう少し詳しく説明しましょう．いずれにしても「中心タイミングできちんとサンプリングする！」ということを言っているだけなのです．

▶ 雑音によりアイ・パターンの開口が狭くなる

図5-33は SN 比が低くなり，雑音が増えている状態のアイ・パターンです．シンボルの中心では，まだアイが開いていますが（つまりスレッショルドを超えずビット・エラーが発生しない），サンプリング・タイミングが中心から前後にずれた場合には，すでにスレッショルドの上と下を分離できずに，このずれたタイミングでサンプリングした結果，ビット・エラーを発生させてしまいます．

▶ シンボル・タイミング・エラーとロールオフ率

図5-34は，ロールオフ率ごとの図とそれぞれサンプリング・タイミングが中心から前後にずれた場合です．ロールオフ率 α が小さくなるにつれて，中心から前後にずれたところのアイ（一番内側を通る状態）が狭くなっていることがわかります．図中のように，ずれたところでサンプリングされた場合，スレッショルドからの距離（つまり電圧差）が小さくなり，上記の図5-33に示すように，SN 比が悪くなったときに BER が本来よりも悪く出てしまいます．このときロールオフ率 α が小さくなるにつれて，BER は悪化します．

(a) $α=0.3$

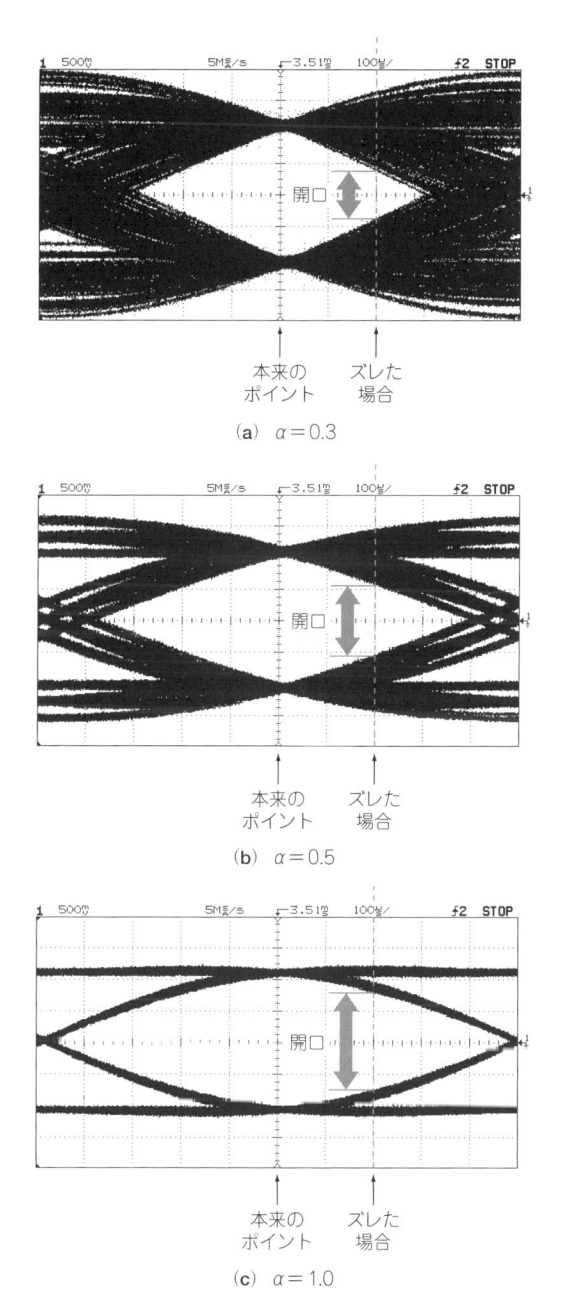

(b) $α=0.5$

(c) $α=1.0$

[図5-34] ロールオフ率とシンボル・サンプリング・タイミング

● BERTをFPGAで作ってみよう

わざわざ高価なBERTを購入せずとも，ディジタル回路をFPGA(Field Programmable Gate Array)上に作る力があれば，意外と簡単にBERTをFPGAで作ることができます．ここでは，VHDLで記述したBERTの例を**リスト5-1**示します．とても簡単ですが，所望の目的はとりあえず実現できます．この回路図を**図5-35**に示します．また要点も以下に示します．

- LEDによりバイナリで送受信ビット数，ビット・エラー数を表示する
- 送受信間の同期は送信PRBSコードを遅延させることで実現する
- そのため，遅延数のタップをユーザで設定する必要がある

[リスト5-1] VHDLによるBERT

```vhdl
------------------------------------------------
--   Simple Bit Error Rate Tester (max count of 2^24-1)
--   list5-1.vhd
------------------------------------------------
library IEEE;
use IEEE.std_logic_1164.all;
use IEEE.std_logic_unsigned.all;
use IEEE.std_logic_arith.all;

entity BERT is
    port( RESET : in std_logic;
          CLK   : in std_logic;  -- システムクロック、TCK，RCKより充分に高速なこと
                                 -- この信号はCLKバッファに割り振ること
          TCK   : in std_logic;  -- 送信クロック
          RCK   : in std_logic;  -- 受信クロック
          RcvBit : in std_logic; -- 受信判定結果入力
          RefBit : in std_logic; -- TxD(14)～(0)から適切なタイミングを選択
          MesSw : in std_logic;  -- チャタリングは発生させぬこと！
          Sel   : in std_logic_vector(2 downto 0);
          Dout  : out std_logic_vector(7 downto 0);
          TxD   : out std_logic_vector(14 downto 0)
        );
end BERT;

architecture RTL of BERT is

signal PRBS_reg : std_logic_vector(14 downto 0);
signal BitCounter : std_logic_vector(23 downto 0);
signal ErrCounter : std_logic_vector(23 downto 0);
signal TckDelay1, TckDelay2 : std_logic;
signal RckDelay1, RckDelay2 : std_logic;
```

```vhdl
    signal RcvBitSample, RcvBitSync, RefBitSync : std_logic;
    signal Measure : std_logic;

begin

-- TxD(14)がTXビット
-- TxD(14)～(0)はRXビット用遅延

TxD <= PRBS_reg;

-- PRBSレジスタ, PN15
    process (CLK, RESET) begin
            if (RESET = '0') then
                    PRBS_reg <= "111111111111111";
            elsif (CLK'event and CLK='1') then
                    if (TckDelay1 = '1' and TckDelay2 = '0') then
                            -- TCKの立ち上がりエッジ
                            -- Polynomial X(n) = x15 + x1 + 1, PN15
                            PRBS_reg(14) <= PRBS_reg(0) xor PRBS_reg(1);
                            for I in 0 to 13 loop
                                    PRBS_reg(I) <= PRBS_reg(I+1);
                            end loop;
                    end if;
            end if;
    end process;


-- TCK, RCKを内部CLKに同期させる
    process (CLK, RESET) begin
            if (RESET = '0') then
                    TckDelay1 <= '0';
                    TckDelay2 <= '0';
                    RckDelay1 <= '0';
                    RckDelay2 <= '0';
            elsif (CLK'event and CLK='1') then
                    TckDelay1 <= TCK;
                    TckDelay2 <= TckDelay1;
                    RckDelay1 <= RCK;
                    RckDelay2 <= RckDelay1;
            end if;
    end process;


-- RcvBitをRCKでサンプルする
    process (RCK, RESET) begin
            if (RESET = '0') then
                    RcvBitSample <= '0';
            elsif (RCK'event and RCK='1') then
                    RcvBitSample <= RcvBit;
```

```vhdl
                        end if;
            end process;


-- RcvBit, RefBit, MesSwを内部CLKに同期させる
        process (CLK, RESET) begin
                if (RESET = '0') then
                        RcvBitSync <= '0';
                        RefBitSync <= '0';
                        Measure <= '0';
                elsif (CLK'event and CLK='1') then
                        RcvBitSync <= RcvBitSample;
                        RefBitSync <= RefBit;
                        Measure <= MesSw;
                end if;
        end process;


-- 受信ビット数検出
        process (CLK, RESET) begin
                if (RESET = '0') then
                        BitCounter <= x"000000";
                elsif (CLK'event and CLK='1') then
                    if (RckDelay1 = '1' and RckDelay2 = '0' and Measure = '1') then
                                BitCounter <= BitCounter + 1;
                                -- 上記は24ビットをいきなり足しているが、FPGA化するときに
                                -- ゲート数削減のため、ビット・スライスさせたほうがよい
                                -- 詳細はHDLや論理回路の各種文献を参照のこと
                        end if;
                end if;
        end process;

-- エラービット数検出
        process (CLK, RESET) begin
                if (RESET = '0') then
                        ErrCounter <= x"000000";
                elsif (CLK'event and CLK='1') then
                    if (RckDelay1 = '1' and RckDelay2 = '0' and Measure = '1') then
                                if (RcvBitSync /= RefBitSync ) then
                                        ErrCounter <= ErrCounter + 1;
                                        -- ここもBitCounterと同じ。ビット・スライスさせたほうがよい
                                end if;
                        end if;
                end if;
        end process;

        process(Sel, BitCounter, ErrCounter) begin
                -- Selで出力するカウンタを設定する
                case Sel is
```

```
                        when "000" =>
                                Dout <= BitCounter(7 downto 0);
                        when "001" =>
                                Dout <= BitCounter(15 downto 8);
                        when "010"|"011" =>
                                Dout <= BitCounter(23 downto 16);
                        when "100" =>
                                Dout <= ErrCounter(7 downto 0);
                        when "101" =>
                                Dout <= ErrCounter(15 downto 8);
                        when others => -- "110"|"111"
                                Dout <= ErrCounter(23 downto 16);
                end case;
        end process;

    end RTL;
```

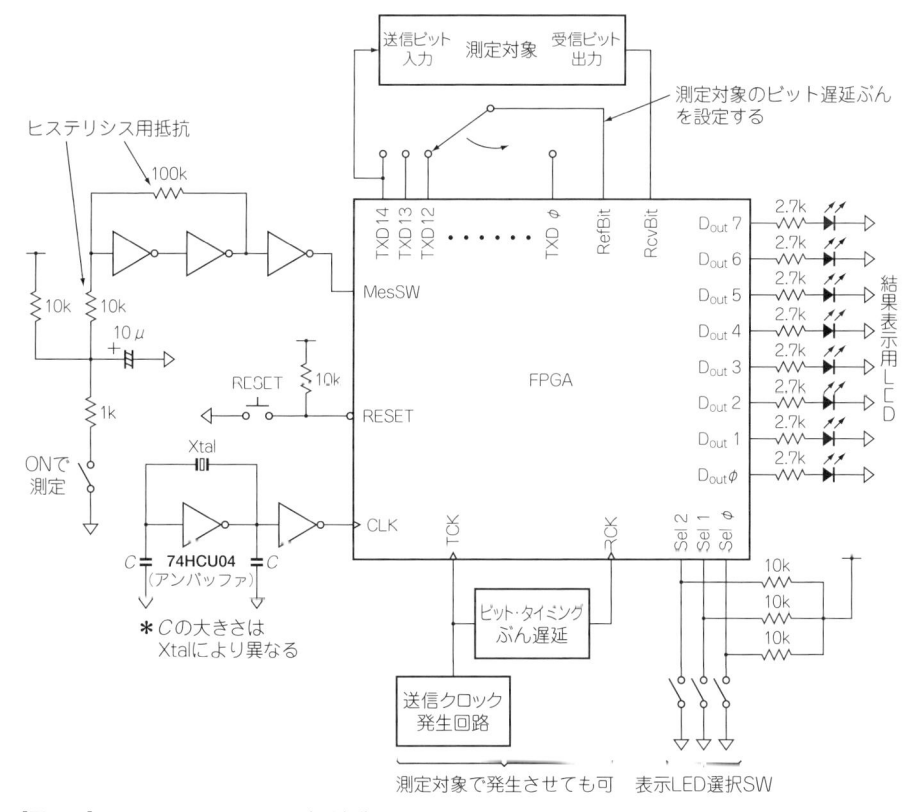

[図5-35] FPGAによるBERTの回路図(例)

5-3 ビット・エラー・レートの測定方法

5-4　受信回路での適切なフィルタリングとは

　第4章の4-4では，送信側の帯域制限について説明してきました．送信における帯域制限は，**フィルタリングで帯域を狭くして隣のチャネルに影響を与えないこと**が目的でした．一方で受信側でフィルタリングする目的は，**感度をより高く確保することです**．

● 受信信号のSN比を向上させるための帯域制限

　5-2の「雑音はどこから，どのように入ってくるのか」の項でわかるように，受信回路を経てきた信号には，雑音が足し合わされています．受信信号と足された雑音がそれぞれ増幅され，復調回路に出てくるのです．図5-36にこのようすを示しています．また白色雑音の場合は周波数の依存性がないために，フィルタリングをしないと理論的には無限大の雑音が復調回路の入力に現れ，SN比が大きく低下

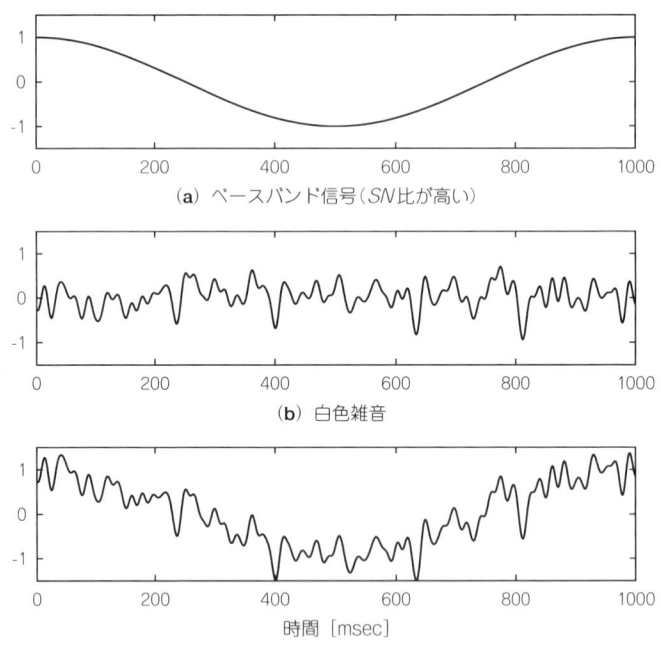

（a）ベースバンド信号（SN比が高い）

（b）白色雑音

時間 [msec]
（c）ベースバンド信号に白色雑音が足しあわされる（SN比が低下する）

[図5-36] 雑音が足しあわされSN比が低下するようす

してしまいます．

　そのために帯域を必要なぶんにだけに制限して，雑音の量を減らし，結果としてSN比を向上させることが必要です．

▶ 送受信の伝送系も含んだシステム（おさらい）

　第4章の4-6でナイキスト・フィルタを説明してきたように，送信（変調）側と受信（復調）側でそれぞれ**ルート・コサイン特性**のフィルタを用意して，ナイキスト・フィルタを構成し，送受信系全体で見た場合に（エンド・ツー・エンドで見ると），シンボル間干渉のないフィルタを形成させます．これがBER特性を決定します．これは4-6の項で解説したことのおさらいです．

　また，ガウス・フィルタの場合も考え方は同様です．

● 近傍の雑音を除去する**IF**でのフィルタリング

　上記のナイキスト・フィルタ（ガウス・フィルタ）の処理は，ディジタル信号処理により**ディジタル・フィルタ**として実現されます．一方，無線機としてみた場合，**図5-37**のようにA-D変換する前に，目的の周波数近傍の余分な雑音をアナログ的にフィルタリングしなければなりません．

　さて，IF（Intermediate Frequency）とは**中間周波数**と呼び，**図5-37**のようにRF

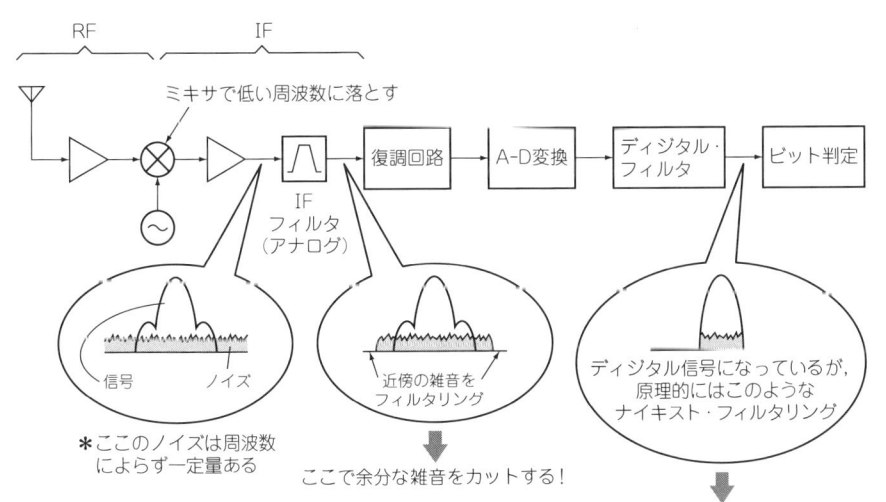

[図5-37] IFでアナログ的にフィルタリングしたあとにA-D変換して，ディジタル・フィルタを通す

信号を周波数ミキサによっていったん低い周波数に落としたものを言います．この構成を**スーパー・ヘテロダイン方式**と呼びますが，古くから使われている方式です[※13]．このようすも図5-37に示してあります．

　RFのままで処理する場合は，周波数が高かったり，フィルタの帯域の問題（狭い帯域のフィルタを作れない）があったりします．一方で，スーパー・ヘテロダイン方式の利点はRFで等間隔に並んでいるチャネルの周波数を一つの単一周波数（IF）に落とせるという点です．なお，RFでもフィルタを使いますが，これは第9章の9-1「受信回路の構成あれこれと注意点」の項の「イメージ受信とスプリアス受信」で説明する問題点から逃れることが目的です．

　IFのフィルタリングは，その後段でのディジタル・フィルタ処理に対して影響を与えないように，なおかつ，十分に目的の周波数近傍の余分な雑音をフィルタリングする必要があります．この矛盾するとも言える関係を満足させるためには，以下に挙げるようなアナログ・フィルタの特性を十分に理解しておかなければなりません．

● IFでのアナログ・フィルタ特性のここだけは押さえよう
▶ セラミック・フィルタ/クリスタル・フィルタ/SAWフィルタ

　IF用のアナログ・フィルタとして用いられているものは，おおむね上記の3種類です．これ以外にもLCフィルタやヘリカル・フィルタなどがありますが，IF用としては通過帯域から阻止帯域の間の傾斜（スカート特性）がブロードになっているので，あまりよくなく，ローコスト品の場合（とくにLCフィルタを用いたもの）以外では一般的ではありません．表5-1にそれぞれのフィルタの特徴を示してみます．基本的には適材適所と言えるでしょう．

▶ 市販のフィルタの特性

　フィルタの特性例を，クリスタル・フィルタを例にして図5-38に示します．(a)では通過帯域自体も平坦ではなく，少しうねっています．このうねりのようすを**パスバンド・リプル**と呼び，フィルタの性能指標の一つになっています．

　また，同図(b)では阻止帯域で特性が暴れていることがわかります．これを**スプリアス**と呼び，セラミック/クリスタル/SAWフィルタのだいたいのものが持っている特性です．

　これは変復調とは関係はありませんが，妨害波除去性能という意味では，スプリアスは性能劣化を引き起こしてしまいます．これらの阻止量の悪化によって受信性

※13：1918年にアームストロングが発明した方式だが，現在でも最良といえるだろう．

[表5-1] IFフィルタリングに用いられるアナログ・フィルタの種類と特徴

フィルタの種類	使用周波数	特徴
セラミック・フィルタ	450kHz〜10.7MHz程度	ローコスト．高い周波数は対応できない
Xtalフィルタ	数MHz〜150MHz程度	温度特性が良い，帯域幅が狭く広いものが実現できない
SAWフィルタ	30MHz〜3GHz程度	温度特性が悪いものが多い．スプリアスが多い．IFが高いものには現実的
ヘリカル・フィルタ	100MHz〜1GHz程度	サイズが大きい．LCフィルタよりは狭帯域だがSAWフィルタよりは広い．最近はあまり使われなくなってきた
LCフィルタ	数MHz〜数100MHz程度	狭帯域のものが実現できない．精度が悪い．LCなのでコストは安いが狭帯域IF用としては非現実的

※RFではLCフィルタやSAWフィルタ、誘電体フィルタなどが用いられる

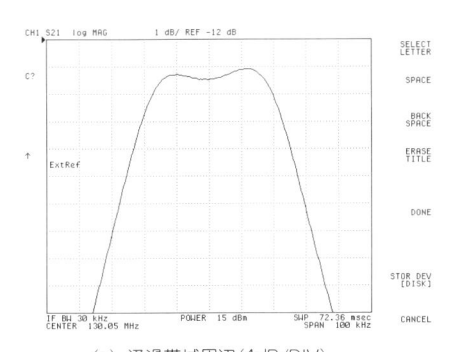

  (a) 通過帯域周辺（1dB/DIV）   (b) 広帯域（10dB/DIV）

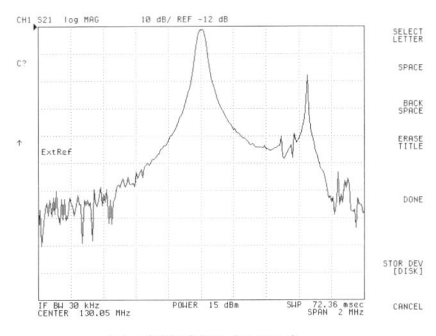

[図5-38] 市販のフィルタの特性

能が劣化することを**スプリアス受信**と呼び，受信機の重要な特性になります[※14]．
 フィルタを選定するときは，目的とする通過帯域周辺だけでなく，ある程度広い周波数範囲のデータを自分で測定して確認することが大事です．

▶ 狭帯域変調の場合の周波数ズレ

 二つの送受信機の間での周波数は，それぞれが正確に合っていることはありません．ものにもよりますが，だいたい1ppm(10^{-6})〜数10ppm程度ズレているものとして考えておかなければなりません．これは周波数精度を決定する基準発振器（だいたいはTCXOと呼ばれる温度補償されたクリスタル）自体が誤差をもってい

※14：より深く説明すると，RF，IFおよびそれらの$1/n$倍やn倍，さらにその加減算などの周波数関係により計算される周波数で顕著に発生する．詳しくは第9章で説明する．

るからです．

　例えば，送受信間で2ppmのズレがあった場合，キャリア周波数が1GHzだと，これは2kHzになります．周波数帯域が狭い通信方式の場合，この2kHzのズレは無視できないものになってしまいます．以降の温度特性と個体ばらつきのことも含めてフィルタの帯域を決定する必要があります．

　なお，ベースバンド信号に落とされてディジタル・フィルタでフィルタリングされる際には，この周波数ズレはすでに補償されて（例えば周波数/位相トラッキングなど．ディジタル信号処理でこの補償を行う場合もある）いるので，その場合には問題はありません．

▶ 温度特性と固体ばらつき

　SAWフィルタなども温度特性による通過帯域特性の変動が大きく，数10～数100ppm/℃程度あるという話も聞きます．つまり目的の広い温度特性と必要な帯域幅を確保するために，本来の要求特性よりも結構広めに帯域幅を設計してあります．このあたりは仕様書なり，実測で確認すべきところでしょう．

　クリスタル・フィルタは，温度特性はかなり良いのですが，**表5-1**のように狭帯域のものしかできない，周波数が高いものができないなどの問題があるので，選定には注意が必要です．

　また，個体ごとで特性のばらつきが出ます．それこそ，品質管理としてのガウス分布でばらつくので，実験/実測の結果だけにたよらず，仕様書の数値と突き合わせてみて，**なぜこういう違いが出るのか**を充分に考慮する必要があるといえます．

● 群遅延特性

　群遅延$GD(\omega)$とは，周波数が変わっても入出力の遅延時間が変化しないことをいい，入出力位相特性$\phi(\omega)$を角周波数ωで微分したものとして以下の式のように表わされます．つまり周波数の変化に応じての位相の変動特性を示しています．

$$GD(\omega) = \frac{d\phi(\omega)}{d\omega} \quad \cdots\cdots\cdots\cdots\cdots\cdots\cdots\cdots\cdots\cdots\cdots\cdots\cdots\cdots\cdots\cdots\cdots\cdots\cdots\cdots\cdots\cdots\cdots\cdots (5\text{-}9)$$

▶ フィルタにおける群遅延の意味合い

　意味合いを**図5-39**で説明してみましょう．この図は，フィルタの通過帯域における周波数ごとの入出力の遅れについて示しています．①の下，②の真ん中，③の上の周波数それぞれで入った信号が，ある異なる遅延量t_1，t_2，t_3を持っていたとします．フィルタには信号が同じ時間に入って，同じタイミングで出力しなければな

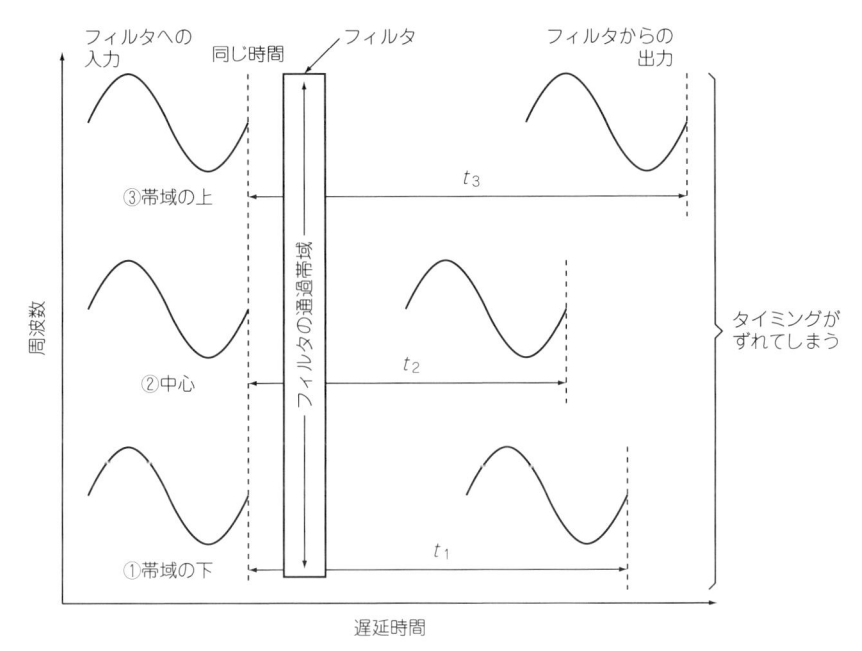

[図5-39] フィルタの群遅延が周波数ごとに異なる場合

らないはずです．しかし異なる遅延量のために，それぞれの信号はタイミングがずれて，フィルタ出力では，もともとの信号の形状なり情報を得ることができません．

PRBSなどスペクトルの広がった信号を群遅延変動の大きいフィルタに通した場合，この周波数ごとのタイミングのズレが，結局はアイ・パターンの波形タイミングずれとなり，図5-40のようにベースバンド波形の形状ごと（つまり送信ビット列のパターンごと）に形がずれて，アイの開口率を低下させてしまうことになります．

▶ どのあたりを良しとするか？

これはとても難しい問題です．ベースバンド信号における復調精度をどこまで要求されているか，また，目的の周波数の近傍の雑音（具体的には隣接チャネルでの通信による妨害）をどれだけ落とすか，の相反する問題になるからです．

広めにしておいて，後段のディジタル・フィルタで処理させれば良いという意見もありますが，ディジタル化されたときには，数ビット〜16ビット程度でA-D変換されるため，ディジタル・フィルタで充分なダイナミック・レンジが得られず，充分な減衰性能を作り出すことは難しいと考えられます．加えて，希望波と妨害波のレベル差は，ディジタル・フィルタで処理できるダイナミック・レンジ

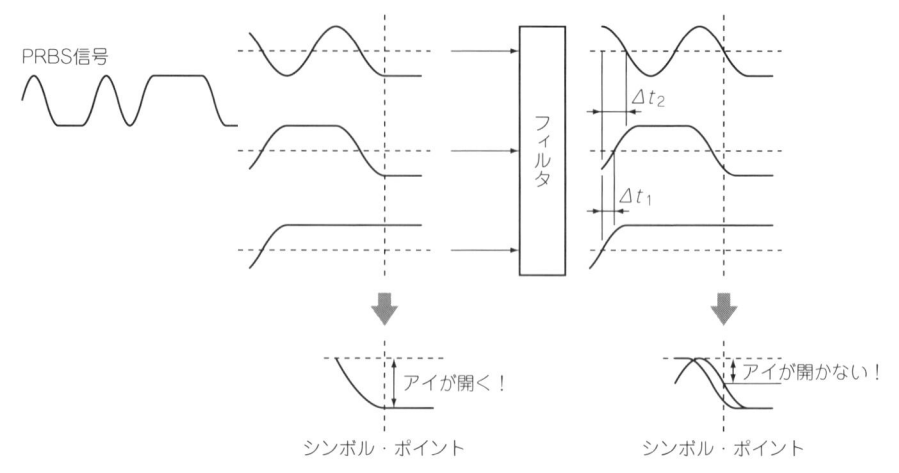

[図 5-40] 群遅延変動の大きいフィルタに PRBS を通した場合アイの開口率が低下する

よりも大きいことがあるという点も考えなくてはなりません．
　そこで，これは一つの目安としていえることですが，ベースバンド帯域幅に相当する，フィルタの帯域における群遅延特性を，シンボル・レートの±10％以下にすることでしょう．ただし，これはシステムにより要求条件が大きく異なるので，参考値と理解してください．

● 感度，*BER*特性を決定させるベースバンドでのフィルタリング
　図5-37の図中の後段に示されているように，現代では精度の要求されるフィルタリングは，ディジタル信号処理で行われています．いままで説明してきたように実際のナイキスト・フィルタやガウス・フィルタを実現するのは，このディジタル・フィルタが受け持ちます．この高精度のフィルタが受信回路全体の感度，*BER*特性を決定するのです．
　ディジタル・フィルタだと，精度に影響を与えるのはA-D変換器だけなので，アナログ素子の精度誤差による不安定性は（A-D変換の精度がかなり良いとすると），ほとんど問題ないと考えられるからです[※15]．

※15：最近はソフトウェア無線などの概念が出てきて，A-D変換もダウン・サンプリング（アンダー・サンプリング，バンドパス・サンプリングなどとも呼ばれる）という手法が使われている．これにはA-D変換の，とくに前段のプリアンプやサンプル・ホールド・アンプの，サンプリング・レートよりもかなり高いIF周波数などにおける歪み特性が重要視されてきている．

● **サイン波だけの評価ではまったく不足**

上記の**パスバンド・リプル**や**群遅延**の話を総合すると，ベースバンド信号として単純な101010の繰り返し，つまり単純なサイン波(帯域制限された結果として話をしている)だけの評価では，正確にフィルタの特性，さらにはBER特性の評価ができないことがわかると思います．

アイ・パターンでこのようすを実際に示してみましょう．**図5-41**は，このようすを示すための，**図5-38**のフィルタをテスト用にわざと特性を悪くしたときの群遅延特性です．もともとの特性(**図5-38**)はシンボル・レートとしては20ksps程度は通りそうです．この群遅延特性の悪いフィルタに19.2kspsのベースバンド信号，サイン波(a)とPRBSデータ(b)を通した場合を示してみます(**図5-42**)．サイン波の場合は，きれいにアイが広がっているように**見かけ上**は見えます．しかし，実際の伝送

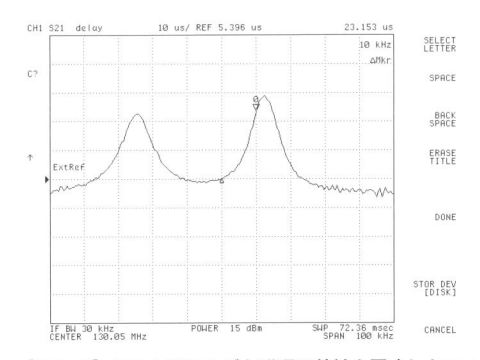

[図5-41] テスト用にわざと群遅延特性を悪くしたフィルタ(10μs/div)

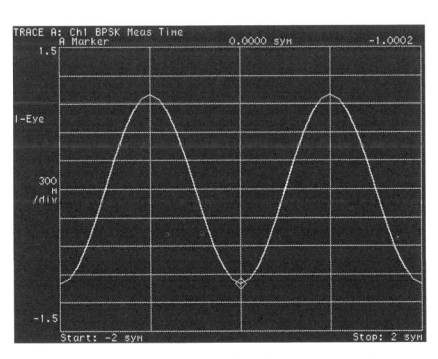

(a) サイン波のベースバンド信号(きれいに見える)　　(b) PRBSの復調ベースバンド信号(実はアイが広がらない)

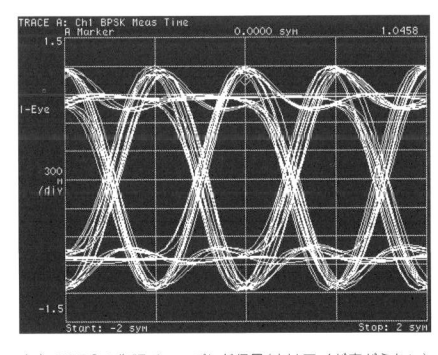

[図5-42] 群遅延特性を悪くしたフィルタを通したときのベースバンド信号のアイパターン

5-4 受信回路での適切なフィルタリングとは

状態に近いPRBSデータの場合では，(b)のようにアイ・パターンがかなり乱れています．つまり，BER特性はかなり悪いことが想定されますね．

● **フィルタの等価雑音帯域の求め方**

では，復調回路における，SN比のNを決定する雑音の全電力σ^2を，実際にはどのように測定すれば良いかを示してみます．

また，より厳密な話をすると，フィルタを通した白色雑音は**帯域制限白色雑音**と呼ばれ，参考文献(5)，(15)に，より詳しい説明が載っています(ただし議論は包絡線についての話が主体)．しかし実際の解析においては，σ^2を求め復調回路でのNとすることで問題ありません．

▶ **ナイキスト・フィルタの場合**

ナイキスト・フィルタでは受信側はルート特性になっています．ここを通過する雑音は電力で考えますので，フィルタ特性を2乗してみると，ナイキスト特性になります．このときロールオフ率αによらず，通過特性が1/2になる，つまり−6dBになる帯域幅は同じです．またこの帯域幅から内側と外側は奇対称になっているので，αによらず全雑音電力は矩形フィルタのものと等しくなります．つまり，

$$\sigma^2 = N[\mathrm{W}] = N_O[\mathrm{W/Hz}] \times F_{NQ6dB}[\mathrm{Hz}] = N_O/T_S \quad \cdots\cdots\cdots\cdots(5\text{-}10)$$

ここで，N_Oは1Hzあたりに換算した雑音電力，F_{NQ6dB}はナイキスト・フィルタの−6dB帯域幅で$F_{NQ6dB} = 1/T_S$になります．

▶ **スペクトラム・アナライザで全電力を積分してみる**

IF帯域用のアナログ・フィルタなどでは，実測により求めなくてはなりません．フィルタのデータシートでは，温度特性も含んだ規格値を帯域幅として表示してあるものがほとんどなので，正しい値を求めるには測定が一番です(ただし，ばらつき量がどれほどあるかはメーカとよく調整して欲しい)．

スペクトラム・アナライザ(以下，スペアナ)でIFフィルタの後段の増幅器の出力を測定します．この出力では，ここまでに説明したRF端での熱雑音と内部雑音が一緒になって観測できます．このレベルは意外と大きく，雑音がフィルタの形状のままでスペクトルとして見えます．

またこれまでに説明したように，雑音の量は変化しません(IF段で利得可変アンプを使っているものもあるので，その場合は注意が別途必要)．そこで信号を入れないときのこの雑音量を測定しNとします．

この測定の方法を図5-43に示します．スペアナで雑音量だけを測定します．ス

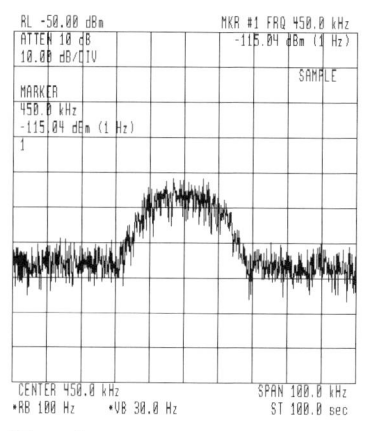

[図5-43] スペクトラム・アナライザで雑音量だけを測定する

ペアナは，1Hzあたりの雑音電力を測定するモード(ノイズ・マーカ)とします．また，スペアナのスパンf_{SP}を適切に設定し，スペアナの測定ポイント数$P_{t(BIN)}$で割り，測定ポイントごとの帯域幅f_{BIN} ($f_{BIN} = f_{SP}/P_{t(BIN)}$)を求めます．

1サンプル点での1Hz雑音電力にf_{BIN}を掛けた値がポイントにおける雑音電力となるので，これをすべての測定ポイントに対して行い，その全電力を足しあわせます．実際にはすべてのポイントを測定せずとも，だいたい最大ポイントから20dB下がったあたりまで測定(して足し合わせ)するだけで十分でしょう．

▶ 6dB帯域で概略を求めてみる

上記に正確に雑音電力を求める例を示しました．しかし，実際のところ，概略の雑音電力を求めておけばよいことが多々あるでしょう．

少なくとも1Hz雑音電力N_Oを求める必要はありますが，単純にフィルタの通過特性が6dB下がったところの幅f_{BW6} (6dB帯域幅)を測定し，f_{BW6}とN_Oを掛け合わせ，Nを求めるというものです[※16]．

5-5 感度の考え方

● 無線通信における，電力・電圧レベルの表示のしかた

感度を表わす場合，以下のような表記が主として使われています．それぞれの

※16：例えば，2次フィルタだと$H(f) = 1/(1+jf/f_c)$ (ただしf_cは-3dB帯域幅)の$H(f)^2$を$0\sim\infty$で積分すると，雑音帯域幅$f_{NOISE\_BW} = \pi f_c/2 > f_c$が得られるため，概算値として応用できる．

意味を理解し，変換できることが重要になります．

▶ dBm

1mWを基準として，**電力**の比を $10 \times \log$ として表わしたものです．もともとdBは比を表わす記号ですが，"m"が付加されることで，1mWを基準にしていることを明示しています．現在では，dBmの単位がほとんどの無線システムの検討/評価で使われています．式で表わすと以下になります．

$$\mathrm{dBm} = 10 \times \log(P\,[\mathrm{mW}]) \quad \cdots\cdots\cdots\cdots\cdots\cdots\cdots\cdots\cdots\cdots\cdots\cdots (5\text{-}11)$$

ここで，P はmWの単位であることに注意してください．おおよそ，無線機器の感度として表記されたり扱われる範囲は $-120 \sim -80\mathrm{dBm}$ 程度になります[※17]．

▶ dBμVとdBμV$_{\mathrm{EMF}}$

dBmは電力，それも1mWを基準としていますが，これらは $1\mu\mathrm{V}$ を基準にします．dBμVとdBμV$_{\mathrm{EMF}}$ の違いを図5-44に示します．なお，これらの表記は最近ではあまり用いられなくなってきています．

dBμVは信号源 V_S の信号源抵抗 R_S と同じ大きさの負荷抵抗 R_L（この $R_S = R_L$ が最大の電力を伝達する条件になる）をつないだときに，R_L の両端の電圧 V_L を $1\mu\mathrm{V}$ 基準として比としたもので，式(5-12)となります．

$$\mathrm{dB}\mu\mathrm{V} = 20 \times \log(V_L\,[\mu\mathrm{V}]) \quad \cdots\cdots\cdots\cdots\cdots\cdots\cdots\cdots\cdots\cdots (5\text{-}12)$$

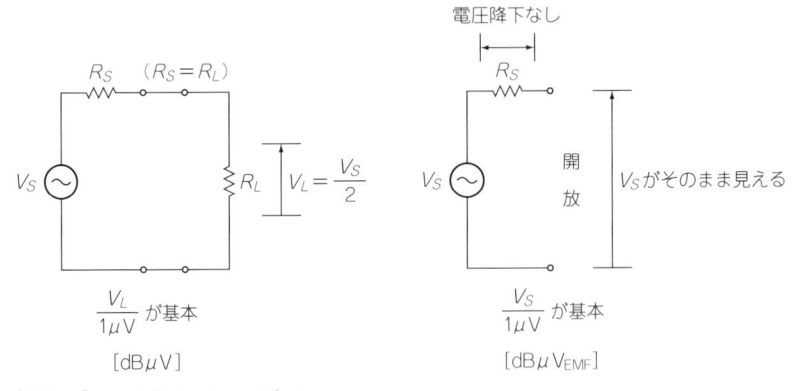

[図5-44] dBμVとdBμV$_{\mathrm{EMF}}$ の違い

※17：カタログなどで感度何dBmとだけ示されている場合があるが，本来は BER なにがしのときに感度がいくらというのが正しい．

ここで式(5-11),式(5-12)において電力で10倍をし,電圧だと20倍をするのは,いずれの単位の場合でも電力を基準としており,$P = V^2/R$の関係から,

$$\mathrm{dB} = 10 \times \log\left(\frac{P_1}{P_2}\right) = 10 \times \log\left(\frac{V_1^2/R}{V_2^2/R}\right) = 10 \times \log\left\{\left(\frac{V_1}{V_2}\right)^2\right\}$$
$$= 20 \times \log\left(\frac{V_1}{V_2}\right) \quad \cdots\cdots (5\text{-}13)$$

となるからです.

さて,一方で$\mathrm{dB}\mu\mathrm{V_{EMF}}$は,図5-44において,信号源の起電力$V_S$を基本にします.EMFはElectro-Motive Forceの略で**起電力**のことです(また誘起電圧,開放端電圧とも呼ぶ).

R_Lで終端された場合はR_L両端の電圧は$V_S/2$になりますが,開放したままだとV_Sがそのまま見え,logで表わすと$\mathrm{dB}\mu\mathrm{V}$と$\mathrm{dB}\mu\mathrm{V_{EMF}}$は6dB異なることになります.つまり,

$$\mathrm{dB}\mu\mathrm{V_{EMF}} = 20 \times \log(V_S[\mu\mathrm{V}]) = 6\mathrm{dB} + \mathrm{dB}\mu\mathrm{V} \quad \cdots\cdots (5\text{-}14)$$

です.ただしこの条件は$R_S = R_L$である場合で,$R_S \ne R_L$の場合には6dBにはなりません($\mathrm{dB}\mu\mathrm{V}$と$\mathrm{dB}\mu\mathrm{V_{EMF}}$の表記自体とは関係ない.実際の回路でこうなるという話).またdBmとの関係についてはインピーダンス(R_S, R_L)が50Ωである場合は,

$$\mathrm{dB}\mu\mathrm{V} = \mathrm{dBm} + 107\mathrm{dB} \quad \cdots\cdots (5\text{-}15)$$
$$\mathrm{dB}\mu\mathrm{V_{EMF}} = \mathrm{dBm} + 113\mathrm{dB} \quad \cdots\cdots (5\text{-}16)$$

になります.75Ω系の場合には,それぞれ足す数が108.8dB,114.8dBとなります.このようにdBmとdBμV系の変換はシステムのインピーダンスにより変化するので,注意が必要です.なお,この変換計算は回路網の計算として基本であり,かつ重要なものなので,図5-44を参考にしてぜひ検算してみてください.

なお,ここで見てきたように,EMFの**ありなし**で6dBのレベル差があります.どちらを示しているのかが不明確な場合もありますので,十分に注意することが大切です.

またp.140に示したように,1Hzあたりの熱雑音電力は−174dBm/Hzになります.これも覚えておきたい大事な数値です.

● *CN*比と *SN*比と E_b/N_o

ベースバンド信号の SN(Signal to Noise)比とキャリア電力の CN(Carrier to Noise)比,そして学術で用いられる E_b/N_o について次にまとめてみましょう.

▶ *N*のレベルについて

学術書では雑音電力は σ^2 としてあっさり示していますが,高周波回路の点からすれば,例えば10kHzの帯域幅の熱雑音電力は,

$$\sigma^2 = -174\text{dBm/Hz} + 10 \times \log(10\text{kHz}) = -134\text{dBm} \quad \cdots\cdots\cdots\cdots(5\text{-}17)$$

になります.一般的に σ^2 で論じられる場合には,雑音電力自体がいくつだということはあまり問題でなく,*SN*比の *N* の部分を示す**記号**として説明されているものが多いようです.また,学術書では,σ^2 自体はインピーダンスが1Ωであるとして考えています(*SN*比なので何Ωでも良いとも言える).

▶ *SN*比と *CN*比

あらためて言いますが,*SN*比,*CN*比は電力の比になります.しかし簡単に理解できるように以下の説明では電圧として説明や記述をしています.

(1) BPSKの場合

図5-45を見てください.これはBPSKベースバンド信号とキャリアの電圧レベルについて示してあります.例えば,ベースバンド信号の電圧を±1Vとします.この+1Vのレベルがキャリアの包絡線(ピーク)レベルになっています.つまりキャリアの電圧実効値は $1/\sqrt{2}$ Vになります.

ベースバンド信号で S(Signal) = 1V,キャリアで C(Carrier) = $1/\sqrt{2}$ Vとして考

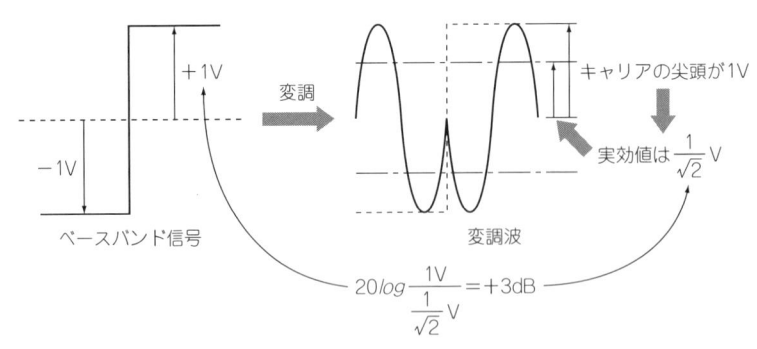

[図5-45] BPSKベースバンド信号とキャリアの電圧レベル(*SN*比 = *CN*比 + 3dBになる)

えた場合，この差は3dBになります．

つまりBPSKにおいては，SN比 $= CN$比 $+ 3$dBとして表わすことができます．これはベースバンド信号でSN比として評価し，それが無線通信として送信電力〜伝搬損失〜受信において，回線設計（リンク・バジェット；Link Budgetという）をする場合，送信電力 $=$ キャリア電力として考え直す際に大切なことです．

(2) QPSKの場合

一方で，図5-46はQPSKの場合です．これはベクトルで示しています．I/Q相の電圧レベルをベクトル合成したものが，キャリアの包絡線（ピーク）レベルとなります．つまり$\sqrt{2}\,V_I = \sqrt{2}\,V_Q = V_{C(PEAK)}$，$V_I = V_Q = V_{C(RMS)}$（実効値）ですから，IQ相を個別のベースバンド信号として考えるQPSKにおいては，SN比 $= CN$比になります．

▶ E_b/N_o

異なるシンボル・レート，変調方式のシステムを，一括して同じ土俵で評価するのに，このE_b/N_o (Bit Energy/Noise density) という評価基準が，とくに学術の領域で用いられます（現場からすると，BER，リンク・バジェットや顧客説明，そしてカタログ表記の観点から，CN比もかなり現実的）．

このE_b[W/bps]は，1ビットあたりの信号エネルギーです．例えば，BPSKで1000sps $=$ 1000bpsだと，式(5-10)のナイキスト・フィルタ雑音帯域幅F_{NQ6dB}[Hz]も1000Hzになり，送信電力をP[W]とすると，

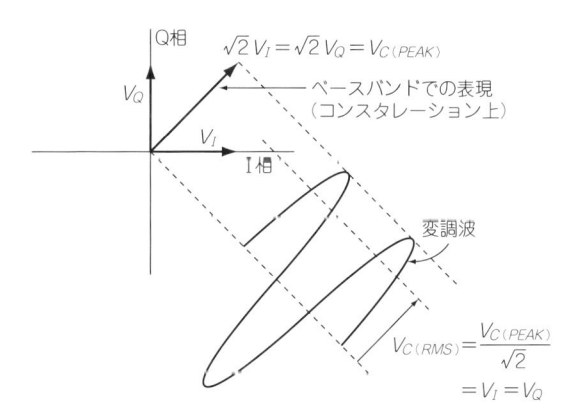

[図5-46] QPSKコンスタレーションとキャリアの電圧レベル（SN比 $= CN$比になる）

$$E_b(\text{BPSK}) = P\,[\text{W}]/1000\,[\text{bps}] \quad\cdots\cdots\cdots\cdots\cdots\cdots\cdots\cdots\cdots\cdots\cdots\cdots\cdots\cdots\cdots\cdots\cdots\cdots\cdots (5\text{-}18)$$

一方で，N_o は1Hzあたりの雑音電力になります．熱雑音だけなら，$N_o = -174\text{dBm/Hz}$ です．

QPSKの場合には，2000bpsを4値として1000spsで送れるので，

$$E_b(\text{QPSK}) = P\,[\text{W}]/2000\,[\text{bps}] \quad\cdots\cdots\cdots\cdots\cdots\cdots\cdots\cdots\cdots\cdots\cdots\cdots\cdots\cdots\cdots\cdots\cdots\cdots (5\text{-}19)$$

になります．$F_{NQ6dB}\,[\text{Hz}]$ は1000Hzのままなので，同じ送信電力の場合，$E_b(\text{BPSK}) = E_b(\text{QPSK}) + 3\text{dB}$ になるわけですね．

これらのことをまとめると以下になります．

- 学術書では E_b/N_o で議論する（送信電力や N_o 自体がいくつかはあまり意識されない）
- 基本は白色雑音として考える
- 電力の表記のしかたは十分に理解が必要
- CN 比，SN 比，E_b/N_o の関係は変調方式によって異なるので注意
- 結局，雑音量はフィルタ（最終的に復調されるところ）の帯域幅で決定する
- 白色雑音を決める要素は，おもに熱雑音と機器内部雑音

● 受信回路のフロント・エンドの NF

熱雑音は避けがたい雑音源ですが，受信機の感度，つまり内部雑音を決定するのは，RF回路の初段（フロント・エンド）の低雑音特性が主要因になります．これはp.143の「受信限界感度というものがある」の項でも少し触れました．このようすを図5-47と以下の式で示してみます．

▶ NFの定義

NF（Noise Factor, Noise Figure；Noise FigureがdBでの定義のようだ），雑音指数という評価基準があります．これは増幅器の入出力でどれだけ雑音が増えているかを示すものです．図5-47(a)と以下の式で表わされます．

$$NF = \frac{S_I/N_I}{S_O/N_O} \quad\cdots\cdots\cdots\cdots\cdots\cdots\cdots\cdots\cdots\cdots\cdots\cdots\cdots\cdots\cdots\cdots\cdots\cdots\cdots\cdots\cdots\cdots (5\text{-}20)$$

ここで，S_O は出力の信号レベル，N_O は同雑音レベル，S_I は入力の信号レベル，N_I は同雑音レベルです．増幅器の内部雑音がゼロだとすると，$S_O/N_O = S_I/N_I$ で

$$NF = \frac{\frac{S_I}{N_I}}{\frac{S_O}{N_O}}$$

(a) NFの定義

$$NF_{TOTAL} = NF_1 + \frac{(NF_2-1)}{G_1} + \frac{(NF_3-1)}{G_1 G_2}$$

(b) カスケード接続時の全体のNF

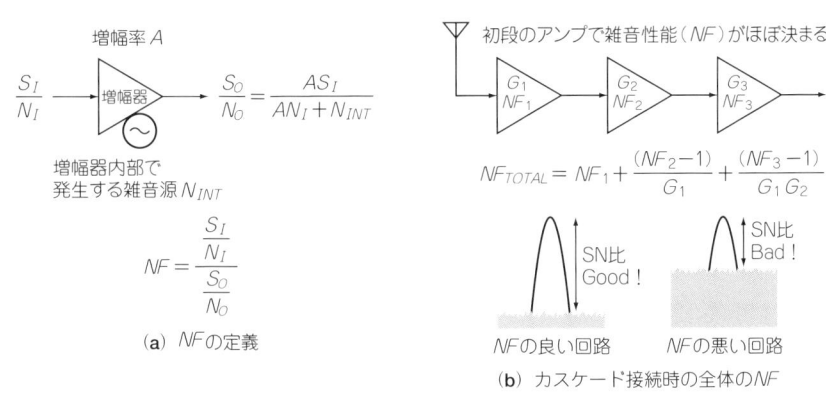

[図5-47] 受信機の内部雑音を決定するのは，RFフロント・エンド雑音特性

すから，$NF=1$ になります．設計現場では NF を dB で表わすことが多く，

$$NF[\mathrm{dB}] = 10 \times \log\left(\frac{S_I/N_I}{S_O/N_O}\right) \quad\cdots\cdots(5\text{-}21)$$

です．真値で $NF=1$ の場合，0dB になります．

▶ カスケード接続時の全体の NF

 実際の受信機は，増幅器やミキサなどをカスケードに接続し回路を構成します．この場合の NF を図5-47(b)と以下の式で示します．

$$NF_{TOTAL} = NF_1 + (NF_2-1)/G_1 + (NF_3-1)/(G_1 \times G_2) + \cdots \quad\cdots\cdots(5\text{-}22)$$

 ここで NF_1，NF_2，NF_3 はそれぞれの増幅器の NF で，G_1，G_2 はそれぞれの増幅率です．注意しなくてはならないことは，これらは式(5-20)での真値を用い，dB ではありません．

 ここでわかるのは，初段の NF_1 が全体の NF をほぼ決定するということです．このため初段の増幅器は**低雑音増幅器**(LNA；Low Noise Amp)と呼ばれ，低い内部雑音をもつ増幅器を用い，かつ，最適な低雑音になるように入力のインピーダンス・マッチングを適切に設定します(NF マッチ，ノイズ・マッチとも呼ぶ)．

▶ 熱雑音のレベルと NF

 例えば，$NF=2$(真値)，dB だと 3dB のシステムがあったとしましょう．全体の雑音は，入力の 1Hz あたりの熱雑音レベル $-174\mathrm{dBm/Hz}$ に内部雑音で増加したぶ

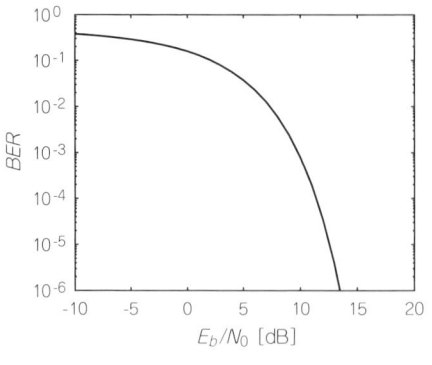

(a) 学術書・参考書での表記.
限界あたりのみを示している

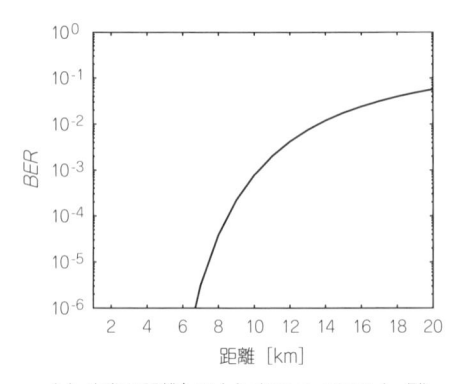

(b) 実際の距離とのようすで示してみる(一例)
(マルチパス・フェージングは考えない)

[図5-48] 通信距離と BER

んが足し合わせられることで，$N_o = -174 + 3\text{dB} = -171\text{dBm/Hz}$ となります．これが増幅されたものが復調回路に現れる雑音になります．

▶ 通信距離・BER・クリフ現象

E_b/N_o と BER の図は，だいたいどの学術書や参考書を見ても，E_b/N_o が -10dB ～20dB 程度の範囲をグラフにして示しています[図5-48(a)]．しかし，通信距離との観点からすれば，この E_b/N_o レベルになるのは，通信距離が限界に達する付近での話で，マルチパス・フェージング(次の章で説明する)を考えない場合には，図5-48(b)のようにあるところ(ここでは7km程度)で**ガクッ**と BER が低下するのです[※18]．これを昔からディジタル無線伝送の**クリフ現象**と呼んでいます．

とはいえ，現実の移動体通信では，マルチパス・フェージングやシャドウイング(これも次の章で説明する)などにより，距離限界に達する前，さらには結構近距離においても BER が悪いのが実際です．**無線通信の品質自体は悪いものと思っていたほうが無難でしょう．**

5-6　ビット・エラー・レートを悪化させるその他の要素

実際問題として，BER を悪化させる要素として，以下に挙げるものがあります．学術研究においては，これらの一部を理想的なもの(悪化がないもの)として検討さ

※18：この距離以降はなだらかに BER が上昇している．これは距離が倍になっても -6dB しか減衰しないため(シミュレーションでは距離が倍になると6dB低下する自由空間伝搬路としている)．

れますが，現実の回路設計においては，これらの点に泣かされるというのが実際のところです．

● 復調回路での問題点
▶ アイの開口率
　ディジタル・フィルタなどでナイキスト・フィルタを構成する場合は，それほどではありませんが，アナログ・フィルタで設計する場合には結構気をつかわなくてはなりません．例えば，雑音電力が同じ場合で図5-49のように，アイの開口率が70%に低下してしまうと，SN比が見かけ上，$20 \times \log(0.7) = 3dB$程度低下したことと同じ[※19]になります．フロント・エンドのNFをいかに低くしても，ここで開口率が下がってしまえば元も子もないことがわかりますね．

▶ サンプリング・タイミングとロールオフ率の関係
　p.162の「シンボル・タイミング・エラーとロールオフ率」の項に示したように，ロールオフ率が変わるとシンボル・ポイントから信号をサンプルする点がずれてきた場合，結果的に見かけ上の開口率が低下します．つまり上と同じことが発生するわけです．

▶ シンボル同期回路のヒステリシス差電圧
　p.41の第3章3-2の「判断できればよいとは言え…」の項で簡単に述べたように，また，図3-5にも示しているように，受信回路のヒステリシス差電圧をいくつに設定するかもむずかしい問題です．
　とくにディジタル信号処理を使わない，コンパレータでディジタル復調する場合はこの問題もよく考えておく必要があります．

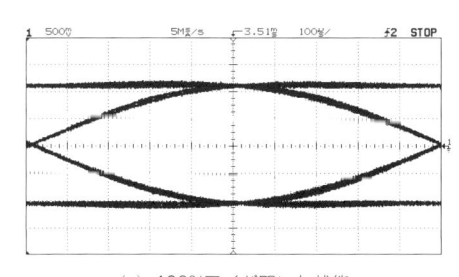

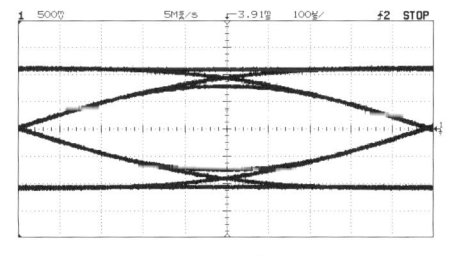

(a) 100%アイが開いた状態　　　　　(b) アイの開口率が70%になった状態

[図5-49] アイの開口率

※19：厳密にはシンボル・ポイントで受信ベースバンド信号が通過する位置が，それぞれの繰り返しごとに異なるため，3dBまでは低下しない．

5-6　ビット・エラー・レートを悪化させるその他の要素　　185

図5-50(a)のようにヒステリシス差電圧が深すぎる場合には，シンボル同期が取れた以降のサンプリング・ポイントがずれてしまい，正確なシンボル・ポイントでの復調ができなくなってしまいます．

　逆に浅すぎる場合には，同図(b)に示しているようにSN比が悪くなってきたときに，信号に雑音が乗ったものを信号の切り替わりと判定して，うまくシンボル同期が取れないことがあります．

▶ 群遅延特性

　本章p.172の「群遅延特性」の項で示したように，群遅延によりアイ・パターンの開口率が低下してしまいます．結局これも結論として，この節の最初に挙げたような開口率低下によるBERの低下を起こしてしまいます．

● 無線通信チャネルでのマルチパス

　第4章p.105の「別のシンボル間干渉の発生する要因マルチパス」，および第6章の「変復調から見たマルチパス・フェージング」で説明するように，マルチパスもシンボル間干渉を発生させます．結局，これも同様に開口率低下によるBERの低下を起こしてしまいます(6-4のように等化によりキャンセルさせる技術もある)．

● ビット・エラー・レートとフレーム・エラー・レート
▶ フレーム・エラー・レートとは？

　先に説明してきたように，データはフレーム単位で伝送されます．1フレームの最後に誤り検出チェック・コードが付加されており，このチェック・コードを用い

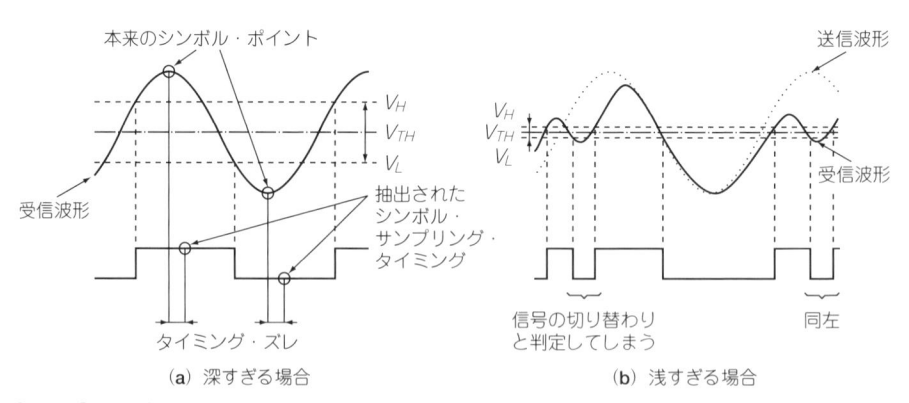

(a) 深すぎる場合　　　　(b) 浅すぎる場合

[図5-50] シンボル同期回路のヒステリシス差電圧が深い場合と浅い場合

て，フレーム全体においてビット・エラーがないかをチェックします．ここで1ビットたりともNG[※20]であればフレームを破棄します．この破棄する率を**フレーム・エラー・レート**と言います．以降はFER(Frame Error Rate)と呼びます．

▶ バースト誤り

とくに移動体などで通信をする場合，第6章の6-2「マルチパスとマルチパス・フェージング」の項で説明するようなマルチパス・フェージングが発生します．**図5-51**のようにマルチパス・フェージングの深い谷では，複数のシンボル長にわたって受信感度限界レベルを割込むことになります（どれだけ長い時間，受信感度限界レベルを割込む谷が続くかは，移動体の移動速度と平均受信レベルに関係する）．

この連続でビット誤りが発生するようすを**バースト誤り**といいます．一方，白色雑音によるビット誤りは**ランダム誤り**といいます．

▶ バースト誤りと BER・FER

ここまでのBERの測定は，ランダム誤りについて説明してきました．次に，バースト誤りと$BER・FER$について考えてみましょう．例えば，**図5-52**のように，1フレーム100ビットで伝送するシステムを考えてみましょう．ここで10フレーム送信して，うち1フレームの中の50ビット誤ったとします．

そうすると，全体BERだけに着目して計算すると，1000ビット中，50ビットの

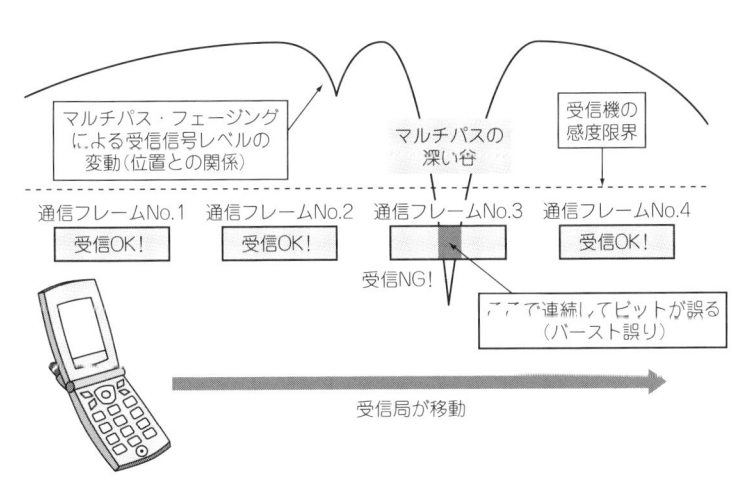

[図5-51] マルチパス・フェージングの深い谷では「バースト」で誤りが発生する

※20：誤り訂正技術によって一部はビット・エラーを訂正できる．訂正後にこのフレーム・エラーのチェックを行う．

```
                100ビット/フレーム        50ビット誤り
                   ┌──┐  ┌──┐  ┌──┐           ┌──┐  ┌──┐
                   │OK│  │OK│  │NG│  ・・・・・  │OK│  │OK│
                   └──┘  └──┘  └──┘           └──┘  └──┘
                          全10フレーム

                BERだと  50ビットのエラー
                       ─────────────────── = 0.05 になる
                       100ビット/フレーム×10フレーム

                       0.05は100ビット中5ビット誤り
                       ランダム誤りだと……
```

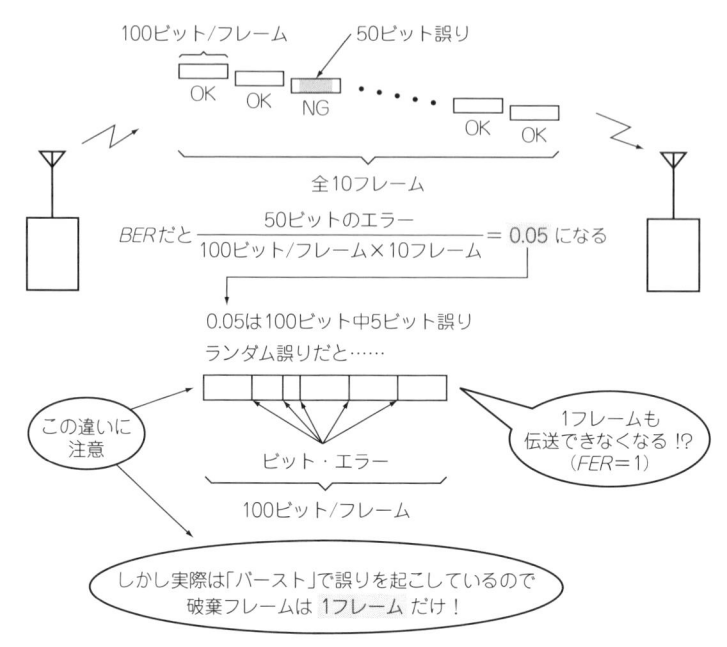

[図5-52] バースト誤り時のBERとFERを求めてみる

誤りなので，$BER = 50/1000 = 0.05$になります．BERが0.05であれば，1フレームが100ビットなので，$BER = 0.05$からランダム誤りの考え方で，100ビット中5ビットも誤ってしまうのだと計算してしまうと，計算上では1フレームも伝送できないことになります（つまり$FER = 1$）．

しかしながら，実際には**バースト**で50ビット誤りを起こしているだけであり，破棄されたフレームは1フレームだけです．実際のFERは$FER = 0.1$となり，ランダム誤りで算出されたFERと実際のバースト誤りは大きく異なるということがわかります．これは注意しておく必要があります．

以上をまとめると次のようになります．

- マルチパス・フェージングで感度限界レベルを割込むとビット・エラーが発生する
- 移動体などではバーストで誤ることが多い（ランダムに誤るわけではない）
- 移動体では$BER = 10^{-3} \sim 10^{-2}$あたりでの議論が現実的

- BER が悪くても，FER は十分に良いことが多い
- 移動体でなくても，周りが動いていると(例えば人など)，それでマルチパス・フェージングが発生し，同様なバースト誤りが発生する

● **101010……の繰返し連続ビット，つまりサイン波で BER 測定はしない**

p.175の「サイン波だけの評価ではまったく不足」に示したように，単純に101010……の繰返し連続ビット，つまりサイン波の場合はきれいにアイが広がっているように**見かけ上**は見えます．とはいえ，PRBSなどの信号を性能の悪い回路に通してみると，アイが広がらない本来の性能を示します．

BERTがない，単純に，そして簡単に特性を測定してみたい，などの理由で101010……の繰返し連続ビットを入力して評価することは非常に危険がともなうことを忘れてはいけません．

無線通信とディジタル変復調技術

第6章

変復調から見た電波伝搬

❖

無線通信は「空間＝電波」という無線通信路を媒体にしているので，
変復調技術においても電波の伝わり方，
電波伝搬を理解することはとても重要です．
この章では，変復調から見た無線通信路，
つまり電波伝搬における問題について，そのポイントを説明していきます．

❖

6-1　電波の伝わりかた「電波伝搬」

● 電波の減衰

　よく**電波が減衰する**という表現を何気なく使っています．しかし空気中を伝搬する場合には，送信点から遠くに行くにしたがって，受信アンテナで受けられる電束/磁束の本数が少なくなっていく（発散していく）というのが実際のところです．それを捕らえる受信アンテナも**ある面積**をもっていて，その面積での電束/磁束の本数が少なくなると考えればよいでしょう．

　また，壁面や物質を通過する場合には，その境界で反射したり，中を伝達する際に減衰（ここではほんとうに減衰する）したりして，受信端での受信レベルが弱くなります．

　さらに，周波数が高くなってくると，物陰の奥に行くにしたがって，受信レベルは弱くなります（シャドウイングという）．これは電波の回折率が周波数に反比例して小さくなることが原因です．

　これらのようすを図6-1に示します．だいたいこの3点を知っておけば，電波伝搬の大枠は理解できたといえるでしょう．しかしまだ大物が潜んでいます．それは**マルチパス**です．とくにこれが変復調に大きく関連しています．この章では，これを引き続き説明していきます．

電波の減衰①
減衰するのではなく，広がっていく：光と同じ

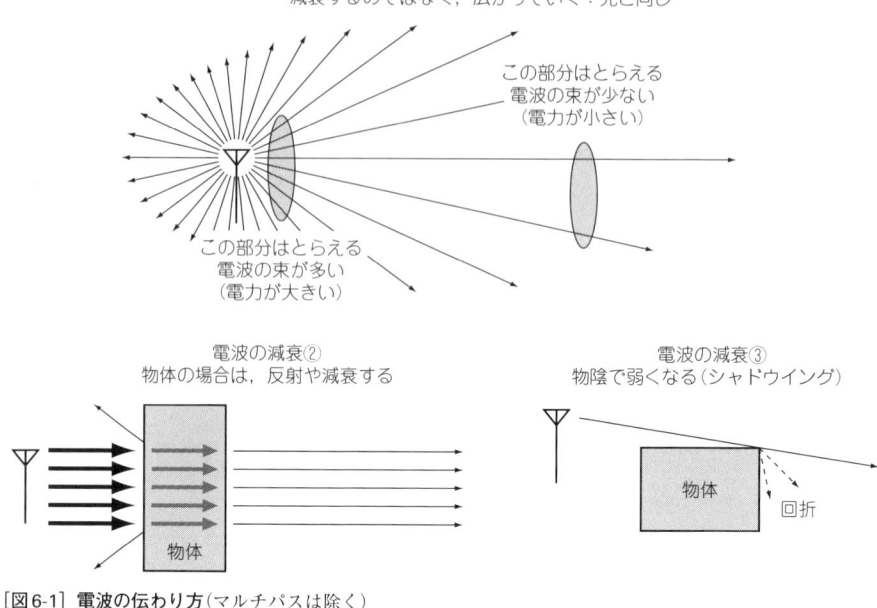

この部分はとらえる
電波の束が少ない
（電力が小さい）

この部分はとらえる
電波の束が多い
（電力が大きい）

電波の減衰②
物体の場合は，反射や減衰する

電波の減衰③
物陰で弱くなる（シャドウイング）

物体

回折

[図6-1] 電波の伝わり方（マルチパスは除く）

6-2　マルチパスとマルチパス・フェージング

● マルチパスとは何だろう

　無線通信路では，かならず**マルチパス**（Multipath）が発生します．このマルチパスの本質は，**やまびこ**と同じです．複数の経路から伝わってくる反射波です．

　やまびこと同様，無線通信路では，送信アンテナから受信アンテナに直接到来する波以外にも，壁面や地表から反射して到来する波があります．これらの複数経路を伝わってきた波が，受信アンテナ端で足し合わされて，受信回路に入力されます．このようすを図6-2に示します．

▶2本の光が合成されると

　ここで光の例を示してみましょう．図6-3のようにライトを2個使って，同一の面を2箇所から照らすとします．このとき，二つの光線が交わった部分は単純に2倍明るくなります．これは日常で感じていることですから，すぐに理解できるでしょう．

[図6-2] 無線通信路でかならず発生するマルチパス

(a) ライトを2個使って，同一の面を2カ所から照らす

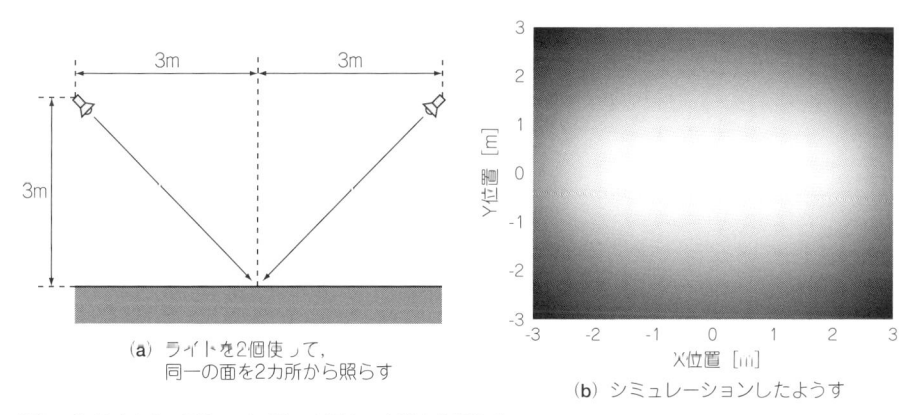

(b) シミュレーションしたようす

[図6-3] ライトを2個使って，同一の面を2カ所から照らす

▶2波の電波が合成されると

では，図6-4のように二つの電波が合成されるとどうなるでしょうか．光の場合はプリズムで見ると，赤から緑そして青と広い波長にわたって分布しています．しかし電波の場合は，ある特定の波長(キャリア周波数)にエネルギーが集中していま

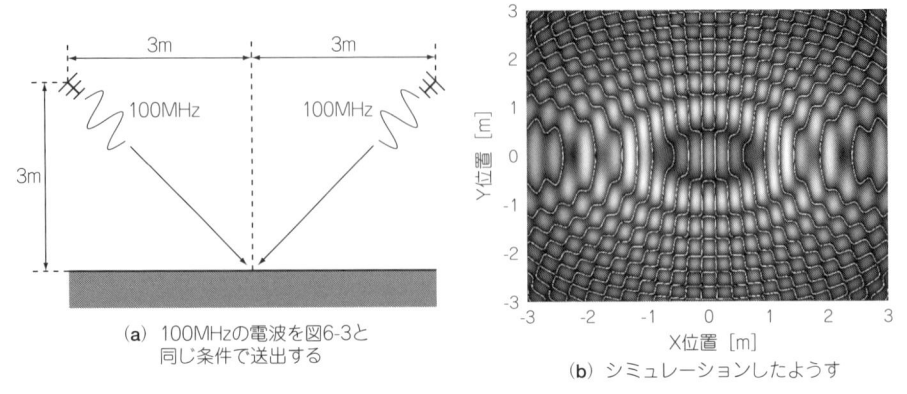

(a) 100MHzの電波を図6-3と同じ条件で送出する

(b) シミュレーションしたようす

[図6-4] 2波の電波が合成される場合は光の場合と大きく異なる

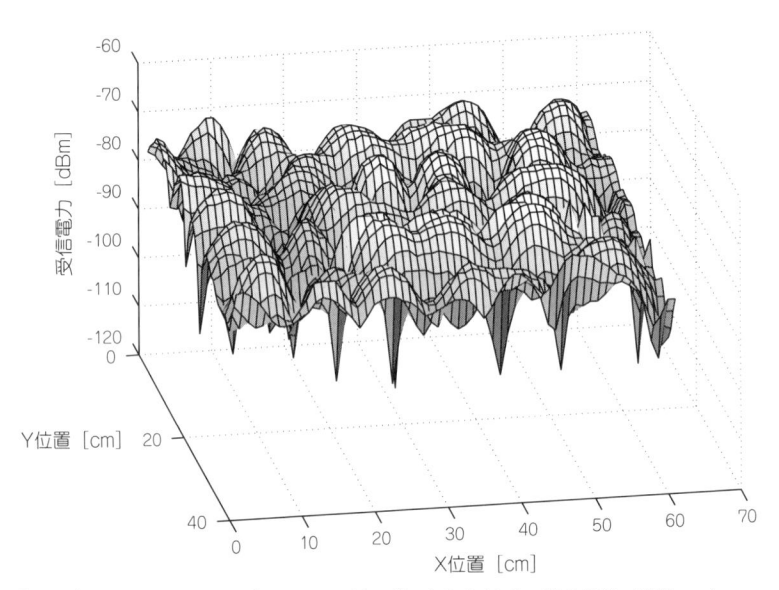

[図6-5] 2.45GHzのマルチパス・フェージングのようす(室内・送受信間の距離15m)

す．つまり**単一の波しかない**と考えなくてはなりません．

　そのため図6-4(b)のように，位相が合った部分では強めあい，一方で位相が逆になった部分では打ち消しあうことになります．図6-3(b)では，二つの光線が交わった部分は一面が明るくなるのに対し，図6-4(b)では，明るくなる部分と暗くなる部分が発生してしまいます．

▶ **マルチパスによる信号レベルの低下（マルチパス・フェージング）**

　この図6-4(b)の暗くなる部分について考えてみましょう．波（キャリア）が打ち消しあう条件は，二つの波でなくてもかまいません．多数の波が合成されても，全体が差し引きで打ち消しあうことがあるのは容易に考えられると思います．

　つまりマルチパスで複数経路を伝わってきた複数の波が，受信アンテナ端で合成され，全体が打ち消しあう条件になったとき，受信信号レベルが大きく低下してしまうことになります．これを**フェージング**（fading）と呼びます[※1]．マルチパスで発生するので，マルチパス・フェージング（Multipath fading）と一般的には呼ばれています．図6-5は2.45GHzで実測したマルチパス・フェージングのようすです．このようにかなりの広いレベルにわたって，受信レベルが変動していることがわかります．

● **マルチパス・フェージングでビット・エラーがどのように発生するのか？**
▶ **受信レベル低下による SN 比の低下**

　受信レベルが感度限界以下になれば，ビット・エラーが発生します．これは第5章で詳しく述べてきたとおりです．

　マルチパスにより，図6-5のようにマルチパス・フェージングが発生します．例えば，携帯電話をもっている人がこの中を動き回ったとします．ここで図6-6も見てください（この図は図5-51の再掲）．そのとき受信アンテナは，図6-5のフェージングの複数の山と谷の間を通り抜けることになります[※2]．受信レベルが谷になったときに，そのレベルが受信感度限界以下になれば，ビット・エラーが発生します．

　図6-6にも示しますが，感度限界以下になっている期間は，一般的には複数シンボルおよび，受信ビットを連続して誤ってしまうことになります（バースト誤り）．白色雑音の場合の単なるランダムで誤るビット・エラーとは異なるふるまいを示すことになるのです．

▶ **マルチパスによるシンボル間干渉**

　マルチパスにより発生するシンボル間干渉によっても，ビット・エラーが発生してしまいます（マルチパスでどのようにシンボル間干渉が発生するかは，p.105および次の節を，シンボル間干渉自体は，p.104の第4章4-5「シンボル間干渉」の項を合わせて参照して欲しい）．

[※1]：英語読みだと[feidiŋ]フェイディングであるが，電子情報通信学会も含み，無線業界ではフェージングと呼ぶ．フェージングと発音してもphasingではない．
[※2]：移動体通信の場合はより複雑で，周辺の物体（電波の反射物）が移動することで，フェージングの山と谷自体の発生する位置が変わってくる．また移動速度に応じた周波数のドップラ・シフトも発生する．

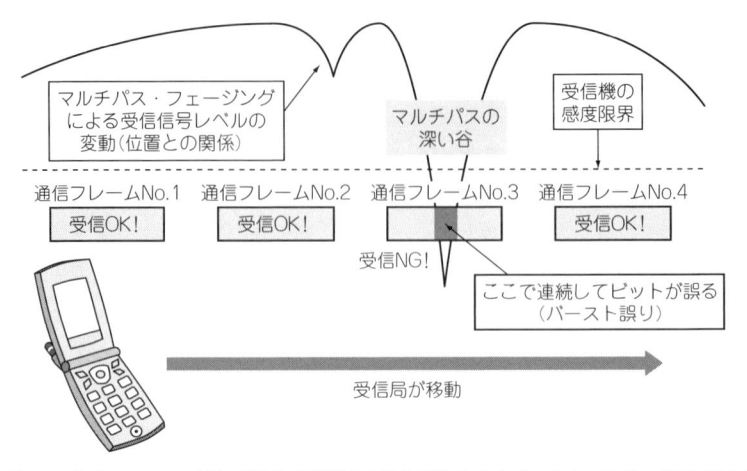

[図6-6] マルチパス・フェージングの中を移動することで発生するバースト・エラー（図5-51の再掲）

この場合は，シンボルのデータの並びなどに依存しますが，どちらかというとランダム誤りになります．

6-3　変復調から見たマルチパス・フェージング

● 再度，マルチパスによるシンボル間干渉

p.105の第4章「別のシンボル間干渉の発生する要因「マルチパス」」の項や，p.186の第5章「無線通信チャネルでのマルチパス」の項でも簡単に触れましたが，変復調とマルチパスは深く関係しています．もし，マルチパスの問題がなければ，復調回路は1/5～1/10程度簡単になるでしょう．

マルチパスは，複数の経路を通ってきた電波が引き起こすものです[※3]．複数の経路を通ってくるということは，図6-2でも説明しました．より細かく見ていくと，送信アンテナから送出された電波は，経路ごとに異なる遅延時間で受信アンテナに到来することになります．このようすを図6-7に示します．この図は，図4-34と同様なものです．

※3：短波帯のアマチュア無線をやっている人は知っているかもしれないが，海外交信をすると，地球の大圏コースを通ってきた電波と，逆周りの長距離を通ってきた電波が干渉し，エコーになって聞こえることがある．それぞれショート・パス，ロング・パスと呼ぶが，自然の雄大さと物理則との間の，不思議さとロマンを感じる．

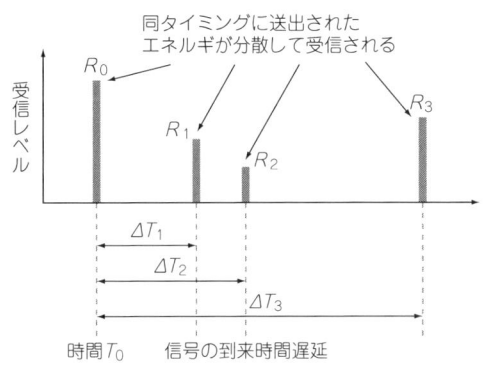

[図6-7] マルチパスは経路ごとに異なる遅延時間で受信アンテナに到来する

▶ 遅延時間の差分を考える

ここでは，4経路の電波が受信アンテナに到来していると仮定しています．直接波 R_0 の到来時間（T_0）を基準とし，反射波 R_1 は遅延時間分が ΔT_1，反射波 R_2 は ΔT_2，R_3 は ΔT_3 としています．この ΔT_1，ΔT_2，ΔT_3 は，マルチパスの通ってきた差分距離（通路差と言う）を光速度 c で割ったものに等しく，直接波の伝搬距離を L_0 とし，反射波 R_1 の伝搬距離を L_1 とすれば，以下の計算式で求められます（ただ距離による時間差を求めているだけ）．

$$\Delta T_1 = \frac{L_1 - L_0}{c} \quad \cdots\cdots\cdots\cdots\cdots\cdots\cdots\cdots\cdots\cdots\cdots\cdots\cdots\cdots (6\text{-}1)$$

▶ 差分時間によりシンボル間干渉が発生する

この遅延がシンボルに対してどのようにシンボル間干渉を与えるかを図6-8に示します．ここでは図6-7の条件で，直接波が R_0（遅延時間0sec），遅延波が R_1（遅延時間 ΔT_1），R_2（遅延時間 ΔT_2），R_3（遅延時間 ΔT_3）の全4波あるとしています．

シンボルの検出を直接波 R_0 のタイミングの中心で行っているとすると，**図6-8(a)** のように，$R_0 + R_1$ だけのときは，前のシンボルの干渉を受けることはありません（実際はベースバンド帯域制限をしているので，前シンボルの干渉を受けてしまう．便宜上，ここでは概念の説明としてこうしてある）．

しかし図6-8(b)のように，$R_0 + R_2 + R_3$ だとか，$R_0 + R_3$ などの場合には，前のシンボルの信号が目的とするシンボルのサンプリングに**漏れ出して**しまい，影響を与えてしまうことになります．これにより**マルチパスによるシンボル間干渉**が発

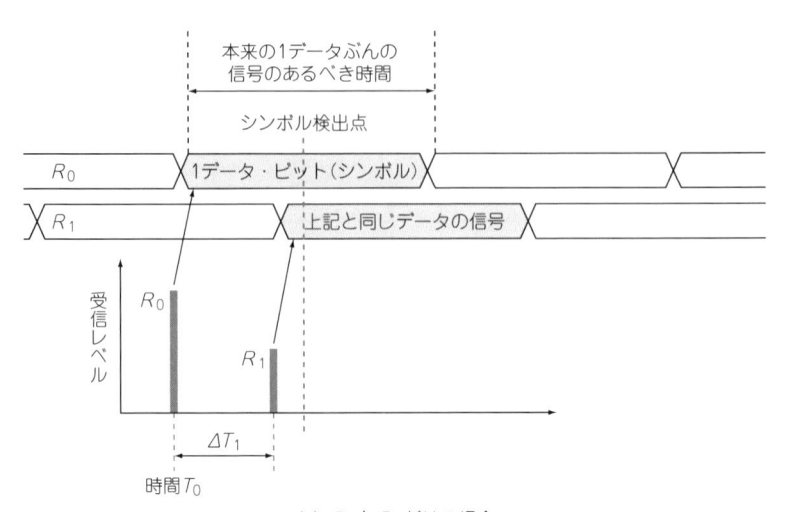

(a) R_0 と R_1 だけの場合

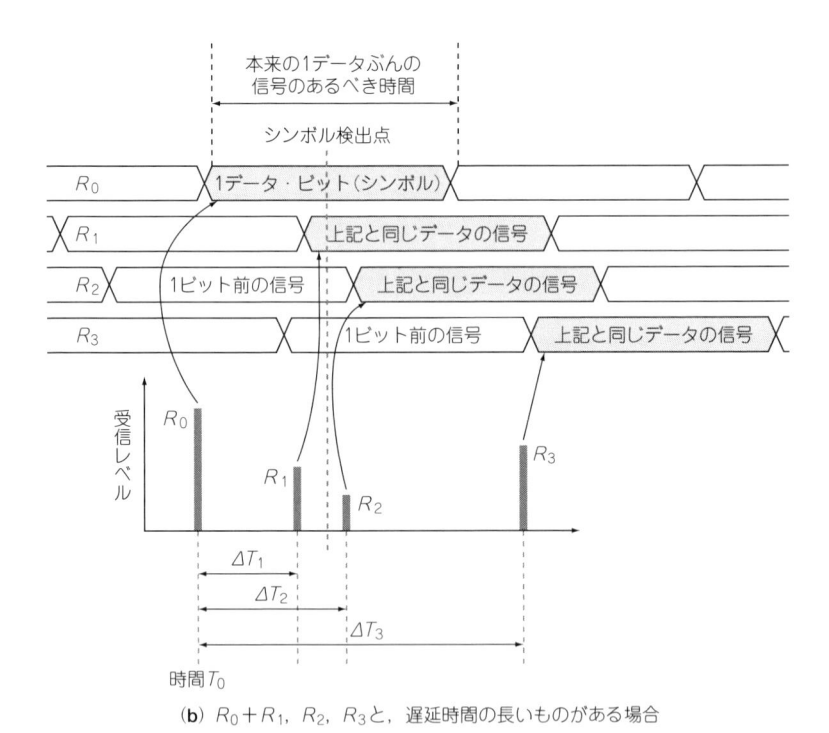

(b) $R_0 + R_1$, R_2, R_3 と，遅延時間の長いものがある場合

[図6-8] 経路ごとに遅延時間の異なるマルチパスにより発生するシンボル間干渉

生してしまいます．

　ここでわかるように，通路差が大きくなれば，遅延時間が延びていき，前のシンボルが次のシンボルに**かぶっていく**ことになります．この章の最初からの説明のように，経路ごとの信号が**足し算/合成**されているという点にも注目してください．

　マルチパスによるシンボル間干渉は，この章の後半で説明する**通信路等化技術**[※4]を用いることで，ある部分は解決することができます．

▶ 実生活における現象で直感的に理解できる

　温泉など，少し広めのお風呂の中で大きな声を出すことを考えてみましょう（第4章4-5の「別のシンボル間干渉の発生する要因マルチパス」でこの例を説明している）．

　お風呂の中の壁面はとても反射しやすく，音がエコーになって聞こえます．このエコーが長いため，話の内容は言葉ごとが分離できずに，例えば早口でしゃべると，相手の言っていることを理解することがむずかしくなります．また，ゆっくりしゃべると理解しやすいことも，直感的にわかるでしょう．

　つまり，お風呂というマルチパスが多く，かつ遅延時間の長い通信路では，シンボル間干渉が発生してしまうので，うまく受信側でシンボルの検出をすることができない，という状態になってしまいます．ゆっくりしゃべると聞きとれるということは，シンボル時間が遅延時間に対して充分に長ければシンボルを検出できる，ということでもあるわけです．

● マルチパス遅延とフェージングは表裏一体
▶ マルチパス遅延と受信位置によって発生するフェージング

　図6-5は，受信位置によるマルチパス・フェージングの変動のようすを，さらにこの6-3節の前半では，時間軸におけるマルチパスのようすをシンボル間干渉として見てきました．

　また，受信位置（つまり空間）において，複数の経路ごとの電波の遅延により，位相が逆になった部分で電波が打ち消しあうことは，ここまでの説明でわかりましたね．

▶ マルチパス遅延と周波数軸で発生するフェージング

　さて，それではここで周波数軸で見たときのふるまいを考えてみましょう．例

※4：等化とは聞きなれない言葉と思うが，イコライザ処理（イコライジング）のことである．

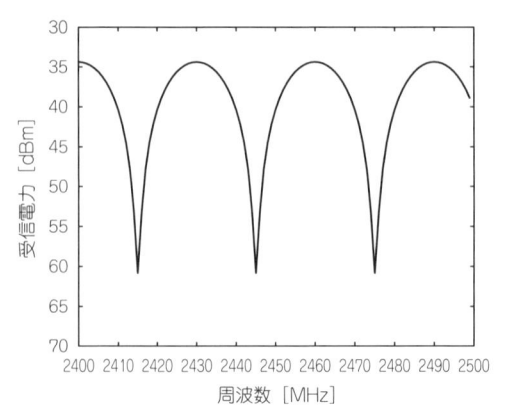

[図6-9] 同じ2経路の電波であっても，周波数軸で見た場合のマルチパス・フェージングのようすは変わってくる．遅延時間33ns（通路差10m）の例

えばR_0（遅延時間0sec）と，R_1（遅延時間T_1）という二つの経路の電波があったとします．この二つの経路同士の差分時間はT_1であり，周波数が変わっても変化することはありません．

一方で周波数が変われば，T_1間に入る電波の波数および位相は変化します．つまり，まったく同じ経路の二つの電波が足し算で合成されても，周波数によってマルチパスの発生するようすが**変わる**ということです．これを周波数選択性フェージングと呼びます．

図6-9は，遅延時間33ns（通路差10m）をもつ二つの波を受信した場合の，周波数軸におけるマルチパス・フェージングの変動のようすを示しています．このように，周波数軸に対して同じスパンで，マルチパス・フェージングのレベルが変化していることがわかります．この周波数の落ち込むスパンは，以下の式で表わされます．

$$f_{span} = \frac{c}{L_1 - L_0} = \frac{1}{T_1} \quad \cdots\cdots\cdots\cdots\cdots\cdots\cdots\cdots\cdots\cdots\cdots\cdots\cdots\cdots\cdots\cdots (6\text{-}2)$$

ここでL_0は経路R_0の経路長，L_1は経路R_1の経路長です．このように差分時間の逆数をスパンとして，マルチパス・フェージングのレベル低下が発生するのです．

より多くの経路があった場合でも，この式を重ね合わせたものとして表わすことができます．また，例えば3kmの通路差があった場合には，なんと100kHzごとにこの低下が発生します[※5]．

▶ はるか昔の高校時代の体験

まったく余談ですが，私が高校生だったころ，7MHz帯の短波AM放送（北京放送）を聞いていたときに，突然**モガモガモガ**と音が変になることが気になりました．当時は電離層反射で発生するフェージングは知っており，レベルが低下することも知っていましたが，なぜ**モガモガモガ**となるかは，持ち合わせの知識では説明がつきませんでした．マルチパスの本質がわかったとき，そしてこの周波数軸のレベル低下がわかったとき，初めてこの理由がわかりました[※6]．

電離層の異なる反射位置の経路ごとの電波が，受信ラジオのアンテナで足し算で合成されたときに，ちょうどキャリアの周波数のところが落ちて（ヌルになって）しまったからです．AMは，キャリアがなければまともな音として出ませんし，DSB（Double Side Band）信号になってしまっていたのでしょう．

● 歪みの発生

図6-8における説明で，例えば1シンボル時間が充分に長く，経路ごとに異なる遅延時間でマルチパス波が受信アンテナにつぎつぎと到来し，かつ経路すべての（同一シンボル成分の）電波が到来してしまうと，一応はシンボル間干渉は消えることになります．しかしながら，マルチパスがあることはなんら変わりません．受信端での経路ごとの電波，つまり信号足し合わせは依然として発生しています．このようすを図6-10に示します．

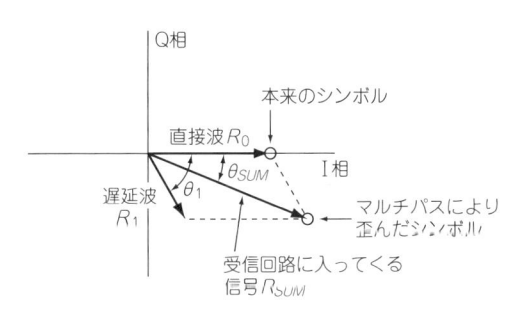

[図6-10] マルチパスにより発生する歪み

※5：2波の受信レベルが同じ程度だと落ち込みも激しい．3kmも離れた電波の受信レベルが同じ程度になるとは，直感的には考えづらいかもしれないが，直接波が見えないNLOS（Non Line of Sight；見通し外伝搬．見通し伝搬はLOSという）の場合には，発生する可能性が大いにある．

※6：実体験は大事である．設計を失敗したとか，はんだゴテで火傷したとか，市場回収（汗）など，開発現場ではいろいろあるが，エンジニアとしての実体験は代え難い宝である．

経路ごとの信号が**足し算で合成**されている，という観点から**図6-10**を見てください．受信された信号，R_0の直接波とR_1の遅延波(反射波)が位相平面(コンスタレーション)上に，それぞれの受信レベルと位相ズレθ_1(遅延時間T_1で生じるもの)を，とくに位相ズレについては，R_0の位相を基準として示しています．

受信回路に入ってくる信号としては，R_0とR_1の足し算になっています．また位相がズレていることから，**ベクトル合成**になります．合成されるようすは点線で示され，合成された信号はR_{SUM}として示されています．

このR_{SUM}は，もともとのR_0の位相からθ_{SUM}だけ回転してしまっています．PSKなどの位相変調においては，位相はとても重要です．コンスタレーションの目的とするポイントからズレていればうまく復調できませんし，そこまでいかなくともBERが悪化してしまいます．

このように，マルチパスにより同一シンボル内であっても**歪み**が発生するのです．マルチパスとは非常に厄介なものなのです[※7]．

● **マルチパスの解決方法**

レベルが低下してしまうマルチパス・フェージングの解決方法を**表6-1**に示しま

[表6-1] マルチパス・フェージングの解決方法

空間ダイバシティ	アンテナを1/2波長以上離し複数配置し切り替えるか合成する (そのまま合成してもダメ．位相を合わせるなど各種の合成方法がある)
周波数ダイバシティ	通信する周波数チャネルを切り替える
偏波ダイバシティ	偏波面の異なるアンテナを配置し切り替えるか合成する
SS通信(CDMA)を使う	広い帯域を占有するため周波数ダイバシティ，パス・ダイバシティは効果がある．SS(CDMA)はマルチパス・フェージングに強い

※シンボル間干渉や歪みの軽減方法

通信路等化技術	6-4節に説明する
パイロット・シンボル	ある基準シンボルを決めて，そのときのレベルや位相をもとに補正をかける
OFDM	第10章に示すようなOFDMで低速なシンボル・レートにする，またガード・インターバルを設ける

※7：最近の無線技術開発では，Space Time Coding；時空間符号化，MIMO(Multi Input Multi Output)チャネル，Space Division Multiplex；空間分割多重など，近年急速に研究の進んだ，マルチパスを積極的に応用する技術が，これまた急速に実用化されようとしている．IEEE 802.11nは，その良い例である．「考えはわかる，でも本当に複雑な時変通信路で実用化できるのか？」と思う私は，きっと数年後には笑われているだろう．

す．※に示すところはフェージングとしてではなく，マルチパスで発生する復調の問題点の解決方法です．

● **ここまでをまとめると**
いったんマルチパスに関連する基本的なことをここでまとめてみましょう．

- マルチパスは異なる経路を伝わってくる，異なる遅延時間の信号同士が足し算で合成される
- 受信位置，時間軸，周波数軸それぞれにおいて，すべては遅延時間と位相差の関係になる
- マルチパスにより，フェージングとシンボル間干渉が発生する
- シンボル間干渉ではなくとも，同一シンボル内においても，もとの信号から歪みが発生する
- いずれにしても非常に厄介な問題である

6-4　電波伝搬とマルチパスをより定量的・定性的に考える

● **マルチパスをモデル化すると**
▶ **一定遅延要素によるモデル**

無線通信路のマルチパスによる遅延状態を，図6-11のようにモデル化して表わします．Dは一定の遅延時間要素です（Δtとも表わせる）．また，$A_0 \sim A_N$はレベルの重み付けと位相回転量になっています．ここでは，Dはどの遅延要素でも同一としています．理論解析ではこのようにするという点，また以下のように通信路の

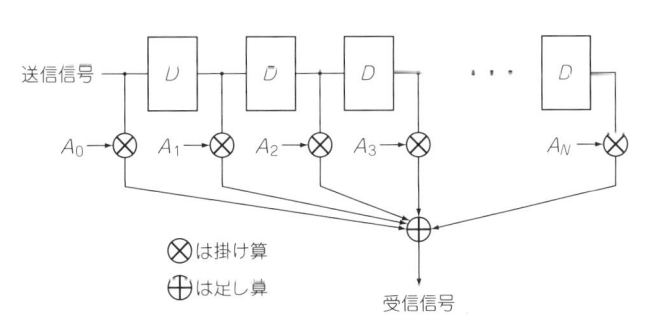

[図6-11] 一定時間遅延要素でマルチパスをモデル化する

等化を行う場合には，以下に説明していくように，受信回路においてFIR(Finite Impulse Response)型ディジタル・フィルタで等化回路を構成しますので(この場合は，シンボル周期でモデル化しても良い)，不適切ということはありません．

とは言え，実際のマルチパスはぴったりと一定の遅延を示すことは当然なく，時間的に前後に広がり(遅延広がりと呼ぶ)をもっているのが普通です．

▶ インパルス応答によるモデル

上記の一定遅延素子Dでマルチパスをモデル化する方法と似ていますが，フィルタのインパルス応答と同様に無線通信路の応答を表わす方法もあります．

図6-12にこの例を示しますが，横軸が遅延時間，縦軸がレベルになっています．この例では離散値で示していますが，上記のモデルと同様，実際のマルチパスは時間的に前後に広がり(遅延広がり)をもっているのが普通です．

そのため，この下に説明する標準チャネル・モデルなども含めて，広がりをもった連続値的な記述をしてある場合も多々あります．

▶ 標準チャネル・モデル(遅延プロファイル)

携帯電話や無線LANなど，用途によって通信する距離や使い方が異なります．また，それによって無線通信路のモデルが変わってきます．大体近年の無線システムの標準化では，そのシステムが想定する無線通信路を数種類モデル化して，議論や検証用に提供しています．これを**チャネル・モデル**といいます．有名なところでは，

- UWB CM1〜CM4
- COST207(231, 259などもある)モデル
- IMT-2000 3GPP TR 25.943, 3GPP2 C.P1002-C-0(Draft)
- ITU-Rモデル(各種あるようだ)

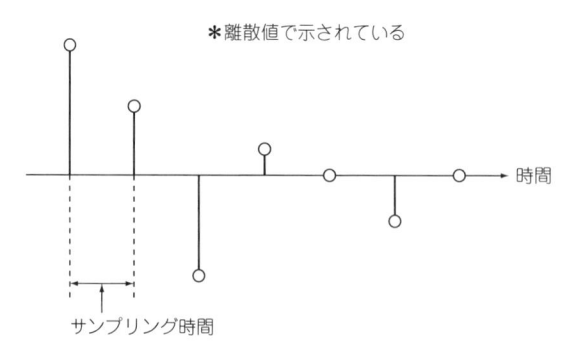

[図6-12] インパルス応答でマルチパスをモデル化する

- 奥村カーブ（減衰モデル）
- 自由空間モデル（距離の二乗に反比例）

などがあります．UWB CM1～CM4では，その用途や特性上，短距離で遅延時間が短く，遅延分散の少ないモデルが使われますし，IMT-2000など移動体通信用途では，まったくその逆になっています．

● シンボル間干渉の除去と通信路の等化（概念）
▶ 逆特性を掛け算する

次に，このマルチパスによるシンボル間干渉をどのように除去するかを説明します．図6-11や図6-12のように，マルチパスはモデル化できます．これとまったく逆の特性を受信機内部で作り出し，それを掛け合わせることでマルチパスでのシンボル間干渉をキャンセルするというものです．

最初に少しだけ数式で示し，概念を理解してもらってから，それを図示してみます．図6-11を元にして通信路のチャネル応答（伝達関数）を z 変換という表わし方で示してみると，

$$H(z) = A_0 + A_1 z^{-1} + A_2 z^{-2} + \cdots + A_N z^{-N} \quad \cdots\cdots(6\text{-}3)$$

となります．ここで z^{-n} は，遅延要素 D をいくつ通ってきたか（$n \cdot \Delta t$ とも表わせるだろう）[※8]の意味です．話はややこしくなるので，Column 4を参照してもらうとして，z 変換としてマルチパスをモデル化した式に対して，$1/H(z)$ を掛け合わせれば，$H(z) \cdot 1/H(z) = 1$ となり，そのままマルチパス／シンボル間干渉がキャンセルできるのです．このようすを図6-13に示します．

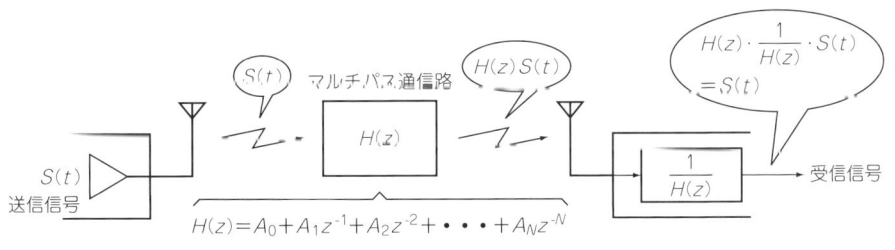

[図6-13] $1/H(z)$ を受信機で掛け合わせることで，トータルとしてマルチパスをキャンセルする

※8：復調の観点からは，実際はシンボル・タイミングでシンボル判定のサンプリングがなされるので，その場合，$\Delta t = T_S$ としても良い．

Column 4
z 変換と通信路応答

　z 変換は，ディジタル信号処理では良く使われますが，実は離散フーリエ変換の一般系なのです．つまり周波数特性を示しているといえます（z を単位円上に配置したものが離散フーリエ変換）．

　また，p.355 第 11 章 11-2「変復調の理論式のポイント」の「畳込み積分・畳込み和」の項で示すように，通信路応答は，時間軸では畳込み，周波数軸では掛け算になっています．

　z 変換で表わされた $H(z)$ は，周波数の意味あいをもつ伝達関数を表わしており，これに $1/H(z)$ を掛け算するということは，**周波数軸で掛け算**している（時間軸での畳込みをしているのではなく），周波数軸でマルチパスをキャンセルする意味あいで表わされているということです．

▶ 実際にはどんな構成になるのか

　もう少し数式を出しますが，我慢してください．概念だけ理解することを念頭において見てください．$H(z)$ の逆数は，

$$Y(z) = \frac{1}{H(z)} = \frac{1}{A_0 + A_1 z^{-1} + A_2 z^{-2} + \cdots + A_N z^{-N}}$$
$$= \frac{1}{A_0} \cdot \frac{1}{1 - (-A_1/A_0 z^{-1} - A_2/A_0 z^{-2} - \cdots - A_N/A_0 z^{-N})} \quad \cdots (6\text{-}4)$$

となります．詳しくはディジタル信号処理の本を参考にしていただきたいと思いますが，この式（とくに下段）は，**図 6-14（a）**のような IIR（Infinite Impulse Response）形状のディジタル・フィルタになります．

　しかし IIR 型ディジタル・フィルタは，安定度が問題になる（フィードバックがあることでフィルタが発振器になってしまう）ので，ほとんどの場合はこの構成をとらず，**図 6-14（b）**のような FIR（Finite Impulse Response）型ディジタル・フィルタの形状に変換して（まったく等価ではない．違いが少なくなる方向にあわせこみする），それを等化用のフィルタとして用います．この式も示してみます．

$$Y(z) = \frac{1}{A_0 + A_1 z^{-1} + A_2 z^{-2} + \cdots + A_N z^{-N}}$$
$$\simeq C_0 + C_1 z^{-1} + C_2 z^{-2} + \cdots + C_K z^{-K} \quad \cdots\cdots\cdots(6\text{-}5)$$

(a) 式(6-4)をそのまま実現する
IIR形状のディジタル・フィルタ

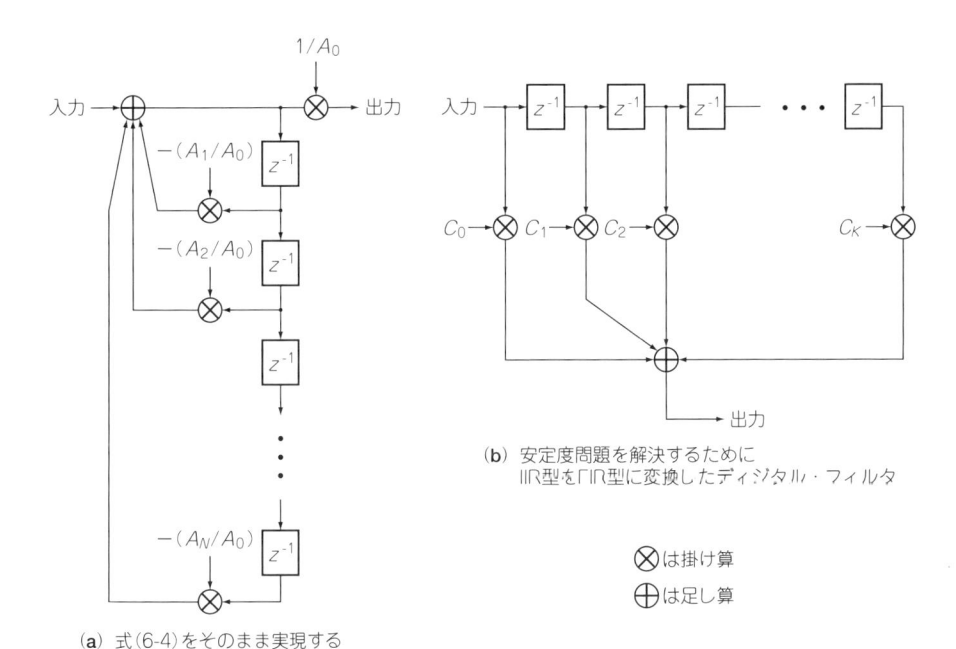

(b) 安定度問題を解決するために
IIR型をFIR型に変換したディジタル・フィルタ

⊗は掛け算
⊕は足し算

[図6-14] $1/H(z)$を実現するためのディジタルフィルタ

この式でNは，マルチパス伝送路かつIIR型フィルタの遅延素子数，KはFIR型に変換し長さを有限に打ち切った場合のフィルタの遅延素子数になります．C_kは変換された係数です．これが実際にDSPなどで実現される通信路等化フィルタになるのです．

▶ 実際にIIRフィルタでのシンボル間干渉除去を絵で示してみる

さて，簡単なマルチパス通信路を例として取り上げ，この場合にどのようにシンボル間干渉除去が行われるかを絵で説明してみます．

ここでマルチパスはシンボル周期T_Sの一定遅延時間をもっているものとし，1番目の経路が1.0倍，2番目の経路が0.5倍，3番目の経路が0.2倍だとします．このようすを図6-15(a)に図にして示します．

次に，これを等価遅延フィルタとして図にしてみると，図6-15(b)になります．z変換では，

$$H(z) = 1 + 0.5z^{-1} + 0.2z^{-2} \quad \cdots\cdots (6\text{-}6)$$

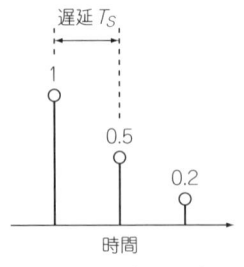

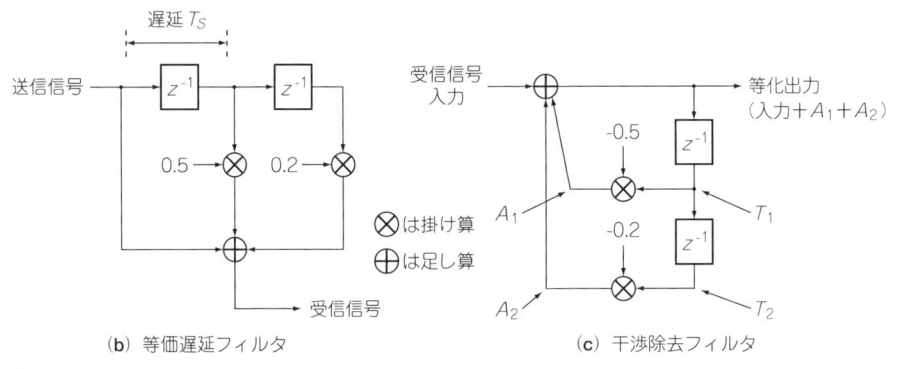

(a) マルチパス通信路

(b) 等価遅延フィルタ

(c) 干渉除去フィルタ

[図6-15] マルチパス通信路と等化遅延フィルタと干渉除去フィルタ

となります．これを$1/H(z)$とした干渉除去フィルタは，

$$\frac{1}{H(z)} = \frac{1}{1-(-0.5z^{-1}-0.2z^{-2})} \quad\cdots\cdots\cdots\cdots\cdots\cdots\cdots\cdots\cdots\cdots\cdots(6\text{-}7)$$

となりますが，これを干渉除去フィルタとして図にしてみると，**図6-15**(c)になります．これは先のようにIIR型になっています（説明したように，実際の回路ではFIR型に変換されて実用化されている）．

では，干渉の除去を実際にやってみましょう．**図6-16**にこのようすを示します．ここでT_1，T_2，A_1，A_2は**図6-15**(c)の各ポイントです．矢印で入力に対してA_1，A_2でキャンセルしていくようすを示しています．結果的に出力には時間0のときしかそのシンボルの成分が現われていません．

このようにシンボル時間0のときのシンボルに対して，時間1，2と遅延広がりをもっているマルチパスが，出力においてすべてキャンセルされていることがわかります．

時間(nT_S)	入力	T_1	A_1	T_2	A_2	A_1+A_2	出力(入力$+A_1+A_2$)
0	1	0	0	0	0	0	1
1	0.5	1	-0.5	0	0	-0.5	0
2	0.2	0	0	1	-0.2	-0.2	0
3	0	0	0	0	0	0	0

[図6-16] IIRフィルタでのシンボル間干渉除去が行われるようす(図6-15(c)の回路を用いている)

▶ **マルチパスがどんな状態かわからない実際の状況では**

しかし，実際問題としてマルチパスの状態がどうなっているかは，受信端ではわかりません．そのためp.363第11章11-4「数式の例」の項に示すような**適応等化器**(LMSアルゴリズムやRLSアルゴリズム)を用いて，自動的にマルチパスの逆特性を漸近的に作り出すことが一般的です．

● **受信レベルの分布**

図6-5のように，ある局所的な範囲内(シャドウイングや距離などの影響が変化しない)であっても，その受信レベルは，マルチパス・フェージングにより広範囲に分布しています．この受信レベルの発生確率分布(第5章5-2「ビット・エラーの発生と原因」の項と同じく受信レベルをサンプリングしてヒストグラムを取ってみるという意味)は，以下の2種類の分布曲線で表わされます．

- レイリー分布 　　直接波がなく(NLOS；Non Line Of Sight環境)，同じレベルの複数の反射波がある場合
- 仲上ライス分布　直接波がある(LOS；Line Of Sight環境)か，NLOS環境であっても特定の強いレベルの波がある場合[※9]

ときどき，**マルチパス・フェージングはレイリー・フェージングである**(という名前である)と勘違いしている方がいますが，実際はレイリー分布は，仲上ライス分布の特殊な条件(直接波が見えない場合)ですので，注意してください．

▶ **レイリー分布と，仲上ライス分布を図で見てみる**

さて，以下の図6-17にレイリー分布と，仲上ライス分布(直接波のレベルを変化

※9：注意点として，かならずしも最初に到来する電波のレベルが高いとは限らない．NLOSの場合には，直接波が見えないため，場合によると，ある特定の反射波が強くてこれが支配的な場合がある．このときは，この反射波が直接波よりもレベルが高くなり，かつこの最大レベルの波の到来時間は直接波よりも遅くなる．このときの分布はNLOSとは言え，仲上ライス分布になる．なお以降の説明ではすべて**直接波**が最大と仮定してある．

させたもの)の受信レベルの確率分布曲線(レベルが変動するようす)を示します．図6-17(a)にdBでプロットしたもの，図6-17(b)に真値でプロットしたものをそれぞれ示します．

　上記の説明のようにレイリー分布は，仲上ライス分布から直接波が消えたものとして表わされます．ここで仲上ライス分布の直接波電力と反射波(レイリー波)の比をkとしています．

　図のように直接波がかなり大きいときは(kが大きい)，仲上ライス分布でもガウ

(a) dBでプロットしたもの

(b) 真値でプロットしたもの

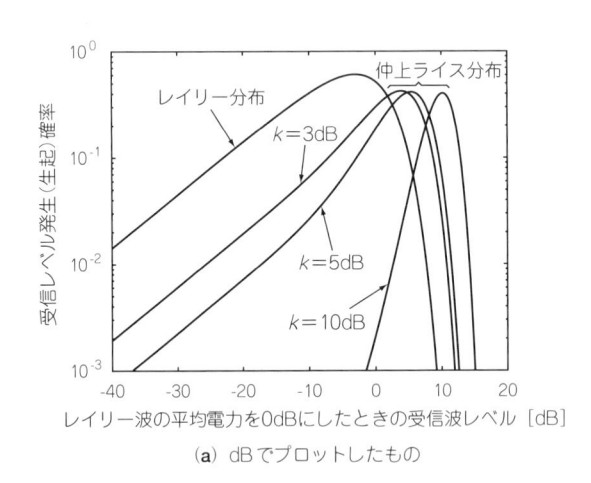

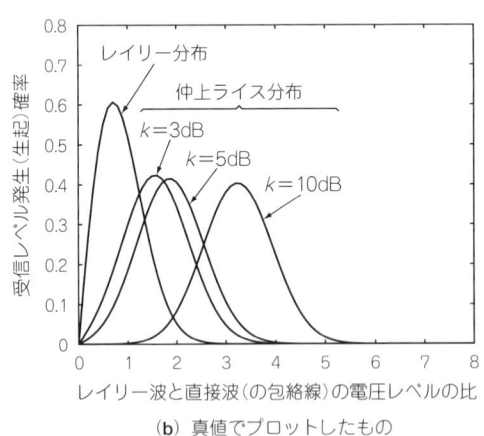

[図6-17] **レイリー分布と，仲上ライス分布**(直接波のレベルを変化させたもの)
左からレイリー，$k=$ 3dB，$k=$ 5dB，$k=$ 10dB

第6章　変復調から見た電波伝搬

ス分布に近くなっており(とくに真値で示したほうがわかりやすい)[※10]，直接波が小さくなるにしたがって，だんだんレイリー分布の形状に近づいてきます．そして直接波が消えたものがレイリー分布になるわけです．

仲上ライス分布と比較して，レイリー分布(つまりNLOS環境)の方が受信レベルの変化の広がりが大きいことが図6-17(a)のdB表示を見てもわかりますね．ここでは，それぞれの分布の数式を出したいところですが，図だけにとどめておきましょう！［参考文献(1)，(37)参照］

● 瞬時・短区間・長区間での変動・減衰

とくにこの件は，主として携帯電話などの移動体通信の場合に取り上げられます．

マルチパスにより発生する変動は，大体キャリアの1/2～1波長程度を周期としている非常に短い周期の変動といえます．これは，図6-5の実測のデータを見てもわかります．

また，それより長い周期の変動もあります．それはビル間を移動中に物陰になったりするときに発生するシャドウイングがその一つで，これは中くらいの周期であるといえます．

さらに通信している局同士が離れていくことで，通信距離が長くなるために発生する長周期の減衰があります．これらをまとめて表6-2および図6-18に示します．**長周期で徐々に減衰していくが，その一部を広げてみるとかなり複雑に変動(瞬時変動)している**という点が重要です．

● 隠れ端末問題

無線通信では，**非対称性**という問題があります．1対1の通信であれば相互には対称性があるものですが，図6-19に示すような場合には，**隠れ端末**という問題が

[表6-2] 無線通信路の変動・減衰の要因(まとめ)

瞬時	マルチパスによる1/2周期程度の上下動
短区間	10～100波長程度での周囲環境の変化による変動
長区間	数10m～数kmのレンジでの距離減衰

※10：受信レベルの確率分布なので，積分すると(全体の面積を求めると)1になる．図6-17(a)のdBのプロットでは仲上ライス分布の面積が小さいが，これは横軸がdBとしてlog圧縮されているため．図6-17(b)の真値のプロットではそれぞれの面積が等しいことがわかる．

生じてしまいます．

　一般的には，その通信路に電波が出ているかどうかを確認してから，自局の電波を出す方式になっています(これをCSMA/CA；Carrier Sense Multiple Access/Collision Avoidanceという)．この方式が用いられていれば，基本的には複数の局同士が混信することはありません．

　しかし，**図6-19**のように局2と局3が相互に見えない(隠れている)場合，それぞ

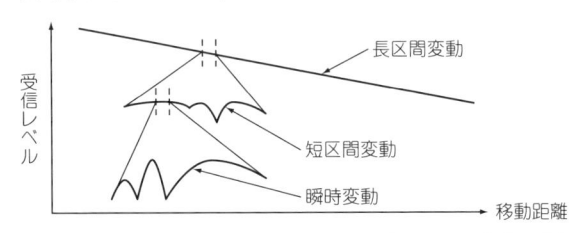

[図6-18] 通信距離が変化したときの瞬時・短区間・長区間での変動・減衰のようす

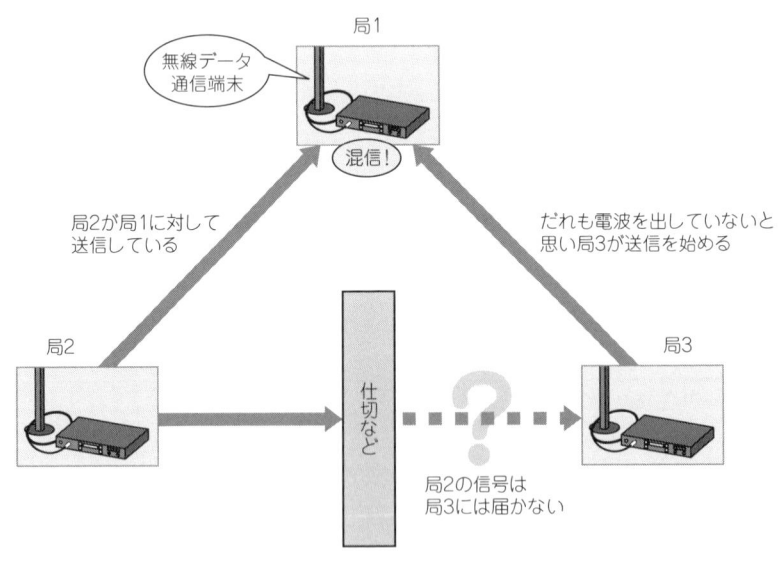

[図6-19] 隠れ端末問題

れが局1に対して通信を行おうとすると，局2が電波を出していることは局3からは見えないため，局3は電波を出し始めてしまうので，局1で混信が生じてしまいます．この混信により全体のスループットが大きく低下することになります．

なお，IEEE 802.11無線LANでは，CTS-RTS制御というタイミング同期を相互に取った通信手順により，この問題を回避しています．この詳細については参考文献(42)を参照してください．

Column 5

チャネル応答

　プログラムの1曲目だというのに，拍手は鳴りやまない．ソリストPaul Meyer氏は，袖に引っ込んでは何度も挨拶に出てくる．クラリネットを持って再登場したぞ！「アンコール？　そんな……珍しい……」

　ステージは本人にしかスポットが当たらない照明になった．スウッと2000人すべてがほんとうの静寂を迎える．そして彼の息遣いが．「ソロだ……」聞いたことがない曲だった．たった一人，闇につつまれた広いステージに立っているように見える．

　「……なんだかソロのクラリネットが，尺八のように聞こえるなあ．え，尺八？……変じゃない？　でもそう聞こえるぞ．ホントにクラリネット？　ああ，背筋がゾクゾクしてきたよ」

　そのクラリネットの音は，ステージから，光る氷柱のように，滑らかな上昇気流のように，新緑が萌えるように，冷たく暖かくうねりながら立ち上がる．音が，目の前に音が，まばゆく淡色に光る柱がステージから立ち上がるように聞こえる．金色に煌くクラリネットが……，そして音が「見える！……」

　演目モーツァルト　クラリネット協奏曲K.622後の出来事でしたが，いまでも忘れられない2002年初夏のサントリー・ホールでの光景です．ことの舞台である六本木のサントリー・ホールは，ワインヤード・タイプのコンリート・ホールで(オーチャード・ホールや横浜みなとみらいホールなどはシューボックス・タイプ)，マエストロ・カラヤンが監修したそうです．周辺のホールもいろいろ行きましたが，やっぱりサントリー・ホールがもっとも音が良いと私は感じます．それは，伝搬における遅延プロファイルが最適でかつ長めだからだ(残響時間．ステージ上の反射板がミソな気もする)と聞いたことがあります．つまり，ソリストから耳ま

でのチャネル応答$H_{Hall}(\omega)$が最適だったということでしょう．本来ホールで聞く音楽は，

$$r(t) = \mathcal{F}^{-1}[\mathcal{F}\{s(t)\} \times H_{Hall}(\omega)] \quad \cdots\cdots\cdots\cdots\cdots\cdots\cdots\cdots\cdots\cdots\cdots\text{(C6-1)}$$

です．ここで$\mathcal{F}$はフーリエ変換，$\mathcal{F}^{-1}$は逆フーリエ変換，$s(t)$はクラリネット，$r(t)$は光る柱のよう聞こえる音，$H_{Hall}(\omega)$はホールのチャネル応答・伝達関数です．これをエレキじかけのオーディオ機器で聞いた場合の音$r_A(t)$は，

$$r_A(t) = \mathcal{F}^{-1}[\mathcal{F}\{s(t)\} \times H_{Hall}(\omega) \times H_{Audio}(\omega)] \quad \cdots\cdots\cdots\cdots\text{(C6-2)}$$

と，録音マイクから複数の媒体を経る伝達関数$H_{Audio}(\omega)$を含んでいます．$H_{Audio}(\omega) = 1$であれば，まばゆい光の柱のような音が聞こえるはずですが，どうしても$H_{Audio}(\omega) \neq 1$です．音響システムは忠実に再生するものが本質と私は思いますが，現実は$H_{Audio}(\omega) \neq 1$です．オーディオ・マニアの方には酷かもしれませんが，私はこう思います．

　そういう自分も唯一大音響で聞けるカー・オーディオには相当つぎ込みましたが，いまだいまひとつです．

無線通信とディジタル変復調技術

第7章
現代のディジタル無線通信のコア技術「スペクトル拡散通信」

❖

直接拡散方式，周波数ホッピング方式，チャープ方式，タイム・ホッピング方式の
それぞれの原理と特徴を知り，
スペクトル拡散通信が使われる理由を考えていきます．
そして，IEEE 802.11b, Bluetooth, ZigBee, GPSなどでの利用状況を見ていきます．

❖

7-1　なぜスペクトル拡散通信か

　スペクトル拡散通信(以降，Spread Spectrum；SS通信と略す)は，無線産業界に認知されてから長い年月が経とうとしています．現在では携帯電話のcdmaOneやFOMAなどに，SS通信技術の一つであるCDMA方式が応用されています．何気なくCDMA方式の携帯電話を使っている人が多いと思いますが，実は，その技術や性能は驚きに値するものなのです．
　たった十数年前，日本のSS通信研究の黎明期では，無線通信技術者がSS通信やCDMA方式に対し**本当に実現できるのか**という疑問を投げかけていたことがありました．しかし現在は，各種の実用化がなされ，3G(3rd Generation：第3世代)と呼ばれる携帯電話の世界的規格にもCDMA方式が採用されました(FOMAも3G携帯)．つまりその性能の高さはだれもが認めることとなりました．
　この章では，そのSS通信技術についてわかりやすく説明していきます．また，3G携帯をはじめとしたCDMA方式については，次の章で詳しく説明します．

● 疑問だらけのSS通信
　たしかにSS通信の考え方は，初めて見る人にとっては疑問だらけです．これから説明する**符号で拡散する/分割する**という考え方自体にも違和感を感ずるかもし

れません．しかし，つかみどころのないようなSS通信も，**実際は従来技術の考え方の延長線上にあるのだ**ということを念頭に置けば，それを切り口として理解することができます．私も最初は，"わけわからん状態"でしたが，結局はディジタル変調の一種だと気づきました．恐れることはありません．

● **SS通信の特徴**

SS通信には，以下に挙げるような特徴があります．これらが現代の主役に登りつめた理由とも言えるでしょう．

- 高い通信品質が得られる（雑音，干渉，妨害，混信に強い）
- マルチパス・フェージングに強い（詳細は以降で説明）
- 秘話性，秘匿性がある（と言われていたが，標準化が進んでいる現在では，それほど注目されていない）
- 符号分割多重通信ができる（CDMAのこと．逆に無線LANではあまり活用されていない）
- CDMAでは，通信できる局の数，つまり多くのユーザを収容できる（FDMAやTDMAと比較した場合．FDMA，TDMAについては後述p.248）．ただしCDMA技術だけではなく，いろいろな技術を融合して収容数を増大させている
- 軍用，深宇宙通信でも使用されている（実用化は実はこちらが先）

● **SS通信の起源と現在**

起源をたどると，SS通信の考え方自体は古くからあり，各種の研究がされてきました．さらにその種としてはSF小説や専門外の人（女優! Ms. Hedy Lamarr, 1913～2000）による特許（No.2,292,387；1941年成立）などにも見ることもできます．

これらの実用化は，1940年ごろアメリカの軍事技術に端を発します．SS通信方式は秘話性や秘匿性と，干渉に強いという特徴を持っているので，軍事用として最適な方式でした．同じく軍事技術であったGPSにもSS通信技術が測位用，測距用として使われています．

また，深宇宙探査衛星など，光速でも数分から数十分かかる距離からの画像伝送にも使われています．これらの技術が民需転換と最近のディジタル信号処理技術（LSI技術とDSP技術の革新によるところが大きい）により，我々一般の人々にも使われ始めているわけです．

軍事技術でのSS通信のメリットが，我々の民需でも同様に**高い性能**として開花

したことは，高いポテンシャルを持つSS通信技術が，目的がいかようであれ，その素質は共通して充分利用価値があるということを物語っています．

▶日本でのSS通信の歴史

アメリカでは1985年にSSバンドが開放になり，各種の実験システムが開発され製品の販売が開始されました．これを受けて日本もSS通信の研究が始められ，以下のような歴史をたどってきています．現在では，実用化という意味では日本が一番進んでいるのかもしれません．

- 1987年，電子情報通信学会にSS研究会発足
- 1992年，日本でも2.4GHzでSSバンドが開放
- 1998年からcdmaOneによるSS-CDMA携帯電話がサービス開始
- 2001年からFOMAによる第3世代(3G)携帯電話がサービス開始

▶SS通信技術の応用例

その現在のSS通信の応用例を以下に示してみます．これを見てもわかるように，いろいろな方面で応用されています．

- cdmaOne
- 3G CDMA(FOMA，cdma2000)
- GPS
- 無線LAN(2Mbps DS/FH；IEEE 802.11，11Mbps DS；IEEE 802.11b)
- 深宇宙探査衛星
- ディジタル機器の電磁放射対策(クロックもれなど)への応用
- Bluetooth，ZigBee

7-2　SS変調の基本を理解しよう

第3章，第4章とねちっこくディジタル変復調を説明してきました．実はここがわかれば，SS変調はかなりのところがわかったといえます．これらの章の内容と対比してSS変調とはなんなのかを以降に説明していきましょう．

● 従来の変調方式からSS通信を理解する

第4章4-4の中の「スペクトルの幅，そして形状」では2400bpsと4800bpsでBPSK変調した違いを説明しましたが，重要なのであらためてここでピックアップして

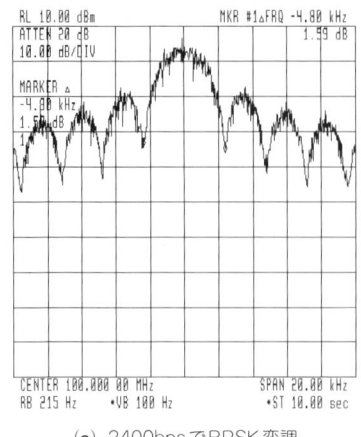

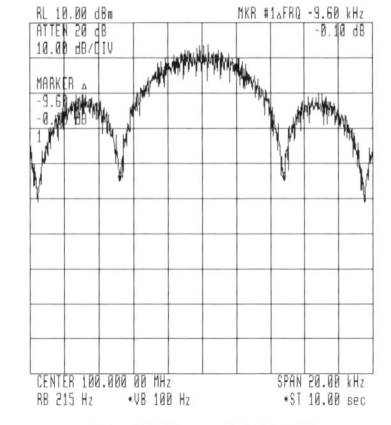

(a) 2400bpsでBPSK変調　　　　　　　　(b) 4800bpsでBPSK変調

[図7-1] 2400bpsおよび4800bpsでBPSK変調(図4-18再掲)

みます．また図7-1に，図4-18を再掲します．

── スペクトルの周波数帯域は広がっていますが，スペクトル形状自体はどちらもsinc関数，つまり同一ということです．シンボル・レートに比例して，同じスペクトルが周波数軸に対して幅が広くなったり狭くなったりしているだけといえます ──

つまりベースバンド周波数が高速になれば，それに応じてスペクトルも広く周波数軸に対して広がることになります．なんらかのベースバンド信号よりも高速な信号をベースバンド信号に掛け合わせて(よりSS通信らしく言えば，拡散変調[※1]を行って)，見かけ上のベースバンド周波数をアップできれば，スペクトルを広く広がらせる(拡散させる)ことができるということです．

この考えをもとに，以降に説明する方法で，ベースバンド周波数軸のスペクトルを拡散するのがSS通信の基本です．**拡散**というとなんだか意味ありげに聞こえますが，スペクトルの幅を強制的に広げる，引き伸ばすこと，それが**拡散している**ということなのです．

また，再確認という意味あいも含めて言いますと，スペクトルを拡散するとはいえ，スペクトル自体の形が頭がつぶれて平たくなるわけではなく，スペクトルの形

※1：p.223で示すように拡散変調は2次変調とも呼ばれる．

状は同じままで帯域が広がることに注意してください.

なお上記の例は，以降に説明する各種SS通信方式のうち**DS方式**の基本になります．DS方式以外にも方法がありますので，それらについては次の節を見てください．

● **SS通信の拡散変調方式**

SS通信の基本方式は大きくわけて，

(1) 直接拡散(DS：Direct SpreadまたはDirect Sequence)方式
(2) 周波数ホッピング(FH：Frequency Hopping)方式
(3) チャープ(Chirp)方式
(4) タイム・ホッピング(TH：Time Hopping)方式

の4種類があります．また，それらの技術をそれぞれ融合したハイブリッド方式も実用化されています．

▶ **直接拡散(DS)方式**

図7-2のように，もとの信号スペクトルを，ベースバンド信号の速度よりも高速な速度の**拡散符号**という**疑似ランダム・データ列**[※2]を使って，強制的に，より広い帯域に広げ(拡散させ)ます．またこの符号はPN(Pseudo Noise；疑似雑音)符号とも言います．詳しくは7-4で説明します．結果的にみかけ上のベースバンド周波

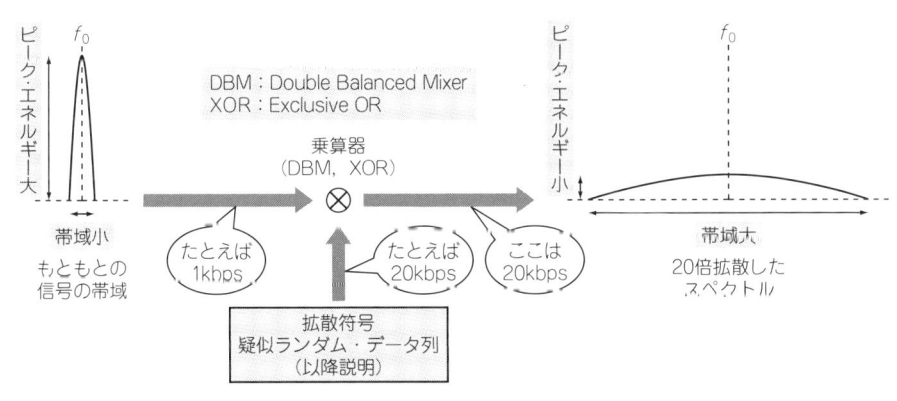

[図7-2] DS方式は高速な拡散符号を掛け合わせてスペクトルを広げる

※2：拡散符号や疑似ランダム・データ列については，すでに第3章のColumn 1「ランダム・データ」でPRBSとして簡単に触れてきた．次の節でより詳しく説明する．

数をアップさせ，スペクトルを広げる操作がスペクトルを拡散することです．

携帯電話のcdmaOneやFOMAもDS(CDMA)方式ですし，GPSやZigBeeもDS方式です．また11Mbps無線LAN(IEEE 802.11b)もこの拡張方式です．

▶ 周波数ホッピング(FH)方式

図7-3のように，元々の信号スペクトルの周波数を切り替えて伝送することで，スペクトルをより広い帯域に広げます(拡散させます)．周波数の切り替えは疑似ランダム・データ列を用いて行います．

図7-4のように，1シンボル以下の速い周期で切り替えるものを高速FH，一方，複数のシンボルにわたって一つの周波数に留まるものを低速FHと呼んでいます．1～2MbpsのIEEE 802.11無線LAN[※3]はFH方式が多く(DS方式もあった)，低速

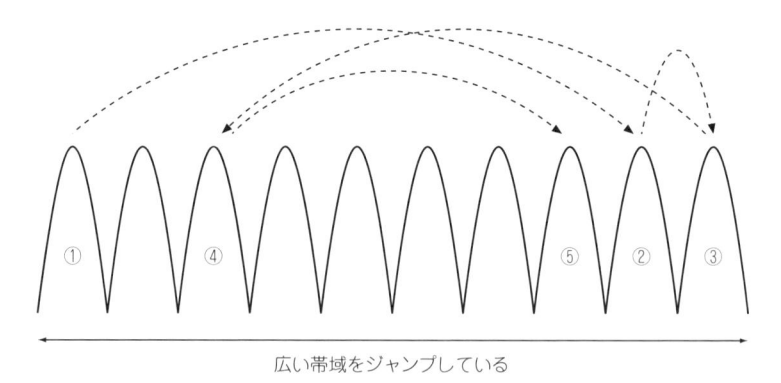

[図7-3] FH方式は周波数を切り替えてスペクトルを広げる

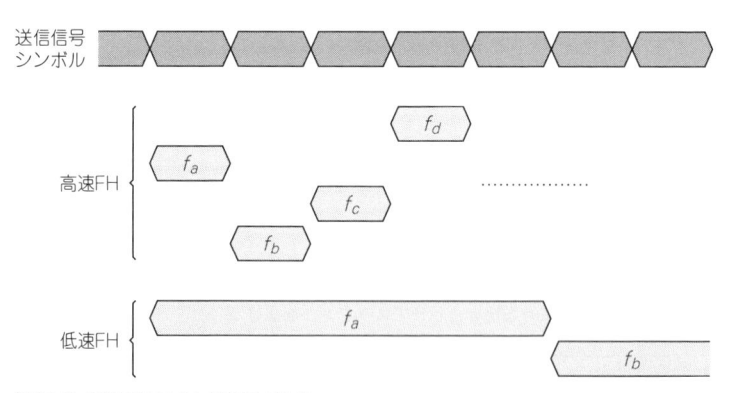

[図7-4] 高速FH方式と低速FH方式

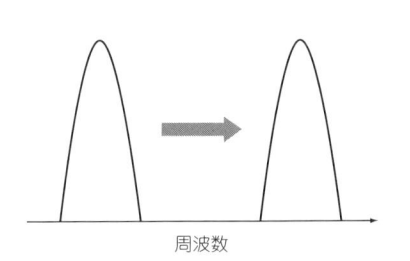

[図7-5] チャープ(Chirp)方式

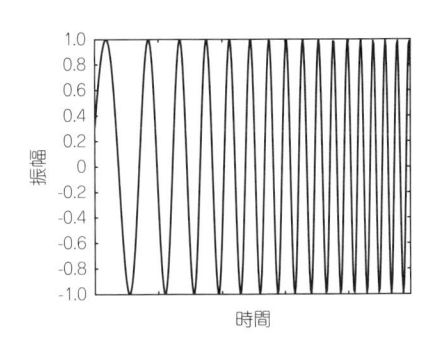

FH方式が用いられています．またBluetoothも低速FH方式（低速といってもFHの切替速度は結構高速）です．

▶ チャープ方式・タイム・ホッピング方式

　三つ目はチャープ(Chirp)方式と呼ばれるもので，**図7-5**のようにキャリア周波数を連続して変化させていきます．しかし国内外でも，チャープ方式の製品や実施例は，ほとんどありません．またTH(Time Hopping)方式は，バースト送信タイミングを変化させるものですが，これも一般的ではないので詳細は割愛します．

▶ ハイブリッド方式

　ハイブリッド方式は，上記の二つ以上を組み合わせた方式ですが，DSとFHのハイブリッド方式が一般的です．SS通信方式でもDSはDSの，FHはFHの良いところと悪いところがありますが，ハイブリッド方式はお互いの良いところを生かした通信方式を実現できます．

● SS通信の特徴：秘話性と秘匿性

　SS通信の特徴として，秘話性と秘匿性があります（現在応用されている用途や製品では，これらを特徴としていない場合が多い）．

　秘話性は，これから説明する**拡散符号**を用いて通信を行うために，通信の**秘密**が守られるというものです．送受信おのおのは取り決められた拡散符号を用いている（詳細は後述）ので通信できますが，他人にどんな符号を用いているのかを知られなければ，その通信の内容を解読することができません．

※3：a/b/gなどのサフィックスなしの一番古いもの．ビット・レートが中途半端だったため11bのように爆発的には売れず，市場で少数だけ販売された．

同様に秘匿性は，広くスペクトルを拡散して通信をするため，他人には，その通信を行っているかどうかさえもわからないということです．秘匿性の説明として，拡散されることにより帯域あたりの電力(電力密度)が低下し雑音レベルに近づくため，信号と雑音の見分けがつかない，ということも紹介されていますが，実際の(現在の)各種の無線通信応用では，ほぼ現実的ではありません．

● **1次変調と2次変調**

以降で**1次変調**と**2次変調**という用語が出てきますが，これはSS通信に特有な用語です．ここで理解を進められるように，図7-6を交えて以下に意味を説明します．

▶ **1次変調**

これはここまで説明してきたディジタル変調のことで，過去からのアナログ変

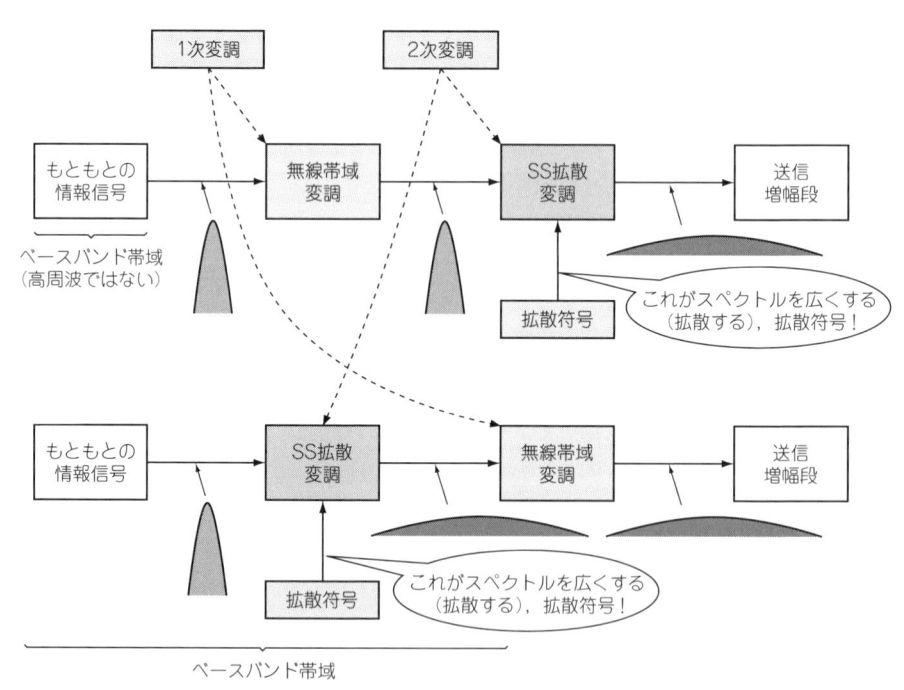

[図7-6] SS通信に特有な1次変調と2次変調の考え方

調の時代も考慮して定義してみると**信号変調/情報変調**であるといえます．もともとの情報をキャリアに乗せることです．

▶ 2次変調

これがSS通信方式の主役である，p.218の**なんらかの信号をベースバンド信号に掛け合わせる**という，**拡散変調**です．拡散変調で見かけ上のベースバンド周波数をアップし(DS方式の場合．FH方式の場合は，周波数を切り替える操作のこと)，スペクトルを広く広げることができます．

▶ 1次変調と2次変調は，どちらを先に行うか

図7-6では，1次変調と2次変調の順序が逆になった二つの例を示しています．次の7-3に具体的に示していますが，DS方式ではスペクトルを拡散する2次変調をディジタル信号(ビットやシンボル)の状態で処理してしまうことが多く，FH方式ではディジタル変調をしたあとに2次変調を行う方式(それも低速FH)がほぼ主体です．

これはそれぞれ回路の作りやすさから，このような二つの例になっているのです．単純な数学的な表現をするだけであれば，どちらを先に行っても性能や特性は同じとも言われますが，実際の回路となると，いろいろなファクタが重なり合い，性能や構成のしやすさという点で，最適な構成というものが存在します．

なお，ここの説明では高周波回路の部分は省略してあります．2次変調を後に行う場合には，一般的には中間周波数でこの処理を行います．1次変調をあとに行う場合についても，中間周波数で変調処理を行うシステムが多いことは，第3章3-3の「簡単な無線データ伝送システムの構成」の項で説明したとおりです．

7-3　DS変調(拡散)をより詳しく理解しよう

図7-7，図7-8はDS方式の変調回路の構成です．図7-6で示した2種類の構成方法それぞれを示しています．

● **方式1(1次変調が先)**

構成方法の一つを図7-7に示します．こちらは1次変調を先に行うものです．しかしこの方式が製品に採用されることは，最近，ほとんどありません．送信データは1次変調回路に入力されます．ここで送信データ自体の変調操作(情報変調)を行います．FSK，PSKなどのディジタル変調がキャリアに対してかけられます．

1次変調(ディジタル変調)された信号は，次に2次変調の拡散変調回路に入力されます．2次変調回路では，拡散符号(7-4で説明)の疑似ランダム・データ列によ

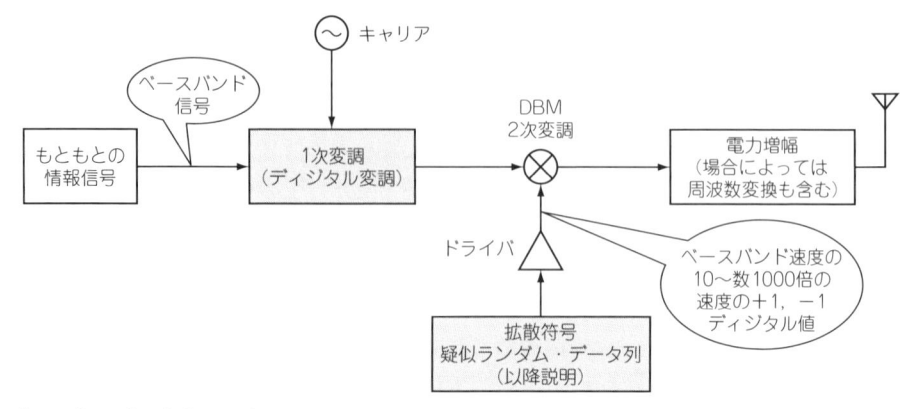

[図7-7] DS変調方式，1次変調が先のもの（最近の製品に採用されることはまれ）

図中ラベル：キャリア／ベースバンド信号／もともとの情報信号／1次変調（ディジタル変調）／DBM 2次変調／電力増幅（場合によっては周波数変換も含む）／ドライバ／拡散符号 疑似ランダム・データ列（以降説明）／ベースバンド速度の10～数1000倍の速度の＋1，－1ディジタル値

り，シンボルごとに乗算処理が行われ，シンボル・レートよりも速いレートの信号に変換(10～数1000倍)，つまりSS変調されます．

第4章で，シンボル・レートが速くなれば帯域が広がることを示しましたが，この高速度変調により，信号のレートが見かけ上高速化され，スペクトルを広げます．

拡散符号，疑似ランダム・データ列については，次の7-4で詳しく説明します．繰り返しになりますが，この2次変調が実際のSS変調なのです．

DS方式の場合，2次変調の拡散変調方式はPSK方式が多く用いられています．この場合は，DBM(Double Balanced Mixer)などの乗算動作のできる素子が使われ，乗算処理を行います．

● 2次変調でのスペクトル拡散のための掛け算（乗算）とはなんだろう

第3章3-9の「PSKと位相と周波数と乗算するということ」の項でPSKの乗算動作について説明しました．またPSK変調自体が**乗算**であると説明してきました．

DS方式における2次変調で乗算処理されることは，この第3章で示したPSK変調とまったく同じです(2次変調をPSKでかける場合)．情報変調が**スッピン**のキャリアに対してベースバンド信号で変調をかけることと同様，この2次変調は**1次変調/情報変調**された変調波に対して拡散符号で変調をかけます．ただ，変調処理する対象が違うだけで，やっていることはまったく一緒です．もう一度，理解を深めるためにこのことを**表7-1**にまとめてみましょう．

[表7-1] 乗算処理：PSK変調とDS方式2次変調は同じこと

変調処理の種類	入力される信号	乗算される情報	できあがる信号
情報変調	「スッピン」のキャリア	ベースバンド信号	ディジタル変調(情報変調)された信号
2次変調	「1次変調・情報変調された」変調波	拡散符号	スペクトルが拡散された信号

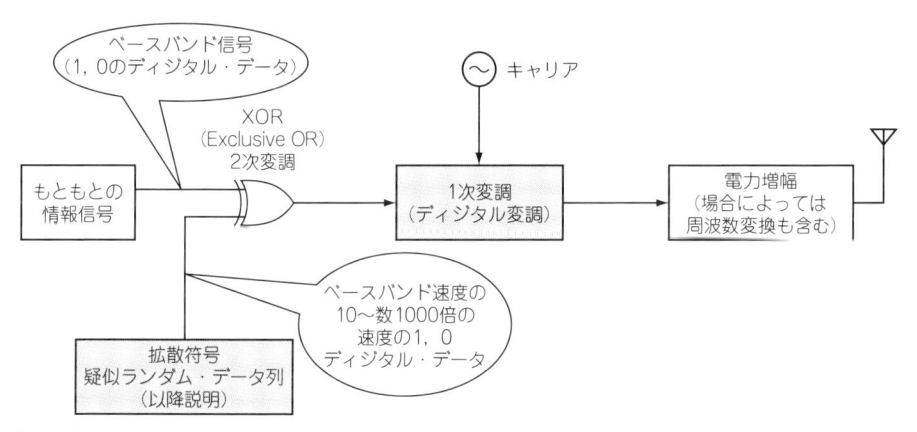

[図7-8] DS変調方式，2次変調が先のもの

● **方式2（2次変調が先）**

　図7-8は，別の構成方法です．送信データ自体が拡散符号により最初にディジタル的に高速度変調（拡散）されます．具体的な方法としては，送信データを拡散符号とXORします．XORは乗算と同じ処理です（理由は後述）．つまり1次変調に先だって2次変調が行われています．

　このディジタル信号で，FSK，PSKなどのディジタル変調回路を用いてキャリアに変調（1次変調/情報変調）をかけると，そのままでスペクトルが拡散された信号になります．

　実際には，この方式の方がディジタル回路のみ（さらにはXORの1ゲート）で拡散を実現できるので，回路がとても簡単な構成になります．ディジタル変調を行うときにフィルタリングができるため，必要な帯域以外のスペクトルを低減させる（スペクトル形状を変える）こともできます[※4]．

　このため，現実の無線通信システムではこの方式が大半を占めています．

※4：実際の無線通信システムではSS通信といえども，複数の周波数チャネルをもち，周波数分割して運用されている．そのため，第4章で説明した**隣のチャネルへの影響**という点がとても重要になる．

● **方式2を使って，DS変調方式をやさしく理解しよう**

ディジタル・データの1/0で，DS方式を(いわゆるベースバンド的に)やさしく理解してみましょう．例えば，拡散符号の長さを5(とても短く，また拡散符号とも言えないものだが，理解しやすいように5にしている)の"11010"として考えてみます．

図7-9を見てください．一番上は送信データ・ビット，次は拡散符号(1ビットあたりに拡散符号の長さ分(1周期)を割り当てている)，下の二つがXORされた，つまりディジタル的に拡散された，DS変調信号です．

DS変調信号は，送信データ・ビットが"0"のときは，拡散符号自体の"11010"です．送信データ・ビットが"1"のときは，XORされることで，拡散符号が反転し"00101"になっています．**何だそれだけ？**と感じるかもしれませんが，**基本はそう，それだけです．**つまり，

- 拡散符号を"11010"(長さを5)としてみる

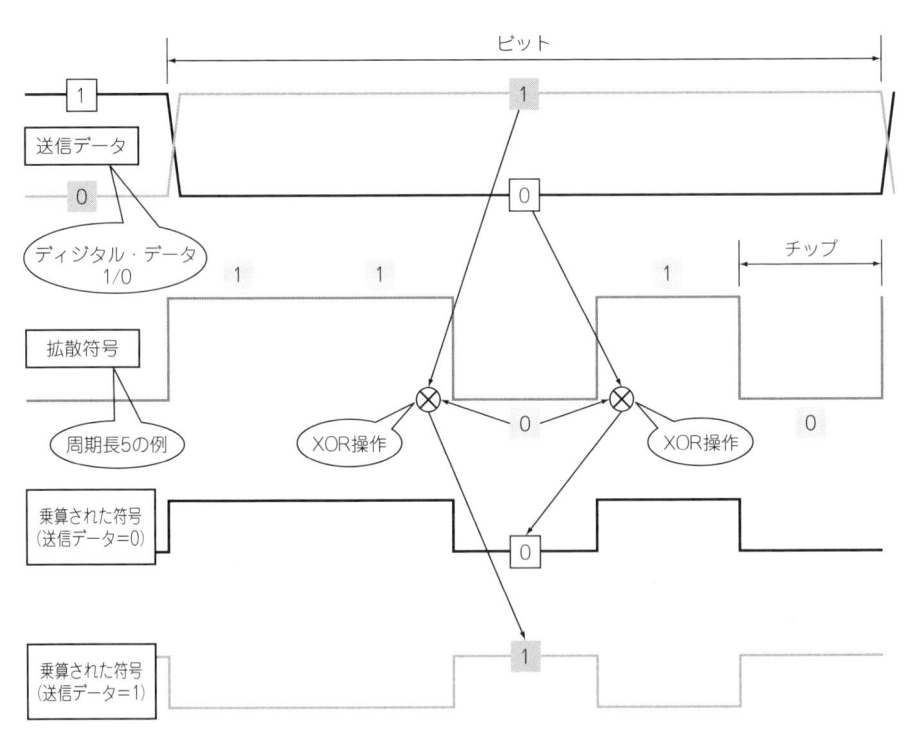

[図7-9] DS変調のビット/チップの関係をディジタル・データで示してみる

- 送信データ・ビットが"0" ⇒ DS変調信号は"11010"
- 送信データ・ビットが"1" ⇒ DS変調信号は"00101"

ということです．送信データが"1"のときは，チップごとに比較してみても（XORするのだから当然だが）**反転**していることがわかりますね[※5]．

> **注意**
> なお，次の節でXORについて説明していますが，これ以降，一部の説明をBPSKと同様にビット"0"を"＋1"，ビット"1"を"－1"として説明していきます．こうすれば拡散，逆拡散のプロセスをすっきりと理解できます．どうぞご注意ください！

● **XORが乗算回路**だというのはなぜだろう？

XORが乗算回路？と不思議に思った方も多いと思います．なぜ乗算回路になるかを以下に説明してみましょう．

図7-10を見てください．（a）はXORの真理値です．これを第3章3-8の「位相を変えるPSK変調」の項での説明のように，＋1V，－1Vという電圧レベルに変換してみます．これが（b）の変換ルールのところです．この変換ルールで注意したいところは，"0"が－1Vではなく，"1"を－1Vにしています（XNORの論理だとすると，"0"が－1Vでつじつまが合う）．

この変換ルールにしたがって，（a）の真理値表を（c）のように電圧レベルに変換

A	B	Y
0	0	0
0	1	1
1	0	1
1	1	0

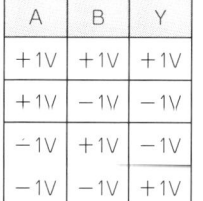

0 ➡ ＋1V
1 ➡ －1V

A	B	Y
＋1V	＋1V	＋1V
＋1V	－1V	－1V
－1V	＋1V	－1V
－1V	－1V	＋1V

(a) XORの真理値表　　(b) 変換ルール　　(c) 変換ルールでの電圧レベル（乗算になっている！）

[図7-10] XORの真理値表から乗算の意味合いに変えていく

※5：この送信データ・ビットが連続して反転している，つまり拡散符号が1周期ごとに反転している状態が，p.233に説明するような**自己相関特性**(奇相関)では重要になる．

7-3　DS変調（拡散）をより詳しく理解しよう | 227

してみると，A×B＝Yという掛け算になっていることがわかりますね．そう，XORはディジタル回路での**乗算**なのです．

● 最後にもう一度

ここで最後にもう一度繰り返しておきますが，スペクトル拡散変調とはいえ，拡散することで特段にスペクトルの形が平たく変形するというものではなく，ただ単に見かけ上のシンボル・レートが高速になることで，sinc関数の形をしたスペクトルの幅が周波数軸に対して広くなっているだけなのです．

7-4　拡散符号(疑似雑音符号)をより詳しく理解しよう

DS変調方式について概要を説明してきましたが，ここでいったん話を踏み込んで，**拡散符号**について理解してみましょう[6]．

● 雑音の性質をもつ拡散符号

ここまで**拡散符号**という疑似ランダム・データ列が説明の中に出てきました．この考え方がSS通信では非常に重要です．**拡散符号**はPN(Pseudo Noise；疑似雑音)符号とも呼ばれます．以降はPN符号として説明していきます．またCDMA携帯電話ではWalsh符号という，ちょっと異なる符号も使います．Walsh符号については次の章で詳しく説明します．

まず，以降の説明の理解を助けるために，最初にキー・ポイントを表7-2に示してみましょう．

[表7-2] 拡散符号であるPN符号のキー・ポイント

・データ列はランダム性と周期性をもっている
・ランダム性：元々は単なる1，0(－1，＋1)のランダム・データの並び
・1(－1)と0(＋1)の数がバランスが取れている
・周期性：ランダムの長さが有限(ランダム・データ列が有限の長さ)
・有限のランダム性をもつデータを繰り返して使用する
・この有限の長さを「周期」という
・その他のキーワードは「自己相関と相互相関」
・「チップ・レート」とは拡散符号のビット・レートのこと

※6：拡散符号の説明をここでしているのは，拡散符号の知識はDS変調を理解することに必要で，さらに以降の復調(逆拡散)などの理解のためには，拡散符号が何かをよく理解しておく必要もあるため．

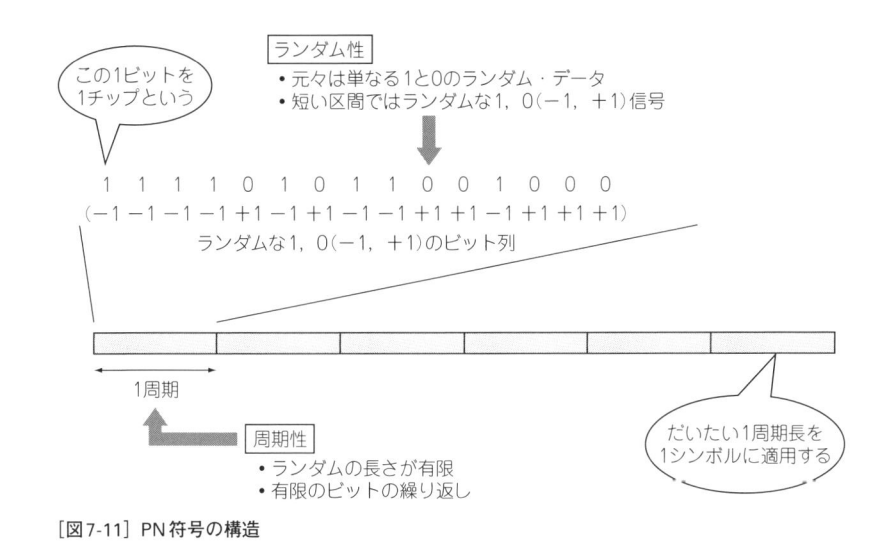

```
        ランダム性
        ・元々は単なる1と0のランダム・データ
この1ビットを   ・短い区間ではランダムな1, 0(-1, +1)信号
1チップという
                    ↓
        1  1  1  1  0  1  0  1  1  0  0  1  0  0  0
       (-1 -1 -1 -1 +1 -1 +1 -1 -1 +1 +1 -1 +1 +1 +1)
        ランダムな1, 0(-1, +1)のビット列
```

1周期

周期性
・ランダムの長さが有限
・有限のビットの繰り返し

だいたい1周期長を
1シンボルに適用する

[図7-11] PN符号の構造

● PN符号とは

　PN符号は，**図7-11**のように有限のビット長のビット列です．さらにそのビットの並びがランダム性をもっているもののことです．ランダムとは，ビット列がなんらかのパターンの繰り返しをもたないことを意味します．それはデータ一連のつながりの短い区間では，ランダムな1, 0(-1, +1)信号になっているということです．

　PN符号はランダムなビット列ですが，一方で有限ビット長なので繰り返しがあり，これを**周期**と呼んでいます．本当の雑音はまったくのランダムで繰り返しの周期がありません．つまりPN符号は，

性格は雑音に似ているが「周期」があるために「擬似的」な雑音である

という定義になります．この**ランダム性**と**周期性**の両方があるからこそ，SS通信が成り立つのです．

● PN符号の作り方の例

　PN符号の一つである，M(Maximum Length)系列という符号の作り方を説明します．ほかにも拡散符号としてGold系列，Barker系列などが使われています[これ以外にもたくさんのPN符号がある．参考文献(12)を参照]．

　M系列のPN符号を生成する回路例を**図7-12**に示します(PN9と呼ばれる9段，

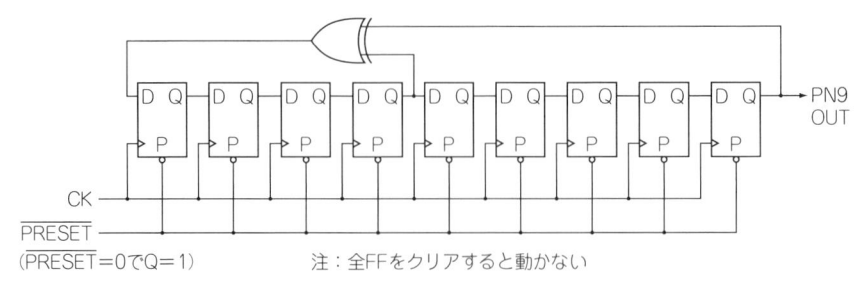

[図7-12] M系列のPN符号を発生させるシフト・レジスタの構成例（実は図C3-1の再掲）

511ビットの例）．この回路はシフト・レジスタで構成されており，D-FFをカスケードに接続すれば作ることができます．このシフト・レジスタの初段に，最終段のレジスタと途中の段のレジスタの値をXORしてフィードバックすることで，PN符号を生成することができます．実はこれは第3章のColumn 1 (p.52)の図C3-1で示した，PRBS-9とまったく同じです．"Pseudo Random" = "Pseudo Noise"というわけなのです．

また，N段のシフト・レジスタから得られる最長のPN符号長mは，

$$m = 2^N - 1 \quad \cdots\cdots\cdots (7\text{-}1)$$

となります．

図7-12の場合は，9段のシフト・レジスタなので，符号長511ビットのPN符号を生成できます．あるシフト・レジスタの段数において，最長の符号長を生成するためには，上記のXORする位置はどこでも良いわけではなく（3入力以上のXORになる場合もある），場所は決まっています．例えば9段で511ビットのPN符号を生成するものは48通りしかありません．逆にいうと511ビットのM系列の符号の種類は非常に少ない数に限定されてしまうということです．

● CDMA携帯で使われるGold系列

Gold系列はCDMA携帯で使われています．これは簡単に作ることができます．M系列で符号の種類が制限されている問題点を打ち破り，多数の種類の符号を作れることが大きなメリットです．

図7-13は，Gold系列の符号発生回路です．ただ単純に二つの同じ周期長のM系列のPN符号をXOR（乗算）して，それを新しい符号とするだけです．

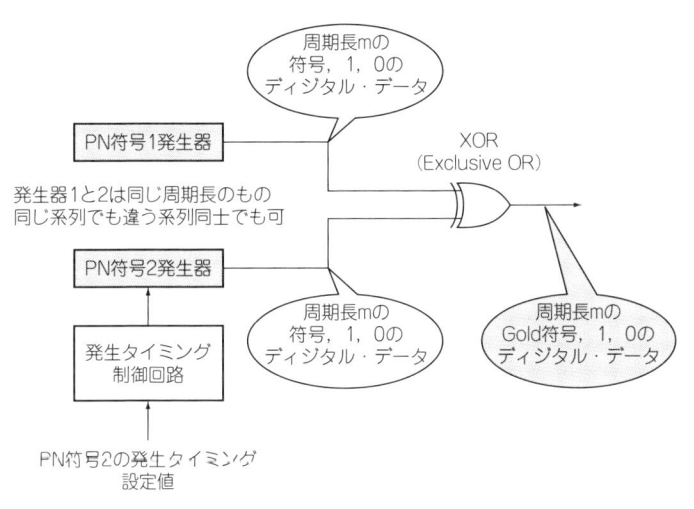

```
                    ┌─────────────┐
                    │ 周期長mの    │
                    │ 符号，1，0の │
                    │ ディジタル・データ │
                    └─────────────┘
                            │
    ┌──────────────┐       │        XOR
    │ PN符号1発生器 ├───────┤    (Exclusive OR)
    └──────────────┘       │           ╲
 発生器1と2は同じ周期長のもの            ╲
 同じ系列でも違う系列同士でも可            ═╲
                                          ═══⟩──→
    ┌──────────────┐                    ═╱
    │ PN符号2発生器 ├───────┐           ╱
    └──────┬───────┘       │
           │        ┌─────────────┐   ┌─────────────┐
    ┌──────┴───────┐│ 周期長mの    │   │ 周期長mの    │
    │ 発生タイミング││ 符号，1，0の │   │ Gold符号，1，0の│
    │ 制御回路     ││ ディジタル・データ │ │ ディジタル・データ │
    └──────┬───────┘└─────────────┘   └─────────────┘
           │
   PN符号2の発生タイミング
         設定値
```

[図7-13] Gold系列の符号発生回路

　二つのPN符号は同じもの（同じ系列と呼ぶ）でも，異なるものでも可です．ふたつのM系列のビット列のタイミングをずらしてXORすれば，例えば9段511ビットのM系列同士だと，一つのM系列のPN符号から511個のGold系列を作ることができるわけですね．

● **PN符号の性質（自己相関）**

　図7-14のように，二つの同じ拡散符号同士の1周期分のビット位置を，それぞれXOR（乗算）して，"0"となったビット（つまり比較されたビット同士が等しい）を＋1，"1"となったビットを－1として足し合わせる操作を，片側の符号をローテーション・シフトし順次行っていくと，PN符号は図7-15に示すような特徴があることがわかります．

　この図7-15のグラフを**自己相関関数**と呼んでいます．**相関**の意味合いは，**関連度がどれだけあるか**ということです．符号同士のビット位置が同じ場合は，すべてのビットが等しいのでオール＋1となりますから，最大の値となります（相関が強いという）．それ以外の状態での結果は，－1かそれに近い値になります（相関が弱いという）．

　一方，上記の片一方の符号の全ビットを反転させて同じ操作を行ってみると，ビット位置が同じ場合，マイナスのピークになります．この場合は，符号がすべて逆

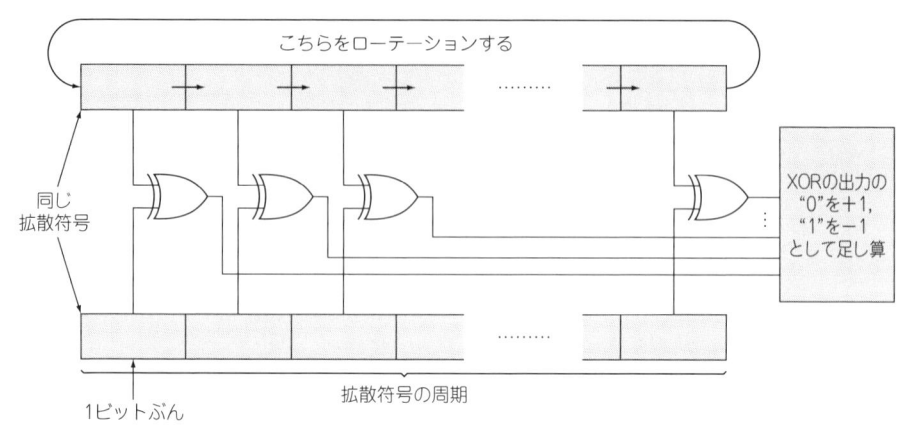

[図7-14] **自己相関の求め方**(回路としての例)

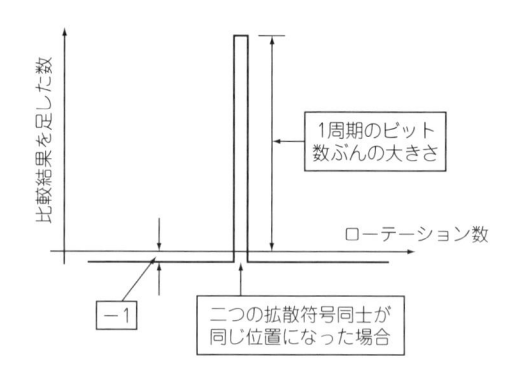

[図7-15] **自己相関関数**

となる強い相関をもつことになります．

　図7-14の回路を，パソコン上でVBやC言語を使ってプログラミングして，例えば図7-11のPN符号を使ってシミュレーションをしてみると，本当にそうなのかがよくわかりますので，ぜひチャレンジしてみてください．

● SS通信はPN符号の相関を用いる

　あらためて説明しますが，PN信号は周期をもっているので，ランダム性はこの符号長(1周期の長さ)の中だけであると思ってください．つまり周期ごとに同じパターンが繰り返されるのです．

SS通信は**送受信間で同じPN符号を用いて**通信を行います．また，自己相関特性のピーク（強い相関）を使い，受信側で復調動作を行います．この考え方は，DS方式，FH方式のいずれでも一緒です．

　またPN，つまり**疑似雑音**の性質から，もしSS変調に使用されている拡散符号が他人にわからない場合，SS変調された信号を受信しても相関が出ないため（これを相互相関という），その信号は雑音にしか見えないことになります．他人の受信機では受信することができないので，秘話通信が可能（秘話性があるという）となります．とはいえ，各種標準化がなされた現在では，これはあまり現実的ではありません．

● 相関特性あれこれ

　ここまで自己相関と相互相関に触れました．SS通信で同じ，もしくは異なる符号同士の関連度を示す指標として，各種の相関特性があるので，ここでまとめてみましょう．

　図7-16には，各種の相関特性を示していますが，これは図7-14の回路を用いているものと仮定します．

▶ 自己相関特性（偶相関）

　これは，上記の**PN符号の性質**に示した**自己相関関数**そのもののことを言います．いずれにしても同じ符号同士をビット位置をずらして相互に比較，相関を計算したものです［図7-16(a)］．また図7-17を見てください．理想的なPN符号は，図7-17(a)のようにピークのところ以外では相関特性は−1ですが，あまり良くないPN符号ではピーク以外のところで**あばれ**が出てしまいます．これを**サイドローブ**と言います．このサイドローブは，符号の特性を示す指標の一つで，小さいほど良い符号であると言えます．M系列やGold系列（全部ではない）など**純正なPN符号**は，サイドローブは出てきません．

▶ 自己相関特性（奇相関）

　これは，同じ符号同士を用いるのは変わりませんが，片側のPN符号が1周期ごとに反転しているものと，もともとのPN符号とを，ビット位置をずらして相互に比較し相関を計算したものです［図7-16(b)］．つまり片側が101010……を繰返した連続ビットでDS変調されているものとして考えればよいでしょう．

　PN符号が1周期ごとに反転しているので，データ"0"からデータ"1"（もしくはその反対）に切り替わるとき，PN符号のつながりに**乱れ**が生じるため，相関特性が悪くなります．この特性が奇相関です．このようすを図7-17(b)に示します．

　あるPN符号とそれを反転しているPN符号なので，きちんと図7-17(b)のよう

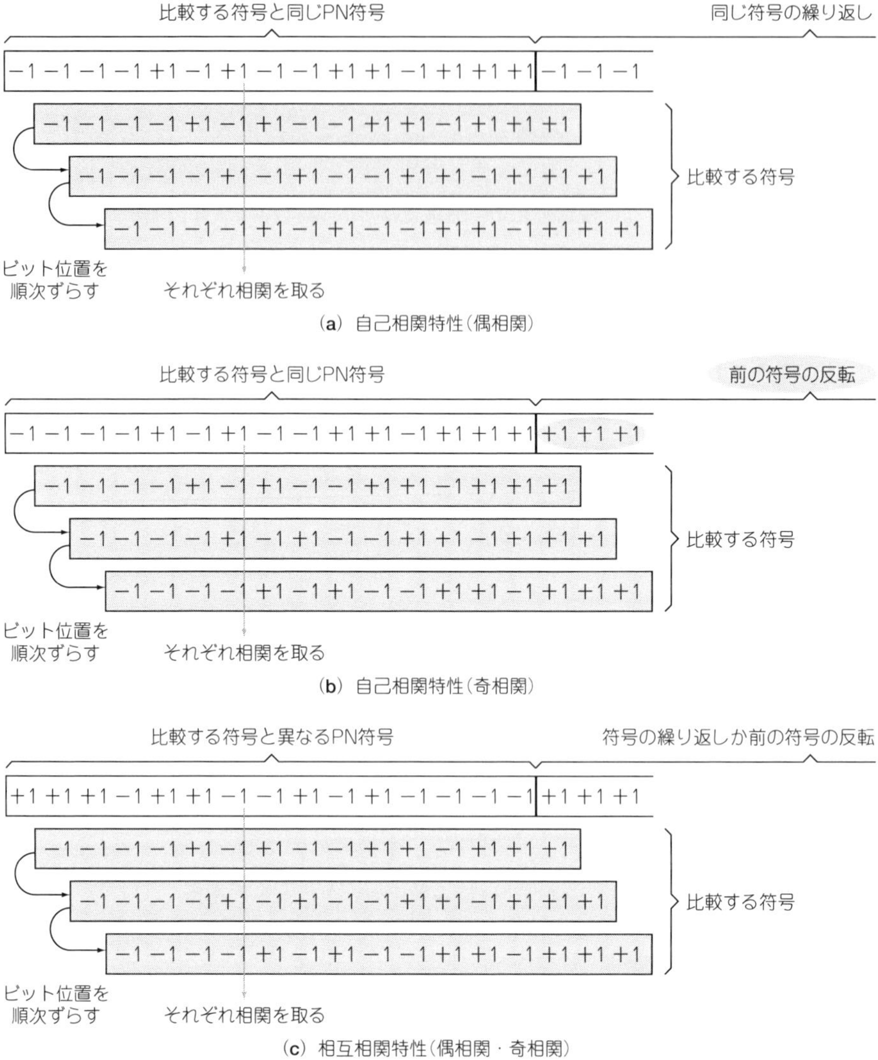

[図7-16] **相関特性あれこれ**(図7-14の回路を用いているものと仮定)

にピークはそれぞれ現われます．またデータが101010……と反転しているので，プラス側のピークとマイナス側のピークが交互に出ています(ピーク部分は偶相関部分であり，奇相関特性部分とはいえないが)．しかし，ピーク以外の部分では

(a) 偶相関

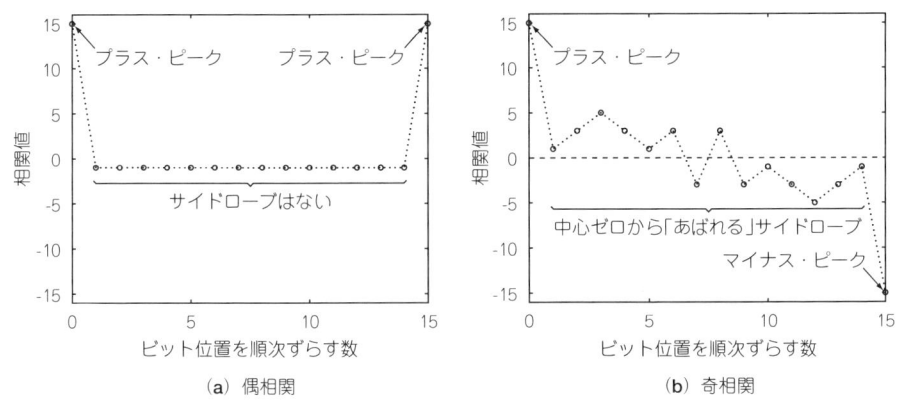

(b) 奇相関

[図7-17] 相関特性とそれぞれで現れるピークとサイドローブ

PN符号のつながりの乱れによる**あばれ**，つまりサイドローブが出ています．奇相関の方が偶相関と比較してもサイドローブが大きく出てしまいます．ここでもサイドローブが小さいことが良い符号を示す指標の一つです．

▶ **相互相関特性（偶相関・奇相関）**

ここまでの同じ符号をもとにした相関ではなく，異なる符号同士で相関を取ったものを相互相関特性と言います．ここでも自己相関と同じように偶相関，奇相関それぞれの特性を評価します．

ここでのキーポイントとしては，なるべく相関のない符号同士が相性が良いということです．それだけ，相手が雑音的に見えて，影響を受けなくなるためです．

▶ **よい符号を選択する**

これらの指標によって適切な符号を選定しますが，符号自体の偶相関特性が良好で，奇相関特性および相互相関特性の小さい符号や符号同士が良いものとされます．

● **拡散符号と拡散率**

▶ **それぞれのシンボルにPN符号を割り当てる**

PN符号は符号の周期ごとにピークが出るので，図7-18のように1シンボル，1ビットあたりに1周期以上を拡散符号として割り当てるようにします．実際は，1シンボル，1ビットあたり1周期のものがほとんどです．

▶ **チップ・レートとチップ**

拡散符号のビット・レートのことを，送信データやベースバンド信号のビット・

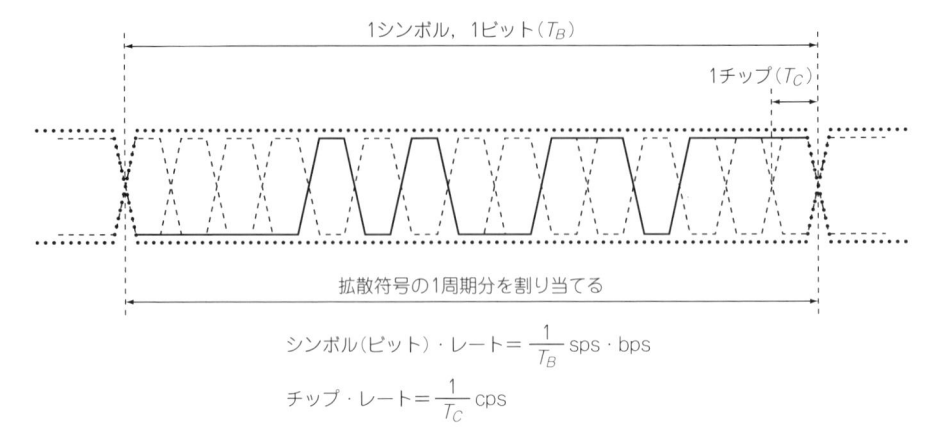

[図7-18] シンボル長と拡散符号の周期の関係

$$\text{シンボル(ビット)・レート} = \frac{1}{T_B} \text{ sps・bps}$$

$$\text{チップ・レート} = \frac{1}{T_C} \text{ cps}$$

レート(シンボル・レート)と区別するために，**チップ・レート**と呼び，cps(Chip Per Second)で表わされます．拡散符号の1ビット自体もまた，**チップ**と呼びます．このようすを図7-18に示します．

当然，ビット・レート(シンボル・レート)とチップ・レートでは，チップ・レートの方が高速で，1:11〜1:1023程度の製品が実用化されています[*7]．

ビット・レート(シンボル・レート)よりもチップ・レートを早くする(周波数として大きくする)ことで，乗算された，つまりSS変調された信号のスペクトルが拡散されることになります．1:11なら11倍のスペクトル幅に拡散されます．

▶ 拡散率の定義

拡散率(SF；Spreading Factor)は，DS方式の場合は1シンボルに対しての拡散符号のチップ数として定義されます．FH方式の場合は(詳細は後述)，ホッピングする(切り替える)チャネル数として定義されます．

本来のSS通信の考え方としては，拡散率を上げ，秘話性，秘匿性，耐干渉性を向上させることが目的と考えられます．しかし，とくに無線LANなどでは拡散率を下げ，電波法で定められた周波数帯域幅の中でどれだけ多くの情報量が送れるかの競争になっています．拡散率は最小にし，SS方式のメリットを最小限とし，スループットを向上させる方向に流れています．

なお，電波法による拡散率の規定は，アメリカ(FCC Part15.247)，ヨーロッパ

※7：3G携帯のW-CDMAでは可変量の4〜512が割り当てられる．ただし第8章で説明するように，ここで説明したPN符号そのものが用いられるのではない．

[表7-3] 国ごとの電波法での拡散率

地域	技術基準	拡散率(DS)	拡散率(FH)	測定方法
米国	FCC Part15.247	規定なし	15	DS相当はスペアナで6dBダウンした帯域で定義．500kHz以上必要
	過去の受信機の処理利得測定は改正でなくなった			
欧州	ETS 300 328	規定なし	20/15 (条件で異なる)	スペアナで100kHz帯域で30dBダウンした値を帯域と定義
	以前DSはビット・レート250kbps以上だったが現在はとくに規定なし			
日本	ARIB STD-33，STD-T66 ()はSTD33	5(10)	5(10)	スペアナで90%電力帯域幅を拡散帯域幅と定義
	STD-T66では，OFDMや従来のASK，FSK，PSKも認められている			

(ETS 300 328)，日本(ARIB STD-33，STD-T66)の技術基準では，表7-3のようにそれぞれ異なっています．とくに拡散率の小さい製品を設計する際には，それぞれの拡散率の定義や測定方法が合致しているかどうかを確認することが大切です．

また，それぞれ技術進歩，情勢に応じて規格が変更になったりしています．

7-5　DS復調(逆拡散)をより詳しく理解しよう

拡散符号の乗算により，帯域がもともとのスペクトル幅から広がった送信信号は，受信側では**逆拡散**というプロセスによりSS変調された受信信号から，ベースバンド信号で1次変調された信号を抽出します．

● DS方式の逆拡散

逆拡散の具体的なやり方(回路)は，アナログ的に処理する方法とディジタル的に処理する方法があります．最近はディジタル的に処理する方法が主流になっています．

また，**純数学的**には，逆拡散は拡散する操作と同じ**乗算**を受信側で行うことですが，実際の回路としては以下に説明する2種類の方式があります．これを図7-19に示します．なお，説明を簡単にするために，

- ベースバンド信号として表わしている
- シンボル・レート＝1ksps，拡散率(SF)＝7，チップ・レート＝7kcpsとしている
- ビット"0"を"＋1"，ビット"1"を"－1"として説明している

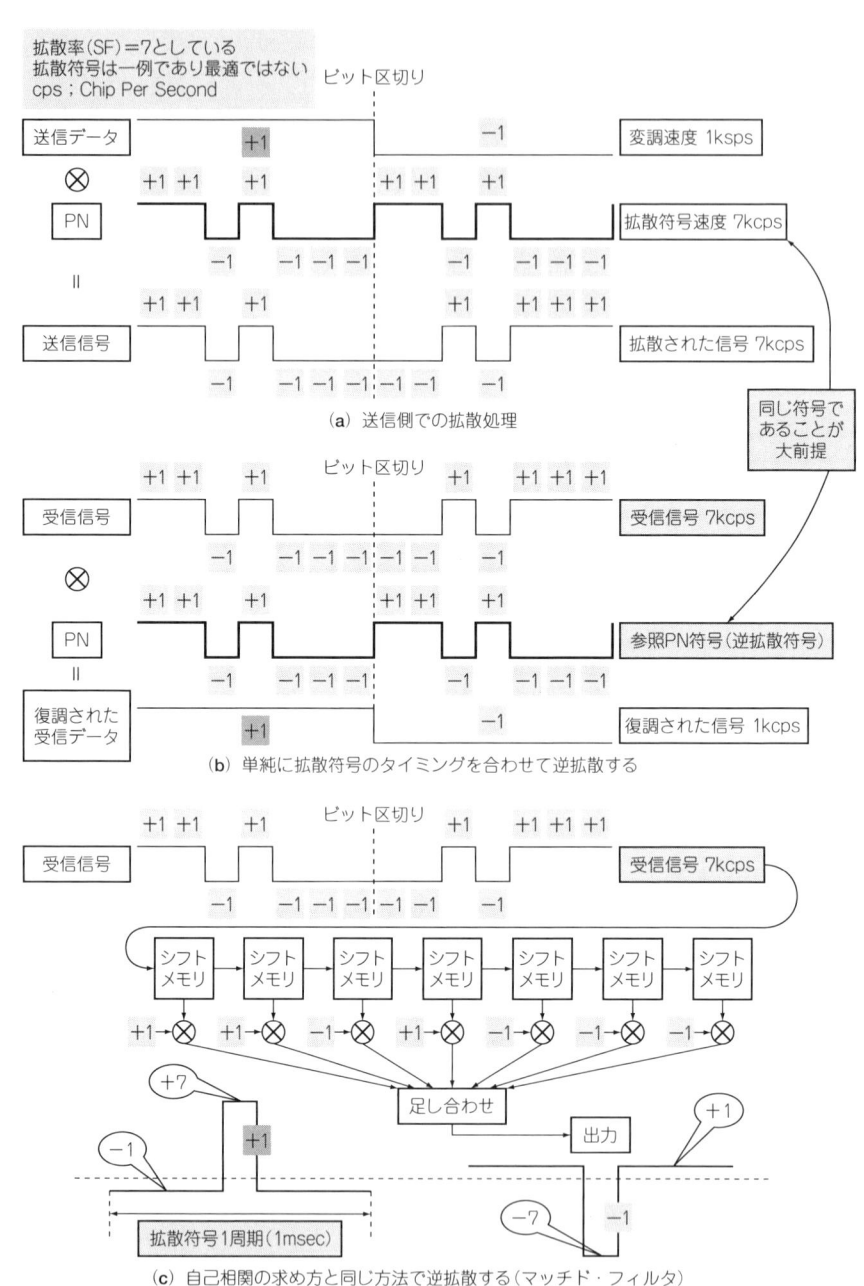

[図7-19] DS方式の拡散と逆拡散

さて，まず送信側での拡散処理ですが，これを図7-19(a)に示します．ここでは送信データ（送信ベースバンド信号）を一番上に示しています．次の列は乗算する拡散符号（PN符号）です．3列目はできあがった（乗算，拡散された）送信信号です．

▶ **単純に拡散符号のタイミングを合わせて逆拡散をする**

一つは，単純に拡散符号のタイミングを合わせて逆拡散するものです．これを図7-19(b)に示します．図のように受信した信号と同じタイミングの参照PN符号と乗算します．こうすると，一番下のように復調された受信データを取り出すことができます．

ここで大切なことは，送信側と受信側とで同じ拡散符号を用いて処理をすることが大前提です．説明してきたように，異なる符号同士だと復調信号を得ることができません．

▶ **図7-14「自己相関の求め方」のような方法で逆拡散する**

自己相関を求めるのと同じ方法で逆拡散処理ができます．これを図7-19(c)に示します．このやりかたを**マッチド・フィルタ**と言います．この後の「マッチド・フィルタ」の項(p.242)でより詳しく説明しています．

● **逆拡散の処理利得（Process Gain），受信信号を「浮き上がらせる」**

図7-20で示すように，受信したい信号（希望波）が妨害波よりも小さい場合でも，逆拡散によって希望波信号のみが抽出され，妨害波が拡散されることで，希望波の受信信号レベルを妨害波よりも大きく**浮き上がらせる**ことができます[※8]．またこの時点で希望波信号は1次変調された状態に戻ります．これを**処理利得**と呼びます．

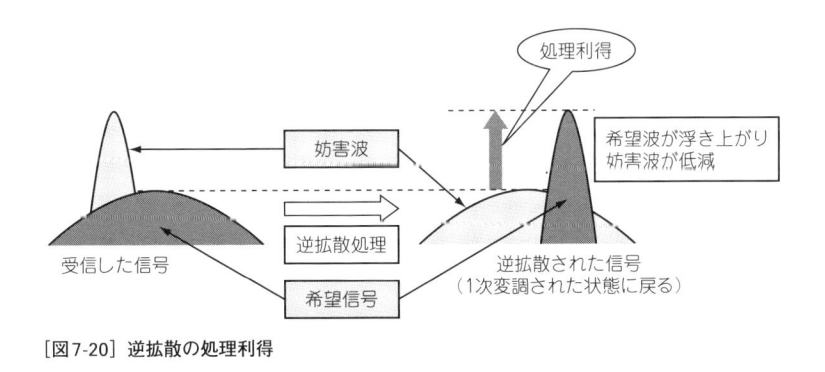

[図7-20] 逆拡散の処理利得

※8：逆拡散後に余分な帯域の信号をフィルタリングする必要があることも見逃せない．マッチド・フィルタというものは逆拡散と同時にこのフィルタリングも可能．

この値は以下で定義されます．

$$処理利得 = \frac{逆拡散後のSN比}{逆拡散前のSN比} \quad\quad\quad\quad\quad\quad\quad\quad\quad\quad\quad\quad (7\text{-}2)$$

逆に，無変調信号や違う変調信号を受信した場合は，7-3で説明したような送信側での拡散変調と同様に処理されるために，スペクトルが広く拡散されます[※9]．

しかし，拡散率に応じて処理利得には限界があるので，どんな条件（受信強度や妨害波）でも受信したい希望波信号が妨害波より強くなるといった万能なものではありません．妨害波によるこの問題点を**遠近問題**といいます（この章の後半，7-8で詳しく説明する）．

処理利得によって**受信信号よりも強い妨害波があった場合でも受信が可能**という点は，SS通信の大きなメリットです．CDMA方式もこれで成り立っています．もちろん，RF回路や復調回路の性能を十分に確保しなければ，十分な処理利得性能が発揮できない点や（とくにコストダウンなどが現実の問題），遠近問題があるという点も見逃せません．

● **逆拡散での拡散符号のタイミング**

図7-21に示すように，送受信間の拡散符号が同じであっても，受信した信号と逆拡散用の拡散符号の1周期のタイミングを合わせ復調できるようにする，つまり自己相関特性のピークが出るようにする点もポイントです．

ここでは，送信側の拡散符号に受信側でタイミング同期させることがとても重要になります．同じ拡散符号を使うことを前提として，通信確立のため拡散符号のタ

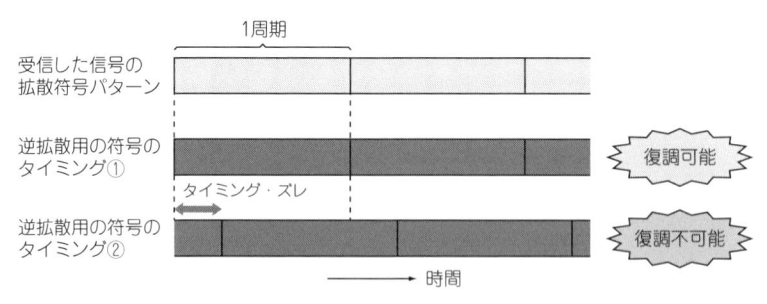

[図7-21] 逆拡散での拡散符号タイミング（同期）

※9：受信された信号が，周波数によらず一様な白色雑音の場合には拡散されない．

イミングを捉え(同期捕捉)，次のステップとして，送受信間の拡散符号同士が相関の取れているタイミングを維持(同期保持，同期追従)するようにします．これらを**同期を取る**といいます(なお，以後に示すマッチド・フィルタではとくに同期は不要)．

この条件で逆拡散が施された場合，受信された信号は**図7-20**のような1次変調された状態に戻ります．

▶ 拡散率・処理利得の定義

ここまでに**拡散率**と**処理利得**という言葉が出てきました．どちらも似たようなものに感ずると思います．ここで，これらの定義をあらためてまとめてみましょう．

(1) 拡散率(Spreading Factor)は送信側の定義
　　拡散率＝1シンボルあたりのチップ数/FHのホッピング・チャネル数
(2) 処理利得(Process Gain)は受信側の定義
　　処理利得＝逆拡散後のSN比/逆拡散前のSN比
(3) (1),(2)は，考え方は同じだが，(2)は**処理**をしたことで**得られる**利得．つまり元に戻すところの話．ただしFHシステムの場合はあてはまらない．

▶ 拡散と逆拡散．なんでこんなことするの？

「シンプル・イズ・ベスト！」，「こんなことする必要ないだろう？」と思われる読者もいると思います．しかし，ここまで説明した特徴，そしてCDMAができることにより携帯電話システムで同時に多数のユーザを収容できること，以降の7-8で説明しますが**レイク受信**と呼ばれるマルチパス等化(除去)ができることなど，この方式には多数のメリットがあるからです．

コストに対して非常に敏感な大量生産製品の携帯電話でCDMAが採用されているのは，それに見合った大きなメリットがあるからなのです．

● 逆拡散回路例
▶ 乗算器(DBM，XOR)による相関器

図7-22は，送信側と同じ構成で実現する乗算型の相関器です．拡散率7の例です．この図では，PN符号は同期しているものが乗算されるとして，**図7-21**での逆拡散の同期捕捉，保持については示していません．詳細は参考文献(12)を参照してください．また，逆拡散のあとにフィルタを入れて，必要な帯域幅だけに制限しSN比を向上させることは必須です．

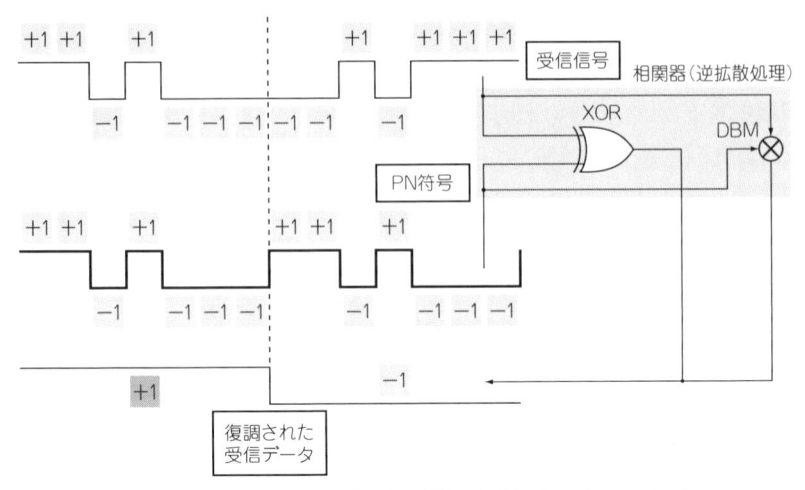

[図7-22] **送信側と同じ構成で実現する乗算型の相関器**(同期回路は示していない)

▶ マッチド・フィルタ

　図7-23はマッチド・フィルタ(それもディジタル式のもの)という回路です．直列につながれた記憶素子を用意しておき，サンプリングごとに遅延していく記憶値のそれぞれを，送信側のPN符号と同じ符号とでそれぞれのタップ点で乗算し，その結果を足し合わせるというものです．まさしく**相関を計算している**回路です．

　図7-23は拡散率7の例を示しています．この図は原理図であって，実際の回路についてはナイキスト定理を満足するように作る必要があります．

　この方式の良いところは，すべてがリアルタイムで計算・処理されるので，前記のような相関器方式での同期捕捉・保持については殆ど注意を払う必要がありません．**入れれば結果が出てくる**というものです．

　現在のSS通信や，CDMAを実現する無線通信システムでは，ほとんどがこのマッチド・フィルタ，それもディジタル信号処理で実現する，ディジタル・マッチド・フィルタが主流です．

● SS通信を簡単にイメージするには

　ここまで読んでも，「まだやっぱりよくわからない」という方のために，あらためて直感的に理解しやすい形で説明してみます．拡散・逆拡散を実際の会話を例にとり図7-24に説明してみましょう．

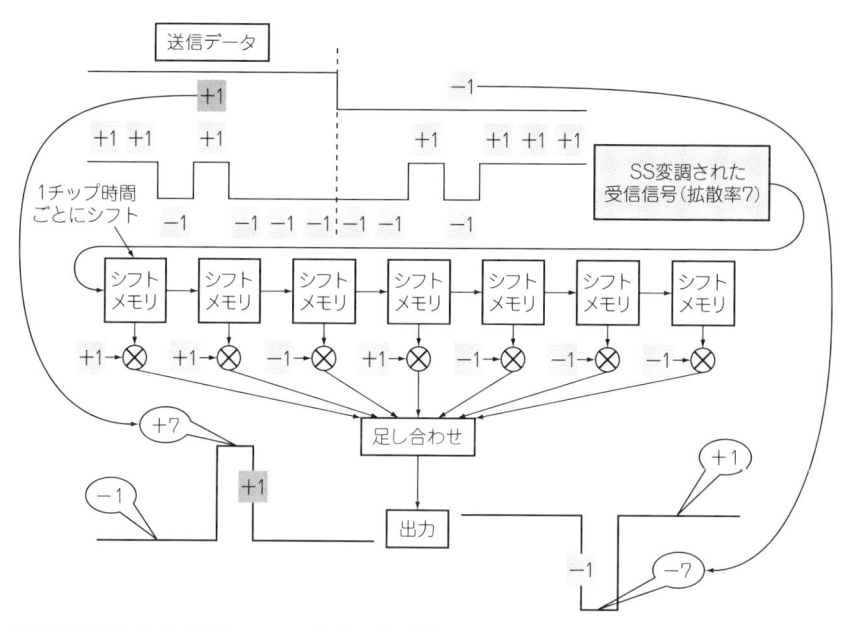

[図7-23] 現在のSS通信やCDMAで主流のディジタル・マッチド・フィルタ

[図7-24] SS通信を簡単にイメージするには（トランジスタ技術，1999年10月号より引用）

7-5　DS復調（逆拡散）をより詳しく理解しよう

例えば，居酒屋に友人と飲みにいったとします．居酒屋はご存じのように非常に騒々しいです．この中で二人の会話が通じるのは，一つの話題に対して，いろいろな言葉が組み合わさって，意味をなして相手に伝えているからです．
　つまり「明日は雨」を伝えたいのに「天気予報によると，明日はどうやら雨らしいよ．カサを持って出社しなければいけないね」というように，複数の言葉で内容を伝えているからです．これは「明日は雨」という送信データを複数の言葉で拡散していることと同じです．
　また受け手は相手の話題に集中しているので，その言葉がくっきりと聞こえ，他の人の話は雑音としか聞こえません．
　さらには途中一部が喧騒による雑音でとぎれても，伝えたい意味は十分に通じます．DS変調方式はこれをさらに他人にわからない言葉（PN符号）とし，無線通信方式として電子的に処理しているということです．
　少しまとめてみると，

- 従来のディジタル変復調方式は狭帯域通信
- SS通信方式は広帯域通信⇒だが含まれる情報は少なめ
- 信号に含まれる余分な情報から，必要とする目的の情報だけを**類推**し
- 必要な情報だけを**浮き上がらせる**

ということです．

7-6　FH変調（拡散）をより詳しく理解しよう

　DS方式と比較して，FH方式は直感的に理解しやすい方式です．同じSS通信方式といっても，DSとはまったく異なる方法といえます．またDSにはDSの，FHにはFHのメリットとデメリットがあることも興味深いことです．

● FH方式の変調回路

　FH方式は，周波数を切り替えて通信を行うものです．具体的な構成方法を図7-25に示します．このうち1次変調（情報変調）はディジタル変調やDS方式のものと同じです．
　FH方式は2次変調のやり方が異なっており，拡散符号により局部発振器の周波数を切り替えます．この拡散符号はビット列ではなく**数値**であると考えてください．周波数チャネルに番号を割り振っておき，拡散符号は周波数の番号に対応す

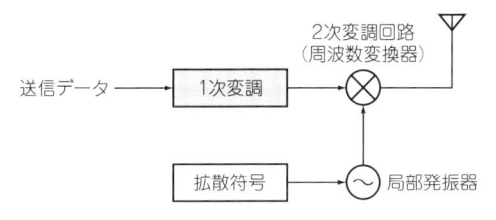

[図7-25] FH方式の変調回路

るランダム数値となっており，それにより周波数チャネルをランダムに切り替えます(DS同様，周期性があるのでまったくのランダムではない)．

1次変調信号(中間周波数として生成されている)と局部発振器で生成されたこのランダムな周波数とを，2次変調回路で乗算処理し，RF周波数を生成します．つまりこの2次変調回路は周波数変換器(ミキサ)です．

DS方式でも図7-7のように，PSK変調をする2次変調回路はDBMなどの乗算器でしたが，FH方式においても周波数変換器(ミキサ)はDBMが用いられ，ここでも**純数学**的には乗算処理が行われていることには変わりがないのです．

● **FH方式のチャネル切り替え**

局部発振器は，拡散符号(先に説明したように**数値**である)で規定されるパターンで発振周波数を切り替えるように動作します．図7-26のように，FHとして切り替わる周波数チャネルは，一定のセパレーションで等間隔に並んでおり，それぞれ周波数チャネル番号をつけて，拡散符号によって周波数チャネル番号を順次選択していきます．

局部発振器は，市販の製品ではPLLを用いた発振回路が多く用いられていますが，周波数チャネルの切り替えに一定の時間がかかってしまうため，高速に周波数を切り替える場合，高いスループットを実現できません[※10]．

そこでディジタル処理とD-A変換器によって直接周波数を発振するダイレクト・ディジタル・シンセサイザ(Direct Digital Synthesizer；DDS)方式を使うことで高い性能を実現できます．しかし，残念ながらこのDDS方式は現時点では高コストとなってしまいます．

※10：最近はPLL技術も進歩し，Fractional-N方式PLLシンセサイザというものが市販され，さらにこの方式で問題になるフラクショナル・スプリアスもデルタ・シグマ方式ノイズ・シェービング技術で解決され，かなりの高速度で周波数切り替えができるようになってきている．

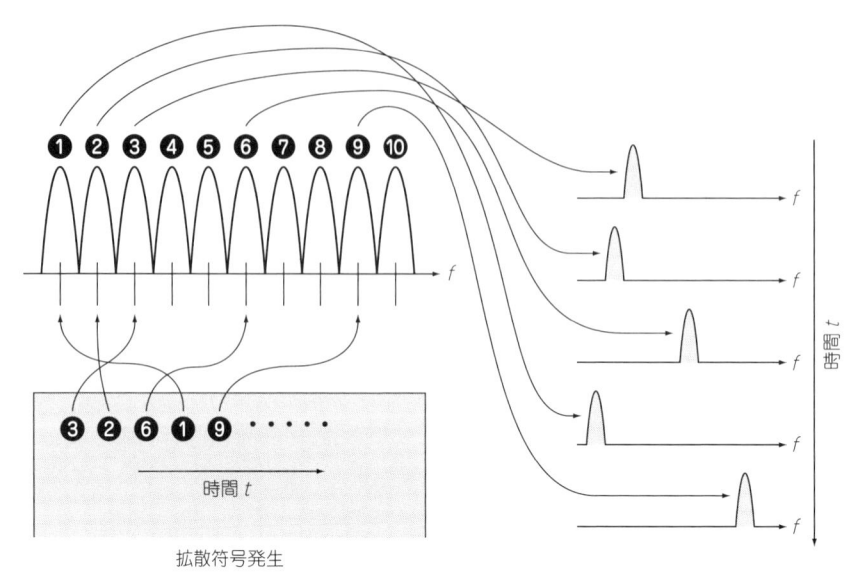

[図7-26] FH方式のチャネルと切り替えのようす

　1次変調の方式としては，Bluetooth，1〜2MbpsのIEEE 802.11（サフィックスなしのFH方式）無線LANなど，FSKを用いた簡便な方式が多数を占めていますが，QPSKを用いた方式も試作例や軍用で実用例があります．

7-7　FH復調（逆拡散）をより詳しく理解しよう

　FH方式の逆拡散回路も拡散回路と同じ周波数変換器であり，逆にRF周波数から中間周波数を生成します．

● FH方式の逆拡散と同期保持

　局部発振器が発生させる周波数（チャネル）は，送信側の拡散符号のパターン，タイミングに同期していなければなりません．つまり送信側の局部発振器の発振周波数と同じ周波数を，同じタイミングで発振している必要があります．このことをFHの同期保持といいます．

　図7-27のように，同期が取れた状態であれば，中間周波数となった信号は，1次変調された信号そのものとなるので，あとはこの1次変調された信号をディジタル復調すれば良いのです．

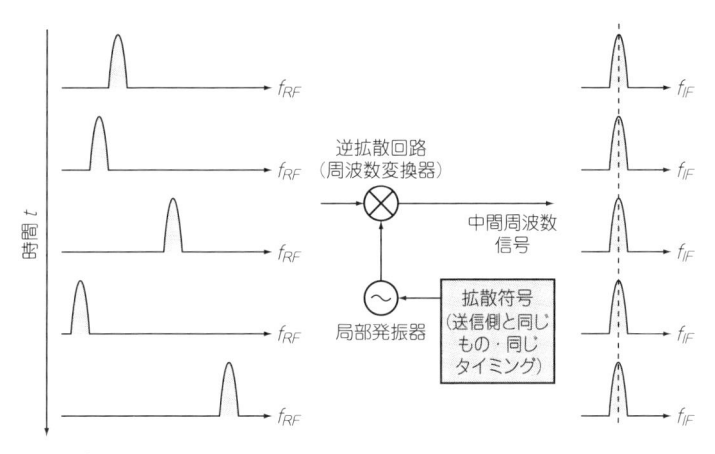

[図7-27] FH方式の逆拡散と同期保持

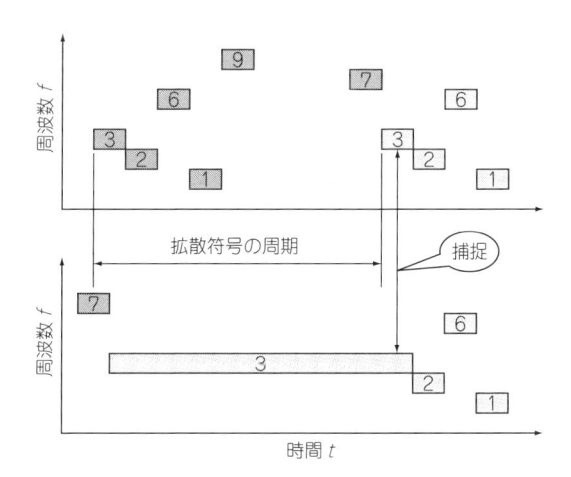

[図7-28] 低速FH方式の同期捕捉プロセス

● 低速FH方式の同期捕捉プロセス

　FH方式の場合は，同期を確立する，つまり通信を開始する**同期捕捉**までに時間がかかる問題があります．受信側では，送信側がどの周波数チャネルで送信しているかがわからないからです．

　低速FH方式では，**図7-28**のような同期捕捉の方法となります．受信側は，送信側が拡散符号1周期分，周波数チャネルを切り替えている間，一つの周波数チャネ

7-7　FH復調（逆拡散）をより詳しく理解しよう　**247**

ルに留まっています．そうすれば同じ周波数同士で通信ができた場合に同期確立とし，以降は送受信同じタイミングで周波数チャネルを切り替えていきます．つまり同期確立まで，周波数ホッピングの1周期（拡散符号の1周期でもある）程度の時間が必要になってしまいます．

● 高速FH方式の同期捕捉プロセス

　高速FH方式の場合はもっと厄介です．送信データのそれぞれのビットが1周波数チャネル（もしくはそれ以上）で送られるので，受信エネルギーを基準にして同期捕捉することが考えられます．しかしこれでも大変なので，DSとFHをハイブリッドにしてFH方式の同期をDS方式の逆拡散相関ピークで取るという方法も提案されています．

　一方，DS方式で問題となった遠近問題については，FH方式は狭帯域に分割されている通信と考えれば，違うチャネルで行われている通信はフィルタで除去されるので，原理的にはこの問題は発生しません．もちろんこの特性はRFアナログ回路の性能に大きく影響されます．

7-8　SS通信に関する重要なトピックス

● FDMA，TDMA，CDMA

　cdmaOneやFOMAは，CDMA（Code Division Multiple Access：符号分割多元接続）方式を使っています．CDMAは複数の多数ユーザを収容する場合に，同時に通信を可能にする接続方式の一つです．CDMAについては次の章で一つの章をさいて説明していきます．

　さて，従来でもFDMA（Frequency Division Multiple Access：周波数分割多元接続）方式や，TDMA（Time Division Multiple Access：時間分割多元接続）方式がありました．それぞれの方式をイメージで示すと図7-29のようになります．

　FDMA，TDMAでは周波数，時間といった解りやすい分割方式なのですが，CDMAは一度に同じ帯域で通話を行い，それぞれが異なる拡散符号を使って，処理利得により通話相手方を多くの信号の中から分離・抽出するものです．

- DS方式では必要な情報（通信相手）だけを**浮き上がらせる**
- FH方式ではある一瞬においては，それぞれ異なる周波数チャネルで通信させる

というものがSS通信におけるCDMAと言えるでしょう．

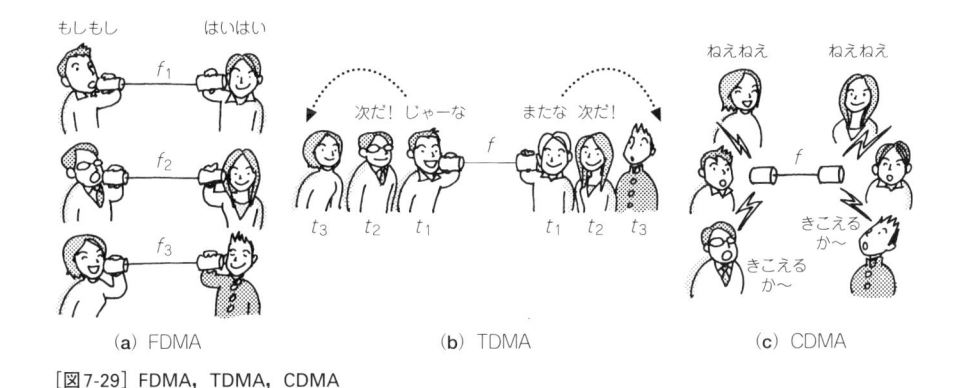

(a) FDMA　　　　　(b) TDMA　　　　　(c) CDMA

[図7-29] FDMA, TDMA, CDMA

　もちろん処理利得にも限界（以下の遠近問題）があるので，送信電力制御などの複数の技術を駆使して収容数を増やしています．

● 遠近問題
　簡単にいえば，会社の会議でとっても正しいことを小声で言っていても，まちがったことを言っている声の大きい人の意見の方が採用されてしまうのと同じでしょう（笑）．半分冗談はさておき，このことも次の章で説明するCDMAではとても重要な話です．
▶ DS方式の逆拡散に処理利得があるといっても
　SS通信では逆拡散により，処理利得が得られます．それにより（とくにDS方式では）目的の信号を浮き上がらせて復調することは先に述べたとおりです．
　しかし，**図7-30**のように希望波が浮き上がって，妨害波は拡散してしまうとしても，妨害波のレベルがそれでもなお希望波よりも大きい場合には，復調段階で必要なSN比が確保できませんから，その場合には希望局の信号を受信（復調）できません．このように処理利得には限界があります．
　これを遠近問題といい，**処理利得を超える大きさの妨害波がある場合は，受信できない**ということです．
　無線通信の受信信号のダイナミック・レンジは，近い局から遠くに離れた局まで100dB近く（ときにはそれ以上）あります．一方で処理利得は，拡散率が1000だとしても$10\log(1000)$で30dBまでしか取れません．100dBレンジの中での30dBだけなのです．いかに遠近問題が重要かがわかると思います．

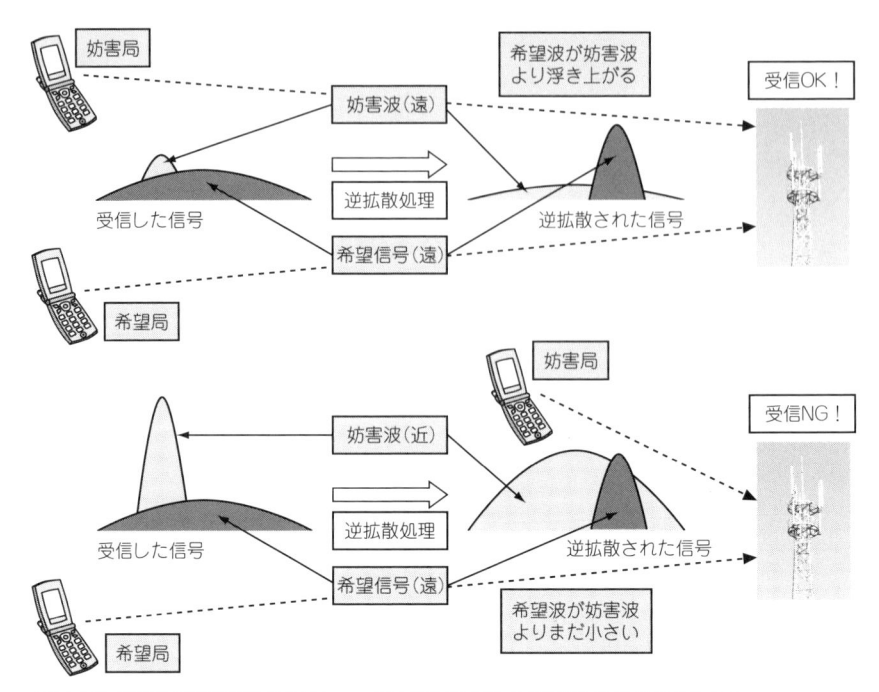

[図7-30] 逆拡散の処理利得があるといっても妨害局が強すぎる場合は通信ができない

▶ FH方式における遠近問題

一方で原理的にFH方式においては，ある一瞬のタイミングでは狭帯域通信になっているので，原理的には遠近問題はありません(RFアナログ回路の性能に大きく影響されるのは述べたとおり)．

▶ 遠近問題とCDMA

CDMA方式携帯電話では，送信パワー・コントロールで遠近問題を解決します．この詳細は，第8章8-3「遠近問題と送信パワー・コントロール」の項(p.273)で説明します．

● レイク(Rake)受信

日本語はくまでという意味です．第6章で説明したように，通信伝搬路(とくに移動体無線通信)では，送信された電波は，直接波や建物からの反射波など，複数

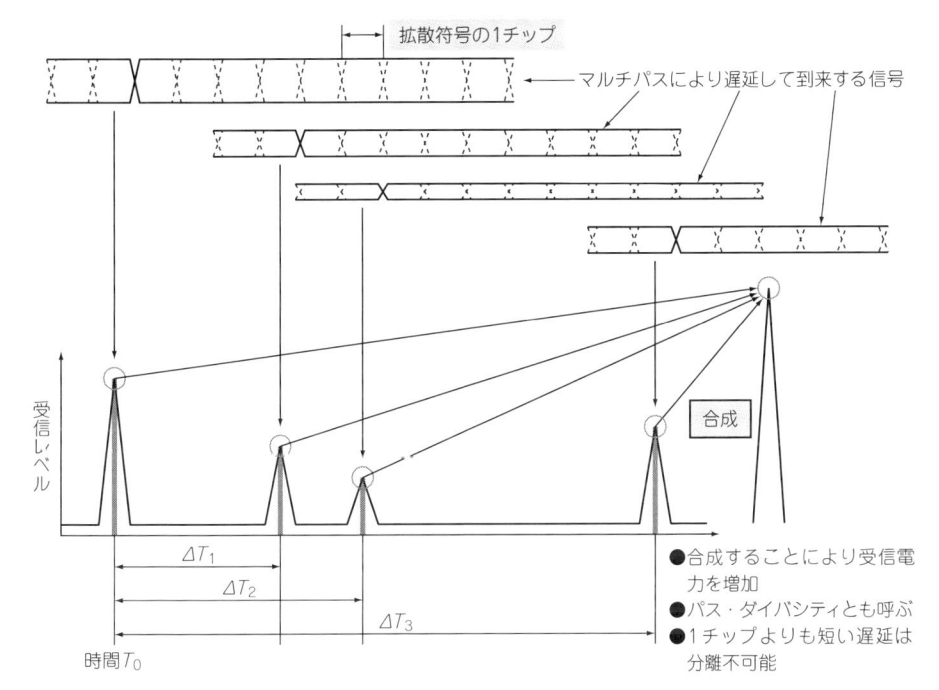

[図7-31] レイク受信のようす

図中ラベル:
- 拡散符号の1チップ
- マルチパスにより遅延して到来する信号
- 受信レベル
- 合成
- ΔT_1, ΔT_2, ΔT_3
- 時間T_0
- ●合成することにより受信電力を増加
- ●パス・ダイバシティとも呼ぶ
- ●1チップよりも短い遅延は分離不可能

の経路を伝わってマルチパス波として受信アンテナに**個別に，それぞれ**到来します．**図7-31**に，経路ごとの信号を拡散符号の位置も含めて示しています．

　DS方式で逆拡散された信号は，図のように経路ごとに時間のズレに応じてそれぞれ相関ピークを生じます(この場合の相関器は，マッチド・フィルタであることが条件)．

　これでマルチパスが分離できることになり，分離された複数の相関ピークをディジタル信号処理で足し合わせることで，これら複数の遅延到来波(マルチパス)の状態でも安定した受信性能を確保することができます．経路(path)で分離できるということから**パス・ダイバシティ**ともいいます．この技術は，CDMA方式携帯電話にかなり積極的に(次の章でも説明する)用いられています．

　なお，これは1チップ長よりもマルチパス経路遅延が長い場合であって，短い場合は分離できません．

7-9　IEEE 802.11bなど実際のSS通信方式

● IEEE 802.11b 無線LAN

11Mbps無線LAN，**イレブン・ビー**として知られ，多くの人が使っています．この無線LANは，DS方式です．

▶CCK変調

11b無線LANは，CCK(Complementary Code Keying)変調と呼ばれる特殊な変調方式を用いています．図7-32に示すように，8ビットを1単位として処理し，うち6ビットを異なる64通りの拡散符号(複素数情報になっている)にマッピングします．これを，さらに残り2ビットを使ってQPSK変調することで，1シンボルあたりで8ビットの伝送を可能にしています．

拡散率が8で，チップ・レートが11Mcpsなので，シンボル・レート1.375Mspsになります．8ビットが1シンボルで伝送されるので，11Mbpsを実現しています．

また通信レートを1Mbps，2Mbps，5.5Mbps，11Mbpsと可変[※11]にすることで，雑音の多い環境や，低受信レベル時にビット・レートを下げて(シンボル間の距離を広げて)，通信品質確保を可能にしています．

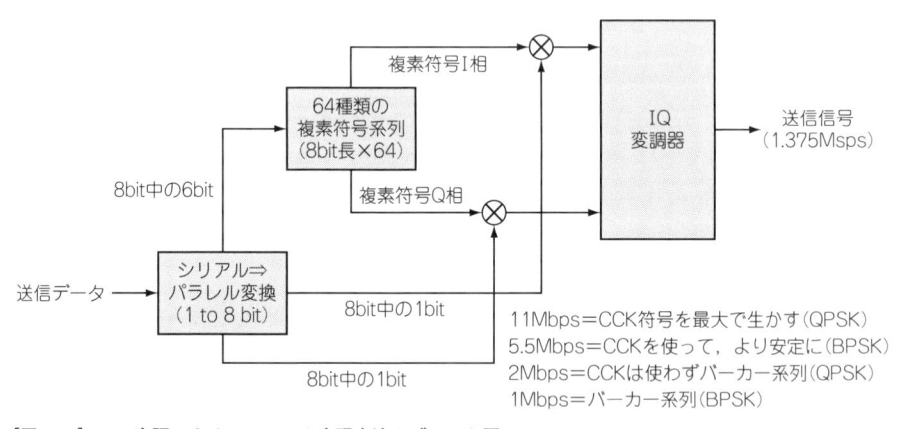

[図7-32] CCK変調による11Mbpsの実現方法のブロック図

※11：CCK変調を用いるのは，5.5Mbps，11Mbpsの二つのレートであり，1Mbps，2Mbpsは符号長11のバーカー系列をそれぞれBPSK，QPSKで拡散変調している．これはIEEE 802.11(サフィックスなし)のDS方式とコンパチビリティを取るため．

▶CCK変調の拡散符号の作り方

　CCK変調の1チップはQPSKと同じようなコンスタレーションをもっていると考えてください．ただしQPSKは，位相が45°，135°……でしたが，CCKの拡散符号の信号点位相は，0°，90°……となっています．拡散符号といえIQ軸両方の位相があるので，複素チップとも呼ばれます．これが8チップで1周期を構成します．

　それでは，さらに詳しく信号点位相の決め方を示してみましょう．

　ここで，8ビットをD7～D0として，上位6ビットD7～D2をCCK拡散符号用として割り付けたとします．この6ビットで64通りのCCK拡散符号を作ります．

　まず，6ビット中の2ビットずつを用いて，0°，90°……と，**表7-4**のルールにしたがって4点の位相点$\theta(m, n)$を3個作ります．このm，nは，D7～D2のどのビットを使っているかという意味だけです．図中で**複素表記**とあるのは，位相を複素数として表わしたものです．

　次に，CCKとしての符号の割りふり方を示します．これを**表7-5**に示します．チップごとに表中に記載のある位相$\theta(m, n)$を足し合わせ，さらに右の欄の**符号**を乗算させてCCK拡散符号を作り出します．足し合わせると360°を超えてしまいますが，角度の概念自体は360°までしかありませんから，これを超えた部分は，360

[表7-4] 位相$\theta(m, n)$を決定するルール

Dm, Dn	位相$\theta(m, n)$	複素表記
0, 0	0°	1
0, 1	90°	j
1, 0	180°	-1
1, 1	270°	$-j$

[表7-5] CCK拡散符号の割り当てかた

チップ	D3, D2	D5, D4	D7, D6	符号乗算
1	$\theta(3, 2)$	$\theta(5, 4)$	$\theta(7, 6)$	+1
2		$\theta(5, 4)$	$\theta(7, 6)$	+1
3	$\theta(3, 2)$		$\theta(7, 6)$	+1
4			$\theta(7, 6)$	-1
5	$\theta(3, 2)$	$\theta(5, 4)$		+1
6		$\theta(5, 4)$		+1
7	$\theta(3, 2)$			-1
8				+1

記載の部分の位相を足し合わせ，さらに符号を乗算させる

の剰余(モジュロ)を取ったものとして考えます(例えば450°は90°).

これにより,64種類の異なる符号を作ります.このIQ相それぞれにD1,D0を乗算し,CCK符号のI相成分,Q相成分それぞれを変調しQPSK変調を行います.結果的に256とおりのシンボルができあがり,これで8ビットを一括して伝送できることになります.

また,これによって作られたCCK拡散符号のようすを図でわかりやすく示してみると,図7-33のようになります.一つ(1チップ)の直交軸はIQ平面と考えてよく,QPSKと同じような90°ごとの信号点配置になっています.この複素チップが

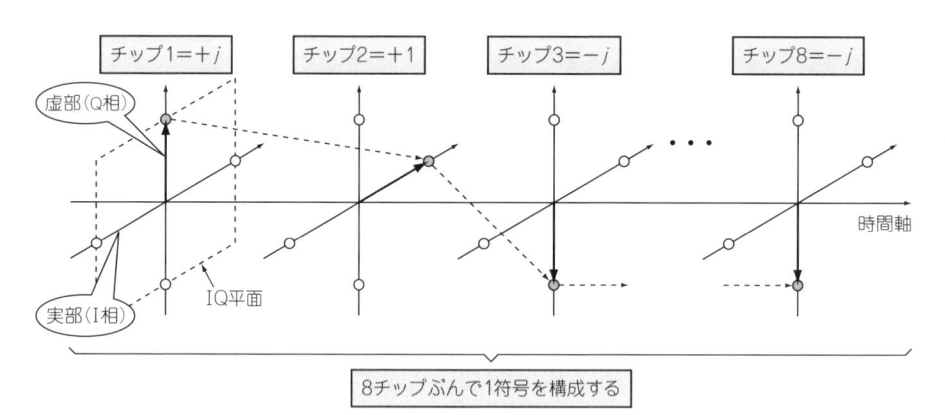

[図7-33] 8チップのCCK拡散符号をIQ平面と時間軸でみてみる

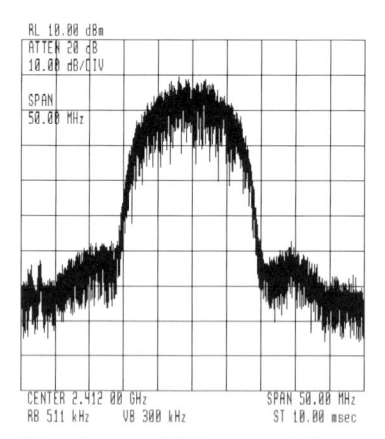

[図7-34] CCKで変調された11b無線LANの変調波形

第7章 現代のディジタル無線通信のコア技術「スペクトル拡散通信」

8チップで1周期となり，CCK拡散符号を構成します．

▶ **信号スペクトルとチャネル配置**

図7-34は，スペクトラム・アナライザで見た802.11b無線LANのCCK変調波形です．基本はQPSKですから，sinc関数を帯域制限させたものと形は一緒です．

また，図7-35はチャネルの配置になっています．5MHzのチャネル間隔にヌル点からヌル点[※12]まで22MHzのスペクトル信号が配置されるので，現実的に同じゾーンでは3～4チャネルの同時使用が限界です．

● **Bluetooth**

PC周辺とPCとの無線接続，家電制御，携帯電話のインターフェースとして北欧の携帯電話メーカなどが主導してデファクト・スタンダードを作り上げました．この概要を表7-6に示します．BluetoothはFH方式であり，1MbpsFSKで1次変調されています．周波数ホッピングの速度が非常に早く，1600ホップ/secとなっています．周波数チャネルは，1MHzステップで79チャネルが使用されます．

データ通信の機能としても，通信レイヤ（手順）が階層ごとにきちんと規定されているため，異なるメーカの機器間の通信も可能です．

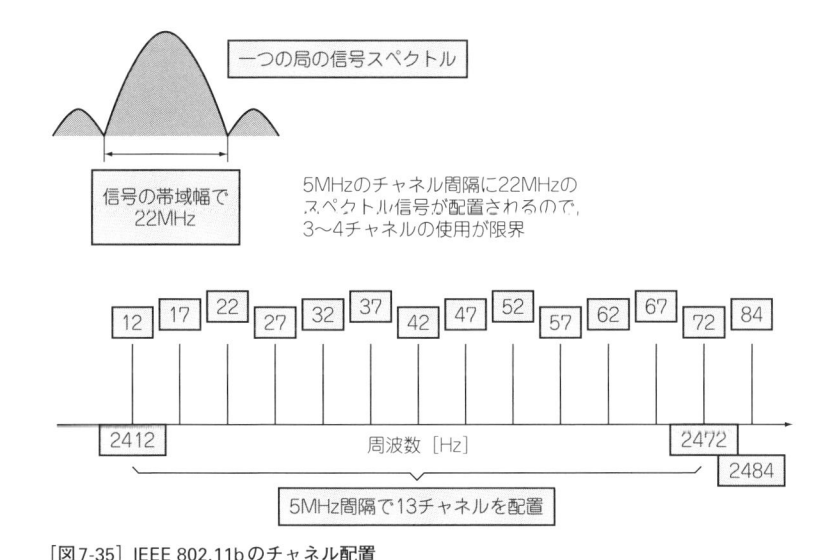

一つの局の信号スペクトル

信号の帯域幅で22MHz

5MHzのチャネル間隔に22MHzのスペクトル信号が配置されるので，3～4チャネルの使用が限界

12　17　22　27　32　37　42　47　52　57　62　67　72　84

2412　　　　周波数 [Hz]　　　　2472
　　　　　　　　　　　　　　　　　2484

5MHz間隔で13チャネルを配置

[図7-35] IEEE 802.11bのチャネル配置

※12：ヌルについては第3章3-5「振幅を変えるASK変調」の「スペクトルがなくなるヌル・ポイント」で説明した．

[表7-6] Bluetoothの規格概要

拡散変調	周波数ホッピング（FH）変調方式	
無線周波数	2402MHz〜2480MHz（1MHzセパレーション）	
通信速度	1Mbps	
変調方式	GFSK（Gaussian Frequency Shift Keying）	
ホッピング・チャネル	79	
ホッピング速度	1600hop/sec（625μs）	
クラスごとの最大送信出力	Class 1	100mW（20dBm）
	Class 2	2.5mW（4dBm）
	Class 3	1mW（0dBm）

[表7-7] ZigBee（IEEE 802.15.4）の規格概要

拡散変調	直接拡散（DS）変調方式		
無線周波数	2.4GHz（World Wide），915MHz（US），868MHz（欧州）		
	2.4GHz	915MHz	868MHz
通信速度	250kbps	40kbps	20kbps
チャネル数	16ch	10ch	1ch
拡散率	32	15	15
シンボル・レート	62.5ksps	40ksps	20ksps
bit/symbol	4bit/symbol	1bit/symbol	1bit/symbol
チップ・レート	2Mcps	600kcps	300kcps
変調方式	O-QPSK*	BPSK	BPSK
通信距離は1〜100m程度を想定			

*Offset-QPSK

● **ZigBee**

　DS方式のSS通信システムが基本となっています．IEEE 802.15.4［WPAN：Wireless Personal Area Network．参考文献（71）を参照］がZigBeeの物理層とMAC，LLC層として規定され，その上位層（ソフトウェア）として成り立っているものがZigBeeです．この概要を**表7-7**に示します．用途としては，ホーム・オートメーション，産業用無線通信，センサ・ネットワークなどと言われています．低データレート，複雑度の低いシステム，バッテリで数ヶ月から数年にわたる超低消費電流動作を目標とする点が特徴と言えるでしょう．

● **GPS**

　GPS（Global Positioning System）も，SS技術を測位，測距用として用いていま

[表7-8] GPSの規格概要

拡散変調	直接拡散(DS)変調方式	
無線周波数	1575.42MHz (L1周波数：CAコードとPコードが多重)	1227.60MHz (L2周波数：Pコードのみ)
チップレート	1.023Mcps(CAコード)	10.23Mcps(Pコード)
変調方式	QPSK(CAコードをI相， Pコードをレベルを3dB低下させてQ相)	BPSK(Pコード)
拡散符号長	1023(CAコード)	約6.2×10^{12}；7日間(Pコード)
衛星ごとに異なるPN符号が割り当てられ，それで衛星を特定		

す．この概要を**表7-8**に示します[※13]．DS方式が用いられていますが，拡散符号には1023ビット周期のものを使っています．拡散符号の速度は1ビットあたり約$1\mu s$です．これはカー・ナビゲーションなど民生用でも使用できるCAコードというものです．

さらにPコードと呼ばれる軍用専用の拡散符号(符号が公開されていない)が一緒に送信されており，符号の周期は何と7日分にもなります．Pコードでさらに精度の高い絶対位置の検出を行うことができます．

民生，測量用途では，ディファレンシャル方式や，リアルタイム・キネマティック方式などを用いることで，Pコードを用いずとも数m～数cmの精度を出すことができています．

● **産業用無線**

産業用途での無線システムは，比較的厳しい通信条件，環境の場合が多くあります．しかし産業用という性格上，そういう場合でも安定して，切れにくい通信品質を提供しなければなりません．

その点からすれば，SS通信方式はここまでに説明したような高い基本性能を持っていますから，産業用無線に最適であるといえます(私もこの分野の製品の技術開発に従事している)．

※13：しかし，アメリカもとんでもないものを開発して実用化していると，このGPSについては(ついても！)感じている．

無線通信とディジタル変復調技術

第8章
携帯電話に展開されるSS通信技術「CDMA」

❖

ボイス・アクティベーション，音声圧縮，誤り訂正符号，通信路等化，セル・システム，パワー・コントロール，Walsh符号，HPSKなど，W-CDMAやcdma2000で使われている技術のしくみをとおして，第3世代の携帯電話でCDMAが使われている理由を探ります．

❖

8-1　CDMAとCDMA携帯電話システム

● Code Division Multiple Access

　CDMAという概念自体は，DS方式だけではなく，FH方式もあてはまります．DS方式もFH方式もどちらもSS通信には変わりなく，CDMAができるからです．

　しかし現在，携帯電話で使われているCDMAはDS方式のもので，DSイコールCDMAという一般的観念の状況になっているといえるでしょう．この章では，携帯電話でのCDMAについて説明していきますが，結果的にはDS方式のCDMAになっていることを最初にお断りしておきます．

　さて，CDMAは第7章でも説明したように，それぞれが異なる拡散符号を使って，処理利得により通話相手方を多くの信号の中から分離・抽出するもの(これはp.248の7-8の「FDMA，TDMA，CDMA」での説明をそのまま使っている)です．図8-1のように複数の局を異なる符号で分離，抽出することで，同じ時間で一つの周波数を共用して多数の局(ユーザ)間の通信を実現しています．

▶CDMAで多重，分離するのはユーザ間だけでなく，チャネルごとも多重，分離する

　またさらに重要な点としては，一つの携帯電話端末と基地局との間の通信では，単純な一つのチャネル(ビット情報を伝送する媒体という意味でチャネルという言葉を使っている)だけを使うのではなく，制御チャネル，情報チャネルなど，複数

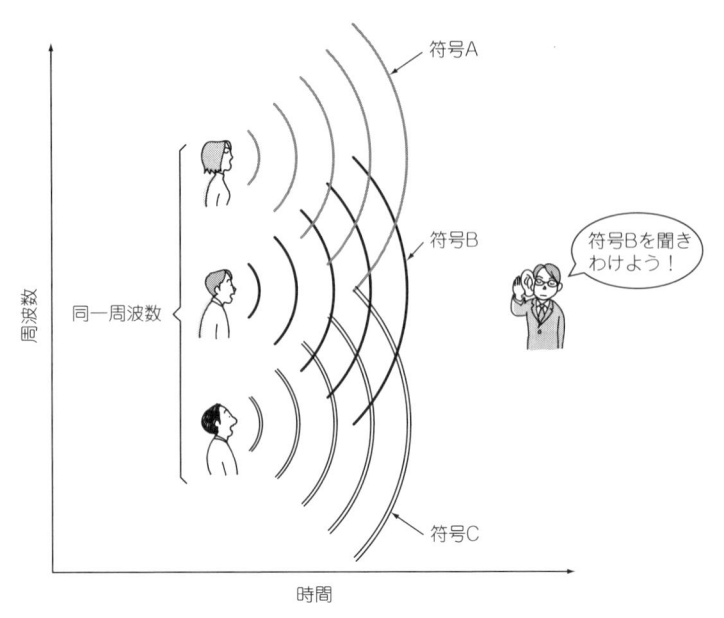

[図8-1] CDMAの概念

のチャネルさえもCDMAで多重して伝送している，ということです．

● IMT-2000：W-CDMA と cdma2000　W-CDMA　cdma2000

　世界標準を標榜し，西暦2000年を目標に策定してきた，第3世代移動通信（3G；3rd Generation **スリー・ジー**と呼ぶ）であるIMT-2000（International Mobile Telecommunication-2000）も，完全統一とはならず，五つの方式が標準となりました．結果的には市場原理にまかせる形となり，その中で現在のように，W-CDMAとcdma2000という二つの塔が立つ結果になりました．ここではそれぞれのおもな違いについて簡単に触れてみます．

　また本書でも節ごとに W-CDMA　cdma2000 とインデックスをつけて，どちらについて説明するかを明確にしています．

▶ CDMAシステムでは上り回線と下り回線の周波数は異なる

　両方のシステムとも，携帯から基地局への上りの周波数（1.9GHz帯）と逆の下りの周波数（2.1GHz帯）は，日本の場合190MHz離れた2周波数が規定されています[※1]．

※1：2004年時点ではcdma2000はcdmaOneで使用している800MHz帯にて運用している．この場合，周波数の差は55MHz．

260　第8章 携帯電話に展開されるSS通信技術「CDMA」

この周波数差はシステムが使用する周波数帯域，つまり国によって45MHz～400MHzとかなり異なっています．これで全二重通信（FDD；Frequency Division Duplexという）を行っています．

▶W-CDMA

Wideband CDMAという名前で，DS-CDMA（DSはDirect Spreadの略．Direct Sequenceと同じ意味だが，SS通信でもこの二つの言い方を混在して使っている）とも呼ばれます．IMT-2000においては，欧州と日本が推した標準案で，FOMAもW-CDMAです．以下はW-CDMAの特徴です．

- チップ・レートが3.84Mcps
- 5MHzの帯域にスペクトルが拡散される（占有周波数帯域幅がこの値以下[※2]）
- 日本では1事業者あたり15MHzの帯域（アップ・リンク，ダウン・リンクそれぞれあるので，その倍）が割り当てられている（拡大予定）
- そのため5MHz帯域で3チャネルに分割する
- 基地局間はタイミング同期していない（つまり拡散符号が同期していない）．そのため基地局設置が容易
- この標準をもとに3GPP（3rd Generation Partnership Project）という団体が設立され，W-CDMA自体の標準化をしている
- ネットワーク側はGSM（Global System for Mobile Communication；欧州・アジアで使われている第2世代の携帯電話）インターフェイスの拡張版であり，GSMシステムからの乗りかえはある程度楽

▶cdma2000

cdma2000は，アメリカが主となり推進した規格案で，MC-CDMA（Multi Carrier CDMA）とも呼ばれています．もともとcdmaOneの発展型として開発されており，cdmaOneとはアップ・コンパチビリティをもち，親和性の高いものになっています．日本ではauがcdmaOne方式をもともと採用しており，そのままcdma2000に移行しました．以下はcdma2000の特徴です．

- チップ・レートが1Xの仕様で1.2288Mcps，3Xの仕様で3.6864Mcps．実際は1Xが使われている
- 1Xで1.48MHz，3Xで4.6MHzの帯域にスペクトルが拡散される（占有周波数

※2：総務省から免許を受けている無線設備の占有周波数帯域幅の許容値．

帯域幅がこの値以下※3)
- そのため15MHzの帯域を，1Xの仕様で11チャネルに分割，3Xの仕様で3チャネルに分割している
- 基地局はGPSの信号を受信し，全基地局が同期するように動作する．そのためチップ・タイミングも含めて同期している
- この標準を元に3GPP2という団体が設立され，cdma2000の標準化をしている
- cdmaOneの基地局とは機器の互換性が高いために，初期投資が少なくて済む

　これらの詳細については，参考文献(77)によって両方の規格を入手することができますが，両方とも相当な量なので，理解するのに，いやダウンロードするだけでも，かなりの困難度があります※4．実際問題として，W-CDMAでは，各メーカごとにLSIやファームウェアの開発が行われているため，規格に対してのそれぞれの理解や解釈の違いにより，問題があるようです．この問題を解決するために，NTTドコモでは半導体メーカにてこ入れして，技術標準ともいえるLSIを開発しているようです．
　なお，現在各事業者に割り当てられている帯域幅は，プラス5MHzして20MHzの帯域に拡大する予定です．

● 標準化の流れと標準化できなかった流れ　`W-CDMA` `cdma2000`
▶ 第2世代までの暗黒時代(？)

　図8-2のように，過去，いや現在と言っても過言ではないかもしれない第2世代の携帯電話は，地域ごとに異なる方式を使っており，例えば自分の携帯を海外に持って行き，使うことなど，とくに我々日本では考えられませんでした．
　具体的には，日本ではPDC(Personal Digital Cellular)方式，アメリカはIS-54技術基準というPDCに近い方式とcdmaOneで使っているIS-95技術基準のCDMA方式，欧州やアジア各国はGSMという具合でした．ボーダレスの現在においての大きな問題点とされ，標準化はワイヤレス通信技術者の悲願だったのかもしれません（とはいえ，国際ローミングができなくても，到着した空港でケータイをレンタルするという，現実的な解決策でほとんど満足できてしまうのも皮肉な話である※5)．

※3：無線局免許としては同上(前の脚注と一緒)だが，一般的には1.25MHz，5MHzと言われているし，3GPP2では，公称チャネル帯域幅1.23MHz，3.69MHzと規定されている．
※4：なお，変復調の部分だけであれば，W-CDMA:STD-T63-25.213 "Spreading and modulation(FDD)"，cdma2000:STD-T64-C.S0002-A "Physical Layer Standard for cdma2000 Spread Spectrum Systems" あたりを読めばほぼわかると思う．

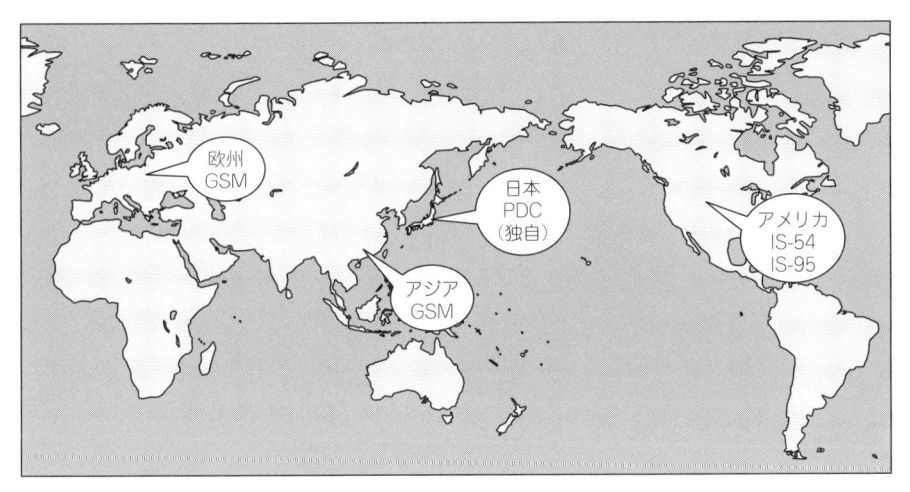

[図8-2] 第2世代までは地域ごとに異なる方式を採用し互換性がない

　また，通話音声の品質が低かったり，高速通信が必要な画像や高音質音声や音楽などのマルチメディア通信なども不可能でした．このような状況を踏まえ，以下を目標にして第3世代携帯電話の標準化が開始されました．

- ワールドワイドで，どこの国でも自分の携帯端末で通信ができる（シームレス，ローミング）
- 高品質なマルチメディア・サービスが実現できる（高速，マルチメディア）
- 周波数を有効に利用することで収容数を増やし，携帯電話端末のパーソナル化を実現する（パーソナル・ユース）

▶ ところがなかなか

　いままで電子産業界の標準化の流れをみても，VHSとベータ戦争を取り上げるまでもなく，標準が一つにまとまることは極めて稀であるといえるでしょう．

　図8-3に示すように，世界単一方式が悲願だったIMT-2000は5方式を標準として採択し，大きい流れとしてW-CDMA（3GPP，DS-CDMA）方式と，cdma2000（3GPP2，MC-CDMA）方式の二つに分かれてしまいました．結局はそれぞれの過

※5：さらに余談だが，私は3Gが必要とはあまり思わず，2G～2.5Gで充分と感じており，それなら通話の切れないサービスを提供してもらいたいと感じている．電波伝搬を考えても800MHzより2GHzのほうが不利である．また某キャリアの余計な設備投資をしないという広告にも共感していた（そのキャリアのユーザではないが）．

8-1　CDMAとCDMA携帯電話システム　263

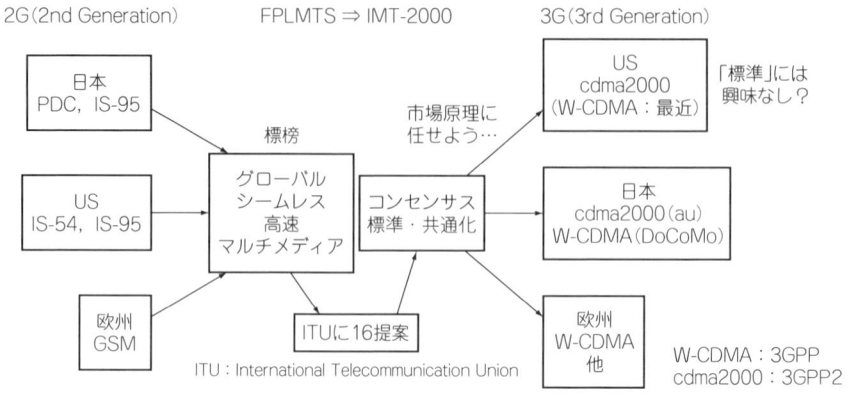

[図8-3] 標準化の流れと標準化できなかった流れ

去のしがらみ（旧世代の携帯電話システムとの関係），自らの利益という点があったということでしょう．同じCDMAとはいえ，これほどまでに違うのか！ という驚きに値する違いがあります．

▶ 現在の日本と世界の状況

なお，そういう現在でもGSMは引き続き市場で伸びていますし，アメリカでは，いまだにアナログ方式の携帯電話が現役で使われていることも忘れてはならないことでしょう．一方，第3世代に突入した日本の携帯電話技術は，日本人の新しい物好きの気性とあいまって，世界に先駆けて実用化が大きく進んでいるのです．つまり，突出した技術を市場で実現していると言っても過言ではありません．

● SS通信技術がベースといえ「超絶技巧」なCDMA方式IMT-2000携帯　W-CDMA　cdma2000

CDMAはSS通信がベースであるとはいえ，これだけでは現在のような高い能力を発揮することはできません．それには以下に挙げるような（それもとても高度な）周辺技術とが調和しあって，安定して使用できたり多数のユーザを一つの基地局で収容したりできるのです．

▶ ボイス・アクティベーション

W-CDMAでは，"Discontinuous Transmission"，cdma2000では"Gated Transmission"という用語が用いられています．基本的には音声のないときに送信を止めてしまう（実際には音声データ通信チャネルのみ）というものです．

FDMAやTDMAでは，自分の通信している周波数や時間スロットは，通信をしている最中はずっと**占有**しています．

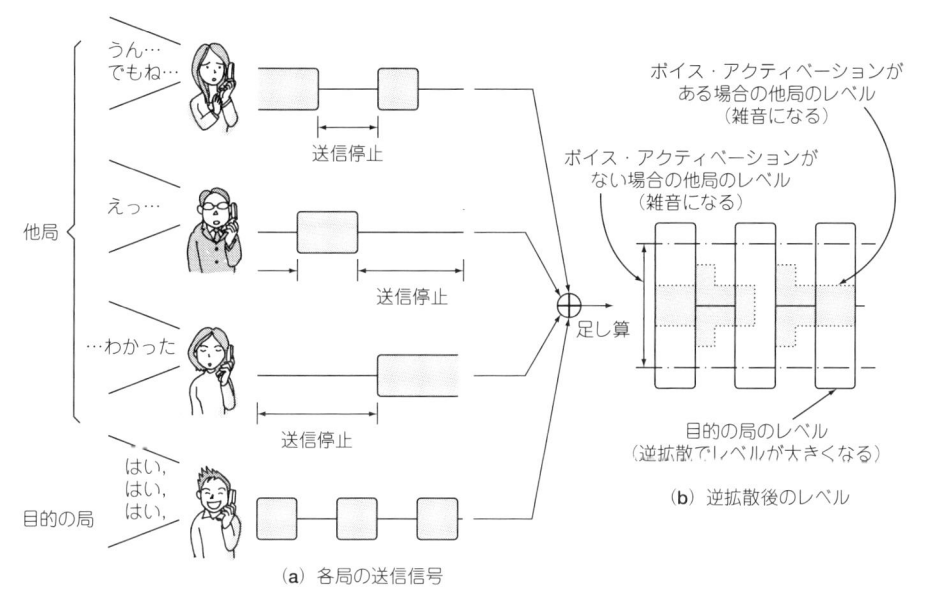

[図8-4] 無音声時に送信を停止して，通信チャネルの負荷を低減させて収容ユーザ数を増やす

　ところが実際の音声は，相手のことを聞いていたり，話の途中で言葉が途切れるなど，無音声の時間が結構あります．この無音区間はFDMAやTDMAでは**ムダな時間**になってしまいます．

　同じ周波数，同じ時間を使って，符号で分離するCDMAでは，無音声となっている時間に送信を停止させてしまえば，結果的に他局にとっては雑音レベル（符号相関のない信号成分）が低減することになるわけで（通信チャネルとしての負荷が軽減するということ），より多くユーザを収容できることになります．このようすを，**図**8-4に示します．

　FDMAやTDMAでは，周波数なり時間スロットが埋まってしまえば，それ以上の局の通信はできないことになりますが，CDMAではユーザ数が増えてくるにしたがい，徐々に通信品質が劣化するという特徴があります．A局とB局が一緒に送信しているが，ボイス・アクティベーションにより，確率論として，ある瞬間はほとんどA局のみ，またはB局のみになっているので，それぞれ途切れることなく通信ができるということになります．

▶ **音声圧縮技術（スピーチ・コーデック，ボコーダ）**
　古くISDNでは，64kbpsのビット・レートでした．これは，音声（電話レベルの

音質の4kHz帯域)を伝送する場合に，2倍の8kHz，8ビット分解能でサンプリングすることから，64kbpsが決められたからです．しかし携帯電話などでできるだけ収容数を増やすためには，より低いレートで伝送する必要があります．

これを実現するために，音声圧縮技術が使われます．この回路部分を**スピーチ・コーデック(CODEC；Coder-Decoder)**と言い(cdmaOneでは**ボコーダ**とも言う)，いずれにしても，できるだけ低いビット・レートで，できるだけ明瞭な音声を送ることを目的としています．

上記のボイス・アクティベーションではまったく送信を切ってしまっていますが，一方で音声情報の圧縮率を可変にして(適応マルチレート符号化という)，

- 低速なビット・レートで伝送する
- チップ・レートは一緒なので拡散率が大きくできる
- 受信側での処理利得が大きくなるので，SN比が向上する
- 送信電力が低減できる(以後に示すパワー・コントロールで)
- ほかの局に対しては干渉レベルが低減する
- つまり収容数を増やすことができる
- cdma2000では一部送信フレームのデューティ・サイクルを変えて伝送するフォーマットもある

ということが言えます．ここで，W-CDMAとcdma2000それぞれで，CODECの可変ビット・レートがどの程度の大きさになっているかを表8-1に示してみます．64kbpsと比較して圧倒的に低速なビット・レートであることがわかりますね．

▶ **誤り訂正符号**

ディジタル変復調と誤り訂正符号は，切っても切れない関係です．ビット・エラーを訂正することで，エラー率を低減させ，SN比の低い場合や干渉の多い状況での通信成功率(つまり1フレームが受信成功する率)を改善し，結果的には，通信品質を向上させることができます．

[表8-1] W-CDMAとcdma2000の音声CODECの可変ビット・レート

	W-CDMA	cdma2000
CODECの種類	AMR(Adaptive Multi-Rate)	EVRC(Enhanced Variable Rate CODEC)
ビット・レート	4.75k，5.15k，5.90k，6.70k，7.40k，7.95k，10.2k，12.2kbps	8.55k，4.0k，0.8kbps
コメント	Algebraic CELP(ACELP)の拡張	Relaxation CELP(RCELP)の拡張

CELP：Code Excited Linear Prediction

IMT-2000でも，誤り訂正は相当積極的に(最大限に)用いられており，畳み込み符号，ターボ符号という誤り訂正符号が用いられています．なお，これらの訂正符号については本書では詳しく言及しません．詳しくは符号理論の教科書などを参考にしてください．

▶ 通信路等化

無線通信路では第6章に説明したような，複雑なマルチパスが発生します．このマルチパスをCDMAではp.250の第7章の7-8で示したレイク受信によって，マルチパスの遅延パスごとに分離して再合成することで受信性能を向上させます．

しかし1チップ長よりも経路遅延が短い場合は，レイク受信ではパスを分離させることができません．ところが実際問題として，逆拡散したあとの1チップ長内にも，依然としてp.192の第6章6-2「マルチパスとマルチパス・フェージング」の項で示したようなシンボル間(この場合はチップ間)干渉が発生しています．これにより『アイが狭くなる』と同じような現象が発生することは違いがありません．

そこで，この1チップ長以下のマルチパス成分を**通信路等化**という技術で，擬似的にキャンセルさせます．そしてその後にレイク合成を行います．

この考え方は，第6章6-4「マルチパスと電波伝搬をより定量的，定性的に考える」の項の「シンボル間干渉の除去と通信路の等化(概念)」で説明されています．これと同じことを1チップ長内でも行っているのです．

実際の回路は，p.207の図6-14 $1/H(z)$を実現するためのディジタル・フィルタのようになりますが，この等化回路の重み付けは，トレーニング・シーケンスとか，パイロット・シーケンスと呼ばれ，内容が決まっている(既知)シンボル列を参照信号として，その信号を元に重み付けが最適になるように受信回路内部で設定します．

▶ そのほかにも

そのほかにも，以降に説明していくような技術が用いられています．最新技術がちりばめられているわけで，まさしく**超絶技巧**[※6]なCDMA方式IMT-2000携帯です．

- 送信パワー・コントロール
- Walsh符号
- HPSK
- ソフト・ハンドオーバ(ハンドオフ)
- レイク受信　などなど……

※6：リストのピアノ練習曲(etude)などに見られる用語．楽器の弾けない私は難しそうだな程度しかわからない．音楽，技術ともども，わかる人ではないとその難易度はわからないのだろう．

8-2 | IMT-2000におけるCDMA：符号で多重する

複雑なCDMA方式のIMT-2000携帯電話ですが，実際にCDMAでどのように多重化されているかを見てみましょう．

方式がW-CDMAとcdma2000で異なるだけでなく，それぞれ上り回線と下り回線で処理方式が異なっていることにも注意が必要です．さらに一つの上りと下りの信号内の制御用と情報用などの，CDMA多重された複数のチャネルごとでも処理方式が異なっています．

以下の説明では，端末から基地局への上り回線のみを説明しています．また理解しやすいように全体をかいつまんで，一部の要点のみ（とくに情報チャネルに着目して）しか説明していないことをお断りしておきます．

なお，この中で出てくるOVSF符号，Walsh符号については，この章の後半p.276，HPSKについてもp.283で示しています．また送信パワー・コントロールはp.274で示しています．参考にしてください．

● W-CDMA上り（アップ・リンク） W-CDMA

情報チャネル（Dedicated Physical Data Channel；DPDCH）で伝送されるビット列は，事前に不足ビット（レートをあわせるため）およびCRC（受信側での誤り検出）ビット付加，畳み込みもしくはターボ符号化（受信側での誤り訂正），ビット・レートの合わせ込みのためのシンボル繰り返し，シンボル間引き（誤り訂正で復元可能なため），インターリーブを行って，それがDPDCHに入力されます．この一連の操作を**チャネル符号化(Channel Coding)**といいます．

図8-5に，W-CDMAのチャネル間をCDMA多重しているようすを示します．情報チャネルDPDCH1〜6（最大で6チャネルまで）と制御チャネル（Dedicated Physical Control Channel；DPCCH）がそれぞれ異なるOVSF符号とXOR（掛け算）されます（W-CDMAではOVSF符号によりチャネル間を多重，分離する[※7]．これをChannelization Codeと呼ぶ）．さらにそれぞれ相対利得およびパワー・コントロール用のゲイン制御でレベルを補正され，足し合わされます．

情報チャネルDPDCHのうち，1，3，5チャネルはCDMA多重されI相系に，DPDCHの2，4，6チャネルと制御チャネルDPCCHはCDMA多重されQ相系に，

※7：あとでも示すが，OVSF符号とWalsh符号は同じもの．

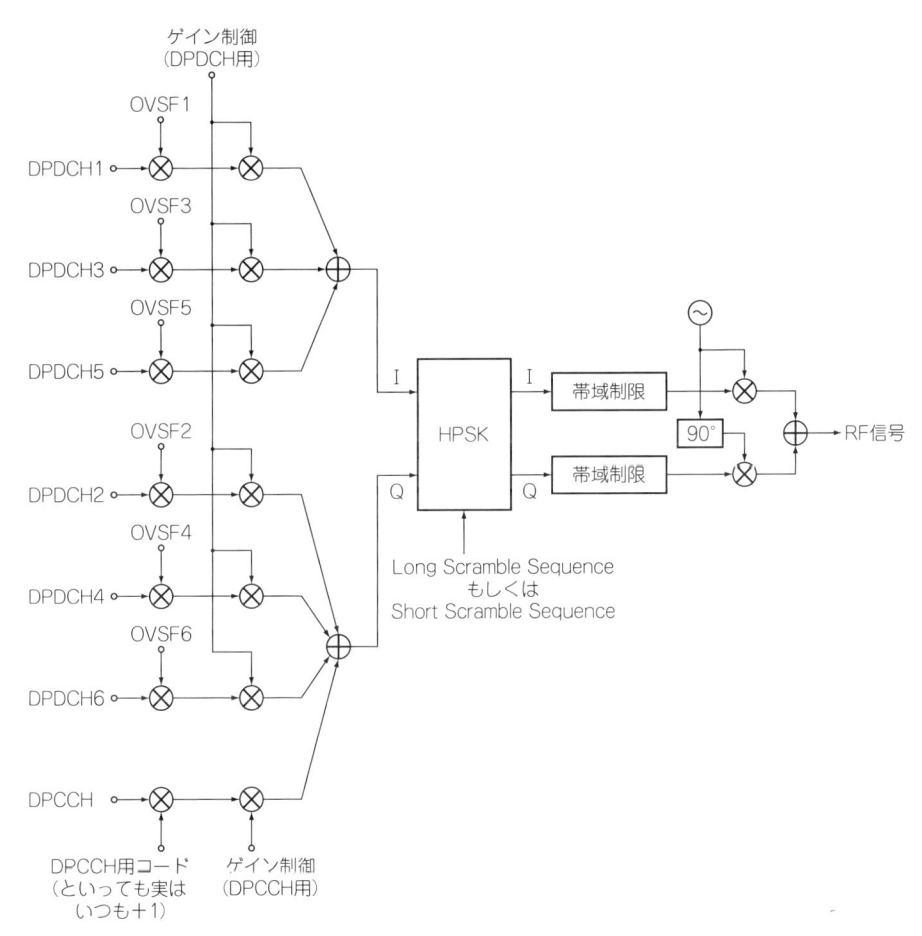

[図8-5] W-CDMAアップ・リンクのCDMA多重の方式

それぞれ割り当てられます.

　OVSF符号で拡散されたI相とQ相系の信号は, 別途Long Scramble Sequence (38400チップ/周期)か, Short Scramble Sequence(255チップ/周期)の符号とともにHPSK変調されます. それぞれのI相ベースバンド信号出力とQ相ベースバンド信号出力は, 帯域制限され, それぞれを90°ずれたキャリアでBPSK変調し合成します. 90°ずれていることから, コンスタレーションはQPSKと同じ4相になります. これがRF信号になります.

● **cdma2000上り（リバース・リンク）** cdma2000

　図8-6は，RC3，RC4[※8]の例となっています．

　情報伝送用の基本チャネル（Fundamental Channel）で伝送されるビット列も，W-CDMAと同様に事前にチャネル符号化され，それが基本チャネルに入力されます．

　I相系は追加チャネル（Supplemental Channel），パイロット・チャネル，制御チャネルがそれぞれ異なるWalsh符号でXOR（掛け算）され，CDMA多重されます（cdma2000ではWalsh符号によりチャネル間を多重，分離する[※9]）．さらにそれぞれ相対利得でレベルを補正され，足し合わされます．なお，パイロット・チャネルは＋1連続のWalsh符号がXORされるのでXORの表示がありませんし，可変拡散率になっていないので相対利得が固定になっています．

　基本チャネルはQ相系となり，ここでもほかのチャネルともどもWalsh符号が掛け合わされ，同様にCDMAで多重されます．

　Walsh符号で拡散されたI相系とQ相系の信号は，別途Long Code（$2^{42}-1$チップ/周期），I/Q-Channel PN Sequence（2^{15}チップ/周期）とともにHPSK変調されま

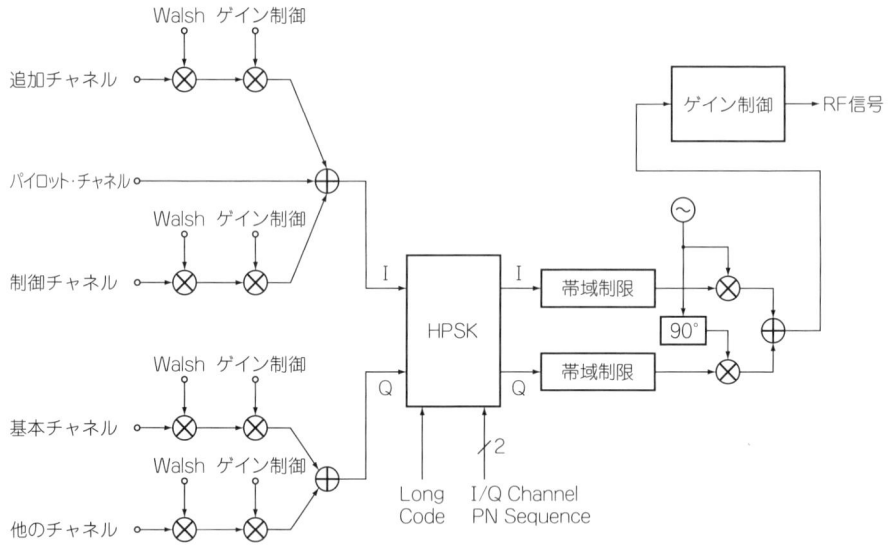

[図8-6] cdma2000リバース・リンクのCDMA多重の方式

※8：Radio Configuration（RC）．cdma2000において動作モードを規定する．リバース・リンクではRC1〜RC6がある．RC1，RC2はcdmaOne互換，RC3，RC4は1X仕様，RC5，RC6は3X仕様．
※9：あとでも示すが，OVSF符号とWalsh符号は同じもの．

す．それぞれのI相とQ相ベースバンド信号出力は，帯域制限され，それぞれを90°ずれたキャリアでBPSK変調し合成します．90°ずれていることから，コンスタレーションはQPSKと同じ4相になります．

最終的にパワー・コントロール用のゲイン制御がなされ，RF信号となります．

8-3　CDMA携帯電話でのセル・システム

● セル・システムとは　W-CDMA　cdma2000

携帯電話の基地局(アンテナ塔)はいたるところで見ることができます．図8-7は，私の自宅近くの基地局です．携帯電話の電波はそれほど遠くまで届かないため，複数の基地局を配置しなければなりません．この一つの基地局が受け持つ区域のことを**セル**と呼びます．このようすを図8-8に示します．

▶ セル設計で儲けを考えなくてはならない

収容するユーザ数を増加させるためには，通信距離を短く制限して基地局を増やせば，同じ面積あたり同じ周波数で多数のユーザを収容できるので，収容ユーザ数からすると効率が良いといえます．

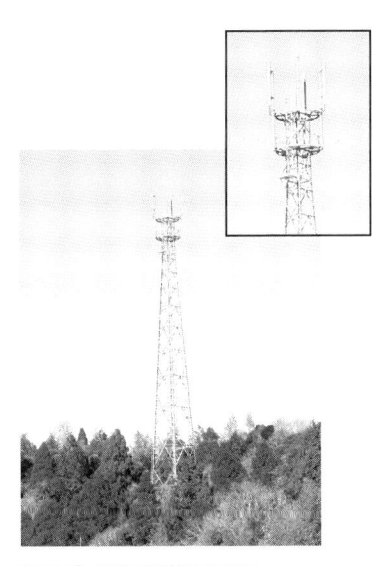

[図8-7] 携帯電話基地局の例

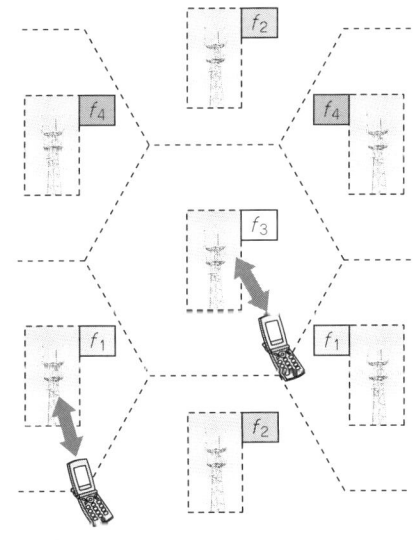

[図8-8] 携帯電話のセル・システム
(FDMA/TDMA方式ではセルごとに周波数が異なる)

一方で，携帯電話を持っている人が移動した場合には，携帯電話は異なる基地局間を渡り歩いて通信しなければなりません．これをハンドオーバ(ハンドオフ)といいますが，これが頻繁になっても困りものです．同じく基地局の数が多いと，設備投資のコストがかさみ，事業自体が成り立たないということもいえます．

　これらのことを考慮して，各携帯電話事業者は投資対効果(収容ユーザ数)の最適なセルのサイズを設計し，実際の基地局を配置しています[※10]．

　セルは図8-8のように，基本的には6角形の亀の甲羅(こうら)の配置が良いと言われています(とくにFDMAやTDMAの場合．なおTDMA方式でも実際はFDMAも用いている)．こうすることで**FDMAやTDMA方式の場合**には，隣接するセル同士は同じ周波数チャネルを使うことなく，また最小の周波数チャネル数でセル・システムを設計することができるからです(これを**周波数繰り返し**と呼ぶ)．同じ周波数同士のセルはできるだけ離したほうが，干渉や混信などの影響がなくなるからです．

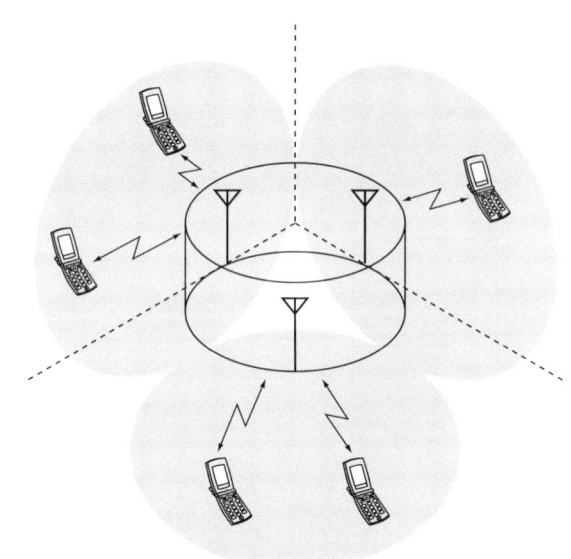

[図8-9] **携帯電話のセルのセクタ化**(方向ごとに分割する)

※10：1基地局の収容ユーザ数の関係で，都会ほどセル・サイズが小さく，郊外，田舎ほどセル・サイズが大きい．余談だが私の自宅も図8-7のように田舎なのでセル・サイズが大きく(サービス・エリア外になりやすいという話もあるが……)，某事業者のケータイだとすぐに切れたり，圏外になったりする．図8-7の別の某事業者の基地局は自宅に近接するためかなり助かっている．また基地局設置については地元に説明会が開催されるのも実情を反映しておもしろい．少し昔の話だが，近隣の地域では反対運動で建設計画が中止になったこともある．

▶ セルのセクタ化

　さらに収容数を増大する技術として，セルのセクタ化があります．これは図8-9のように，基地局のアンテナにビーム・アンテナを用いて，セルを方向ごとに分割し，方向ごとで通信を行う（限定する）ことにより，1セルあたりで等価的に収容ユーザ数を増大させることができます．図8-7ではアンテナが3本見えますが，これは3セクタに分割されていることを意味しています．

▶ FDMA・TDMA方式のセルとCDMA方式のセルの違い

　FDMAとTDMAは，周波数でセルを区切っているために，同じ周波数を使うセル同士はできるだけ離して配置しなければなりません．これはセル設計が非常に難しいということになります．そのため，6角形のセル構成と周波数繰り返し配置をきちっとしています．

　しかしCDMA方式では，セル間は符号で分割され，その符号もかなり多くの符号を用意できるため，セル間相互の**混信や干渉**をかなり低減することができます．そのため，CDMA方式のセル設計は，FDMAやTDMA方式と比較すると，ある程度簡単にできるという利点（周波数繰り返し問題という意味で）があります．トラフィック量（繁華街，郊外で異なる）に応じた柔軟性をもたせたセル構成にしているようです．

● 遠近問題と送信パワー・コントロール　`W-CDMA` `cdma2000`

　p.248の第7章7-8「SS通信に関する重要なトピックス」の項で説明したように，CDMAには**遠近問題**があります．**同じ**時間に同じ周波数を使って通信をするので，これは避けて通ることはできません．

　そこでこの問題を解決するために，送信パワー・コントロールが用いられます．若干，第7章の繰り返しにもなりますが，ここでこれらについて説明していきましょう．

▶ 遠近問題の解決方法

　遠近問題では，希望局と妨害局の受信レベル差が（妨害局が）大きくなると逆拡散による処理利得でも希望のSN比を得ることができず，通信ができなくなると説明しました．

　それでは，遠近問題をどのようにすれば解決できるでしょうか．受信局で受信し逆拡散した希望波と，妨害波のレベル差が，適切なレベル差になるように送信側の送信パワーを制御すればよいのです．このようすを図8-10に示します．このように送信パワー・コントロールをすれば，最小の通信パワーで希望波のSN比を確保

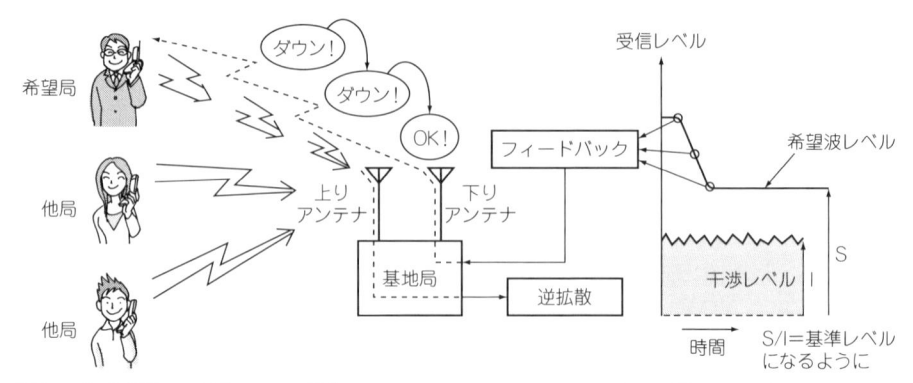

[図8-10] 逆拡散した信号のSIRが基準レベルになるように，フィードバック制御によりパワー・コントロールを実現する

することができます．

　CDMAでは複数のユーザが同じ周波数を共有するので，例えば携帯端末から基地局の通信（W-CDMAではアップ・リンク，cdma2000ではリバース・リンク）においては，基地局(受信)側ですべての端末の信号を受信しなくてはなりません．そのために図8-10のように，逆拡散して浮き上がってきた（SN比が上がった）信号のSN比（SIR）[11]が，ある基準レベルになるように，基地局側から端末ごとに送信電力を制御するデータを送出する，いわゆるフィードバック制御を行います．

▶ 送信パワー・コントロール

　送信パワー・コントロールは，通信開始時の送信電力を基地局からの受信電力レベルで決定する**オープン・ループ制御**と，相手方の信号の受信レベルを適切にフィードバック制御により調整する**クローズド・ループ制御**があります．

　W-CDMA，cdma2000ともども，クローズド・ループにおいても，長時間にわたる受信品質，つまりBER特性により送信電力を低速に制御する**アウタ・ループ**と，高速なレートで更新する**インナ・ループ**の二つのフィードバック・ループが構成されています．

　W-CDMAにおいては，送信パワー・レベルを1dB，2dB，3dB分解能ステップで制御します．cdma2000では1dBが必須で，0.5dB，0.25dBも規定されています．W-CDMAのインナ・ループのフィードバック制御は，かなり高速で1500回/secで

---

[11]：ここまではSN比として示してきているが，実際問題としては他局による干渉信号であるので，Signal to Interference Ratio：信号・干渉波比，SIRが正しい．以降はSIRを用いる．

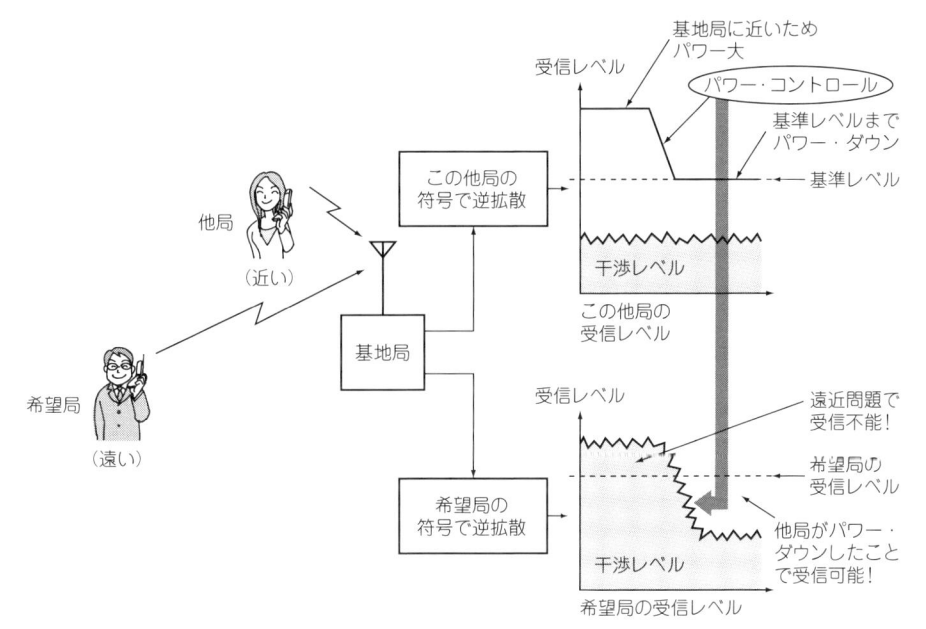

[図8-11] パワー・コントロールを用いて遠近問題を解決する

す．一方cdma2000では800回/secです．これは，

- 基地局が，端末からのアップ・リンク信号レベルを検出し
- そのときの信号と干渉波のレベル差が規定のSIRより大きいか小さいかにより，
- 基地局は，端末に対してアップ・リンクの送信レベルを上げるか下げるかの指令信号（ビット信号）を返信
- 端末はその指令信号によりアップ・リンク送信信号レベルを制御する
- また，基地局から端末へのダウン・リンクでも同じ処理をする

という処理を行い，送信電力が受信側のSIR規定値に収まるように制御し，特定の局の信号レベルが大きくなることで発生する遠近問題を避けるようにしています．図8-11にこのようすを示します．

W-CDMAでは，最小レベルとして－50dBm以下まで送信パワーを制御できることと定義されています．cdma2000では可変範囲として±40dBと定義されています．このパワー・コントロールがあるから，数年前に流行ったアンテナに取り付けるLEDを応用したアクセサリが光らないということにもなるわけですね．

▶まとめると

- 受信SIRが，規定された基準レベルになるように，端末に対してフィードバック制御する
- 端末ごとに異なる符号を用いているので，符号ごとに信号を浮き上がらせることができ，複数の局を同じ周波数で同時に受信することができる（CDMAをしているということ）
- 端末ごとから異なる拡散符号により送信されているため，受信側ではその数ぶんの逆拡散回路（相関器）が必要になる
- いろいろな状況（サービスの品質・送信ビットレート・音声か画像かデータか）によって，情報信号を送るチャネル[※12]におけるSS変調の拡散率を可変している．
- 拡散率が大きい場合には，低い送信電力でも基地局側で規定のSIRを確保でき，拡散率が小さい場合には，大きい送信電力が必要になる
- これはチャネルごとの相互関係についてもあてはまる

となります．送信パワー・コントロールはCDMAで多重するすべての局の送信パワーが制御されることが必要となります．つまり，携帯電話システムなど，全局の制御が可能なシステムに限定されてしまうという点が重要です．例えば，2.4GHz帯のSS通信システム（無線LANなど）では，送信パワー・コントロールはしていませんし，異機種が混在する環境では不可能です．

8-4　CDMAには欠かせないWalsh符号（Walsh関数）

　Walsh符号はCDMAには欠かせない技術です．IMT-2000では，1端末と基地局との上りと下りの通信信号内に，符号分割で制御用，情報用など複数チャネルをマルチプレックス（多重）させるための拡散符号（Channelization Code）として用いられています．W-CDMAではOVSF符号という名前で，またcdma2000ではさらに実際の送信データの拡散変調にも用いられています．

　これを図8-12に示してみます．チャネルごとに異なる拡散符号（これがWalsh符号になる）で拡散し，伝送し，受信側で同じ拡散符号でチャネルごとを識別，分離しチャネルをマルチプレックスします．

[※12]：一つの上りと下りの信号内でも，制御用，情報用など符号分割多重した複数のSS信号がマルチプレックスされ，送信されている．この**チャネル**はそのうちの一つを指す．

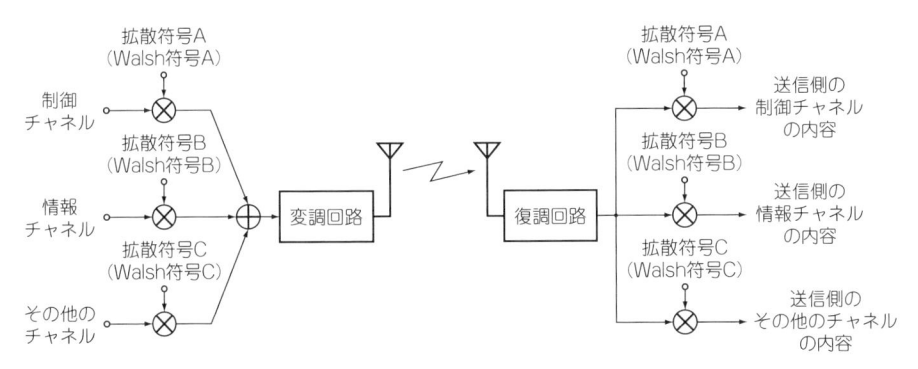

[図8-12] チャネルごとに異なるWalsh符号で拡散・伝送，受信側で識別・分離しチャネル多重する

　W-CDMAではWalsh符号という用語は用いず，"OVSF(Orthogonal Variable Spreading Factor) Code"；直交可変拡散率符号，と呼んでいます．伝送されるデータの速度が可変なので，それにあわせた符号長の異なるWalsh符号を用いていると考えてよいでしょう．

　このWalsh符号は「え！ そんなに簡単なの？」というほど，簡単に構成できる符号なのです．

　まず，Walsh符号の作り方について説明していきましょう．

● **Walsh符号，3分間クッキング**　W-CDMA　cdma2000

　第3章と第4章で，BPSKではキャリアをベースバンド信号により＋1倍，－1倍すれば，変調をかけることができると説明しました．実際にW-CDMA，cdmaOneやcdma2000で用いられている，"0"⇒＋1，"1"⇒－1という割り振りかた(これは第7章7-3「XORが乗算回路だというのはなぜだろう」と同じ)でディジタル・ビット情報を変調用のベースバンド信号である＋1，－1に割り振ってみます．これがWalsh符号の元となります．

　最初に式(8-1)のような関数を定義します．これはアダマール(Hadamard)行列というものが元になっています．

$$H_2 = \begin{bmatrix} +1 & +1 \\ +1 & -1 \end{bmatrix} \quad \cdots\cdots\cdots\cdots\cdots\cdots\cdots\cdots\cdots\cdots\cdots\cdots\cdots (8\text{-}1)$$

　さて，これを図8-13のようにどんどん入れ子にしてみます．つまり図8-13の式(8-1)を式(8-2)のように入れ子にして，さらに式(8-3)のように，どんどん符号の長

さを増やしていきます．この1行分を一つの(+1，-1の)拡散符号として考えます．これがWalsh符号なのです．例えば，8×8の行列だと8チップ長の8個のWalsh拡散符号ができるのです．簡単にできてしまいましたね．さらにもう一回同じことをすれば，16チップ長の16個のWalsh拡散符号ができます．

この符号同士は，こんなに簡単であるにも関わらず**相互相関がゼロ**なのです！これを**直交している**ともいいます．ただし，注意点として，Walsh符号同士が完全に同期している，つまり同じ位置同士のチップごとで相関を取った場合に，相互相関がゼロになるという大切なポイントもあります．

● 相互相関を計算してみよう　W-CDMA　cdma2000

それではホントにそうか，実際に計算してみましょう．図8-14は，図8-13の式

$$H_2 = \begin{bmatrix} +1 & +1 \\ +1 & -1 \end{bmatrix} \quad \cdots\cdots (前出8\text{-}1)$$

$$H_4 = \begin{bmatrix} +1 \times H_2 & +1 \times H_2 \\ +1 \times H_2 & -1 \times H_2 \end{bmatrix} = \begin{bmatrix} +1 \times \begin{bmatrix} +1 & +1 \\ +1 & -1 \end{bmatrix} & +1 \times \begin{bmatrix} +1 & +1 \\ +1 & -1 \end{bmatrix} \\ +1 \times \begin{bmatrix} +1 & +1 \\ +1 & -1 \end{bmatrix} & -1 \times \begin{bmatrix} +1 & +1 \\ +1 & -1 \end{bmatrix} \end{bmatrix} = \begin{bmatrix} +1 & +1 & +1 & +1 \\ +1 & -1 & +1 & -1 \\ +1 & +1 & -1 & -1 \\ +1 & -1 & -1 & +1 \end{bmatrix} \cdots (8\text{-}2)$$

$$H_8 = \begin{bmatrix} +1 \times H_4 & +1 \times H_4 \\ +1 \times H_4 & -1 \times H_4 \end{bmatrix}$$

$$= \begin{bmatrix} +1 \times \begin{bmatrix} +1 & +1 & +1 & +1 \\ +1 & -1 & +1 & -1 \\ +1 & +1 & -1 & -1 \\ +1 & -1 & -1 & +1 \end{bmatrix} & +1 \times \begin{bmatrix} +1 & +1 & +1 & +1 \\ +1 & -1 & +1 & -1 \\ +1 & +1 & -1 & -1 \\ +1 & -1 & -1 & +1 \end{bmatrix} \\ +1 \times \begin{bmatrix} +1 & +1 & +1 & +1 \\ +1 & -1 & +1 & -1 \\ +1 & +1 & -1 & -1 \\ +1 & -1 & -1 & +1 \end{bmatrix} & -1 \times \begin{bmatrix} +1 & +1 & +1 & +1 \\ +1 & -1 & +1 & -1 \\ +1 & +1 & -1 & -1 \\ +1 & -1 & -1 & +1 \end{bmatrix} \end{bmatrix} = \begin{bmatrix} +1 & +1 & +1 & +1 & +1 & +1 & +1 & +1 \\ +1 & -1 & +1 & -1 & +1 & -1 & +1 & -1 \\ +1 & +1 & -1 & -1 & +1 & +1 & -1 & -1 \\ +1 & -1 & -1 & +1 & +1 & -1 & -1 & +1 \\ +1 & +1 & +1 & +1 & -1 & -1 & -1 & -1 \\ +1 & -1 & +1 & -1 & -1 & +1 & -1 & +1 \\ +1 & +1 & -1 & -1 & -1 & -1 & +1 & +1 \\ +1 & -1 & -1 & +1 & -1 & +1 & +1 & -1 \end{bmatrix} \cdots (8\text{-}3)$$

[図8-13] 入れ子で作るWalsh符号

(8-3)の8チップ長のWalsh符号の7番目と8番目を実際に取り出したものです．上記に説明したように，Walsh符号同士が完全に同期している条件，つまり同じ位置同士のチップごとに計算してみます．

まず，チップ同士を乗算してみます（図8-14①）．なお+1×+1＝+1，+1×−1＝−1，−1×−1＝+1です．こうすると8個のそれぞれの結果が出ますが（図8-14②），さらにこれを足し合わせます……（図8-14③）．ゼロですね．異なるWalsh符号同士は，同期が取れていれば**相互相関ゼロ**なのです．

つまり，異なるWalsh符号同士はまったく相関がありません．逆拡散したときに「相互相関ゼロ」⇒「信号として検出されない」となるのです[※13]．

▶ 同期しているから相互相関がゼロになる

Walsh符号同士が完全に同期している条件，つまり同じ位置同士のチップごとと説明してきましたが，図8-15に図8-14と同じWalsh符号で1チップずれた場合の相互相関の計算をしてみましょう．一つのWalsh符号（8番目側）は，もともとオシリの1チップを先頭にもってきています．

まず，チップ同士を乗算してみます（図8-15①）．こうすると8個のそれぞれの結果が出ますが（図8-15②），さらにこれを足し合わせます……（図8-15③）．ゼロになりませんね．Walsh符号の場合，同期が取れていなければ**相互相関はゼロにならない**のです．

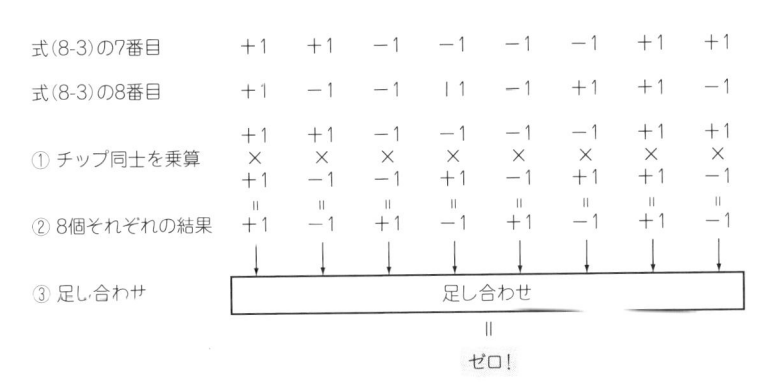

式(8-3)の7番目	+1	+1	−1	−1	−1	−1	+1	+1
式(8-3)の8番目	+1	−1	−1	+1	−1	+1	+1	−1
① チップ同士を乗算	+1×+1	+1×−1	−1×−1	−1×+1	−1×−1	−1×+1	+1×+1	+1×−1
② 8個それぞれの結果	=+1	=−1	=+1	=−1	=+1	=−1	=+1	=−1
③ 足し合わせ				足し合わせ ＝ ゼロ！				

[図8-14] Walsh符号の相互相関を計算してみると相関がゼロになる

※13：ここまでにいろいろな要因でアナログ的に受信ベースバンド信号が乱れると話をしたが，当然，この乱れによりアナログ信号（実際にはA-D変換されているのでディジタル値）として見た場合には，完全に相互相関ゼロにはならず，残留雑音として出てしまう．

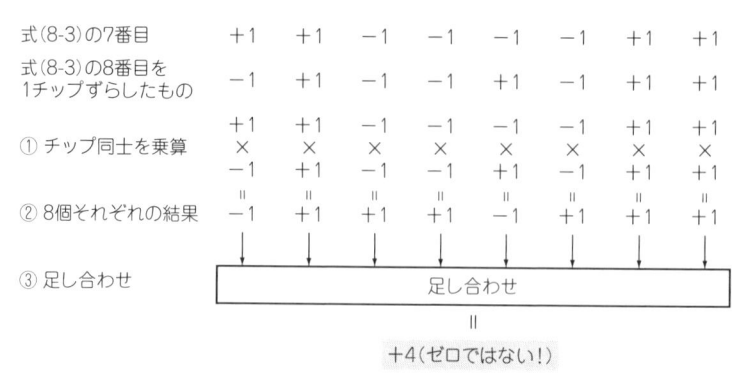

式(8-3)の7番目	+1	+1	−1	−1	−1	−1	+1	+1
式(8-3)の8番目を1チップずらしたもの	−1	+1	−1	−1	+1	−1	+1	+1
① チップ同士を乗算	+1×−1	+1×+1	−1×−1	−1×−1	−1×+1	−1×−1	+1×+1	+1×+1
② 8個それぞれの結果	−1	+1	+1	+1	−1	+1	+1	+1
③ 足し合わせ	足し合わせ = +4(ゼロではない!)							

[図8-15] Walsh符号の片側を1チップずらして相互相関を計算してみると相関がゼロにならない

「Walsh符号同士が，なぜ，どうすれば同期できるか？」という疑問も出てくると思います．

W-CDMAでは一つのフレームの中に，Walsh(OVSF)符号による符号分割で，制御用や情報用など複数チャネルをマルチプレックスしているため，Walsh符号間のタイミングをぴったり合わせることができます．

一方，cdma2000では基地局はGPSで全部同期しているので，端末ごとでも基地局の信号を基準にしてすべてが**完全同期**のシステムとして動作します．そのため，異なる端末，異なる基地局間であっても，Walsh符号間のタイミングをぴったり合わせることができます．

またcdma2000での可変拡散率の実現にはWalsh符号も一役買っており，1ビットに対してWalsh符号を1周期〜複数周期と割り当てることで，拡散率をWalsh符号長の整数倍に伸ばすことを実現しています．

● cdma2000におけるWalsh符号を使ったOrthogonal Modulation（直交変調）　cdma2000

cdmaOne互換のRC1とRC2では，端末からのリバース・リンクのうち，情報データを送るチャネルは，情報データ6ビットを一つのブロックとして，これにより64チップ長のWalsh符号テーブルから対応するWalsh符号を取り出し，拡散符号に変換して送信します．つまり6ビットぶんが64チップとして伝送されます．このようすを**図8-16**に示します．

また，RC3〜RC6では，制御用や情報用などの複数チャネルに，それぞれ異なるWalsh符号を拡散符号として割り当て（チップ長，つまり拡散率はチャネルごと

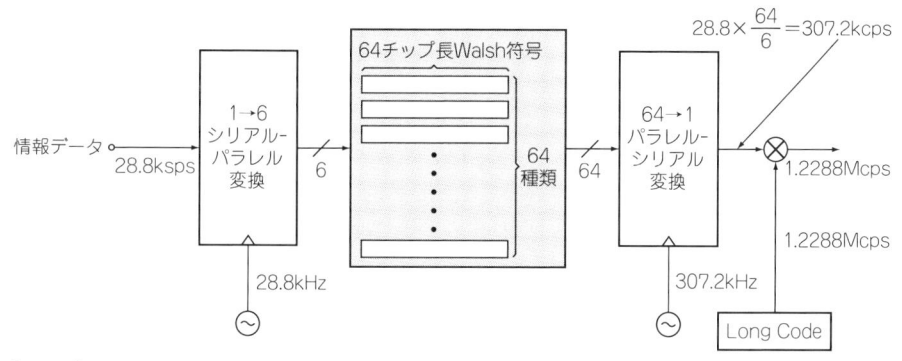

[図8-16] Walsh符号を使ったOrthogonal Modulation(cdma2000 RC1, 2)

に異なっている),符号分割でマルチプレックスして伝送しています.こちらはW-CDMAと同じ方法と言えます.

● **IMT-2000におけるCDMA逆拡散(上り回線)** W-CDMA cdma2000

IMT-2000の端末から基地局への上り回線においては,Walsh符号のチップ・レートに等しい**スクランブル・コード**と呼ぶPN符号をXOR(掛け算)します.このスクランブル・コードにより端末ごとを識別,分離,多重します.

▶ スクランブル・コードを掛けている

W-CDMA(アップ・リンク)では,Long Scramble Sequenceと呼ぶ,二つの$2^{25}-1$の長さの符号から取り出しXORした,38400チップ/周期のGold符号か,別途Short Scramble Sequenceと呼ぶ255チップ/周期のGold符号が用いられます.

cdma2000(リバース・リンク)においては,Long Codeと呼ぶ,$2^{42}-1$チップ/周期を4倍のチップ・レートでスクランブルを掛けています(ただし,RC1,RC2の場合.それ以外は同じチップ・レート.またいずれにしても1Xだと1.2288Mcps).さらにややこしいことに,I相,Q相のそれぞれに,I/Q-Channel PN Sequenceという2^{15}チップ/周期のそれぞれ違う符号をXOR(掛け算)しています.

▶ スクランブルの働き

さて,このスクランブル・コードは,端末と基地局の接続が確立した後は端末1台ごとに固有のものを割り振るようになっており,Walsh符号をスクランブル(かき混ぜる)する働きと思えばよいでしょう.このようすを図8-17に示します.

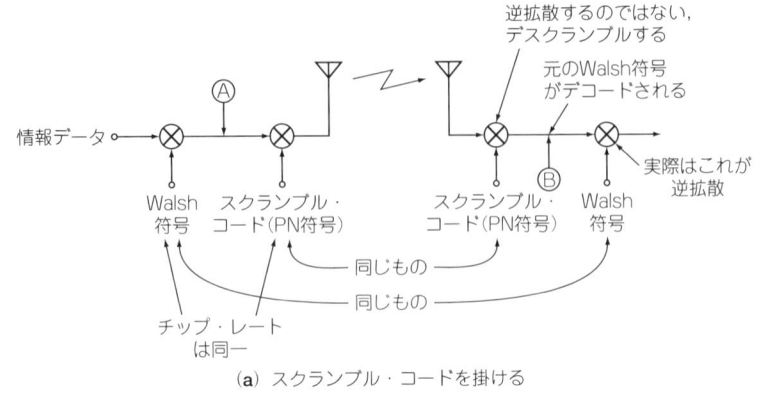

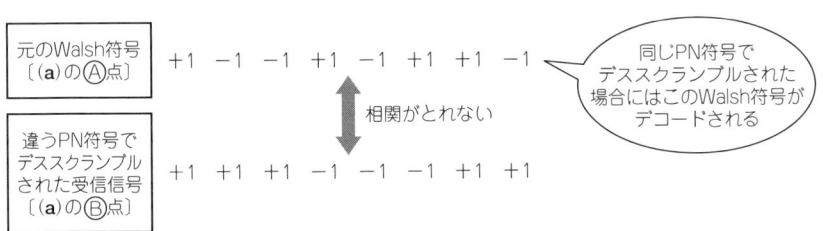

[図8-17] IMT-2000ではスクランブル・コード(PN符号)はWalsh符号をスクランブルするのが目的

▶ 受信側の逆拡散

受信側の逆拡散においては，図8-17(a)のようにスクランブル・コード(PN符号)を用いて逆拡散すると考えるのではなく，あくまでも送信側と同じスクランブル・コードでもとのWalsh符号をデコード(デスクランブル)して，それをWalsh符号として逆拡散する．と考えればよいでしょう[※14]．このPN符号自体を**拡散符号**と呼ばず**スクランブル・コード**と呼んでいるのもこのためでしょう．

一方，図8-17(b)のように，違うPN符号で逆拡散(乗算)された受信信号は，もとのWalsh符号とはまったく異なるチップの並びとなるため，これをもともとのWalsh符号とで逆拡散しても相関が取れないため，復調ができない(見かけ上，雑音となる)ことになります．このようにして，IMT-2000では端末局間のCDMAを実現しているのです．

※14：cdmaOne互換のRC1とRC2では，スクランブル・コードで4倍にチップ・レートが上がっているので，逆拡散されているとも言える．

なお，下り回線については，W-CDMAのダウン・リンクでは，$2^{18}-1$の長さのPN符号から選ばれた8192個のスクランブル・コードが用いられていたり（さらにそれがPrimary，Secondaryと分けられている），cdma2000のフォワード・リンクについては，Long Codeはシンボル自体にスクランブルされていたりと，上り回線とは異なる構成になっているので注意が必要です．

8-5　必須となった新技術：HPSK

聞きなれない用語ですし，一般的にはかなり新しい用語かもしれません．しかしIMT-2000システムでは必須の技術です[※15]．

HPSK(Hybrid PSK)の目的は，送信電力を平準化して，送信パワーアンプの電力利用効率を改善し，最終的にバッテリの寿命を延ばしたり（**Column 6**「送信パワーアンプの電力効率」参照），歪み（HPSKを用いるとナイキスト・フィルタによるロールオフで発生するオーバ・シュートが低減できる）を減らすことでBERを改善することといえるでしょう．

W-CDMAと，cdma2000(RC3～RC6でHPSKが使われている．なおRC5，RC6は3X仕様)では，上り回線でHPSKが使われています．これは**携帯端末からの送信が上記2点について重要**だということですね．

● **HPSKとは** W-CDMA cdma2000

HPSKは，BPSKやQPSKで発生するような，図8-18(a)のようにコンスタレーション上で中心を通るような，同じく(b)の時間波形では振幅がゼロになるような状態に極力ならないようにします．

そうならないように，図8-19のようにチップごとに±45°ずつ**パタパタ**と切り替わる信号をベースバンド信号に掛け合わせるというものです（±45°ずつ変わる方向は，PN符号などでランダムに変わるようになっている）．HPSKの処理をする前に，Walsh符号などで拡散しているからHPSKが有効に働くという点もあります．

HPSK変調することにより，コンスタレーションの中心を通る確率が，QPSKの1/4から1/8となり，全体として電力利用効率が1dB程度アップします．

[※15]：ETRI(Electronics and Telecommunications Research Institute；韓国の国家研究機関)とMotorolaが共同提案した技術．1998年の国際会議(CIC '98)でのSeung Chan Bang, et al., "A Spectrally Efficient Modulation and Spreading Scheme using Orthogonal Channelization and Rotator," Proceeding of CIC '98, 1998.が最初のようである．

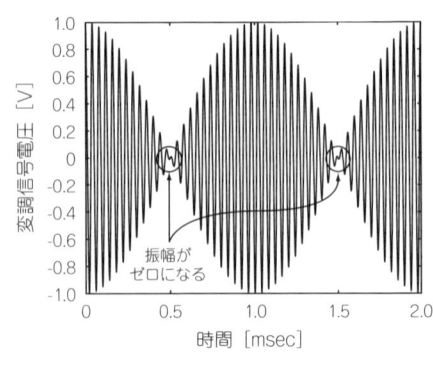

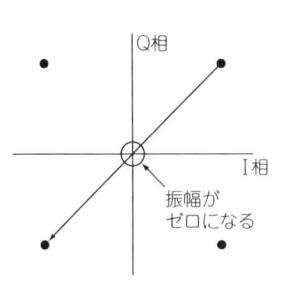

[図8-18] BPSKやQPSKで発生する振幅ゼロの状態

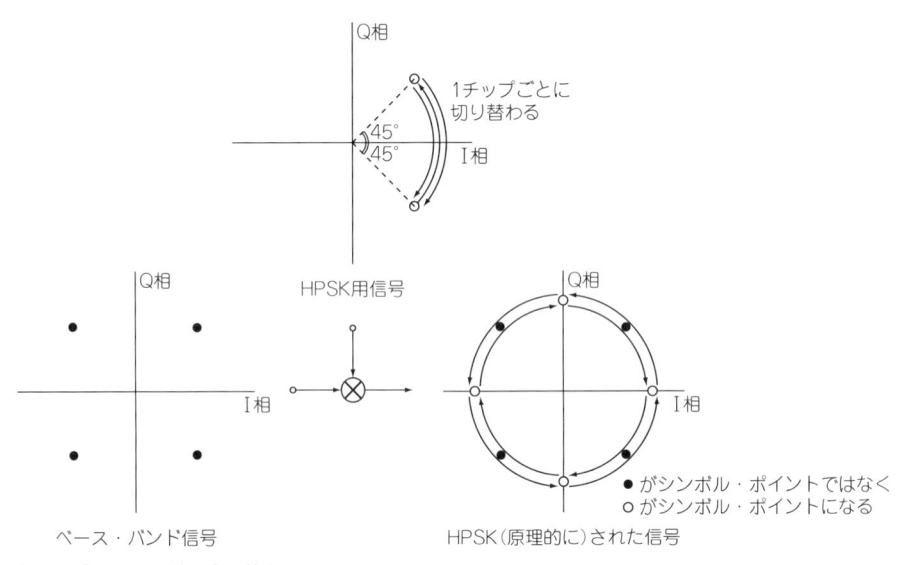

(a) コンスタレーションでは中心を通る
(b) 時間波形では振幅がゼロになる

[図8-19] HPSKの基本中の基本

 また，CDMAではパワー・コントロールが行われるということも説明しました．IMT-2000ではI相とQ相それぞれで異なるチャネルが伝送されるため，I相，Q相で異なるパワー・コントロールが適用されます．そのためI相とQ相のレベル差が発生してしまうという問題点も，このHPSKで解決することができるのです．これがどんなものか，さらに詳しく説明していきましょう．

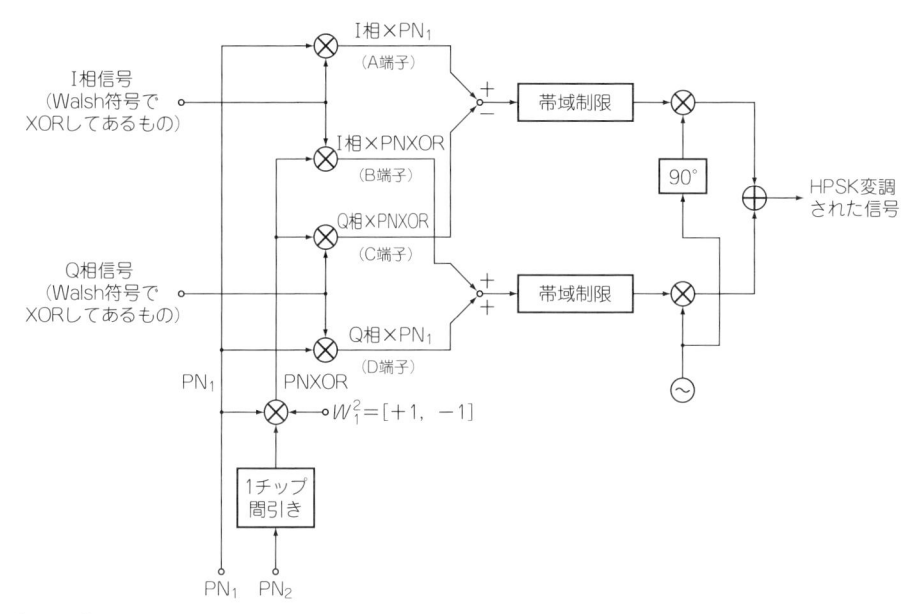

[図8-20] HPSKを実現する基本・原理回路

● HPSKを実現する回路　W-CDMA　cdma2000

　図8-20は，HPSKを実現する基本回路です．実際のIMT-2000では，より複雑にPN符号などを絡み合わせてHPSKを作っていますが，本質はこの基本回路と何ら変わるものではありません．以下の手順で信号ができあがります．また説明は+1，-1で説明していますが，p.277のWalsh符号と同様な変換（"0"⇒+1，"1"⇒-1）をしていると考えてください．

(1) もともとのI相側信号，Q相側信号は，チャネル間をCDMAで分離できるように，すでにWalsh符号がXOR（掛け算）されているものとします．
(2) ここに$W_1^2 = [+1, -1]$なる繰り返しチップ（以降の説明での，それぞれの符号のそれぞれのチップ・レートはすべて同じもので，DS拡散するチップ・レートにすべて等しくなる）と，二つのPN符号PN_1とPN_2（ただし，このPN_2については1チップずつ**間引き**している），合計三つの符号をチップごとにXOR（掛け算）します．
(3) できあがった信号PNXORとPN_1とで，もともとのI相ビット・データとQ相ビット・データにそれぞれ個別に掛け算します（合計で四つの乗算器を用いる

8-5　必須となった新技術：HPSK

ことになる).
(4) さらにそれをI相×PN_1(A端子)とQ相×PNXOR(C端子)とを引き算し,I相×PNXOR(B端子)とQ相×PN_1(D端子)とを足し合わせます.
(5) そして帯域制限したのち,それぞれを90°ずれたキャリアでBPSK変調します.90°ずれていることから,コンスタレーションはQPSKと同じ4相になります.

▶ HPSKでI相,Q相間のレベル差をなくす

IMT-2000ではI相とQ相とで異なるチャネルが伝送されるため,異なるパワー・コントロールが適用されるという点は,とくに送信機の高周波アナログ回路の観点からシビアであり,I相,Q相間のレベル差を小さくすることが良いといえます.

HPSKでは,このレベル差をIQ相それぞれにランダムに分配できます(レベル差が位相ズレに変換される).このようすを図8-21に示してみましょう.

上記の(4)の状態について考えてみます.

- 図8-21(a)の①のI相(この例では+0.5)とPN_1(この例では+1)が乗算され図中の②(A端子)が得られる
- 図中の③のQ相(この例では+1.0)とPNXOR(+1とする)と乗算され図中の④(B端子)が得られ,②-④と引き算し,新しいI相とする(図中の⑤)

(a) $PN_1=+1$, PNXOR$=+1$ 　　　(b) $PN_1=+1$, PNXOR$=-1$

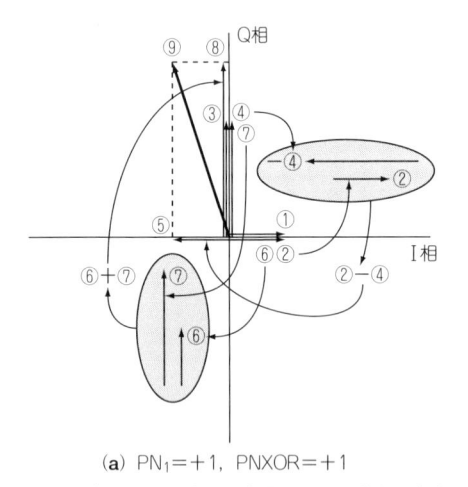

[図8-21] HPSKでI相・Q相間のレベル差をなくす

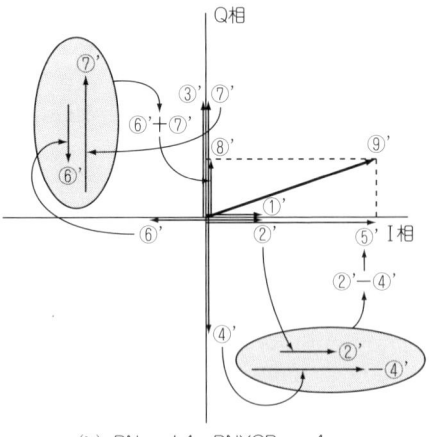

- I相×PNXORとQ相×PN1でも同様で，さらに足し算し，新しいQ相とする（図中の⑥～⑧）
- ⑤と⑧が合成されたものが図8-21(a)のコンスタレーションの位置⑨になる
- 次にPNXORを－1として，それぞれ図8-21(b)の①'～⑨'で示すように変換してみる

これでわかるように，上記の(5)で示される，4相にPSK変調される2信号としては，⑨，⑨'の二つの状態でIQ相のレベルが入れ替わっています．また，位相も0°，90°……ではなく，その点からずれていることもわかります(レベル差がないとき，HPSKのコンスタレーションは，0，90，180，270°になる)．

基本的には，HPSKによりQPSKを±45°ずつ動かしているのですが，もともとのIQ軸をHPSKでベクトル合成しているから，このような芸当ができるのです．

W_8^{16} (I相信号)	+1	+1	+1	+1	+1	+1	+1	+1
W_4^{16} (Q相信号)	+1	+1	+1	+1	-1	-1	-1	-1
PN_1 (一例)	+1	+1	+1	-1	-1	-1	+1	+1
PN_2 (一例)	+1	-1	-1	+1	+1	-1	+1	+1
PN_2 間引き	+1	+1	-1	-1	+1	+1	+1	+1
W_1^2	+1	-1	+1	-1	+1	-1	+1	-1
PNXOR	+1	-1	-1	-1	-1	-1	-1	-1
A端子	+1	+1	+1	-1	+1	-1	-1	-1
B端子	+1	-1	-1	-1	-1	-1	-1	-1
C端子	+1	-1	-1	+1	+1	+1	+1	+1
D端子	+1	+1	+1	+1	-1	+1	-1	-1
HPSK後のI相(A-C)	0	+2	+2	0	-2	0	-2	0
HPSK後のQ相(B+D)	+2	0	0	-2	0	-2	0	-2

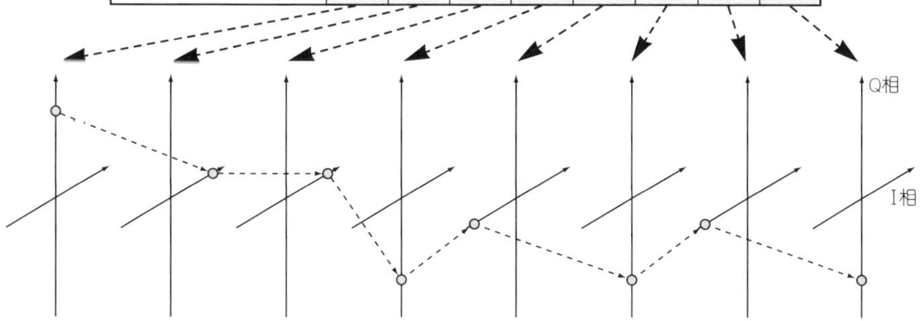

[図8-22] HPSKの実際の変調

▶HPSKの実際の「パタパタ」動作

　それでは，図8-20と図8-22を使って，実際のHPSKの動作について説明していきましょう．ここでは，cdma2000のReverse Dedicated Control ChannelのWalsh符号W_8^{16}（＋＋＋＋＋＋＋＋－－－－－－－－）と，Reverse Fundamental ChannelのWalsh符号W_4^{16}（＋＋＋＋－－－－＋＋＋＋－－－－）が図8-20のI相・Q相信号として入力されるとします．

　図8-22は図8-20の各端子状態を示しており，W_8^{16}（I相信号），W_4^{16}（Q相信号）の16チップのWalsh符号のうち，前半の8チップ分で説明しています．このWalsh符号は，本来は送信データ・ビット自体とXOR（乗算）され，スペクトル拡散の2次変調がなされますが，この説明では，送信データ・ビットは＋1（データ"0"）とします．またPN_1とPN_2は一例としてあります．

　この図でわかるように，HPSK後のコンスタレーションは0°，90°，180°，270°に配置され，チップごとにかならず90°位相遷移（180°遷移もある．180°の遷移がなくなるというのではなく，少なくなる．また必ず遷移するというわけでもない）ができることになります．図のように90°遷移＋パタパタが動作しているようすがわかりますね．

　なお，この表現はディジタル的な表現になるので，実際の無線送信のためには，このベースバンド信号をフィルタで帯域制限します．

▶HPSK拡散のキー・ポイント

　キー・ポイントとしては，HPSK変調回路に入力されるI相，Q相に拡散変調されている拡散符号やWalsh符号は，連続した2チップは同じ符号（つまりコンスタレーションの位置として変わらない）である部分が必要ということです．そうなっていないと，コンスタレーションの中心を通る確率を減らすことができません．

　実際に，W-CDMAでは以下の式（8-4）のように，またcdma2000では図8-20のPN_2を1チップずつ**間引き**する操作により，連続2チップの状態が保持されます．使用可能なWalsh符号の数もこの理由により制限があるのです（制限が問題になるというレベルではない）．

● W-CDMAの規格におけるHPSKの記述　W-CDMA

　cdma2000では，ブロック図によって明確な記述があるのですが，W-CDMAの規格においては，HPSKの記述らしきものは見当たりません[※16]．その代わりに数式

※16：3GPPと3GPP2では，ほかの用語も含めてかなりの数，同じ意味に対して違う用語を使って基準書が作成されている．相当意識しているのであろうか．

による表記があります．式(8-4)を見てください．

$$C(i) = c_1(i)\{1 + j(-1)^i c_2(2\lfloor i/2 \rfloor)\} \quad \cdots\cdots\cdots(8\text{-}4)$$

　　　　　　↑　　　↑　　　　↑
　　　　　　①　　　③　　　　②

　矢印①はPN符号[PN_1]，矢印②は同じくPN符号[PN_2]です．さらに矢印③を見てください．③は，$1 + j(-1)^i$になっています．これは，I相が1，Q相がiが偶数か奇数かによって$+j$，$-j$（jは複素数での表現．Q相が$+1$，-1であることを示している）でチップごとに**パタパタ**切り替わる信号になっているということです．

　さらに，②の部分は，$(2\lfloor i/2 \rfloor)$で，$\lfloor\ \rfloor$は切捨て整数演算です．1チップずつ**間引**きし，連続する2チップを同じ状態に保持することを実現しています．

　結局②，③の部分は，**IQ軸におけるベクトル**となり，$+45°$と$-45°$の位相を示しています．これに対して，①の符号[PN_1]（$+1$，-1）がかかり，無事にHPSKとスクランブルができることになっています．つまり，実際の動作としては，図8-20とほぼ同じだといえます．

8-6　IMT-2000でのSS通信に関する重要なトピック

　上記までに説明しきれなかった，IMT-2000に関してのトピックを最後に挙げてみましょう．

● 可変ビット・レートの実現と収容数の拡大　`W-CDMA` `cdma2000`

　W-CDMAではOVSF符号の採用，cdma2000においても1ビットに対してWalsh符号を1周期〜複数周期割り当てることにより，拡散率を可変させます．拡散率が大きくなると，受信側で逆拡散するときの処理利得が大きくなるので，受信レベルが低くても受信することができます．

　そこで，音声圧縮技術（p.265）や送信パワー・コントロール（p.274）を使って，（とくに基地局側の受信において）希望波SDをはかの端末からの上り信号SI_1, SI_2, ……に対して低い受信電力で受信し，逆拡散でSDを規定のSIRまで上げるようにします．

　そうすると，ほかの端末からの上り（SI_1, SI_2, ……）全体の受信信号レベルからすると，この希望波SD自体は相対的にレベルが低くなります．SI_1, SI_2, ……を受信するそれぞれの回路からすると，SDが干渉波となり，この干渉波レベルSD

Column 6
送信パワー・アンプの電力利用効率

携帯機器は，バッテリの消費を最低限にしなければなりません．通話時間の長い携帯電話を買いたいと思うのは，消費者の心理としては当然でしょう．送信出力のレベルが大きいので，送信パワー・アンプの電力利用効率を上げることが直接バッテリ消費の低減につながります．

図C8-1は，送信パワー・アンプの電力利用効率の考え方の図です．P_{DC}は，アンプへの入力電流($V_{CC} \times I_C$)，P_Oは出力電力です．これが電力利用効率ηとして式(C8-1)のように示されます．

$$\eta = \frac{P_O}{V_{CC} \times I_C} = \frac{P_O}{P_{DC}} \quad \cdots\cdots (C8\text{-}1)$$

このηは，増幅回路の作り方(A，B，C，D級増幅などのバイアスのかけ方)により変わってきますし，瞬間最大出力レベルP_{Omax}はηの最大値η_{max}とP_{DC}で決まってしまいます．例えば，B級増幅でのη_{max}，P_{Omax}は式(C8-2)で示され，η_{max} = 78.54%です．送信出力レベルP_Oが下がってくれば，B級増幅の場合(P_{DC}もB級では一緒に下がってくる)，ηは式(C8-3)のように変化します．いずれにしてもηは下がる一方です．

$$\eta_{max} = \frac{P_{Omax}}{P_{DC}} = \frac{\pi}{4} \quad \cdots\cdots (C8\text{-}2)$$

$$\eta = \frac{\pi}{4} \sqrt{\left(\frac{P_O}{P_{O\,max}}\right)} \quad \cdots\cdots (C8\text{-}3)$$

つまり，入力される信号の平均レベルがいつもP_{Omax}に近ければ，ηを高く維持することができ，バッテリ消費を最小限に抑えることができます．ノーマルのBPSKやQPSKでは，シンボル遷移の際にコンスタレーションの中心を通ります．つまり，この瞬間は出力P_Oがゼロとなってしまうので，平均効率は低いものになってしまいます．

一方でHPSK変調されたものは，P_Oがゼロになる確率が1/4(QPSK)から1/8に減少するので(またベースバンド信号のオーバーシュートも低減できるので)，電力利用効率ηを高く維持することができるわけです．

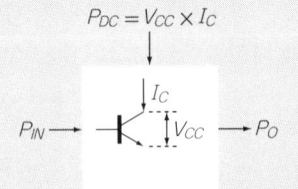

[図C8-1] 送信パワーアンプの電力利用効率の考え方

が低く抑えられます．

干渉波レベルが低くなれば，例えば $SI_1 \sim SI_5$ を基地局では受信できていたものが，$SI_1 \sim SI_6$（プラス1局になった）まで受信が可能になるわけで，一つの基地局における端末の収容数を拡大することができます．

● ソフト・ハンドオーバ（ソフト・ハンドオフ） W-CDMA cdma2000

W-CDMAではソフト・ハンドオーバ，cdma2000ではソフト・ハンドオフと呼びます．cdmaOneでも実用化しています．

第2世代のFDMAやTDMA方式携帯電話では，ユーザが基地局間を渡り歩くとき（つまり高速道路などで通話をしており，道路沿いの数kmごとに配置されている基地局をどんどん渡って行くとき），ある基地局から次の基地局に対して「ブツッ」と切り替えがされます．これをハード・ハンドオーバ（ハンドオフ）といいます[※17]．

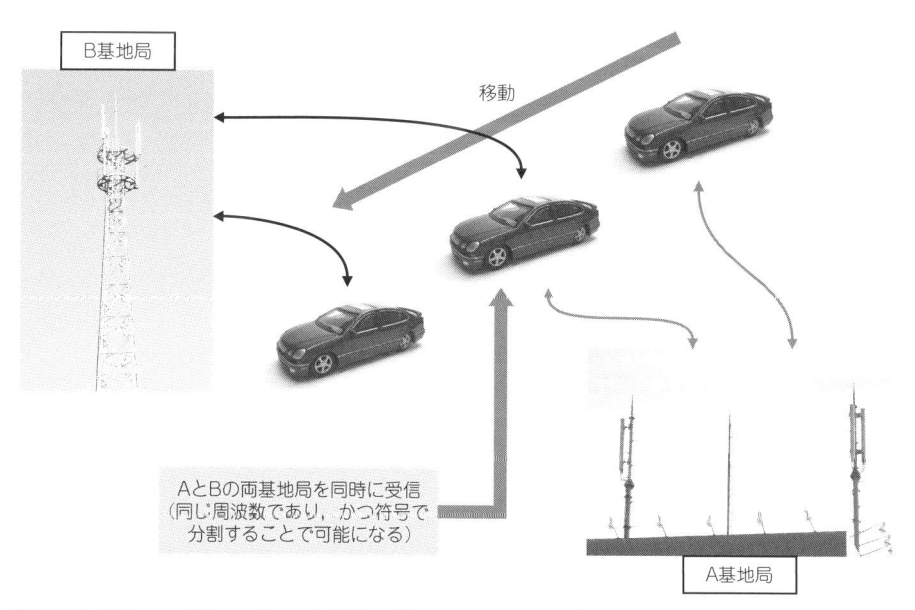

[図8-23] IMT-2000でのソフト・ハンドオーバ（ソフト・ハンドオフ）

※17：私はTDMA携帯を使う期間は短く，番号が変わることもものともせずCDMA携帯に切り替えたので気がつかなかったが，この切り替え状態に「気がつく」という人もいた．

一方で，IMT-2000は図8-23のように[※18]，二つの基地局の信号を同時に受信して徐々に切り替えていきます．この機能をソフト・ハンドオーバ(ハンドオフ)といいます．これは端末内に，二つの基地局の異なる符号を逆拡散できる相関器の機能を用意しておくことで実現しています．

この機能によりスムースに，通話が「ブツッ」と切れることなく基地局間を渡り歩くことができるわけですね．

また，この機能は送信側が二つあることから，**送信ダイバシティ**とか**サイト・ダイバシティ**とかいいます．

● **レイク(Rake)受信** W-CDMA cdma2000

p.248の第7章7-8「SS通信に関する重要なトピックス」でも説明しましたが，IMT-2000ではレイク受信を本格的に活用しています．とくにW-CDMAやcdma2000の3X仕様はチップ・レートも高速であることから，マルチパスを分離しやすくなります．サンプリング・レートが早いと，高速の信号をサンプリングできるのと同じことです．

このレイク受信についても，経路(path)で分離できるということから**パス・ダイバシティ**ともいいます．

※18：どうでもよいが，図8-23の写真のクルマはチョコのおまけ．その実は中国HONGWELL社の日本未発売のミニカーだった！ このコストで企画，商品化できるとは……．

無線通信とディジタル変復調技術

第9章
変復調から見たRFアナログ回路

❖

ディジタル変復調回路といえども，
アナログ回路の技術はなくてはならない技術です．
ディジタル無線機の設計現場に携わる技術者がとくに注意している
RFアナログ回路の大切なポイントを確めます．

❖

9-1 受信回路の構成あれこれと注意点

　本書で説明しているようなディジタル変復調無線機器の送信側と受信側では，どちらの作り込みが難しいでしょうか？　それはまちがいなく**受信側**です．受信機が無線システム全体での**コア**になるのです．ここでは，アナログ回路の観点から，とくに受信回路の構成について説明していきます．

● スーパー・ヘテロダイン方式

　スーパー・ヘテロダイン(Super Heterodyne)方式は，1918年にアームストロング(Edwin Howard Armstrong；1890〜1954)が発明した受信回路の構成方式ですが，現在でも最良といえる方式です．しかし低価格化が要求される現在の無線機器設計においては，回路が複雑であることから，一部ではあまり好まれなくなってきています．

　図9-1は，スーパー・ヘテロダイン方式(ダブル・コンバージョン)の例です．この例では，2回の周波数変換を行いディジタル復調が行われます．この例は第2世代TDMA携帯電話の周波数構成の一例を示しています．

　例えば，ちょうど800MHzの高周波(Radio Frequency；RF)信号を受信したとします．この信号はRFフィルタを通り，低雑音増幅器(Low Noise Amplifier；

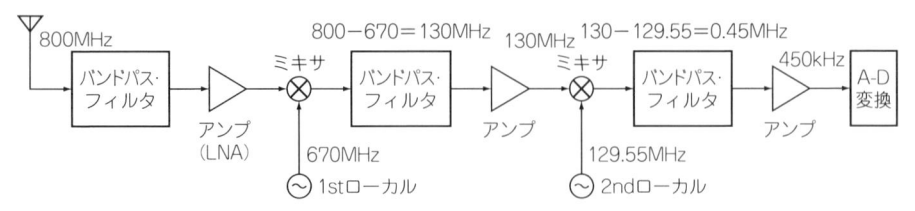

[図9-1] スーパー・ヘテロダイン方式（ダブル・コンバージョン）

LNA）で増幅され，ミキサで**局部発振信号**（この例では）670MHzの信号と掛け算します．局部発振信号は，本書でもところどころに出てきた用語です（RF技術者は**ローカル**と呼ぶ．記号ではLOとして表わす）．この章では**ローカル**，LOとして説明を行っていきます．**掛け算**することをRF技術者は混合する，ミックス，ミキシングすると言うので，これも覚えておいてください．

掛け算すると和と差の周波数が取り出されます．このことはp.74の第3章3-9の「PSKと位相と周波数と乗算するということ」の「周波数ミキサの周波数変換における乗算」で説明したとおりです．

ここでは，差の周波数を取り出します．差の周波数は800 − 670 = 130MHzになります．この差の周波数を中間周波数(Intermediate Frequency；IF)と呼びます．IF成分をフィルタで取り出し，増幅して，またまた129.55MHzと掛け算して第2IFの450kHzにし，フィルタや増幅を経由してA-D変換されDSP（Digital Signal Processor）などで復調されます．なぜ，このようなことをしているかの理由ですが，

- 高い周波数では1チャネルを適切にフィルタリングできるフィルタを実現するのが困難（というかほぼ無理）
- そのため，受信周波数とLO周波数の差分が一定になるようにLO周波数を制御し，
- 一定のIFの周波数に落とすようにして，
- このRFの周波数より低いIFの周波数では，1チャネルを適切にフィルタリングできるフィルタは実現可能であり，
- このIFの周波数で余分な帯域をフィルタリングする

という点と，

- 復調回路まで100dB〜150dB程度も増幅しなくてはならない
- これをRF増幅単体で複数段の回路で実現すると，出力信号が入力に再度回り

込んでしまい
- 受信回路が異常発振を引き起こしてしまう
- 複数の周波数に変換していくことで，RF，IF各段での増幅率を数10dB程度に低く抑えることができ，
- 受信回路が安定に動作する[※1]

という2点があります．アナログ回路で動く受信回路は，これらの点はとても重要なポイントです．これらの理由により，スーパー・ヘテロダイン方式が現代でも90%を超える無線機で使われています．

● ローカル回路からのスプリアス（副次）発射
▶ 受信機からも電波が出る？
　私も中学〜高校ころまでは「受信しているのになんで電波がでちゃうの？」と思っていました．実際の受信機としては，上記の説明のように受信機内部でLO信号を発生させているので，これが回路の各部を伝わって，どうしても外（アンテナ）に出てしまいます．これを**スプリアス（副次）発射**といいます．

　図9-1のように，1stローカル⇒ミキサ⇒LNA⇒アンテナと逆行していく方向か，それらの電源回路周辺からの回り込みにより，このLO信号の漏れ，スプリアス発射が発生することが一般的です．当然**漏れ**ですから，発射する電波の電力はかなり低いものです．

　スーパー・ヘテロダイン方式だけでなく，以下に示すような別の方式でも，LO周波数を作る回路がある無線機はスプリアスを発射してしまいます．

▶ 最大発射レベルは技術基準でも決まっている
　発射する電波の電力が**漏れ**レベルであったとしても，近くにあるほかの受信機からすれば妨害になります．国ごと，技術基準（無線機）ごとに，この発射レベルの上限は，その国の法令で決まっています．−50dBm〜−60dBm程度が一般的といえるでしょう．このレベルを超える無線機は許可が下りません．

　一方で，たとえ−50dBm〜−60dBm程度であっても，受信機も一般的には受信感度が−120〜−80dBm程度あるので，数10mから，場合によっては数100m程度離れても，このスプリアス発射の周波数付近を受信しているほかの受信機からすれば，妨害による干渉が発生してしまいます．

[※1]：とはいえ実際の回路設計においては，とくにディスクリート部品で回路を作っていくと，思わぬ異常発振が発生したりして，かなり苦労するのが現実（泣）．やってみるとわかる．

● イメージ受信とスプリアス受信

▶ イメージ受信

ミキサで二つの周波数（例えばf_{RF}とf_{LO}）を掛け算すると，和と差の周波数が取り出されます．この出力をフィルタを通して目的の周波数のみを取りだすのが**ヘテロダイン**です．このようすをあらためて図9-2に示します．LOとRFの周波数が，$f_{RF} < f_{LO}$のものをアッパー・ヘテロダイン（Upper Heterodyne）と呼び，$f_{RF} > f_{LO}$のものをロワー・ヘテロダイン（Lower Heterodyne）といいます．

しかし，フィルタの性能には限界があるので，当然，図9-2に示す，本来アッパー・ヘテロダインで$f_{LO} - f_{RF} = f_{IF}$のIF周波数を取り出したいのにも関わらず，フィルタの遮断性能の限界による漏れでロワー・ヘテロダインの信号，すなわち，$f_{LO} + f_{IF}$の周波数を受信してしまいます．これを**イメージ受信**と呼びます．イメージ受信の性能は，ほぼすべてが受信系のフィルタの性能に依存しています．このイメージを排除できる性能を**イメージ除去比**と呼びます．ロワー・ヘテロダインの場合も一緒です．

なお，回路構成でイメージを除去する**イメージ・リジェクション回路**というものも実現できますが［参考文献(26)］，回路構成が複雑であることや，イメージ除去比を20dB〜30dB程度取るあたりが限界であることから，高性能な受信回路にはあまり採用されません（一部，アナログ・フィルタの補助機能として採用され，より高いイメージ除去比を実現しているものもある）．

▶ スプリアス受信

上記のイメージ受信と同じようなプロセスで，受信機はイメージ周波数とは異なる周波数の信号を受信してしまいます．これを**スプリアス受信**と呼びます．基

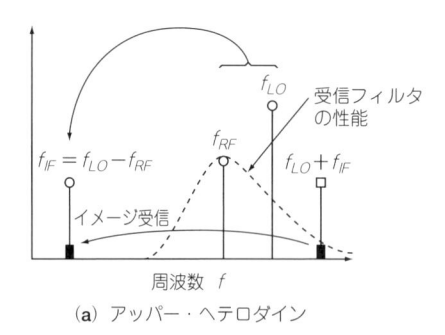

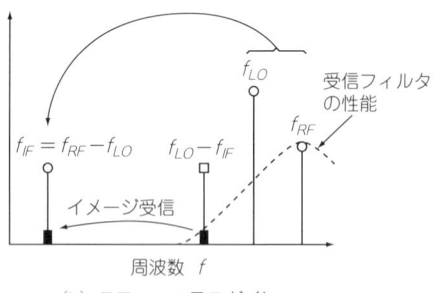

(a) アッパー・ヘテロダイン　　(b) ロワー・ヘテロダイン

[図9-2] アッパー・ヘテロダインとロワー・ヘテロダインとイメージ受信

[表9-1] スプリアス受信で検討する周波数(シングル・コンバージョンの例)

測定周波数	注意点
IF	IF信号を直接受信してしまう(IFフィード・スルーとも呼ぶ)
イメージ	「イメージ受信」の説明のとおり
LO + IF/2	IF/2の2倍高調波(受信回路内部で発生する)を受信する
LO − IF/2	同上
LO + IF/3	IF/3の3倍
LO − IF/3	同上
RF/2	信号発生器(計測器)自体の高調波に注意．何を測定しているかわからなくなる
RF/3	同上
2LO + IF	LOの2倍
2LO − IF	同上
3LO + IF	LOの3倍
3LO − IF	同上

本的な考えとして，それぞれの信号の高調波やローカル信号同士の足し算や引き算などの関係の周波数で，スプリアス受信が発生します．

表9-1はスプリアス受信の例です．ただしこれは，1回の周波数変換のみを行うシングル・コンバージョンの受信機の例です．

● ローIFやゼロIF(ダイレクト・コンバージョン)の回路構成

ディジタル受信機では，この方式が多くなってきています．その理由としては，最近のワイヤレス・システムの低コスト化要求が大きな原因です．性能が良いとはいえませんが，回路構成が簡単になることから(とくにIFフィルタが高価．またローIF方式ではA-D変換器が一つ済む)，コスト低減が可能であり，最近は好んで使われるようになってきています．

▶ ローIF(Low IF)方式

図9-3にローIF方式について示します．基本的にシングル・コンバージョンの形が多いといえます．IFの周波数を数10kHz～数100kHz程度と非常に低い周波数にすることが特徴です．この方式のそれ以外の特徴は次のとおりです．

(1) イメージ除去

受信している周波数とイメージの周波数がほとんど同じ周波数になることから，RFフィルタによるイメージ除去がほとんど不可能．

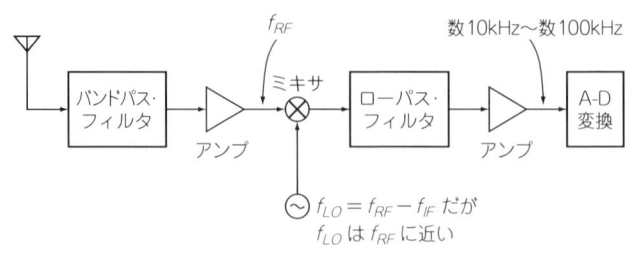

[図9-3] ローIF方式

(2) 単相の変換でよい

　以下に挙げるゼロIF方式と異なり，キャリアがあるため，A-D変換してディジタル信号処理する場合には，IQ相に分けてA-D変換する必要がなく，単一のA-D変換を行い，それをDSP内部などでディジタル信号処理を行うことによりIQ相に変換が可能．

(3) $1/f$ 雑音が見えてくる

　デバイスのフリッカ雑音による $1/f$ 雑音（周波数が低くなると雑音レベルが上昇する種類の雑音）の影響を，IFの周波数が低いことから受けやすくなる．つまり感度が悪くなる．

▶ ゼロIF（ダイレクト・コンバージョン）方式

　図9-4に，ゼロIF（ダイレクト・コンバージョン）方式について示します．RFで軽く増幅した後に，いきなり，直接ベースバンド周波数まで落としてしまうというものです．この方式の特徴は次のとおりです．

(1) ベースバンド周波数段の利得が相当大きい

　回路全体として，100dB〜150dB程度も増幅が必要なのはかわりがない．しかしRF回路で大きい利得を取ろうとすると，出力信号が入力に再度回り込んでしまうことで，受信回路が異常発振を起こしてしまう．そのため，ほとんどがベースバンド周波数での増幅利得に依存してしまうが，その増幅度も80dB〜100dB程度ととても大きいため，安定した回路を作ることが難しい．

(2) IQ相の分離/変換が必要

　ここまでに説明してきたように，ベースバンド信号に変換する場合には，I相とQ相に分離する必要がある．I相，Q相それぞれのミキサ回路が必要になる．

　ただし，上記(1)に挙げたように，増幅度自体がかなり大きいため，IQ相同士

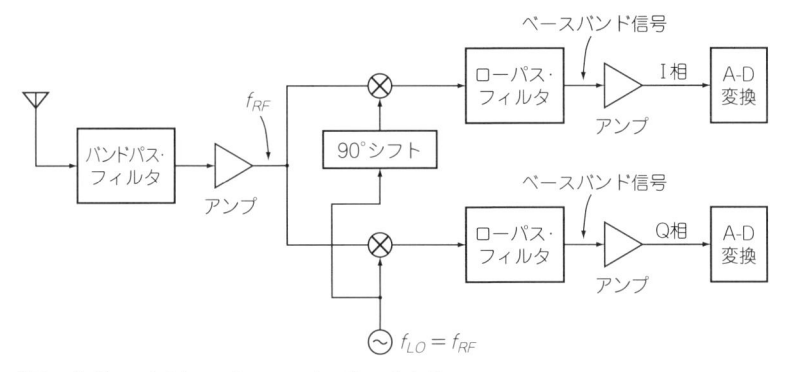

[図9-4] ゼロIF(ダイレクト・コンバージョン)方式

のレベルの均一化(安定した利得の実現)や，IQ相間の正確な90°位相シフトを生成することなどは難しい．

(3) DCオフセットの発生

　RFからいきなりゼロIFのベースバンドに変換するため，LO信号の周波数はRF信号と同じものである．そのため，LO信号の漏れがLNAや受信経路の途中に混入し，IQ相ミキサに受信経路側とLO側それぞれからLO信号が入力される．

　この受信経路側からのLO信号の混入は，経路途中で位相シフトが生じているため，ミキサ出力には混入信号の位相ズレによるDCオフセットが発生してしまう．

　以上のように，ローIFやゼロIFは，どちらも実現するのは結構大変です．またアナログ回路の性能としては，(あまり一般的には表立って議論されていないが)それほど高いものを期待できるものではありません．

9-2　ディジタル変復調で気をつけたいRFアナログ回路

● 受信感度を決定する，フロント・エンドLNAの*NF*とインピーダンス・マッチング

　第5章の5-5「受信回路のフロント・エンドの*NF*」の項(p.182)でも説明しましたが，受信フロント・エンドLNAが受信回路全体の雑音指数*NF*を決定する主な要因になります．

　LNA，実際にはFETやトランジスタですが，この内部で電流性雑音や，電圧性雑音が発生します．このようすを図9-5に示します．

　図では，信号源インピーダンスZ_Sとその熱雑音電圧V_T，トランジスタ内部の電

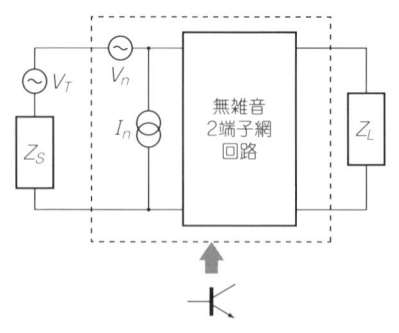

[図9-5] FETやトランジスタでの雑音モデル

流性雑音源I_N，電圧性雑音源V_N，そして無雑音2端子網回路が示されています．さらに負荷インピーダンスはZ_Lとして示されています．この相互関係で，出力に現れる雑音レベルを最低にできるインピーダンス・マッチング（変換）のポイントが一意に決まります．

これは一般的には，トランジスタから信号源インピーダンスを見たものとして表記され，Γ_{NF}とかノイズ・マッチとか呼ばれます．これはトランジスタの電力伝達効率を最大にする入力インピーダンス・マッチングのポイントΓ_{OPT}と異なるものになります[※2]．

● **EVMとRFアナログ回路**

第4章4-2の「実際の回路・変調信号とコンスタレーション」の項の中でも，EVM (Error Vector Magnitude)について，そしてその悪化の理由について説明しました．

ここではRFアナログ的な要因に注目して，もう一歩踏み込んだ説明をしていきたいと思います．

EVMを悪化させる要因として，とくにRFアナログ回路によるものは以下を挙げることができます．AM/PM変換は，節をあらためて次の9-3で説明していきます．

- VCOとPLLの残留雑音
- DCオフセット（キャリア・リーク）

※2：このマッチングの話は本書の内容を大幅に越えているので，興味ある読者はマイクロ波FETなどの本を参照してほしい．ここでは$\Gamma_{NF} \neq \Gamma_{OPT}$だということを覚えるだけで十分．

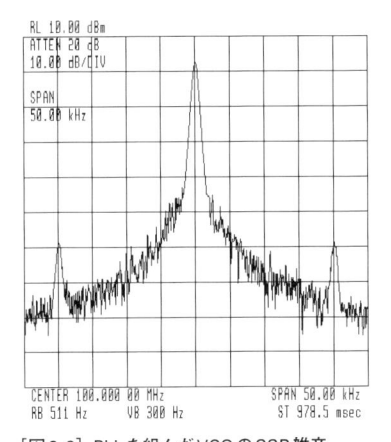

[図9-6] PLLを組んだVCOのSSB雑音
（意図的にバランスをくずしてリファレンス・リークを大きめにしている）

- DCの通せる回路とその必要性
- キャリア・スリップ
- AM/PM変換

▶ VCOとPLLの残留雑音

　キャリアを発生させるVCO（Voltage Controlled Oscillator；電圧制御発振器）でも，SSB（Single Side Band）雑音という，キャリア近傍にレベルの低い雑音が発生しています．図9-6は，PLLを組んで周波数をロックしたVCOのSSB雑音のようすです．SSB雑音のレベルはdBc/Hz@xkHzオフセットという，キャリアのピーク・レベルとxkHz離れたところの1Hzあたりの雑音量との比で規定します．

　PLLでフィードバック・ループを組むと，（一般的には）裸のVCO特性からSSB雑音が悪化します[※3]．

　また，図9-6では，意図的にバランスをくずして大きく見えるようにしていますが，比較周波数というPLLの制御基準周波数（図では20kHz）の漏れ（リファレンス・リーク）が見えてしまうことも多々あります．

　さて，このSSB雑音がEVMにどのように影響を与えるかを考えてみましょう．

　VCO/PLLにおける雑音は，AM的なものは少なく，ほとんどはFM（PM）的な位相変動といえます．これは，

※3：ループ帯域幅を広げると雑音が広がったりする．設計ではこの辺の兼ね合いがとても難しい．

9-2　ディジタル変復調で気をつけたいRFアナログ回路

$$s(t) = A\cos\{\omega_0 t + \frac{\Delta f}{f_m}\sin(\omega_m t)\} \quad \cdots\cdots(9\text{-}1)$$

として表わされます．$\omega_m = 2\pi f_m$ であり，f_m は位相変動自体の周波数です．位相変動全体としてはランダムな変動ですが，1Hzあたりのスペクトルに注目して計算しますので，ある周波数 f_m としています．また，Δf はSSB雑音周波数偏移量（最大偏移周波数）です．$\theta_p = \Delta f/f_m$ とすると，$\theta_p \ll 1$ ですので，途中の計算は省略しますが，サイド・バンド成分（電圧）として，キャリア上下それぞれ，

$$N_{Upper} = N_{Lower} = A\frac{\theta_p}{2} \quad \cdots\cdots(9\text{-}2)$$

が得られます．キャリア自体の振幅は A [V]なので，これを20logでdBに変換してみると，キャリアから f_m 離れた，1HzあたりのSSB雑音対キャリア電力比 $CNR(f_m)$ (Carrier Noise Ratio)は，N_{Upper}，N_{Lower} それぞれ，

$$CNR(f_m)[\text{dBc/Hz}] = -20\log\left(\frac{\theta_p}{2}\right)[\text{dBc/Hz}] \quad \cdots\cdots(9\text{-}3)$$

となります．これを逆方向に計算していくと，キャリアから f_m 離れたところの $CNR(f_m)$[dBc/Hz]をスペアナから求め，$\theta_p(f_m)$ を逆算すると，

$$\theta_p(f_m) = 2 \times 10^{-\frac{CNR(f_m)}{20}} \quad \cdots\cdots(9\text{-}4)$$

となり，位相変動量（最大位相偏移）$P(f_m)$ [radian]は，

$$P(f_m)[\text{radian}] = 2\pi\theta_p(f_m)[\text{radian}] \quad \cdots\cdots(9\text{-}5)$$

で，f_m における位相変動量が求まります．これで EVM との比較ができます．

ということで，f_m における CN 比，dBc/Hzがわかると，EVM に対してそのスペクトル成分がどの程度影響を与えているかがわかります．図9-6にも示していますが，PLL動作による**リファレンス・リーク**が飛び出ているので，この影響評価には適切と言えるでしょう．

▶ キャリア・リーク

DBMなど，ミキサが完全にDC的にバランスが取れているのであれば，BPSKな

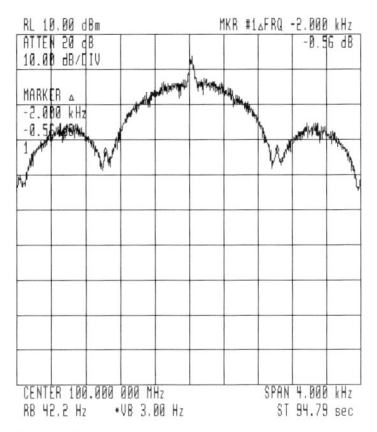

[図9-7] DCレベルのアンバランスによるキャリア・リーク
[よくわかるようにビデオ（VBW）帯域制限してある]

どPSK変調した変調信号は，完全にキャリアが抑圧されています．しかしギルバート・セル型DBMなど，ICで実現するDBMのほとんどは，完全なバランスが取れてはいません．この場合，この残留DC（アンバランス）成分がキャリア・リークと呼ぶキャリア信号の漏れ出しとして出力されてしまうことがあります．

図9-7は，強制的に大きくキャリア・リークさせた変調信号のスペクトルです．ASKと同じような波形になっていることがわかります．ASK自体は，キャリアが残存している変調方式であるということでもあります．

図9-7のような大きいリークがなくても，ベースバンド信号の数%のDCオフセットがあれば，それがコンスタレーションのセンタ・ズレを発生させ，結果的にEVMを悪化させ，BERを低下させてしまいます．

▶ DCの通せる回路とその必要性

第3章と第4章で説明してきたように，ベースバンド信号は，周波数ゼロからのスペクトルをもっています．これはDC成分があるということで，このDC信号をきちんと変復調の系として通すことをしないと，EVMが悪化してしまいます．

とくに上記のキャリア・リークを抑える意味から，図9-8のような回路にしてしまうと，DC成分がまともに通らないので，そのCR時定数とベースバンド信号の平均DC成分との関係で信号が暴れて，EVMの悪化を招いてしまいます．

このキャリア・リークの問題とDC成分を安定して通すということは，それぞれ相反するので，十分に注意する必要があるでしょう．

例えば変調回路として，直接DSPとD-A変換器でIFの周波数を出力させてしま

9-2　ディジタル変復調で気をつけたいRFアナログ回路

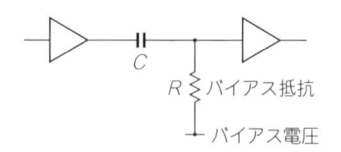

[図9-8] DCを通さない回路例

えば，DC成分は保存され，かつDCオフセットはゼロになるので，DC成分を通す問題とキャリア・リークの問題をなくすことができます．

また，PLLに直接変調をかけるFSKの場合は，PLLによりFSKの変調周波数が引き込まれてしまうので，その現象について十分に考慮しておく必要があります．

チャネル・コーディング(Channel Coding)と言いますが，符号化によりDC成分のないベースバンド信号に変換し，図9-8の回路や，上記のPLL方式FSK変調回路を通すということも可能です．

▶ キャリア・スリップ

無線機としての周波数安定度は，機器，技術基準にもよりますが，だいたい数ppm(10^{-6})から，W-CDMAの0.1ppm(2GHzで200Hz！)くらいが要求されています．一方，一般的なTCXOと呼ばれる温度補償されたクリスタルは，1ppm(10^{-6})〜数ppm程度が偏差範囲です．規格が数ppmのものは問題ありませんが，W-CDMAなどの高安定が要求されるものでは，基地局の周波数を基準にして，端末側で自動的に周波数を校正するような方式を採っています．

さて，というように多かれ少なかれ通信を行っている無線機同士の周波数はズレが生じることになります．第3章3-8「位相を変えるPSK変調」の項のPSK変調の復調回路例で説明した同期検波の場合(p.71)には，受信したキャリアを複製した信号を作り出してぴったり同じ周波数としますが，これであっても，移動体でドプラが変動しながら生じている場合には，ずれが発生してしまいます．

このずれをキャリア・スリップ(Carrier Slip)といいます．キャリア・スリップがあると，コンスタレーションの規定の位置に送信側のシンボル・ポイントがあったにしても，受信側の位相がずれてしまうことで，EVMが悪化してしまいます．

● 送信パワー・アンプの電力利用効率・直線性と変調スペクトル
▶ 電力利用効率と増幅度の飽和

電力利用効率については，p.290のColumn 6「送信パワー・アンプの電力利用効率」を参照してください．式(C8-3)の$\eta = \pi/4 \cdot \sqrt{P_O/P_{Omax}}$が重要です．移動体機

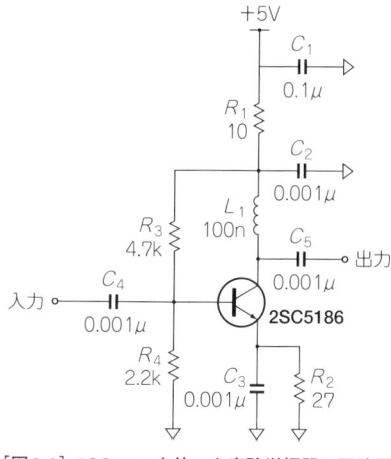

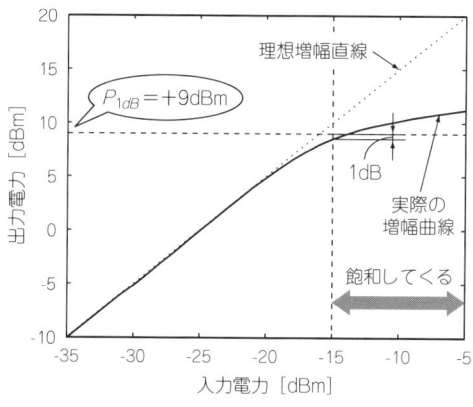

[図9-9] 2SC5186を使った実験増幅器の回路図

[図9-10] 増幅器の増幅度特性と飽和のようす
(2SC5186, f = 100MHz, V_{CC} = 5V, I_C = 23mA)

器の場合，バッテリ消費は大きな問題であり，送信パワー・アンプの電力利用効率を上げることが直接バッテリ消費の低減につながるため，充分に配慮しなければなりません．一方で効率のみを追求すると，以下に示すような直線性の問題が発生してしまいます．

図9-9のような増幅器(2SC5186で簡単に作った実験基板．各種の最適化はまったくしていない．単にこの章で増幅器の素性を理解してもらうために作ったもの)を作り，この入力電力を大きくしていくと**図9-10**のように，出力も増加しますが，ある点まで上昇すると飽和していきます．

その飽和点に行く前にも，ある点から徐々に増幅率が低下してきます．一般的なこの評価基準として，増幅率が1dB低下する**1dB利得圧縮点** P_{1dB} というものがあります．これも**図9-10**に示してあります．ここでは P_{1dB} = +9dBm(出力)です．だいたいどのICのデータ・シートにも，この P_{1dB} の記載があります[※4]．

▶ **直線性と変調スペクトル(サイド・バンド上昇)**

ロールオフ率 α を小さくとったディジタル変調や，IEEE 801.11b無線LANのCCK変調，IMT-2000，それに第10章に説明するOFDMなどは，平均電力レベル

※4：この P_{1dB} 特性や IP_3 特性(3次相互変調特性．受信機の性能評価などで重要)などは，増幅器の入力 (P_{1dBIN}, IP_{3IN}) および出力 (P_{1dBOUT}, IP_{3OUT}) それぞれで表現でき，またデータ・シートにも見た目都合の良いほうを書いている場合が多いので，よく注意すること．IN/OUTの変換は，dBで増幅率を足し算，引き算すればよい．

9-2 ディジタル変復調で気をつけたいRFアナログ回路

と瞬時ピーク電力レベルの差が大きくなっています(とくに後者2種類は複数のベースバンド信号を足し合わせているので,そのぶんレベル変動が大きくなっている).そのため,瞬時ピーク時に図9-10のP_{1dB}を超える場合がでてきます.

図9-11は,PDC(Personal Digital Cellular,ロールオフ率$\alpha = 0.5$)携帯電話の基準信号をRF信号発生器で発生させ,図9-9のトランジスタ増幅器に入力したものです.

図9-11(a)は,充分に入力レベルを低くした場合($P_{IN} = -35\mathrm{dBm}$)で,ナイキスト帯域幅より外のサイド・バンドはほとんど観測されていません.

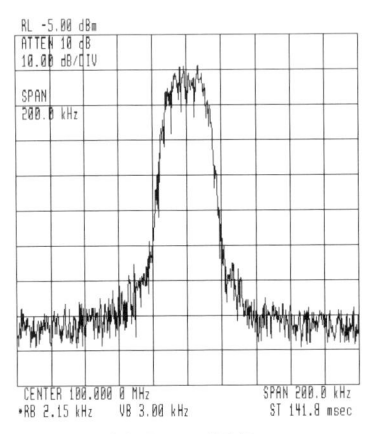

(a) $P_{IN} = -35\mathrm{dBm}$

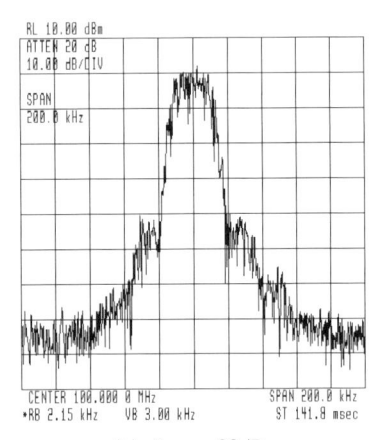

(b) $P_{IN} = -20\mathrm{dBm}$

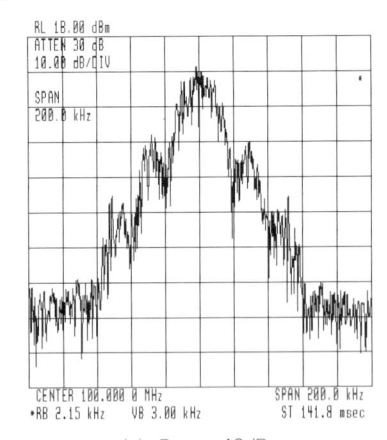

(c) $P_{IN} = -10\mathrm{dBm}$

[図9-11] PDC基準信号をRF信号発生器で発生させ,トランジスタ増幅器への入力レベルを変えて,出力スペクトルを観測する

図9-11(b)は，入力レベルを徐々に上げてP_{1dB}に近くなってきた場合($P_{IN} = -20$dBm)です．サイド・バンドが，少し上昇してきていることがわかります．

図9-11(c)は，入力レベルをP_{1dB}より大きくした場合($P_{IN} = -10$dBm)で，信号がクリッピングされているためですが，サイド・バンドがかなり大きくなってきていることがわかります．

このように，増幅器が充分な直線性をもっている領域では，充分な直線性のあるスペクトルが得られますが，P_{1dB}周辺になると非線形となりサイド・バンドが上昇して，隣接チャネル漏洩電力(ACP)性能(p.93)を悪化させてしまいます．そのため，瞬時ピーク電力レベルが飽和しないように，適切なレベルでP_{1dB}から平均電力レベルを，低減しなければなりません．これを**バックオフ**といいます．

一方で，あまり直線性にこだわってしまうと，P_{1dB}を高いところにしなくてはならず，必然的に増幅器の消費電力，つまりバッテリの消費が大きくなってしまいます．この兼ね合いがとても難しいところです．

▶ π/4シフトQPSKやHPSKと増幅器の関係

第4章4-3の「PSK方式の拡張」の項(p.87)で説明したπ/4シフトQPSK変調，同章の最後に簡単に触れたOQPSK(Offset QPSK)，また，第8章8-5の「必須となった新技術：HPSK」の項(p.283)で説明したHPSK，これらはコンスタレーションの中心を通らないか，通る確率を減らしています．

コンスタレーションの中心点は電圧レベルがゼロですから，当然電力もゼロになります．p.290のColumn 6の式(C8-3)の$\eta = \pi/4 \cdot \sqrt{P_O/P_{Omax}}$で，$P_O$がゼロに近いほど(コンスタレーション上でゼロに近づく経路を多く通るほど)効率ηが悪くなってしまいます．しかしこれらの変調方式は電力がゼロにまったく(HPSKではなるべく)ならないようにしています．

同様にロールオフをきつくかけると(αを小さくすると)，同じ状態を数シンボル繰り返したあとの遷移(それもとくにコンスタレーションでの逆側の状態への遷移)では，遷移後のオーバーシュートが大きくなります．このオーバーシュートする部分でクリッピングしてしまう可能性が高くなります．

ところが，π/4シフトQPSKやHPSKは同じ状態にとどまることがありませんし，逆側の遷移もありません(HPSKは少なくなっている)．そのためオーバーシュート量が少なくなりますから，平均電力レベルを高く，つまりバックオフ量を小さく抑えることができます．

これらの変調方式は電力利用効率を高く維持でき，バッテリ消費低減による携帯機器の長時間動作を可能にできるのです．

9-3　EVMとAM/PM変換について突っ込んでみよう

● EVMに影響を与えるAM/PM変換とは

上記9-2にも出てきましたが，増幅器にはAM/PM変換という悪い特性があり，これが変復調精度に大きく影響を与えてしまいます．

図9-12は，AM/PM変換の基本的な考え方を示しています．例えば，コンスタレーションの中心を通るBPSKを考えてみましょう．瞬時，瞬時では，ゼロに近いレベルのときと，最大振幅に近いレベルのときがあります．1シンボル長にわたって，本来ならばある決まった位相でなくてはなりません．

しかし，振幅が大きいときに，増幅器の特性が悪いと，位相がずれてしまうのです．AMの振幅変化が位相のPMに不本意にも変換されてしまう．それがAM/PM変換です．

● 等価回路でAM/PM変換の正体をつかもう
▶ トランジスタ・アンプの大信号特性と小信号特性

増幅器，とくにトランジスタ・アンプでは，大信号時の特性と小信号時の特性が大きく異なりなります[※5]．例えば，図9-13にトランジスタのベース電圧V_B対コ

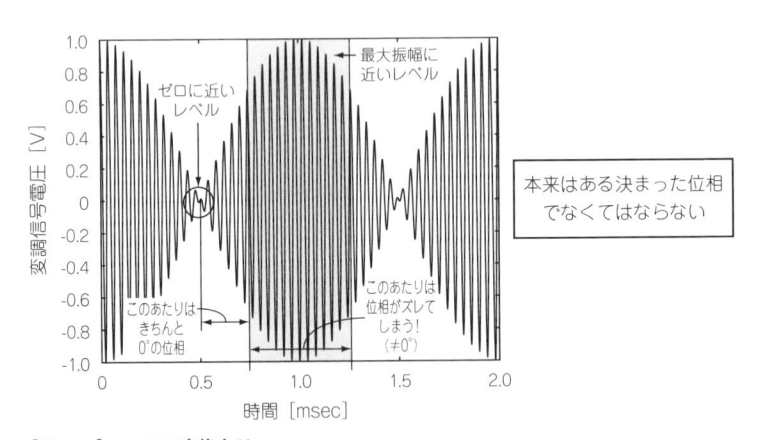

[図9-12] AM/PM変換とは

※5：では一体どこを境に大信号と小信号と言えるか？という疑問はしごく当然だが，私も明確に答えられない．文献(60)も明確な表現を避けている．だいたいV_B変化を直線としてみなせる－15dBm～－20dBm以下あたりだろうか．

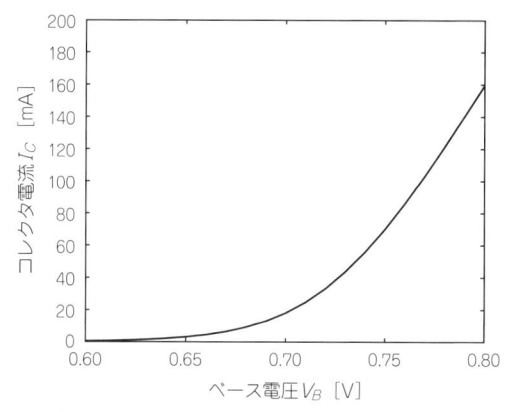

[図9-13] トランジスタのベース電圧 V_B 対コレクタ電流 I_C の特性例（非線形である）

レクタ電流 I_C の特性を示していますが，直線（線形）ではありません．小信号時にはSパラメータという電力反射の考え方で設計をするのですが，これは非線形な増幅特性のある一点だけの微分（特性曲線の接線）特性を用いて，系が等価的に線形であるとみなして設計や評価するという考え方です．

つまり送信パワー・アンプや受信IF回路あたりでの飽和状態などは，この小信号特性では評価しきれない，大信号特性という評価領域になります．キャリアのサイン・カーブの曲線の途中途中で刻々と増幅特性が変化していく，それが大信号特性です．

このAM/PM変換もこの大信号/小信号の違いに大きく依存しており，逆にいうと小信号解析手法である，SパラメータやSPICEシミュレータのAC解析などでは，AM/PM変換を示す結果が出てきません．

▶AM/PM変換の原理的考え方

AM/PM変換は，上記の大信号特性に大きく依存しています．ここでは原理的な点を簡単に説明してみましょう．この原理以外にも「飽和によるサイン波のクリッピングでDCレベルがずれたりすることで……」と説明することもあるようですが，私としては「ちょっと違うのではないか？」と感じるところです．

さて，図9-14はAM/PM変換の発生プロセスの原理的なブロック図です．中間にあるのは理想増幅器（ただし飽和領域あり）です．トランジスタなどの増幅器は入力インピーダンスと出力インピーダンスがありますが，これを R_{IN}, C_{IN}, R_{OUT}, C_{OUT} としています．大信号時は，なんとこの大きさが入力レベルに応じて変化してしまうのです．

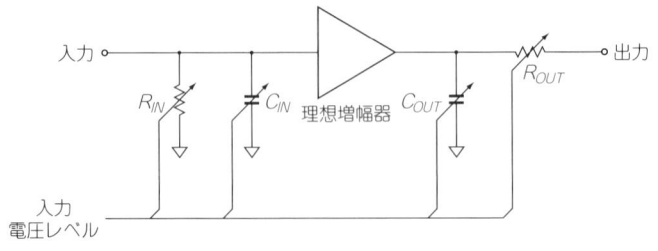

[図9-14] AM/PM変換の原理的ブロック図

　寄生素子(インピーダンス)の大きさが変化してしまうことは，入出力がCR時定数回路であると考えれば，遅延時間，つまり位相も変化してしまいます．
　小信号時(QPSK信号がコンスタレーションの中心を通る，ゼロに近いレベルのとき)には，ある程度変化しない安定した状態ですが，大信号時(QPSK信号がコンスタレーションの端部を通る，最大レベルに近いとき)には時定数変化により，位相が変化してしまいます．そのため図9-12で最初に説明したように，**本来はある決まった位相でなくてはならない**という理想状態からはずれて，とくに最大レベル(シンボル・ポイント)で位相がずれてしまうことになります．
　例えば，同期検波方式で考えても，「一体位相はどの位置が正しいのだろうか？」と基準位相さえも正確に判断できなくなるという点もあります．

● AM/PM変換をSPICEシミュレーションで見てみよう
▶ 使うSPICEシミュレータ
　本書では，5spiceというSPICEシミュレータを使ってみます[※6]．
　先に説明したようにSPICEのAC解析では，増幅回路が非線形性であっても，動作している動作点での，一点だけの微分(特性曲線の接線)特性を増幅度特性として用いて計算します．そのため，AM/PM変換はAC解析では結果として現れてきません．本来は位相特性などもAC解析でプロットできるので都合が良いのですが．
　そこで，トランジェント解析でAM/PM変換のようすをみてみましょう．
▶ SPICEシミュレーション
　シミュレーション用の回路図を図9-15に示します．トランジスタは5spiceに標準で入っている2N2222を使ってみます．信号源周波数は10MHzです．図9-16(a)

※6：長らくコスト・パフォーマンスの良いSPICEシミュレータを探していたが，これは私にとっては決定版ともいえるだろう．回路図入力型であり，登録なしでも回路数制限なし．登録料は$199！ SPICEエンジンは定評のあるwinspiceを使っている．詳しくは，http://www.5spice.com/を見てほしい．

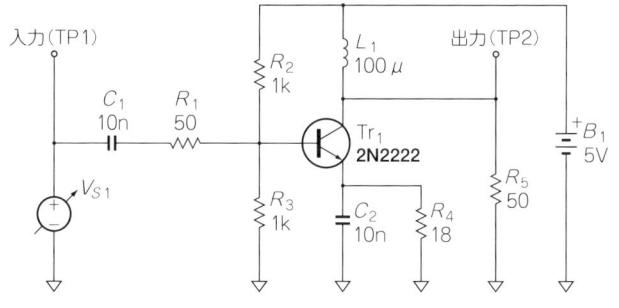

[図9-15] SPICEシミュレーションの回路図

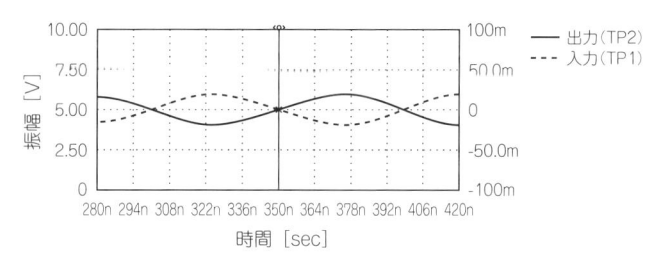

(a) 小信号相当の低レベル（入力−30dBm相当）

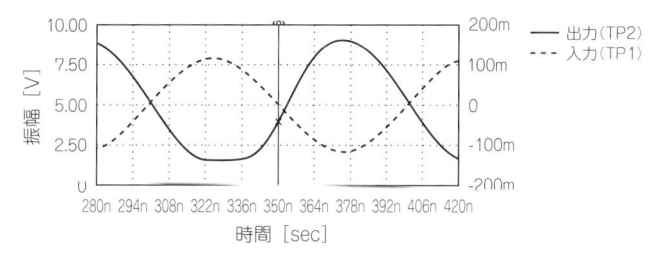

(b) 飽和に近いレベル（入力−15dBm相当）

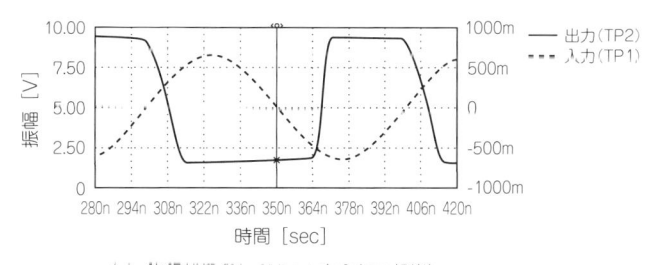

(c) 飽和状態のレベル（入力0dBm相当）

[図9-16] SPICEシミュレーションの結果

9-3　EVMとAM/PM変換について突っ込んでみよう | 311

に小信号相当の低レベル（50Ω系で入力−30dBm相当），図9-16(b)に飽和に近い（同−15dBm相当），図9-16(c)に飽和（同0dBm相当）と信号源のレベルを変えてシミュレーションした結果を示します．ここでグラフに2本のプロットがありますが，それぞれ入力側（TP_1）と出力側（TP_2）の電圧を示しています．

　図9-16(a)～(c)の出力電圧がゼロクロスする点を見てください．このように入力レベルが変化することに応じて，出力の位相が変化しています．(a)は**コンスタレーションの中心を通るゼロに近いレベルのとき**で，(b)～(c)は**最大振幅に近いレベルのとき**にそれぞれあてはまります．AMの変動がPMに変換されていることがわかりますね．

● AM/PM変換を実測で見てみよう

　それでは，図9-9で作った実際のトランジスタ2SC5186の実験増幅器（くどいようだが，最適化はしていない）で，AM/PM変換のようすを測定してみましょう．最初に，図9-14のブロック図における入力側素子が，実際に変化していくようすを測定してみましょう．

　図9-17は，ベクトル・ネットワーク・アナライザというインピーダンスを測定する測定器で，2SC5186に対して，供給するRF入力信号レベルを変化させ，それぞれのレベルでの入力インピーダンスをプロットしたものです．RF信号は100MHzです．この図はスミス・チャートというもので，本書の範囲を超えるので詳しくは説明しませんが，インピーダンスを図で見るものだと思ってください．

　入力信号レベルを変化させていくと，それにしたがって入力インピーダンスもズルズルと動いてしまうことがわかります．入力インピーダンスが変わるということは，図9-14のブロック図における入力側素子の特性が変化していると言えるでしょう．

　さていよいよ本題です．この2SC5186実験用増幅器に，PDC基準信号をRF信号発生器で発生させ，入力信号レベルを変化させて*EVM*を測定してみましょう．使う測定器は，ベクトル・シグナル・アナライザです（第5章5-1の「シンボル・タイミング検出とアイ・パターン」の「専用の測定器でアイ・パターンを表示させる」の項で説明したもの）．ここでも周波数は100MHzです．測定したようすを図9-18に示します．

　図9-18(a)では低信号レベル時なので，図下側の*EVM*はほとんど悪化せず，きちんとシンボル・ポイントに収まっています．しかし入力信号レベルを上昇させた図9-18(b)においては，*EVM*が大きく悪化しています．つまりAM/PM変換を

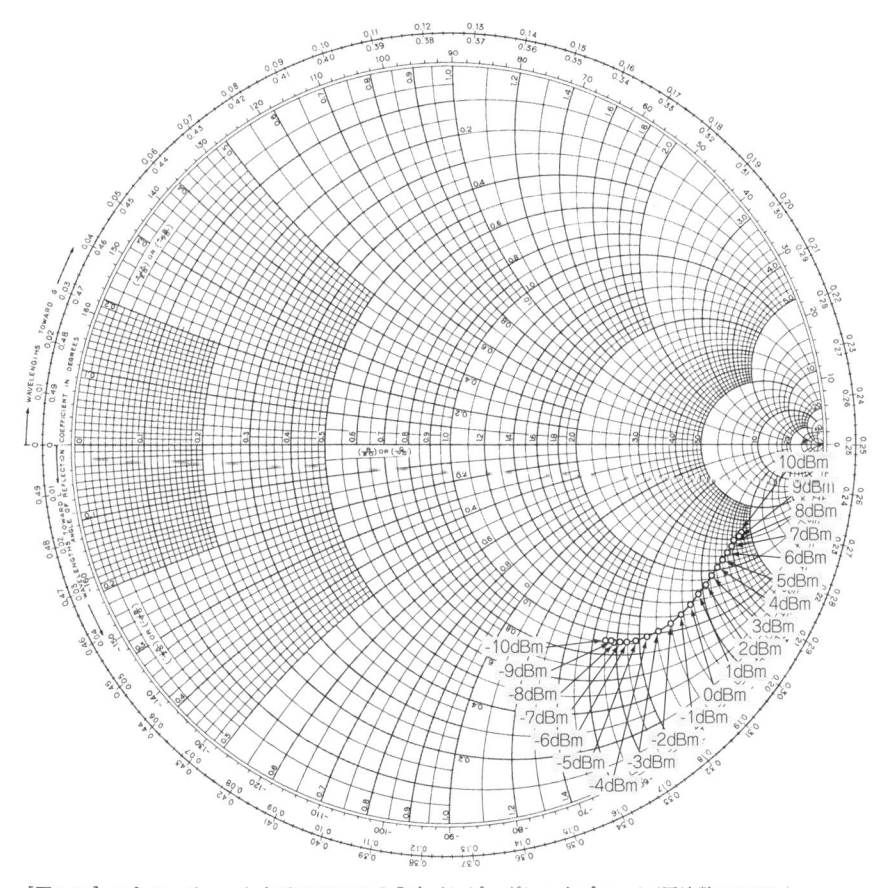

[図9-17] スミス・チャート上で2SC5186の入力インピーダンスをプロット（周波数100MHz）

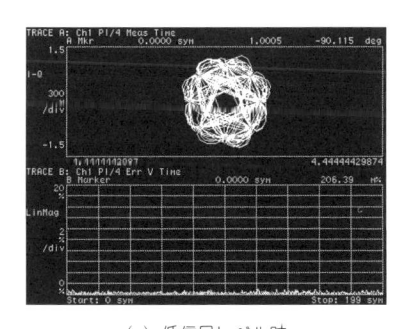

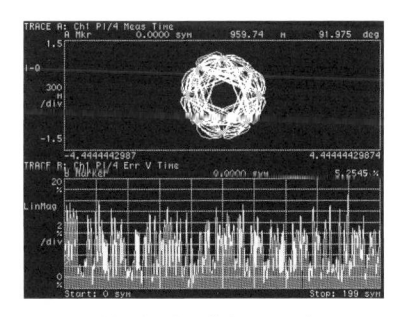

(a) 低信号レベル時　　　　　　　　　(b) 大信号・飽和レベル時

[図9-18] 2SC5186を通したEVMを測定してみる（上：コンスタレーション，下：EVM）

9-3　EVMとAM/PM変換について突っ込んでみよう

起こしていることがわかります．

このようにAM/PM変換は，ディジタル変復調に対して大敵です．一般的にはAGC（Automatic Gain Control）などで逃げますが，実際にはRFアナログ回路設計における深いノウハウが必要な部分でもあります．

9-4　ディジタル無線機の設計現場から

● システム・テストの考え方

皆さんも苦労している，ハードウェア/ソフトウェアの検証において決定論はありませんが，システムとして考えたときに，その確実な問題点解決とも言える決定論があります．それは**切り分け**です．どの部分がおかしいのか，まちがっているのかを部分ごとに分けたり，置き換えたりして試験してみるのです．

これはなんにでも，あてはまります．設計，開発，製造，修理，シミュレーション，研究，はては会議の議論まで，なんでも簡略化して考えることが大事です．簡略化して見通しを良くして，問題点を局所化するということです．ぐちゃぐちゃのままで考えては，解決にはなりません．

さて，余談のような話が長くなりましたが，システム・テストについてもまったく同様のことが言えます．とくに高度化するディジタル変復調，さらにはそれがつながってRFアナログ回路として増幅し，かつ無線伝搬路として空間伝送する，という非常に複雑なシステムを適切に検証する必要性は以前にもまして高まっているといえます．図9-19は，システム・テストの方法論です．ここでも**切り分け，局所化，ブロック化**による簡略化という観点から見てください．

	変復調系	RF（アナログ）系
BB系でのテスト	BB同士で接続して検証する	ディジタルRF信号発生器とEVMアナライザを以降のテストのために入手しておく
IF系でのテスト	IF＋BBで接続して検証する	IF系だけがまともに動作するか検証する
RF系でのテスト	RF回路＋IF＋BBで接続して検証する	RF系だけがまともに動作するか検証する．その後にIF系と結合して全体が正しく動作するか検証する
	フィールド通信実験	

↓上からテストしていく

ポイント：だんだん不確定要素・考慮要素が増えてくる．
　　　　　またソフトウェア・プロトコルのMAC層やその上位層は，それぞれの層で検証すること

[図9-19] システム・テストの考え方

● **広帯域信号とスペアナの飽和**

　SS，CDMA，OFDMなどの広帯域信号をスペクトラム・アナライザ(以下，スペアナ)で測定する際には注意が必要です．スペアナは縦の目盛りが8〜10目盛りありますが，だいたい上ぴったりか，1〜2下に信号のピークを表示させてしまいます．しかし，スペアナ自体のIFフィルタが狭帯域であるため，広帯域信号の場合には波形としては問題なく見えているようですが，実はその全体のエネルギー自体は入力回路やミキサの飽和レベルを超えてしまっていることがあります．

　さらに上記の**送信パワー・アンプの電力利用効率/直線性と変調スペクトル**で示したように，平均電力レベルと瞬時ピーク電力レベルの差が大きい変調方式の場合には，増幅器やミキサの飽和レベルを，瞬時ピーク電力の際に超してしまうこともあります．

　これらについて十分注意する必要があります．また参考文献(67)をぜひ参考にしてください．

● **測定器をうまく使おう**

　RFアナログ回路が絡んでくると，実際問題として**何がなんだか訳がわからない**という事態に遭遇するチャンス(？)が増えてきます．定量的，かつ的確に判断するためには，やはり測定器が必要です．ディジタル変復調およびRFアナログ回路設計における測定器は**表9-2**のようなものがあります．

　これらの測定器は，使い方が難しいという点もありますが，それ以上に大切なことが「自分は一体，何を，どこの部分を測定しているのだ」を十分に把握しながら行うという点です．

[表9-2] ディジタル変復調・RFアナログ回路で必要な測定器

• ディジタルRF信号発生器(必須)	よりRFアナログ的
• スペクトラム・アナライザ(必須)	• ベクトル・ネットワーク・アナライザ
• *BER*テスタ(必須)	• リニア/ノンリニア・シミュレータ
• ベクトル・シグナル・アナライザ	• ノイズ・ソースや*NF*アナライザ
• モジュレーション・アナライザ	• PLL/VCOアナライザ
• *EVM*アナライザ(*EVM*が測定できれば3点のいずれか)	• バイアスTEEやローパス・フィルタなどの各種アクセサリ(けっこうこれが大事！)
• IQ信号発生器	
• IQ信号復調器	
• フェージング・シミュレータ	
• MATLAB/SCILAB/SPWなどシミュレータ	

漫然と測定していては，トラブルの解決にはなりません．「この部分があと10dB足りないのは，この部分との関係でこうだからだ」と，例えば二つの測定器の測定結果，さらには数式を活用した検算などをうまく併用して，どこにトラブルの根源があるのかを突き止める力，つまりここでいうところの**うまく使う力**が必要になります．

● **理論と実践の積み重ね**
　うまく使う力をもう少し詳しく述べてみましょう．研究/開発からトラブル・シュートまで物事を推し進めるうえで絶対に必要なことが**理論的・物理的にどう動いているのか**ということです．
　すべて単純な測定からカット・アンド・トライで(とくにRFアナログ回路はそれがどうしても多くなってしまうが)推し進めていくと，結局バランスの悪いものしかできません．
　一方でシミュレーションのみに頼り，シミュレーションだけで結果を求めるというのも，限界があります．すべてのパラメータが完全にシミュレートされればよいのですが，そうはいきません．
　私が言いたいのは，数式や知識に基づいた理論的な観点を養い，的確なパラメータを用いたシミュレーションや設計をし，そしてときにははんだゴテで火傷しながらでも試作や実験を繰り返す，その実験で得られた結果からわからないこと，疑問点を再度検証する，といういわゆるPDCA(Plan-Do-Check-Action)サイクルを

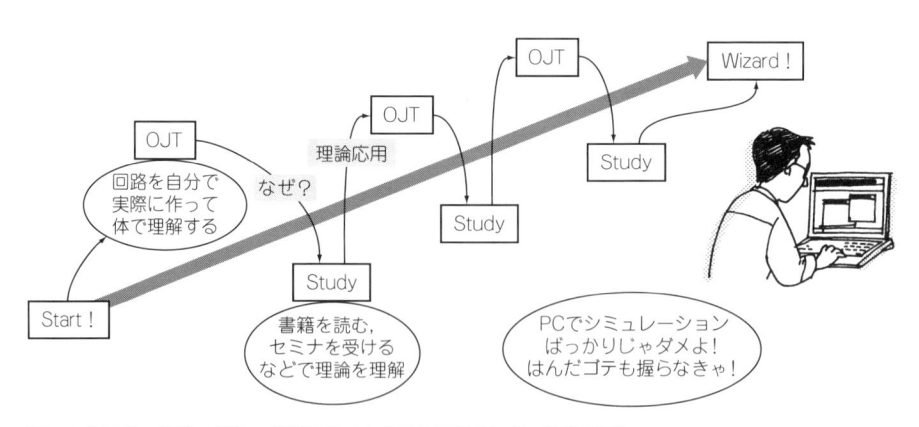

[図9-20] 理論・設計・試作・検証のサイクルでより能力の高い技術者に！

まわして，理論と経験からより高い点に到達してほしいということです※7.

本書がその理論への導入や，研究，開発，設計スタイルの啓蒙の一助となってくれるならば本望です．

Column 7

技術者に贈る書籍紹介

あなたが設計した製品は，スムースに生産され，市場で問題なく稼動しているでしょうか？　私も含めて，思いもよらないトラブルが発生し，苦労されているのではないでしょうか？

トラブルをできるだけ発生させないためには，「これで開発は終わった」と思わずに，自分の下流工程や量産工程にまわっていく際に，上がってくる報告を元に設計を**丹念に**しつこく再確認，再検証することが大切だと，私は思っています．そしてなにより大切なのは，**手を抜かない**というもっとも基本的なことでしょう．

この本は1993年に初版発行し(私も同年早速購入)，以降かなり長いロングセラーです．なぜこの本をここで取り上げたか，この本と開発/設計のつながりとして以下の歌を詠んでみたいと思います(詠み手は私)．皆さんの安眠を願って．

「量産が　開始とあわせて　ねもとバグ」

「改版後　これでいいかと　おもいきや　電気入れると　まるでダメだぞ」

[写真C9-1]「マーフィーの法則　現代アメリカの知性」
Arthur Bloch著/倉骨彰訳　アスキー出版局　ISBN 4-7561-0326-X

※7：理論的な理解をもとに設計/開発を行うと「訳わからん！」と残業だらけにならずに，早く帰れたり安心して寝られるよ」と同僚とよく話をしたりするが，それ以上に仕事が入ってきてしまうという話もある……．

無線通信とディジタル変復調技術

第10章

OFDMとUWBによる高速データ通信

❖

ディジタルTV放送や，IEEE 802.11a/gに応用されている
OFDMのしくみと特徴を見ていきます．
後半は，UWBのモノサイクル・パルス方式と，キャリア付きインパルス方式の
しくみと特徴を整理し，今後の動向を探ります．

❖

10-1　OFDMの基本

　OFDM（Orthogonal Frequency Division Multiplex；直交周波数分割多重）方式は，つい最近実用化された変調方式です．高い性能をもつことにより，地上波のディジタルTV放送やIEEE 802.11a/gの無線LANに応用されています．

　OFDMは，送信データを複数のサブ・チャネル（キャリア）に分けて伝送するというもので，図10-1のように，例えば16Mbpsの送信データの速度でも200波に分けて伝送すれば，それぞれ80kbps，さらに例えば256QAMで多値化をしサブキャリアに対して変調をかけると，8ビット/1シンボルとなり，10kspsというかなり低いシンボル・レートで伝送できるのです．

　以降にも示しますが，このサブキャリアは，それぞれの周波数がシンボル・レートと等しい周波数だけ異なっています．そのため図10-1のように，一見すると，キャリア同士が重なり合っているため，それぞれが干渉してしまうのではないかと考えるのは当然だと思います．しかし，OFDMは以下に示すように，サブキャリア同士が直交しているため，お互いに干渉を与えることなく，きちんと復調ができるのです．

　また，低速なシンボル・レートであれば，マルチパスに対しても，シンボルあたりのマルチパス遅延が全体のシンボル長よりも十分に短くなるので，シンボル間干渉を防ぐことができるのです．マルチパスによる特定の周波数の落ち込み（周波数

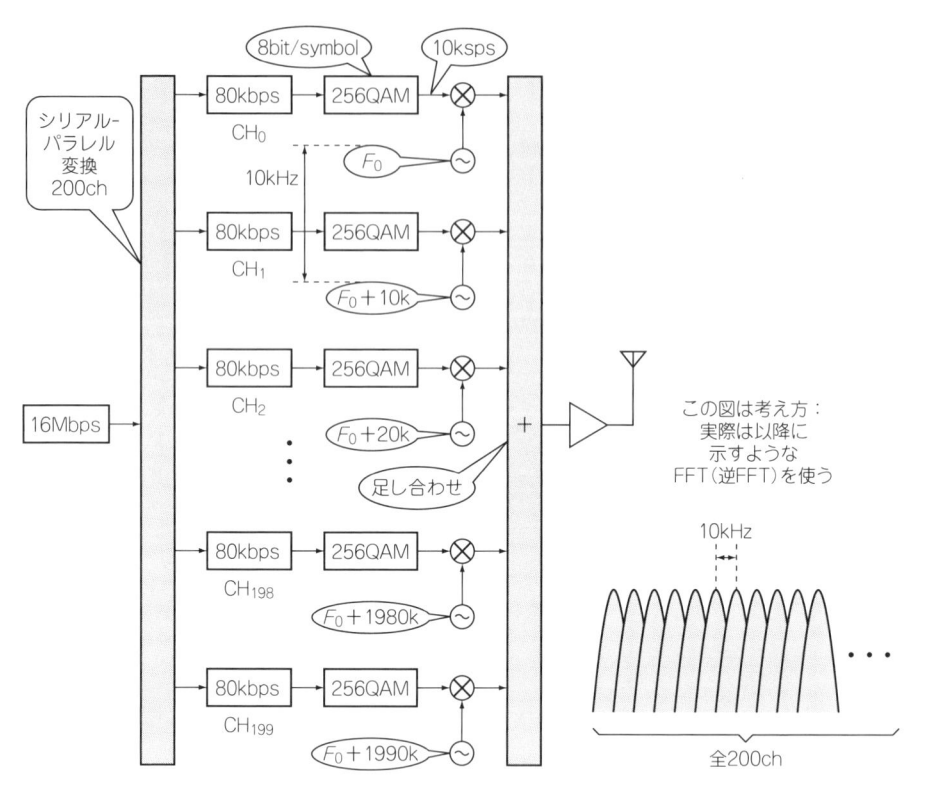

[図10-1] OFDMの基本的なブロック図

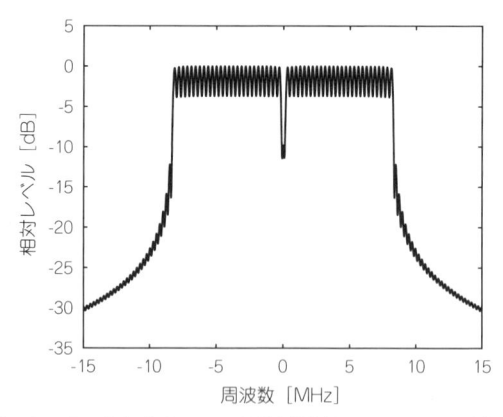

[図10-2] シミュレーションによるOFDMの送信信号（IEEE 802.11aの例）のスペクトル

選択性フェージング)も，複数のサブキャリアに連続するビット・データをばらまいて(伝送路符号化・インターリーブ・マッピング)伝送し，受信側で元のビット並びに戻して，誤り訂正をすることで，そのサブキャリア周波数でデータが受信できなくても，ほぼ問題のないようにすることができます．

図10-2に，シミュレーションによるOFDMの送信信号(IEEE 802.11a)を示します[※1]．表10-1(p.333)のように52本のサブキャリアがあります．

● OFDMにおいて周波数が直交しているとは

OFDMでは"Orthogonal"，**直交**という点がポイントです．サブキャリア同士はキャリアの位相が同期しており，なおかつ，サブキャリアの周波数間隔はシンボル・レートと等しくなっています．これは図10-1に示されているとおりです．こうすることで，それぞれのサブキャリア同士がオーバラップしているように見えますが，影響を与え合わないようになります．この概念を図10-3に示します．

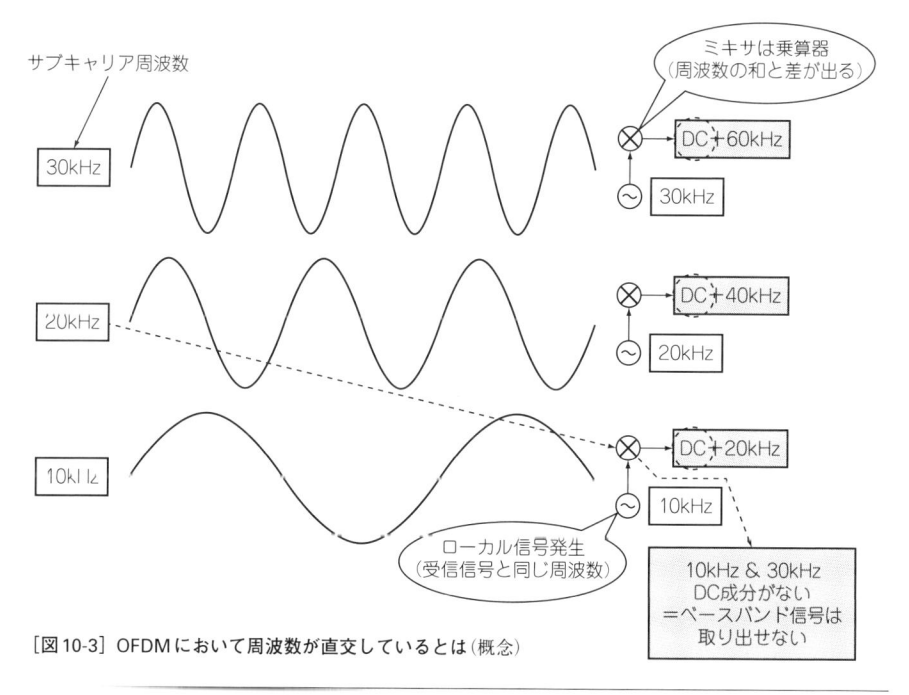

[図10-3] OFDMにおいて周波数が直交しているとは(概念)

※1：このシミュレーションでは窓関数などでのサイドローブ低減操作がされていないので，サイドローブは実際の場合よりも高めになっている．

図では直交している三つのサブキャリア，10kHz，20kHz，30kHzが示されています．受信側において，それぞれのサブキャリアは，自分自身と同じ周波数のローカル信号とミキサで乗算されます．乗算された結果として，DC成分と2倍の周波数成分が出てきます．

　この2倍の周波数成分は，この後段に配置する（図には示されていないが）ローパス・フィルタにてフィルタリングされます．そうするとDC成分，つまりそのサブキャリアに含まれるベースバンド信号が取り出せるということになります．

　一方で異なるサブキャリアごとを考えます．同図の点線で示すように，例えば20kHzのサブキャリアが10kHzのローカル信号と乗算されたとします．この場合は30kHzと10kHzが出てきます．これをローパス・フィルタでフィルタリングすれば，DC成分はありませんから結果的にベースバンド信号は取り出せない，相互に影響しないということになるわけです．

▶ **より深い実際の直交の考え方「1シンボル長でゼロになる」**

　より深い，実際的，現実的な点は，p.75の第4章4-1「コンスタレーションで考えよう」の「直交するIQ相」の項目に，**図4-4としてIQ相の例を乗算して積分するとゼロになる**で示してありますが，これとまさしく同じことを，1シンボル長でやっているのです．

　二つのサブキャリアを乗算して積分すると，その結果が1シンボル長においてゼロになるのです．つまり直交しているということです[※2]．

● **OFDMは基本的には多チャネル伝送**

　OFDMの説明ではよく，**OFDMは逆FFTをして作り出す**という言葉が呪文のように使われており，これがOFDMを敷居の高いものにしていることにはまちがいがありません．

　しかし実際には，**図10-1**に示すように単純には，単なる多チャネル伝送です．そのため，逆FFTを使わないOFDMが提案されたのも古く（R. W. Chang, "Synthesis of Band-Limited Orthogonal Signals for Multichannel Data Transmission," Bell Systems Technical Journal, Vol. 46, pp.1775-1796, Dec. 1966.が最初の提案論文），その後に以下に説明していくような逆FFTを使ったOFDM信号の生成方法が提案（S. Weinstein and P. Ebert, "Data Transmission by Frequency Division Multiplexing Using the Discrete Fourier Transform," IEEE

※2：本書でも何カ所か出てきているが，二つの信号が**直交している**というのは，乗算して積分したものがゼロになる，つまり相関がないことをいう．

Transactions on Communications Technologies, Vol. COM-19, pp. 628-634, Oct. 1971.)され，実用に道が開かれました．

▶ **基本的に多チャネル伝送**

あらためて言いますが，基本的にはOFDMは多チャネル伝送ができればよいのです．そういう点からすれば，逆FFTを用いることがOFDMの本質ではありません．**直交周波数に分割して多重伝送すること**が本質であり，**高速伝送でありながら，シンボルごとが低速になることでマルチパスの問題が大きく低減する**ということが一番大きいメリットだと私は考えます．

OFDMのおのおののサブキャリアは，周波数帯域が狭いこととシンボル・レートが低いことから，マルチパスにはとても強いシステムになるのです(これは次の10-3節で示す)．

▶ **処理回路の複雑度**

回路に落としたときの実際の処理について考えてみましょう．例えば，**図10-1**を回路にすれば256QAMの変調回路が200個も必要になります．一つの256QAMの変調回路を作るだけでも，IQ信号を作るミキサから始まり，いろいろな回路が必要です．それを200個もそろえるなんて，さらにそれを位相も同期させたうえで実現するなんて，現実の回路では考えれません．

同様にディジタル信号処理を用いてDSP + D-A変換器などで直接IF周波数を作り出す方式を実現するにしても，一つの変調処理をするだけで計算量負荷が重いのに，それを200個そろえるなんて，1GFLOPS(Floating point number Operations Per Second)あっても足りないかもしれません．

OFDMは，基本的には多チャネル伝送ができればよいのですが，それが簡単には行かないということです．そこで以下に示すようなFFTの考え方を用い，大幅に計算量を低減させて(といっても実際の変復調回路はそれでも非常に複雑)，実際のOFDMを実現させているのです．

● **サブキャリアごとの波形を足し合わせてみる**

さて，ここでは実際のOFDMの時間波形がどのようになるかを示してみましょう．送信データはランダム・データで，サブキャリアごとには一番単純なBPSKで変調がかけられたものとして，シミュレーションをしてみました．

図10-4(a)は，サブキャリアが2本の場合です．以降すべてにおいて**1シンボルぶん**だけを表示しています．これは単純に**サイン波形の足し合わせ**に見えると思います．さらに図10-4(b)は，サブキャリアを10本にした場合です．すこしややこし

(a) サブキャリアが2本

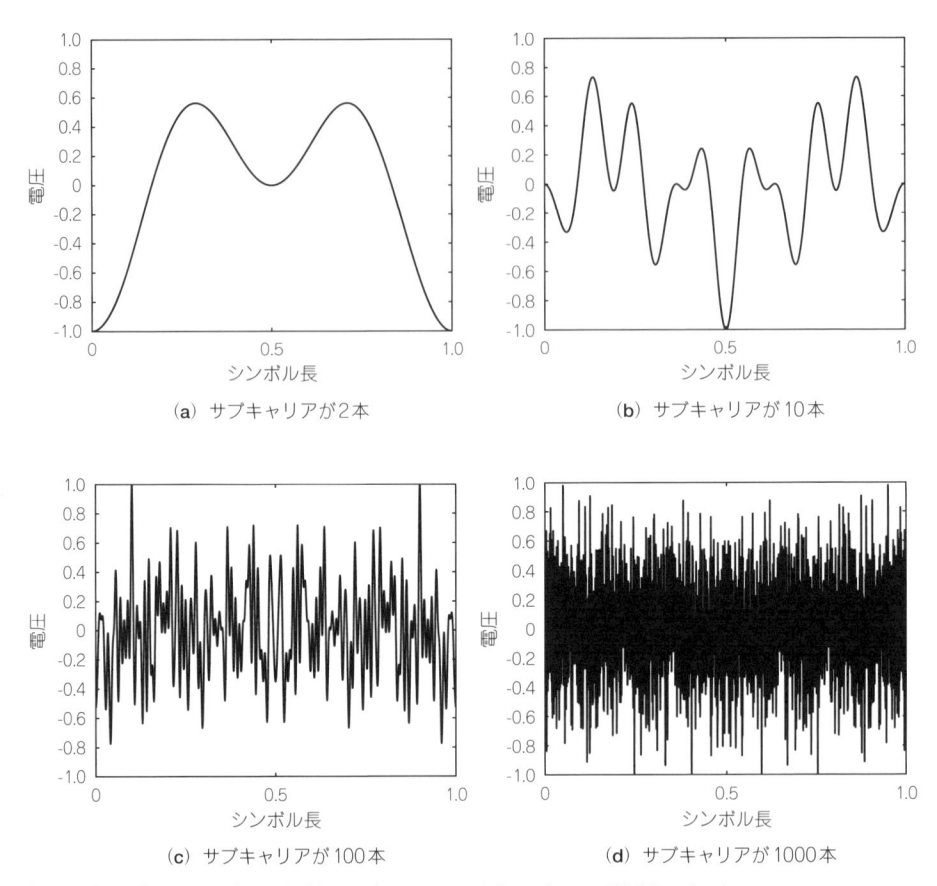

(b) サブキャリアが10本

(c) サブキャリアが100本

(d) サブキャリアが1000本

[図10-4] サブキャリアごとの波形を足し合わせてみる(ピークを1で正規化してある)

い波形になってきていることがわかります．さらに**図10-4(c)**は，サブキャリアを100本，**図10-4(d)**は，サブキャリアを1000本としてあります．

　これらのように，だんだん波形が雑音のように見えてきているのがわかります．繰り返しますが，これは**1シンボルの相当する長さぶんだけでも**です．従来の変調方式とは大きく異なる波形であることがわかりますね．また，以降の10-3節に示すように，信号が雑音のようなものであるために，増幅器はレベル変動の大きいこの信号を十分に歪みなく通す必要があり，増幅器の直線性(リニアリティ)が必要になることがわかります．

10-2　逆FFTによるOFDM変調の考え方

先に簡単に説明したように，OFDM変調では逆FFTが用いられると言いました．これは多数の等間隔で並んだキャリアに対して変調操作を行うことに対して，逆FFTが計算量，処理量を少なく実現できるからです．

まず，ここではFFTとは何かを説明して，逆FFTによりなぜ変調信号が得られるかという逆方向の説明をしていきます．

● FFTはなにかを考える
▶FFTする

FFT(Fast Fourier Transform；高速フーリエ変換)は結構知られている用語ではないでしょうか．「機械の振動が多いので，何が(どの周波数が)振動源なのか，FFTで解析しよう」，「信号をFFTすると周波数スペクトルとして観測できるよ」など，仕事の現場で良く聞く言葉ではないかと思います．FFTは周波数解析に応用できる技術です．

本書では，FFTについて深く言及はしません．FFTについては各種の書籍が出版されているので，そちらを参照してもらうこととして，ここではFFTを以下のようなものとして(要はOFDM変調を理解するためだけの目的で)**図10-5**に定義しておきます[※3]．

▶FFTの時間と周波数の関係

もう一歩だけ，必要最小限のレベルでFFTを説明します．例えばサンプリングしたデータが1024個で，サンプリング周期T_Sが0.1μs(1/10MHz)だとすると，FFTした結果としては，これも**図10-5**に示していますが，周波数軸のスペクトル・データの数も1024個になり，1024個目のスペクトル・データの周波数も10MHzになります．つまり1024個の離散時間データが1024個の離散周波数データになります．この関係がOFDM変調においては重要になります．

余談になりますが，ナイキストのサンプリング定理のとおり，FFTされた有効なスペクトル・データは5MHzまでで，5MHz〜10MHz(513〜1024)まではいわゆる折り返されたデータになります(以下 p.331 の脚注にも示すが，入力が実数信号

※3：FFTはDFT(Discrete Fourier Transform；離散フーリエ変換)を高速に処理するアルゴリズムのことで，やっていることはDFTである．N点のデータに対して計算量が$2N^2$から$2N\log_2 N$まで低減できるメリットがある．

であり複素信号ではない場合).

● **ある信号をFFTしてみる**

それでは,ある信号をFFTしたものとして話を進めてみましょう.時間軸での信号が,ある一定のサンプリング・レートでサンプリングされ,FFTすると,離散周波数のスペクトル・データになるのは先に説明したとおりです.

ところがこのFFTされたデータというのは,実は図10-6に示されているように振幅と位相をもっているのです!

▶ **FFTされたデータは振幅と位相をもつ**

先に仕事の現場での話をしましたが,FFTしたものは周波数ポイントごとのスペ

あるサンプリング・レートでサンプリングされた信号の値を,このFFTという処理をすることで,
時間軸でサンプリングされた信号が周波数軸に変換され,(横軸を)周波数スペクトルとして観測できる

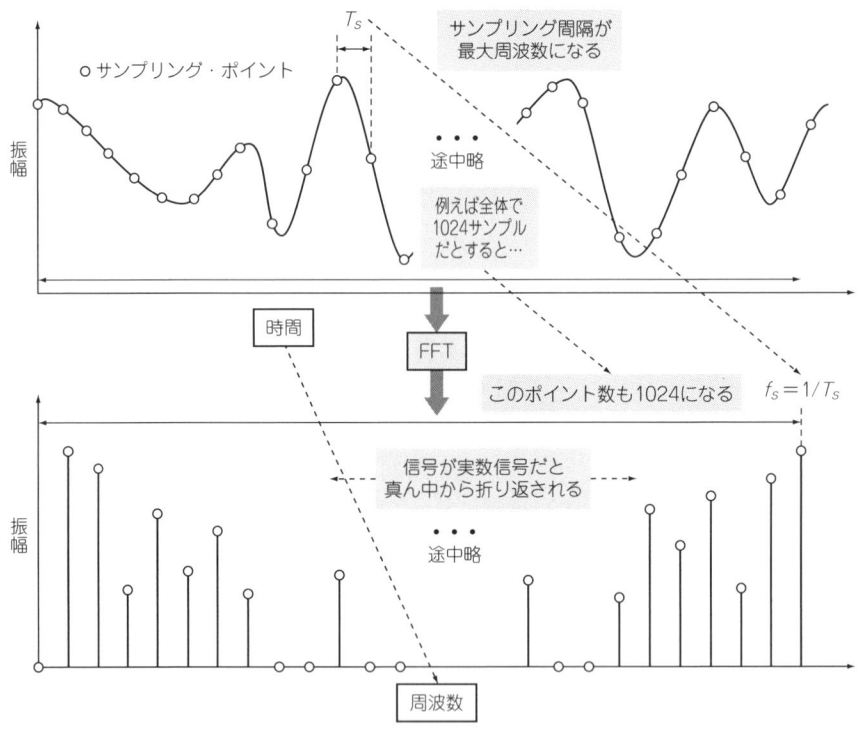

T_s
サンプリング間隔が最大周波数になる
○ サンプリング・ポイント
振幅
… 途中略
例えば全体で1024サンプルだとすると…
時間
FFT
このポイント数も1024になる $f_s = 1/T_s$
信号が実数信号だと真ん中から折り返される
… 途中略
振幅
周波数

[図10-5] FFTするということ

クトルの大きさのデータであると一般的には理解されているものと思います．ところが，実際には周波数と位相があるように，FFTされたデータについても位相の情報をもっているのです．何か感じませんか？

「周波数情報がなぜ位相を？」と不思議に思う方もいるかもしれないので，その点を説明します．

ある基準周波数のサイン波があった場合，それと同じゼロ位相で始まっている2倍の周波数や3倍の周波数のサイン波は，位相差がゼロだといえます．しかし，この2倍/3倍の信号は，異なる(ずれた)位相で始まるサイン波も考えられますね．FFTした結果として，この情報も得られるとすれば，それはやはり位相情報になるわけです．

この「位相差が……」という話も，ある基準周波数のサイン波に対して，それぞれ整数倍の周波数であるからこそ，この位相情報が有効になる，意味のあるものになるということも言えます．ここも何か感じませんか？

▶ 一つの離散周波数ポイントのスペクトル・データに注目する

まず，図10-6で示されたFFTの結果を，改めて図10-7(a)に示してみます．

次に，図10-7(b)のように，一つの離散周波数ポイントのスペクトル・データに注目し，その部分を切り出してみましょう．この一つのスペクトル・データは，先のように振幅と位相の情報を持っています．つまりI相とQ相に分割できるわけです．なお，ここでは縦軸をI相，横軸をQ相としています[※4]．

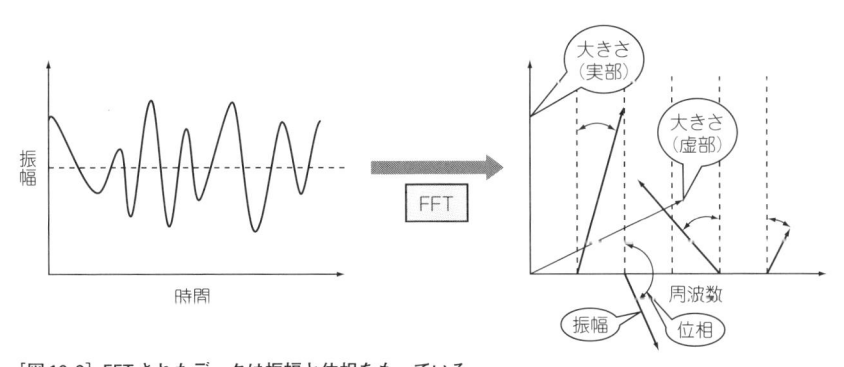

[図10-6] FFTされたデータは振幅と位相をもっている

※4：本書のここまでの説明および一般的な表現としては，横軸がI相である．しかし，ここではFFTの話から議論を展開しているので，意図的にこうしている．I相，Q相が縦横どちらかということは，図の表現上の話であり，実際には大きな問題ではない．

(a) FFTされた結果 (b) 一つの離散周波数ポイントを取り出す

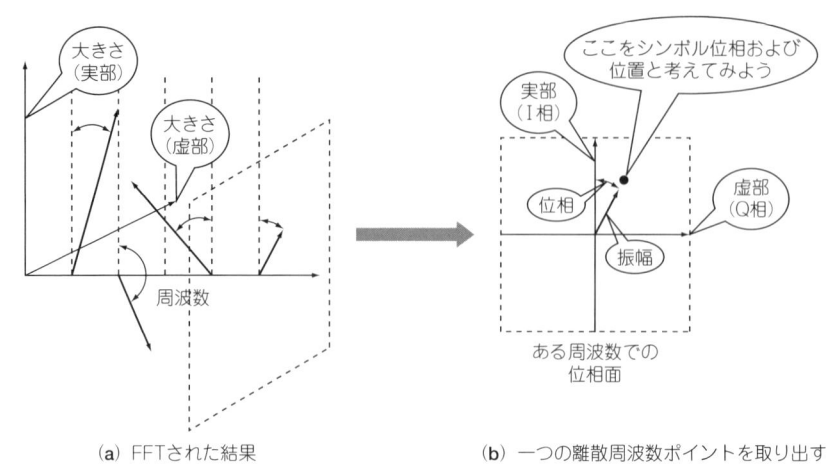

[図10-7] 図10-6の一つの離散周波数ポイントに注目する

　では，これがFFTされた結果だとして考えずに，まず**単に振幅と位相のIQ平面上の情報**だとして考え直してみてください．そうすると何に気がつきますか？　ある離散周波数のスペクトル・データは，コンスタレーションで**光る星**のポイントとして表わされるわけです．いよいよ何か感じませんか？
　ここまでの説明で，FFTにおいてとても大切なことは，

- 時間軸を周波数軸に変換する
- FFTの結果は実は大きさだけでなく位相分もある

ということです．2番目は，次のOFDM変調の説明を理解するうえで覚えていなくてはならないことです．

● 逆FFTによるOFDM変調

　「逆FFTはFFTの逆の操作です……」．ここまでわかってしまえば，OFDM変調を逆FFTを用いて作り出すという話は簡単です．
　図10-8は，逆FFTによるOFDM変調の一例です．N本のサブキャリアを用いるOFDMとして，かつサブキャリアごとは16値QAMにより4ビットを伝送しているものとします．
　まず，送信データ・ビット列として$4 \times N$ bpsのデータが入力されます．それぞ

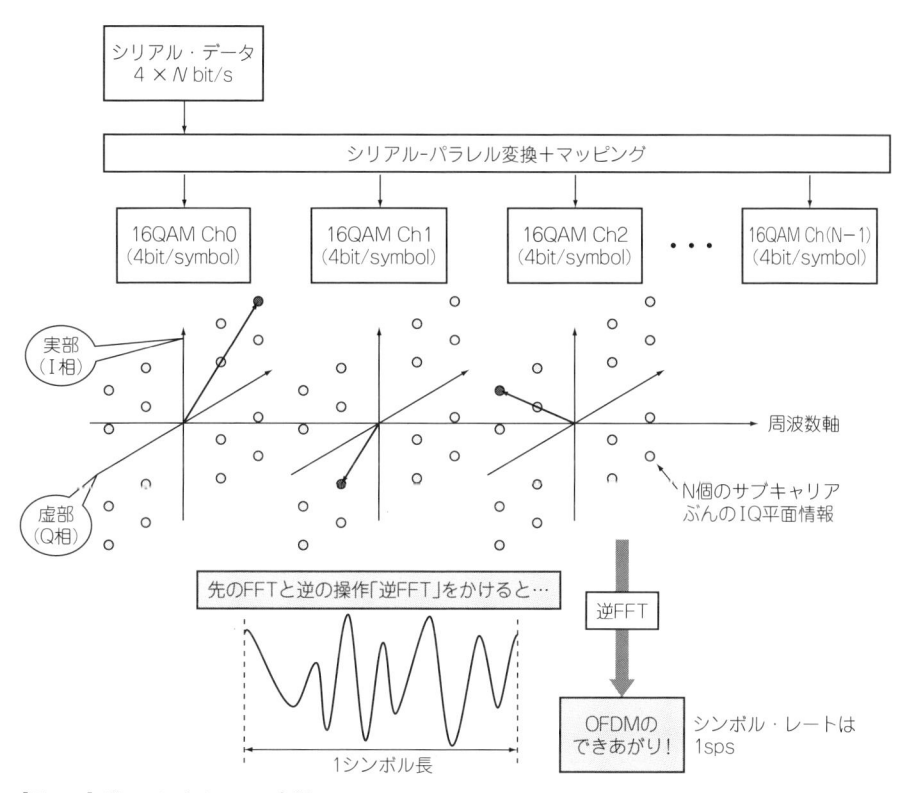

```
                シリアル・データ
                 4×N bit/s
                     │
                     ▼
        ┌─────────────────────────────────┐
        │    シリアル-パラレル変換＋マッピング    │
        └─────────────────────────────────┘
           │         │         │            │
           ▼         ▼         ▼            ▼
        16QAM Ch0  16QAM Ch1  16QAM Ch2 … 16QAM Ch(N−1)
        (4bit/symbol)(4bit/symbol)(4bit/symbol) (4bit/symbol)
```

[図10-8] 逆FFTによるOFDM変調

　れシリアル-パラレル変換により，4ビットずつに分解され（実際にはこの前に誤り訂正符号挿入，スクランブル，伝送路符号化などの符号処理が行われる．ここでは単純化のため，それらは示していない），一つの変調回路に相当するIQ平面へのマッピング処理されます．

　N個，つまりサブキャリアぶんのIQ平面の情報（ここでも縦軸がI相，横軸がQ相としているので注意してほしい）ができたら，これを離散周波数のスペクトル・データのワン・セットとして，先のFFTとは逆の操作，すなわち**離散周波数のスペクトル・データから時間軸でサンプリングされた信号**に逆FFTの変換をします．

　こうすると，**図10-8**の下の図のようなシンボル・レートが1spsのOFDM信号が「いっちょう（1シンボルぶん）あがり！」ということになるわけです．

　OFDM復調は，一つ前の節で説明したようなFFT操作をすることが，そのまま，

OFDM信号を復調することになります．送信は逆FFTを用い，受信はFFTを用いて変復調ができるのです[※5]．

10-3　OFDMを実際に応用するうえでの基本ポイント

● マルチパスとOFDM

p.192の第6章6-2「マルチパスとマルチパス・フェージング」の項に示したように，**送信された電波はマルチパスにより複数の経路を経由して受信側に到来する**という点があります．これにより，

- 異なる経路の波ごとに到来する時間が異なる（遅延時間の広がりがある）
- マルチパス・フェージングが発生する

という問題があります．これに対してOFDMは，**高速伝送でありながら，シンボルごとが低速になることでマルチパスの問題が大きく低減する**という利点があります．これを説明していきましょう．

▶ OFDMガード・インターバル

OFDMでは，サブキャリアごとのシンボル・レートはかなり低速になっています．これ自体でもマルチパスでの到来時間の異なる複数受信波に対して，シンボル間干渉は減る方向にはなります．このようすを**図10-9(a)** に示します．遅延時間の広がりがシンボル・レートに対して短いため，図のようにシンボルの最初の部分でしか前のシンボルの影響を受けないためです．

単純にサブキャリアごとに（従来方式の）復調を行うのであれば，これで十分です．しかし，上記に示したようなFFTで復調する場合には，シンボル全体がFFTの対象になるので，このマルチパスの影響が出てしまいます．

そこでこの問題を完全になくすためガード・インターバル（ガード・タイム）というものを挿入します．これは，**図10-9(b)** に示すように，シンボルの前の部分にマルチパス遅延時間の広がりより長い時間のムダ部分を挿入します．このムダ部分の信号は，そのシンボルの後半の部分をコピーして，シンボルの前に貼り付けて作り出します．

※5：OFDMでは，N個のシンボルに対してNポイント逆FFTを行いN本のサブキャリアを作り出す．サンプリング定理では$N/2$個が有効だとなっているが，N個の異なるシンボルで逆FFTすると，時間軸波形は複素信号となるので波形発生が可能なのである．これをIQ相に分割してキャリアに変調すれば，キャリア上下に$N/2$個ずつの異なるサブキャリアが立つ．

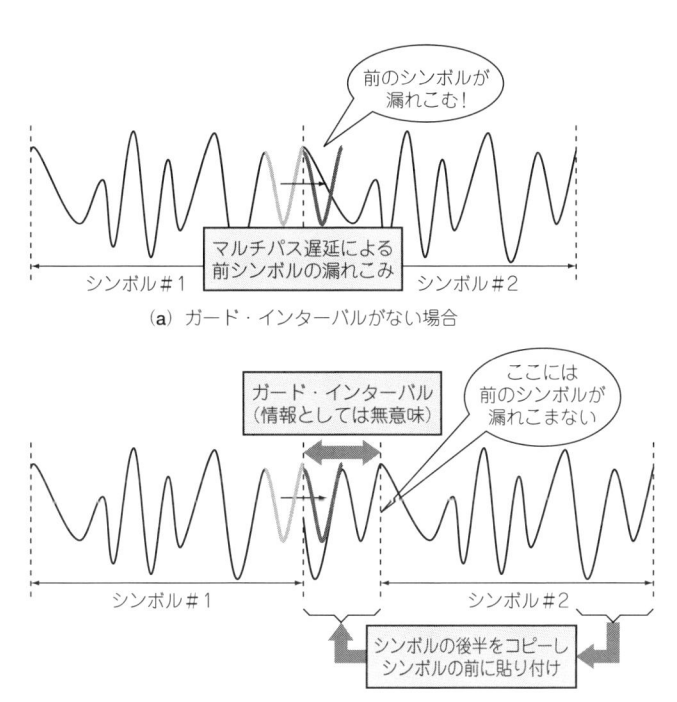

(a) ガード・インターバルがない場合

吹き出し: 前のシンボルが漏れこむ！
吹き出し: マルチパス遅延による前シンボルの漏れこみ
ラベル: シンボル#1、シンボル#2

(b) ガード・インターバルをつけた場合

吹き出し: ガード・インターバル（情報としては無意味）
吹き出し: ここには前のシンボルが漏れこまない
ラベル: シンボル#1、シンボル#2
下部ラベル: シンボルの後半をコピーしシンボルの前に貼り付け

[図10-9] OFDMガード・インターバル

　この部分の間で，マルチパス遅延時間による一つ前のシンボルのシンボル間干渉は収束してしまうので，**ここを切り取って使わない**ことで，シンボル間干渉のない状態でFFT処理ができ，無事にOFDM信号を復調できます[※6]．

▶ フェージングで「落ちた」受信不能な帯域

　OFDMでもマルチパス・フェージングが発生します．つまり受信信号全体のサブキャリアの中でもいくつかのサブキャリアは，フェージングで**落ちて受信不能**や復調不能となります．

　マルチパスの遅延によるシンボル間干渉はなくなりますが，依然としてマルチパス自体は発生しているからです．このことは第6章6-3「変復調から見たマルチパ

※6：サブキャリアの周波数間隔はガード・インターバルには依存しない．つまりガード・インターバルがいくつであってもサブキャリアはシンボル・レートに等しい間隔のままとなる．これはFFT/逆FFTの処理をシンボル長にわたって行うということを考えれば理解できる．

ス・フェージング」に示してあるとおりです．

　この部分の情報は，ビット・エラーが発生してしまうので，捨てるしかありませんが，もともと送信側で誤り訂正符号挿入，スクランブル，伝送路符号化(複数のサブキャリアにビット・データのばらまき)などの符号処理が行われているために，複数のサブキャリアの情報により受信側での誤り訂正が可能になり，ほとんどの場合，無事に必要とするもともとの情報を復号することができます．

▶ SFN

　現在のアナログ放送(とくにTV放送)では，隣接する地域に異なる送信所から放送を行う場合，周波数を変えて送信し，混信しないようにしています．ところがOFDMを用いると，これが一つの周波数で(異なる送信所からの)サービスを行うことができるのです．

　これをSFN(Single Frequency Network)と呼びます．複数の送信所からの信号は，それぞれマルチパスの信号として受信され，送信所ごとからの遅延時間差はガード・インターバルにより吸収されます．

　あわせて送信所ごとからの信号により発生する**マルチパス相当**のフェージングにより**落ちた受信不能なサブキャリア**の情報は，上記と同様に誤り訂正で救うことができます．

　つまりFDMAやTDMA方式の携帯電話で問題になった**周波数繰り返し配置**の問題がCDMA方式で解決できたことと同様に，アナログ放送の**周波数繰り返し**問題をOFDM方式で解決できるのです．

● 送信パワー・アンプの問題点

　図10-4でも示したように，OFDMは従来の変調方式とは大きく異なり，信号が雑音のような波形で，尖頭電力と平均電力の比(Peak Average Ratio；PAR)が大きいのが特徴です．第8章8-5「必須となった新技術：HPSK」(p.283)や，第9章9-2「ディジタル変復調で気をつけたいRFアナログ回路」の「送信パワー・アンプの電力利用効率・直線性と変調スペクトル」(p.304)などの，電力効率をいかに上げるかを考えるような変調方式とは，大きく違うものだといえます．

　OFDMの場合，増幅器はこの信号を十分に歪なく通す必要があり，増幅器の直線性(リニアリティ)が必要なことがわかります．とくにピーク・レベルに近い信号を飽和(クリッピング)させないようにすることが必要です．そのためp.307に示すような**バックオフ**は数dBから10dB以上とも言われています(増幅器の効率の兼ね合いもあり，設定は難しいようである)．

[表10-1] OFDM応用例(1) IEEE 802.11a/g

802.11a	
5GHz帯を使用している	
データ・レート	6, 9, 12, 18, 24, 36, 48, 54 Mbps
変調	BPSK/QPSK/16値QAM/64値QAM(OFDM)
サブキャリア数	48 + 4(パイロット) = 52(64ポイントIFFT)
サブキャリア間隔	312.5kHz(1/3.2μs)
シンボル長	3.2μs(実変調分) + 0.8μs(ガード・インターバルぶん) = 4μs
802.11g	
11bと同様の2.4GHz帯を使用している	
データ・レート	1, 2, 5.5, 11, 6, 9, 12, 18, 24, 36, 48, 54 Mbps
変調	DSSS/CCK(DS)：BPSK/QPSK/16値QAM/64値QAM(OFDM)
11gのOFDM時の仕様は11aと同じ(ただし11b認識可能プリアンブルなど差異もある)	

[表10-2] OFDM応用例(2) 地上波ディジタルTV方式の概要

映像符号化　MPEG-2	
データ・レート	23.234Mbps(max)
変調	DQPSK/QPSK/16値QAM/64値QAM(OFDM)
サブキャリア数	1405, 2809, 5617
サブキャリア間隔	250/63kHz, 125/63kHz, 125/126kHz
シンボル長	252μs, 504μs, 1.008ms
ガード・インターバル	有効シンボル長の1/4, 1/8, 1/16, 1/32

● OFDM応用例

　表10-1と表10-2にOFDM応用例として，無線LANのIEEE 802.11a/gと，地上波ディジタルTV方式の2例を示します．第4世代の携帯電話ではCDMAとOFDMのハイブリッド方式が検討されているようですし，以降のUWBでもマルチバンドOFDMという方式も一案として検討されています．

10-4　UWBの基本

● UWB通信方式の生い立ちから現在まで

　UWB(Ultra Wide Band)は，キャリア変調を行わない(キャリアを用いない)単なるパルスで通信しようという，もともとはレーダからきている技術です．また，これもSS通信と同様，アメリカの軍事技術に端を発しています．**非常に広い帯域**を使う，**非常に特殊**な通信方式です．一方で現在では，100Mbpsを超える超高速

通信を実現できると言われているため，かなり注目されています．
　UWBに関する以降の節は，第三版重版時の2007年5月の内容です．

▶ アメリカFCCによるUWBの認可

　1998年からFCC（Federal Communications Commission；米国連邦通信委員会）が，民間のUWB推進企業からの陳情をうけて民需UWBの調査を開始しました．2002年2月に微弱な放射レベルならOKとし，UWBを認可する法制化がPart 15.501条以降に規定され，UWB機器と放射レベル限界を規定しました（以降に出てくるWiMedia機器は，この時点ではまったく想定されていなかった）．これにより，アメリカでは一般用途に対しても門戸が開かれたわけです．

　なお，次の10-5節に詳しく説明しますが，FCCが認可した帯域は3100MHz〜10600MHzと非常に広いものです．またほかの通信方式に与える影響（干渉）を最小にできるように，出力レベルは低く規定されています[※7]．

▶ IEEEによる標準化動向

　その後，アメリカのIEEEが，IEEE 802.15.3a Working Groupにて2003年から方式の標準化を開始しました．しかし，次の10-5節で説明するように，2006年1月に標準化作業中止の採択がなされ，最後に残った2方式がそのまま継続することになりました．

▶ 日本国内およびその他の国の動向

　一方で日本では，2004年2月2日にUWB無線システムの技術的条件について中間報告（案）を公開し意見募集を求め，それをもとに，2004年3月24日に正式な中間報告がされました．さらに審議が継続し，2006年2月2日に干渉問題に十分配慮したかたちで，UWB無線システム委員会報告（案）が公開され，再度意見の募集を求め，2006年12月12日にARIB STD-T91として承認されました．なお日本で許可になった周波数帯は，3.4GHz〜4.8GHz，7.25GHz〜10.25GHzの2バンドです．

　また欧州を含むそのほかの国についても，国ごとの電波管理当局でもUWB導入に関して温度差がありますが，導入の方向で動いていることにちがいはありません．

● UWBの基礎技術

　それでは，ここで基本的なUWB技術の基礎を説明します．

▶ モノサイクル・パルス（インパルス）方式

※7：計算してもらうとわかるが，日本の微弱無線局の放射レベルとほぼ同じ．

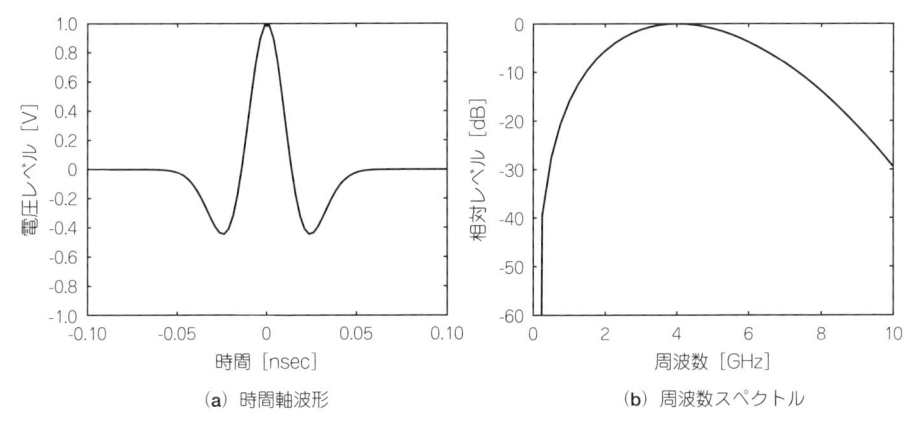

[図10-10] モノサイクル・パルス（インパルス）方式

(a) 時間軸波形
(b) 周波数スペクトル

　この方式は図10-10(a)に示すように，ホントにパルスのみの方式です．キャリアと呼ばれるものはありません．まるでベースバンド信号を，そのままアンテナから放射してしまうというような方式です．
　この波形の形は，ガウス波形（といってもガウス波形を2階微分したもの．ほかにも1階微分したものなどが用いられる．それぞれ受信側・送信側として定義しているようだ）であり，この波形形状の場合には，規定の（許可された）帯域より低いところにスペクトルが出てきません（つまりパルス繰り返しによる線スペクトルが出てこないということ）．このようすを図10-10(b)に示します．また，この波形形状を以下の式(10-1)で示します．

$$s(t) = \left\{ 1 - 4\pi \left(\frac{t}{\tau}\right)^2 \right\} \exp\left\{ -2\pi \left(\frac{t}{\tau}\right)^2 \right\} \quad\cdots\cdots(10\text{-}1)$$

　一方で，この波形以外（例えば矩形波など）だと，パルス繰り返しによる線スペクトルがパルス繰り返し周波数のところに出てしまい，ほかの通信に妨害を与えてしまうので，使うことができません．ガウス波形だから可能だという点に注意してください．

▶ モノサイクル・パルス方式の問題点
　このモノサイクル・パルス方式は，FCCが認可した帯域の中にスペクトルを入れることは，実はなかなかむずかしく，例えば送信増幅用アナログ回路の非線形性

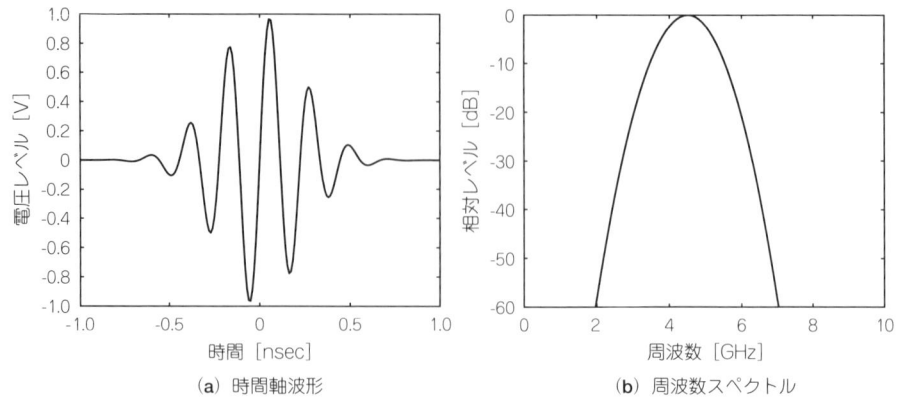

[図10-11] キャリア付きインパルスUWB方式

(a) 時間軸波形

(b) 周波数スペクトル

で送信波形の形状が変化し，規定の(許可された)帯域より低いところにパルスの繰り返し信号が出てきたり，スペクトル形状が変化し帯域外に信号が漏洩したりすることになります．

このため，ハイパス・フィルタなどを増幅器のあとに配置しますが，こうすると逆にモノサイクル・パルスの形状自体が大きく変わってしまう点などがあります．

▶ キャリア付きインパルス方式

上記のUWBとはだいぶようすが違いますが，キャリア付きのインパルスとしたUWB方式があります．以下の10-5節のDS-UWBは，この方式を使っています．この例を図10-11に示します．この例の場合にはキャリア包絡線をガウス形状にして，いわゆるAMのように変調を行いUWB送信信号とするものです[※8]．

この方式だとキャリアがあるため，図10-11(b)に示すように，周波数スペクトルがとても素直になります．さらに上記の**モノサイクル・パルス方式の問題点**で示したような増幅用アナログ回路の非線形性に対しても，スペクトル形状が変化することがとても少なく，RF回路として実現するには，こちらのほうが断然楽だといえるでしょう．

※8：以降に示すDS-UWBはこの方式であり，信号をWavelet(さざ波)と呼んでいる．またその包絡線形状はルート・コサイン・ロールオフ形状である．このWaveletが**Wavelet変換**という数学的解析手法から影響を受けているかどうかは不明だが，Wavelet変換でもMother Waveletという基準関数にGabor関数というガウス形状を使うことも多い．なんらかの関係を見るようで興味深い．

また，モノサイクル・パルス方式，キャリア付きインパルス方式ともども，実際の環境においては，先に説明したマルチパスにより，これらの受信波形形状は大きく変わるということを頭に入れておいてください．

▶ マルチ・ユーザでの通信と分離

多数ユーザが同一周波数で使用する場合，ユーザ間分離を考える必要があります．これは第7章7-8「SS通信に関する重要なトピックス」の「FDMA，TDMA，CDMA」の項で説明してきた，多数ユーザを収容する分割方式が，UWBでは利用できないという点があります．これは，UWB信号がCDMAと同じく，広帯域のまったく同一周波数を占有するためです．

解決方法としては，UWBパルスの送出タイミングをずらすタイム・ホッピング方式，キャリア検出による送信停止，送出タイミングのスロット化，また以下に説明するDS-UWBでも採用されているSS通信のDS方式やサブバンド分割方式を活用することなどがあげられます．

ただし，それほどこれを問題視しなくてもよい理由があります．UWB波は送信電力レベルが非常に小さいため，数m程度しか届きません．そのため数mという狭い範囲でしか影響を与えません．以降に示すIEEE 802.15.3a標準化の方式においてもピコ・ネット（ピコは'p'で，10^{-12}のこと）と，かなり局所的なエリアであるという呼び方をしています．

10-5 UWBにおける現状の動向

● アメリカFCCでの技術基準

上記のように，FCCはUWBの使用を認可しました．UWBの特性上，ほかの通信方式とは大きく異なるため，以下のような技術基準として規定されています．

▶ 帯域幅の規定

FCCでのUWBの帯域幅規定は，スペクトルがピーク・レベルから-10dB低下したところの幅としています．このようすを**図10-12**に示します．この帯域幅全体が3100MHz～10600MHzに入っていなければなりませんし，**超広帯域**という定義も，以下の式(10-2)による比帯域での規定を満たすか，500MHz以上となっています．

$$2\frac{f_H - f_L}{f_H + f_L} \geq 0.2 \quad \cdots\cdots\cdots\cdots\cdots\cdots\cdots\cdots\cdots\cdots\cdots\cdots\cdots\cdots (10\text{-}2)$$

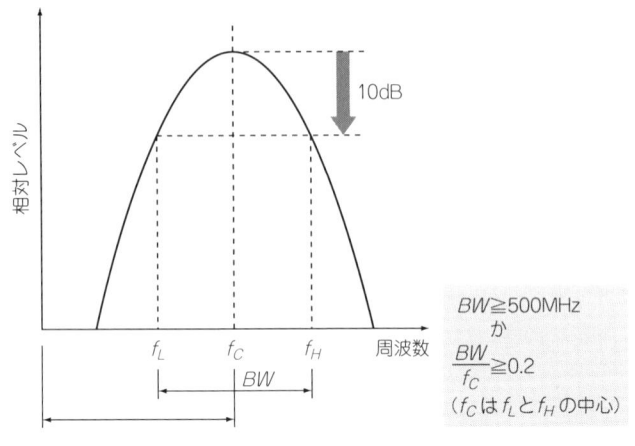

[図10-12] FCCでのUWBの帯域幅の規定

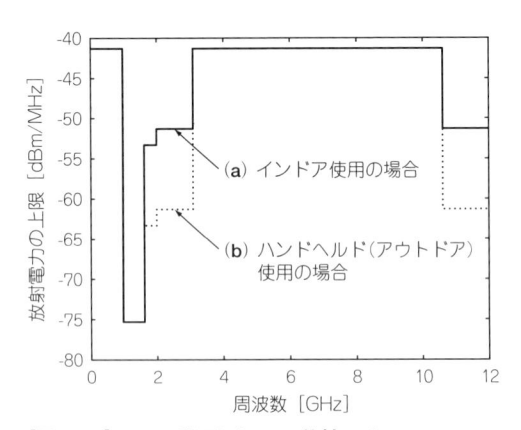

[図10-13] FCCの認可したUWB放射レベル

▶ 放射レベルの制限

放射レベルは周波数によって細かく規定されています．FCCが許可した帯域は図10-13のとおりで，(a)がインドア使用，(b)がハンドヘルド(アウトドア)使用[9]となっています．この図は**スペクトル・マスク**と呼ばれ，このレベル以下でなくてはならないという規定です．

※9：インドアとアウトドアで放射レベルが異なるのは，アウトドアの場合には衛星通信への影響を考えているからである．日本でも5.2GHzのIEEE 802.11a無線LANに同様な規制がある．

この規定は，1MHzあたりの密度電力規定となっているため，全体の送信電力（インパルスUWBのピーク・レベル）がこの電力以下ということではありません．

● **標準化とデファクト化の動き**

IEEE 802.15.3a標準化委員会にて，長く作業が行われてきましたが，2006年1月に標準化作業中止の投票と標準化要求の取り下げがなされました．ここでWiMedia Alliance陣営（もとMultiband OFDM Allianceが主導）と，UWB Forum陣営の二つが市場で競争することで決着がつきました．

いままでの動きを少し紹介しておきましょう．標準化委員会は2003年1月に結成され，2003年3月に29提案方式のプレゼンテーション会合，それを受けて，2003年7月に6方式に絞り込まれました．

現在の無線通信技術において，標準化，さらにはその標準に乗るということは自社製品の販売台数に大きく関わるので，各社とも必死です．自社の技術を標準案に載せたり，いかに自社のビジネスになるかという視点で，ここでもどこの会社も食い下がってきていました．

最終的に6提案が2003年9月に2提案に絞り込まれ，残りの4提案に合流していた会社は，この2提案のどちらかに再合流して（さらには自社技術を組み込むように提案しつつ），大きい以下の二つのグループが構成されました．その後も，この2グループ間でIEEE標準化委員会で得票数バトル，その一方で標準化の可能性を探るという活動も行われてきましたが，先のように分裂・解散となってしまいました．

IMT-2000は，W-CDMAとcdma2000の二つに分離しましたが，ここでも二つです．重要なことは，どちらの方式でも元来のモノサイクル・パルス型のUWBではないということです．

▶ WiMedia Alliance；（2005年3月にMBOAが合流）http://www.wimedia.org/

2002年9月に結成されたWiMedia Allianceは，もともとMulti Band OFDM方式を推すMultiband OFDM Alliance（MBOA；2004年1月結成）が2005年3月に合流したものです．そのため現在ではMultiband OFDM方式をWiMedia Allianceが推進しています．

Multi Band OFDM方式は，当初，FCCでの測定方法が長らく決まらなかったので一時スタックもしていましたが，その問題が解決し，現時点ではWiMedia Allianceメンバ各社からチップ・セットが発売されています．なお，この陣営のIntelは，当初モノサイクル・パルス方式UWBを研究しており，DS-UWB方式で

[表10-3] Multi Band OFDM方式の諸元（MBOA）

項目	値
データ・レート	53.3，80，110，160，200，320，400，480Mbps［注1］
変調方式	OFDM（サブキャリアはQPSK）
OFDMシンボル・レート	3.2Msps（200ビット/シンボル）
帯域幅	528MHz
サブキャリア数	データ　　　100 パイロット　12 ガード　　　10 ゼロ　　　　6 合計　　　128
サブキャリア間隔	4.125MHz（528MHz/128）
FFT/IFFTポイント数	128
ガード・インターバル	70.08ns（37サンプルぶんのゼロデータ）
1パケット内データバイト数	4095バイト最大
FHホッピング数	3（528MHzセパレーション）

［注1］異なるエラー訂正符号により，実際に得られるレートも異なる

パケット同期シーケンス	フレーム同期シーケンス	通信路推定（パイロット・シンボル）シーケンス	PLCP (Physical Layer Convergence Procedure)	情報フィールド（ペイロード）	フレーム・チェックなど
21シンボル	3シンボル	6シンボル	3シンボルぶん 40ビット	0〜4095バイト	可変
ここでパケット検出，ラフな周波数およびシンボル・タイミング推定	ここでパケット同期を行う	ここで通信路応答の推定・等化を行う	パケットのパラメータ情報 ここは基底の 53.3Mbps	53.3〜480Mbps	フレーム長のつじつま合わせにも用いられる
合計24シンボル，7.5μs		1.875μs	3シンボルの一部		

[図10-14] Multi Band OFDM方式の1パケットのフォーマット

　IEEEにも独自の提案をしていましたが，その後Texas Instruments社の提案したTime-Frequency Interleaved OFDM方式に合流，MBOA陣営を立ち上げ，現在に至っています．
　Multi Band OFDM方式は，OFDMをFH（スペクトル拡散通信方式の周波数ホッピング）させたものが基本です．「これでUWB？」とも思いますが，この諸元を表10-3に示します．3.2Mspsのシンボル・レートで1シンボルあたり200ビットのデータ・ビット（裸のレート：ベアラ・レート）を乗せられます．
　また，単にOFDM変調するだけでなく，三つのキャリア間を周波数ホッピング

[表10-4] DS-UWB方式の諸元（UWB Forum）

データ・レート		28，55，110，220，500，660，1000，1320Mbps[注1]
変調方式		BPSK，4-BOK（4 Binary Orthogonal Keying）
キャリア周波数	Low Band	3900MHz〜4094MHz間に6周波数
	High Band	7800MHz〜8190MHz間に6周波数
チップ・レート	Low Band	1300MHz（Mcps）〜1365MHz（Mcps）に6種類[注2]
	High Band	2600MHz（Mcps）〜2730MHz（Mcps）に6種類[注2]
拡散率	BPSK	24，12，6，4，3，2，1[注3]
	4-BOK	12，6，4，2[注3]
ベースバンド帯域制限		ルート・コサイン・ロールオフ・フィルタ（$\alpha=1$）の遮断周波数を30％アップさせて使用

[注1]異なるエラー訂正符号や，DS拡散符号長により，実際に得られるレートも異なる
[注2]キャリア周波数の1/3になる
[注3]Ternary Codeと呼ぶ3相符号（＋1，0，−1）を使う．また24と12についてはフレーム先頭の捕捉に用いるプリアンブルとしても用いられる

[表10-5] DS-UWB方式DS拡散符号（BPSKのうち一部）

L = 24	−1，0，1，−1，1，−1，1，1，0，1，1，1，−1，1，−1，1，1，1，−1，1，−1，−1，1
L = 12	0，−1，−1，−1，1，1，1，−1，1，1，−1，1
L = 6	1，0，0，0，0，0
L = 4	1，0，0，0
L = 3	1，0，0
L = 2	1，0
L = 1	1

します．

1パケットあたりの構造は，図10-14のようになっています．最初の24シンボルで初期引き込みを行い，そのあとの6シンボルを用いてチャネル推定，そのあとにPLCP（Physical Layer Convergence Procedure）ヘッダというパケットのパラメータ情報を3シンボルぶん40ビット送出し，次に実際のデータを送出するようになっています．

▶ UWB Forum（2004年2月結成） http://www.uwbforum.org/

　メンバの1社のFreescale社（もともとMotorolaの半導体部門）が，FCCのPart 15の規定を2004年8月にクリアし，チップ・セットXS110の販売を開始しました．Freescale社は初めてFCCから認証を受けたと宣伝していますが，実際はTime Domain社が2002年9月にUWB機器として初めて認証を受けています．なお，こ

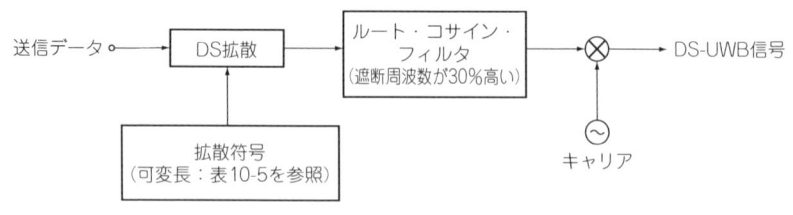

[図10-15] DS-UWBの変調回路

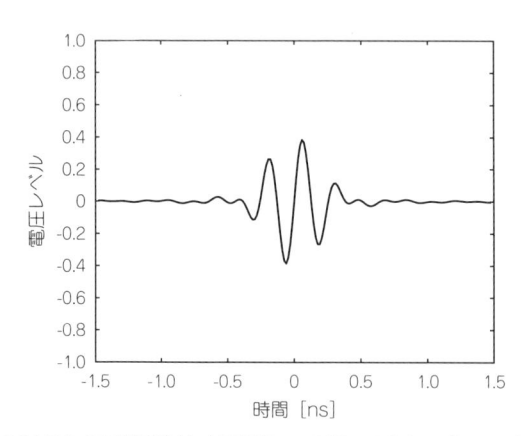

[図10-16] DS-UWBの変調波形(中心周波数3900MHz, DSチップ・レート1300Mcps)

の提案はXtreme Spectrum社の基本提案がベースになっています.

UWB Forumが提案している方式はDS-UWBという方式で，UWBにDS(スペクトル拡散通信方式の直接拡散)させたものが基本です．この諸元を表10-4に示します．また表10-5にDS拡散に用いられる拡散符号(BPSK変調方式のうち一部のもの)を示します．

▶Ternary codeを使ったDS-UWB波形

表10-4および表10-5のようにDS-UWBでは，Ternary codeと呼ぶ3相拡散符号($+1$, 0, -1)を用いています．符号長$L=6$以下では1チップ以外はゼロになっているので，完全なる孤立波のUWBであるといえるでしょう．

変調回路は図10-15に示すようにとても単純です(これはBPSK方式の例)．上記の図10-11 キャリア付きインパルスUWB方式の変調は，包絡線をガウス形状としてシミュレーションしていますが，DS-UWBでは図10-15のようにベースバンド信

号(パルス)は，遮断周波数が30％高いルート・コサイン・ロールオフ・フィルタによる帯域制限を行います．この帯域制限された波形とキャリアを乗算させ，変調されたUWB信号を発生させます．Ternary codeを用いることと，この帯域制限，変調がDS-UWBのキーと言えるでしょう．

変調波形の例(シミュレーション)を図10-16に示します．DS-UWBではこのUWB波のことをWavelet(さざ波)と呼んでいます．

● **UWBの今後の動向など**

IEEE 802.15.3a標準化委員会は残念ながら決裂という結果になってしまいました．技術と企業戦略との狭間の結果かもしれません．結局は，過去のIMT-2000の標準化もそうであったように，**2方式をデファクト標準とし市場原理に任せる**ことになるのでしょう．

ところで，IEEEではIEEE 802.15.4aとして低速レート・高精度測距向けの短距離通信の標準化も行い，こちらはDS-UWBが採用されることになりました(2007年3月22日に承認された)．

ピュアUWBから，より実現性のある解へ移行していることに，まちがいはありませんが，LSIには高速かつ多くのゲート数が必要で(とくにWiMedia方式のほうが回路規模は大きいようである)，当初言われていた**低い消費電流**というメリットは，なくなりつつあります．

処理速度という点からすれば，どちらの方式も高速の信号処理が必要であり，ディスクリート回路で機器を製造するには，かなり難易度が高いといえます．つまりどちらも標準的なチップ・セットを利用した機器開発が主流になると考えられます．

IEEEでの標準化は先の説明のとおりですが，各国での電波法の法整備は確実にUWBを受け入れる方向で進んでいます(FCCおよび日本はすでに実施済み)．細かい標準化という点は別にしても，近いうちにまちがいなく，さらに多くの国々でもUWB無線設備の技術基準が発布されていくことでしょう．

無線通信とディジタル変復調技術

第11章
次のステップ：理論主体の本を読みこなす

❖
ディジタル変復調に関し，さらに知識を深めるためには，
もっと多くの学術書を読破していく必要があります．
数学が苦手だった私がそれらをどう克服したのか，
そのコツをいくつか紹介します．
❖

11-1　はじめに

　「あの人はよくわかっているね」，「アイツはわかっていない」と評価するにも，判断基準をどこに設定するかが，とてもむずかしい問題となることがあります[参考文献(48)にも良いことが書いてある]．例えば，キャリアの$\cos\omega t$を$e^{j\omega t}$で置き換えることは「それは知ってる！」けれども，なぜ自然対数の底であるeをj乗したものが$\sin$と$\cos$と関連するか？　には，かなりの人が答えられないのではと思います（それぞれ級数展開すればわかる）．

　別の話として，「ぼくは算数がよくわかる！　大好きだ！」との対極に「このあいだまで数学大好きだったけど，博士課程に入って論文を読んだら，わけわからないので，いまは超苦手！」と若手の知人も言います．このように，どれだけわかっているかは絶対的な数値的評価，それも多面的にわたるものをしない限り，本来の絶対比較はできません．

　理論と**絶対評価**の話を最初に，無線通信，無線変復調についての理論を理解するキーポイントを，私も浅学非才の立場ではありますが（また一部かなり乱暴な取り扱いをする部分があるかもしれないが），この章で示していきましょう[※1]．

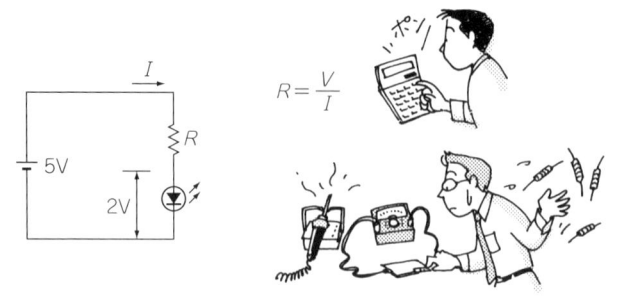

[図11-1] LEDに流れる電流を決めるために抵抗値を選ぶには？

● **ディジタル変復調は理論主体の本が多い**

　電気，無線，通信工学の本には数学がつきものです．とくにこのディジタル変復調の分野はなおさらです（工学の本は大学の先生が書いたものが多いのも一因だろう）．

　とくに学術的に書かれた書は，さらに数学/数式による理論展開が多いために，ステップ・アップするにはさらに数学/理論主体のこれらの本を読まなくてはならない局面に遭遇せざるを得なくなります．これらの本は有益ですが，理解しづらいという点からすれば，多くの方，とくに数式アレルギの方は挫折してしまうのではないでしょうか．

　しかし，図11-1のように，LEDに流れる電流を決めるために抵抗値を選ぶとき，オームの法則を使って一発で答えを出すはずです．テスタと電源と複数の抵抗を**とっかえひっかえ**使って，実験しながらは求めないと思います．これを拡張して考えていけば，数学は電気，無線，通信工学のふるまいの基本であり，数式が正しければ，その動作は（ほかの存在するパラメータは除外するとして）完全に予測できる，と言えます[※2]．

　つまり，難解だが正確なことが書いてある理論主体の本を読みこなすことは，ディジタル変復調をより深く理解し，次のステップに進むためには必須のことが

※1：本書のすべて，とくにこの章はLaTeXで数式を作成し，それをdvipdfmxでPDF化して入稿し，その数式をDTP上でベクトル・フォントとして拾うことで（LaTeX直接入稿は問題もあったため），数式やギリシャ文字などができるだけ美しく表わされるようにしてみた．某数式エディタと比較しても，数式がずっと美しいはずである．またMS Officeをお使いであれば，Equation Magic（http://www.micropress-inc.com/）を推奨したい．

※2：そういう私も，ある時点から数学嫌いになったが，ふと上記の**オームの法則**の話が頭に浮かんだ瞬間，相当な悔しい気持ちになったことを白状する．

らなのです.

● **まず言っておきたいこと**

理論主体の本は数式が多く，難しく書いてあります(これにはいろいろな理由があるのだが，ここでは言及しない)．しかし以下のような観点を糸口とすれば，何を言いたいかが，なんとかわかるのです.

- その示すところは**実際の回路なり信号の動作**という普段触っている**実在**である
- いくつかのセオリ的な書き方(表現方法)があり，それがわかれば結構読みくだせる
- 数式をブロック図の代わりに使っていることが多く，ブロック図として理解してみるように考える
- それでもわからないときは複数の本を読み，異なる切り口の記述(かならずそうなっている)から理解する

● **例えば，$f(t)$ とは**

ディジタル信号処理を含む複数の本に，実時間関数 $f(t)$ や離散サンプリング $f(n)$ を以下のように表わしているものを見かけます.

$$f(t) = \int_{-\infty}^{+\infty} f(x)\,\delta(t-x)\,dx, \quad f(n) = \int_{-\infty}^{+\infty} f(x)\,\delta(nT_s - x)\,dx \quad \cdots (11\text{-}1)$$

この式を見て，何を感じますか．？か**吐き気**のいずれかを感じる方も多いかと思います．この $\delta(x)$ は**デルタ関数**といい，$\delta(0) = +\infty$ で，それ以外のときは0 というものです．これは無限過去 $-\infty$ から無限未来 $+\infty$ に積分したとしても結局は $t-x=0$ の部分，その時点だけの信号，つまり $f(t)$ のある "t" の瞬間，$f(n)$ のある瞬間 "n" を示しているだけなのです．これらの式が何を言いたいかは，

①その信号は無限過去 $-\infty$ から無限未来／永劫 $+\infty$ に続いている連続信号であり，デルタ関数と畳込まれている(畳込みについては後述)ものが観測できる

ということか,

②ある n という時点でサンプリングされた，その時点だけの信号である

ということを間接的に表わしたいのだと考えられます.

逆に悪い言い方をすれば，現場の回路設計技術者から見れば，これはトリックで，わかりやすく**実際の回路なり信号の動作**で説明すればわかることを，わざわざわかりにくくしてしまっているとも言えます．

つまり，このような数式のトリックに惑わされず（といってもトリックではないものがほとんどだが），数式が**実際の回路なり，信号でどう動作しているか**の意味しているところを把握することが大切といえます．

実はこれが力説したいところで，とくに**納期**に翻弄される現場技術者などには，数式の細かい意味合いがわからなくてもよく，何を示したいのかがわかることが**まずは**大事ではないかと私は考えます．

● $e^{j\omega t}$ と複素数表記について

まず実軸だけで信号の振幅と位相を表わしてみると，

$$f_{real}(t) = A\cos(2\pi f t + \theta) \quad \cdots\cdots\cdots\cdots(11\text{-}2)$$

となります．ここで A は振幅，θ は位相です．

本書ではこれまで，ベースバンド信号をI相とQ相の2相として示してきました．また複素数という言葉も実は3カ所出てきています．位相のある交流信号は，以下のように実軸と虚軸に分解して**扱う**ことができます（以下に示すが，等しいのではない）．これらの関係を時間 t における，周波数 f の信号を例として，以下の式(11-3)と**図11-2**に示します．

$$\begin{aligned}
f_{comp}(t) &= A e^{j(2\pi f t+\theta)} = A\{\cos(2\pi f t+\theta) + j\sin(2\pi f t+\theta)\} \\
&= (X+jY)e^{j(2\pi f t)}, \\
X &= A\cos(\theta), \quad Y = A\sin(\theta), \\
\theta &= \tan^{-1}\left(\frac{Y}{X}\right), \quad A = \sqrt{X^2+Y^2} \quad \cdots\cdots\cdots(11\text{-}3)
\end{aligned}$$

ここで e は自然対数の底[※3]，j は虚数（$\sqrt{-1}$），θ は角度（位相）です．複素平面上で，I相を実軸（この式の cos 部の大きさ X），Q相を虚軸（この式の sin 部の大きさ Y）として表わせるのです．$2\pi f$ は角周波数 ω で，

$$\omega = 2\pi f \quad \cdots\cdots\cdots\cdots\cdots\cdots\cdots\cdots\cdots\cdots(11\text{-}4)$$

※3：exp() も e と同じこと．テキストなどで上肩に記載するのが困難な場合などに用いられる．

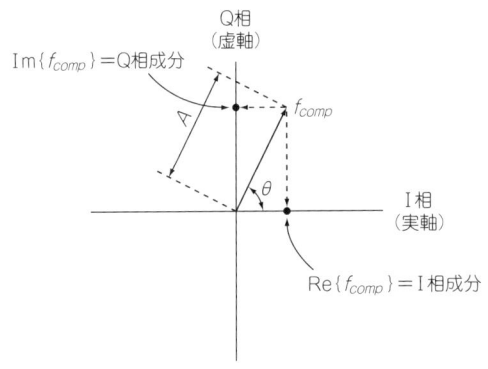

*2πfはキャリア成分なのでここでは示していない

[図11-2] 複素数表現とI相・Q相と位相の関係

と表わされる場合が多く(少なくともこの関係は忘れないようにしてほしい)．式(11-3)は，

$$f_{comp}(t) = Ae^{j(\omega t + \theta)} = Ae^{j\omega t}e^{j\theta} \quad \cdots\cdots\cdots (11\text{-}5)$$

となります．実際に(オシロスコープなどで)観測できる信号$I(t)$としては，この式の実数部をとって，

$$I(t) = \text{Re}\{f_{comp}(t)\} = A\cos(2\pi ft + \theta) \quad \cdots\cdots\cdots (11\text{-}6)$$

になります．Re{ }は実数部を取る意味です($\Re\{\}$とも表わされることがある)．これがコンスタレーションで言うところのI相成分になります．一方で，Q相の成分$Q(t)$は虚数部をとって，

$$Q(t) = \text{Im}\{f_{comp}(t)\} = A\sin(2\pi ft + \theta) \quad \cdots\cdots\cdots (11\text{-}7)$$

になります．ここでIm{ }は虚数部を取る意味です($\Im\{\}$とも表わされることがある)．つまり複素数と$e^{j\omega t}$，$e^{j\theta}$で信号を表わすことができるのです．

▶ ところが

それでは，ミキサの動作として乗算をしてみましょう．二つの周波数を乗算すると，和と差の周波数が出てきます．これを$e^{j\omega t}$で二つの周波数をω_1，ω_2として計算してみると，

$$e^{j\omega_1 t} \times e^{j\omega_2 t} = e^{j(\omega_1 + \omega_2)t} \quad \cdots\cdots(11\text{-}8)$$

と和の成分の$\omega_1 + \omega_2$しか出てきません．これでは厳密であるはずの数学とはいえないですね．実は，$\cos\omega t$というのは，

$$\cos\omega t = \frac{e^{+j\omega t} + e^{-j\omega t}}{2} \quad \cdots\cdots(11\text{-}9)$$

であり，プラス側に回転する$e^{+j\omega t}$とマイナス側に回転する$e^{-j\omega t}$の足し算になっているのです．ということで$\cos\omega t = e^{j\omega t}$なのではなく，$e^{j\omega t}$は$\cos$関数の周波数軸におけるプラス側のスペクトルだけに着目した，置き換えられた**解析関数**なのです（なので最初に**扱う**という用語を用いている）．実際問題としては，ほとんどの場合，$e^{j\omega t}$で説明がついてしまいますが，この点を理解しておく必要はあるでしょう．

● MATLABやSciLabでシミュレーションしてみる

　数式だけでは理解できない場合，MATLABやSciLab[※4]でその数式に数値を代入しながらシミュレーションし，グラフとして表示してみると，一気に理解が進むと考えられます．

　EXCELでもかなりの関数が実装されていますから，上記のソフトウェアの敷居が高いと感ずる場合には有効に使うことができるでしょう．グラフを作るGnuplotというソフトウェアもある程度使えるかと思います．とはいえ，複素数，行列の取り扱いは，やはりMATLABのほうが圧倒的に楽だといえます．

11-2　変復調の理論式のポイント

● 一般的に用いられる関数や変数の文字

　複数並んでいる数式をまずぱっと見て，何をやろうとしているかを判断するためには，関数の文字表記を見るのが手っ取り早いといえます．一般的に（あくまで一般的な話）使われる関数や変数の文字について，**表11-1**に示してみましょう．ただし文献によって使い方が異なっている場合もあるので，その点は注意してください．実は本来であれば，その式が出現したすぐ下に，その変数の意味がなんであるかを（"where……"と）示していなければいけないのです．

※4：MATLABにかなり似ているフリーの科学技術計算ソフトウェア．http://scilabsoft.inria.fr/にて入手可能．またサーチ・エンジンでサーチしてみると日本語のドキュメントを含むいろいろな情報が得られる．

[表11-1] 変復調の関数文字表記について一般的に用いられる変数

記号	説明
f, ν	周波数[Hz]
ω, Ω	角周波数[radian/sec]．$2\pi f$と同じ．フーリエ変換されたときにはΩと大文字を使うことも多いが，単に角周波数の意味合いを分けるために大文字にしてあるのでビビる必要はない
t	実時間(連続時間)
j	虚数$\sqrt{-1}$のこと．数学ではiも用いられるが無線・通信工学はjが多い
g^*	共役複素数．例えば$g=1+j$とすれば$g^*=1-j$
T_s	サンプリング周期，シンボル周期．nT_sでn番目のサンプリング(シンボル)などと表わす
k, n	サンプリングやシンボルのk番目，n番目ということ．深い意味はなく単なるインデックス．i, jが用いられることも多い
z^{-n}	z変換の式．回路とすればn遅延ぶん．詳細はディジタル信号処理の本を参照のこと
$\exp()$	eと同じこと．テキストなどで上肩に記載するのが困難な場合などに用いられる
K, N	k番目の最大値K，n番目の最大値N
A	信号の振幅．$A\cos\omega t$とか用いられることが多い
B	帯域幅
C	符号．拡散符号などに使われる
D	データ．$D(n)$などと表わされる．普通はシンボルの状態が発生する確率は一様だとしているので，それが何であるか(+1か，−1か)は大きな問題ではない
D	マルチパスなどの遅延を一定の遅延量として表わすもの．z変換でのz^{-n}のようなもの
D/U	Desire/Undesireの比率．希望波妨害波比
E	信号のエネルギー．ディジタル変復調ではあまり使わないが電圧とか電界
$E(n)$	nビット目に発生するビット・エラー
$H(t)$	チャネルやフィルタの伝達関数．tなので，これは時間軸として示している
$H(f), H(\omega)$	チャネルやフィルタの伝達関数．f, ωなので，これは周波数軸として示している
J_n	第1種n次ベッセル関数
L	ダイバシティ枝の数
$N, n(t), n$	ノイズ．AWGNなので信号に対して「$+n(t)$」などと示される．これもガウス分布しているので，その信号の波形がどんな形状であるかは問題ではない「ノイズが乗るのよ！」と言っているだけのこと
E_b/N_0	1ビットあたりのエネルギーと1Hzあたりの雑音量の比．理論解析は，だいたいこの単位で評価される
P	電力，確率密度分布．確率密度分布の場合は積分すると1になるのがキーポイント
$P(A\|B)$	Bの事象が発生したあとに起こるAの事象の発生確率．Bのビット・シンボルを送信したらAを受信したということ
PDF	確率密度関数．Probability Density Function
$U(t)$	ユニット関数．本来は$t=0$から1になる関数．ある期間だけ1でそれ以外はゼロという意味でビット・データなどを表わすときにも用いられたりする
$f(t), g(t)$	とにかくなにかの関数だということ，foo, barみたいなもの
$m(t)$	変調された信号(modulated)
$s(t)$	送信信号(send)
$r(t)$	受信信号(receive)

[表11-1] 変復調の関数文字表記について一般的に用いられる変数（つづき）

$\hat{r}(t), \tilde{r}(t)$	受信信号として推定された信号
$x(n)$	n番目のサンプル値
α	ロールオフ率
σ	σ^2はAWGNの雑音電力．σ自体は正規分布の分散値とノイズ電圧
γ, ρ	SN比
λ	波長
$\phi, \theta, \phi(t), \theta(t)$	位相，時間tで変化する位相
τ	時間のずれ
$*$	畳込み積分または畳込み和(p.355で説明)
$\otimes$	同じく畳込み

● **デルタ関数による表記**

先に示したように，とくにサンプリングだとかディジタル信号処理の観点から説明するときに，デルタ関数というものを多用します．$\delta(0) = +\infty$で，それ以外は0というものです．また，

$$\int_{-\infty}^{+\infty} \delta(x)dx = 1 \quad \cdots\cdots\cdots\cdots\cdots(11\text{-}10)$$

であり，総量が1になります．例えばデルタ関数が，$\delta(\tau-t)$とあれば，$\tau=t$のときだけ，とりあえず$\delta=1$と代入して考えてしまえばよいということです．

▶ **離散値での表記**

$\delta(nT_s-t)$とか出てきた場合は，T_sがサンプリング間隔とかシンボル周期の場合が多いので，T_sのn回目のサンプリング時間にtがなったとき，$t=nT_s$のことだけを考えれば良いといえます．なお，離散値の場合には，$\delta(0)=1$だと考えてください．

より簡単にいえば，「n番目のサンプリング値を言いたいんだ」と考えて（デルタ関数は無視して），ほぼ問題ないといえるでしょう．これは，ある周期でサンプリングされた**離散信号**と呼び（対極としては**連続信号**），表現方法は$x(1)$，$x(2), \cdots, x(n)$が用いられます．

● **直交すること**

本書では，各所で**直交**するという表現を使ってきました．これは基本的には，すべて以下の考えが元になっています．

$$<f, g> = \int_{-\infty}^{+\infty} f(x) \cdot g(x) dx = 0 \quad \cdots\cdots (11\text{-}11)$$

　二つの関数$f(x)$と$g(x)$を掛け算して，それを無限長(信号と考えれば，例えばそれが有限な長さのときは，その長さ)で積分するというものです．これがゼロであれば，$f(x)$と$g(x)$は**直交している**と言います．I相とQ層，Walsh関数同士，拡散符号同士(結果は-1)，OFDMのサブキャリア同士，MSKのシンボル同士，これらはすべて直交しています．

　相関を取るというのも，式(11-11)の計算をすることであり，**相関がある**は，$<f, g>$がゼロでないことを言い，**相関がない**というのは$<f, g>$がゼロであり**直交している**と同義です．

　現代のディジタル変復調は，この**直交性**を最大限に活用してシステムを構築しているのです．

● **フーリエ変換と相関**

　フーリエ変換をすると，時間領域の信号を周波数領域に変換できます．フーリエ変換には連続時間値を扱うものと，離散時間値を扱う(つまりディジタル・データ)離散フーリエ変換があります．フーリエ変換の式の考え方はむずかしいように思われますが，まずここで式で示してみましょう．まず連続信号は，

$$F(\omega) = \int_{-\infty}^{+\infty} f(t) e^{-j\omega t} dt \quad \cdots\cdots (11\text{-}12)$$

次に離散信号は，

$$X(k) = \sum_{n=0}^{N-1} x(n) e^{-j(2\pi/N)nk} \quad \cdots\cdots (11\text{-}13)$$

となります．この場合，積分と級数和になっていますが，やっていることはまったく同じです[※5]．

　さて，ここで，式(11-11)と式(11-12)を比較してみましょう．式(11-11)では原関数$f(x)$があり，(相関では)それに$g(x)$を乗算して積分しています．式(11-12)のフ

※5：積分も級数和もとにかく足し合わせるという点からすれば同じことをしている．それが連続系か離散系かの違いだけである．

ーリエ変換は原関数$f(x)$に対して，$e^{-j\omega t}$を乗算している違いだけですね．ということは，$e^{-j\omega t}$(**複素角周波数**)との相関(直交の逆ということ)を見ているのが，フーリエ変換だという捕らえ方もできるわけです．

スペクトラム・アナライザ(スペアナ)を知っているかたは，スペアナが**周波数領域で画面表示し，信号をフーリエ変換したものを表示している**という話を聞いたことがあるかもしれません．スペアナの観測がフーリエ変換であるとすれば，ある周波数にチューニングしてその周波数の信号を観測するということは，まさしく信号とその周波数との相関を見ているということです．

▶ デルタ関数をフーリエ変換すると

デルタ関数は先のように$t=0$のときだけ考えればよいと説明しました．つまり，

$$F(\omega) = \int_{-\infty}^{+\infty} \delta(t) e^{-j\omega t} dt = e^0 = 1 \quad \cdots\cdots (11\text{-}14)$$

なのです．つまり全周波数にわたって等しい大きさ，1なのです．

ディジタル・フィルタのインパルス応答が，フーリエ変換すればフィルタの周波数応答になるのも，これが理由です．δ関数が$F(\omega)=1$なので，周波数応答$H(\omega)$とδ関数を畳込み積分したものも，周波数応答$H(\omega)$と同じになるからです($H(t) * \delta(t) = H(\omega) \times 1$．「$*$」は後述の畳込み積分)．

▶ 逆フーリエ変換

第10章のOFDMのところでも説明したように，フーリエ変換と逆フーリエ変換は対になっています．式だけを示しておきましょう．連続信号は，

$$f(t) = \frac{1}{2\pi} \int_{-\infty}^{+\infty} F(\omega) e^{j\omega t} d\omega \quad \cdots\cdots (11\text{-}15)$$

次に離散信号は，

$$x(n) = \frac{1}{N} \sum_{k=0}^{N-1} X(k) e^{j(2\pi/N)nk} \quad \cdots\cdots (11\text{-}16)$$

となっています．

フーリエ変換と逆フーリエ変換の違いは，$e^{-j\omega t}dt$と$e^{j\omega t}d\omega$だということですが，数式を読みこなす点からすれば，上記の式(11-12)，(11-13)，(11-15)，(11-16)と同じパターンの式があったら，即刻**時間軸から周波数軸へ**，もしくは**周波数軸か**

ら時間軸への「変換をしてるだけなんだ！」と思ってください．それが数式を理解する糸口になり，何をやっているのか，何を説明しているのかを理解できるようになります．

▶ パーセバル(Parseval)の定理

これは，数式で書くと以下のようになります．

$$\int_{-\infty}^{+\infty} f(t)^2 dt = \frac{1}{2\pi} \int_{-\infty}^{+\infty} |F(\omega)|^2 d\omega \quad \cdots\cdots\cdots\cdots\cdots\cdots\cdots\cdots (11\text{-}17)$$

この数式が言いたいことは，時間軸で見たときのエネルギーと周波数軸で見たときのエネルギーは一緒だということで，相当厳密でない定義をすると**ある信号波形を二乗し積分した(足し合わせた)もの(エネルギー)は，そのスペクトルを共役積して積分した(足し合わせた)もの(エネルギー)に等しい**となります．

ただ時間で見るか，周波数で見るかの違いと思えばよいでしょう[※6]．

● 畳込み積分・畳込み和

畳込み(convolution)積分，畳込み和はディジタル変復調の本でよく出てくるものです．数式で示してみると，連続信号の畳込み積分は，

$$f(t) * g(t) = \int_{-\infty}^{+\infty} f(x) g(t-x) dx \quad \cdots\cdots\cdots\cdots\cdots\cdots\cdots\cdots (11\text{-}18)$$

次に，離散信号の畳込み和は，

$$f(n) * g(n) = \sum_{k=-\infty}^{+\infty} f(k) g(n-k) \quad \cdots\cdots\cdots\cdots\cdots\cdots\cdots\cdots (11\text{-}19)$$

となります．ここで「*」は畳込み積分，畳込み和の記号です．でもこれだけだと，ちょっとわかりづらいかもしれません．これを**図11-3**を例に説明してみましょう．

非常に細い幅の三角波Aが，あるローパス・フィルタ回路に入力されたとします．フィルタはカットオフ周波数を低くしているので，三角波はそのまま素通りできずに，波形が**なまって**しまいます．この出力波形をBとします．ここで波形Bを

※6：関連定理として**相関のない波形同士を足し算した信号のエネルギーは，それぞれのエネルギーを足したものに等しい**というもある．雑音もそのとおりである．さて1V + 1V = 2Vは，$R = 1\Omega$で何W？では1Vだと何W？ それを二つ足すと何W？ あれ?(笑……この脚注をよく読みなおしてみてほしい)．

[図11-3] 畳込み積分の概念

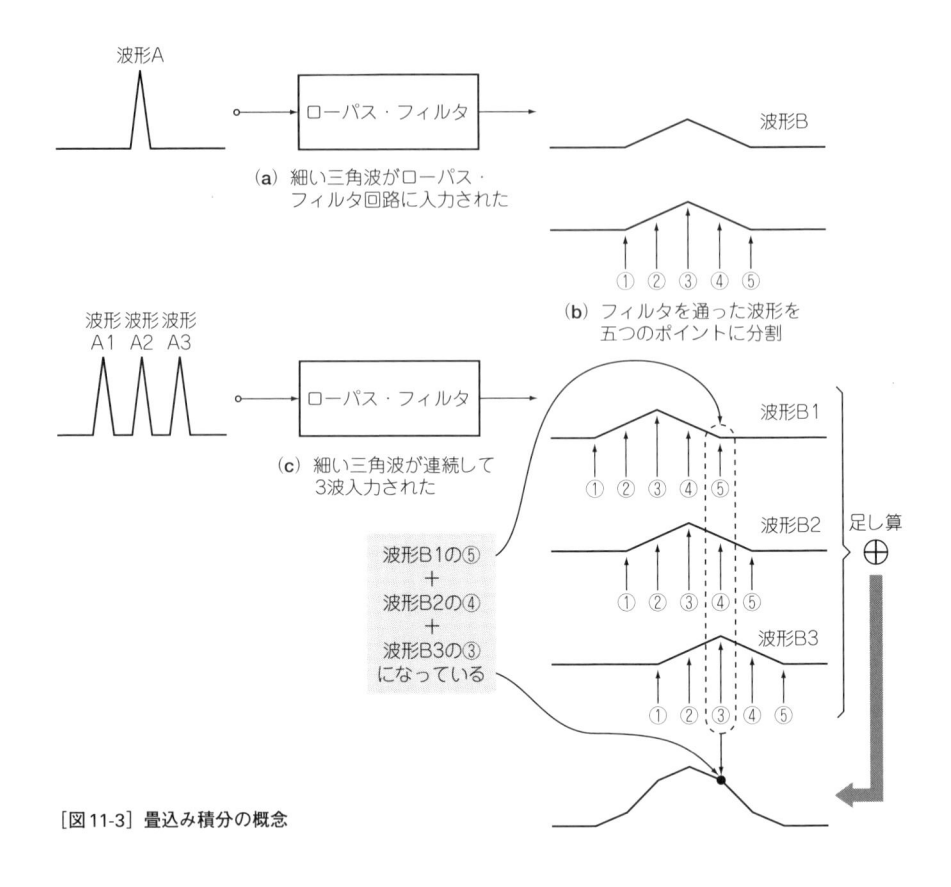

図11-3(b)のように五つのポイントに分割しておきます．
　この波形Aが連続して3波，このフィルタに入力したとします．そうすると，波形A1〜A3の信号成分それぞれの出力は波形B1〜B3に該当し，それぞれの5ポイントB1－①〜B3－⑤は時間がずれています．
　フィルタ出力としては，波形A1〜A3を合成したものが出てくると考えるのは至極まっとうであり，まちがいありません（つまり重ねあわされるということ）．ある同じタイミングで見てみると（点線で引いてあるところ），A1の波形はB1－⑤，A2の波形はB2－④，A3の波形はB3－③とが足し算になるわけです．
　ここで，足し合わせる順序が逆なことに気がつくと思います．先に入力した信号の後の部分と，後に入力した信号の先の部分とを足しています．
　これが畳込み積分です．基本はこれだけのことです．畳込み積分は，第4章や第

5章での帯域制限の話でフィルタを考えるときや，第6章の電波伝搬で通信路をフィルタとして考えるときに，かなり多く用いられます．これは，知っていることが必須の概念といえます．

また，畳込み積分/畳込み和は，多くは「*」の演算子で表わします（これも覚えておいてほしい）．ここでも同じですが，数式を読みこなす点からすれば，上記の式(11-18)，(11-19)と同じパターンの式や「*」の演算子があったら，即刻「フィルタリングをしてるだけなんだ！」と思ってください※7．

● 掛け算と畳込み積分：時間領域と周波数領域の変換

変復調した信号を，時間軸で見たい場合と，周波数軸で見たい場合があります．ここではそれらが相互にどう関係しているかを示してみたく思います．ポイントとしては，相互に**掛け算**と**畳込み積分**の関係なのです．まず，以下を定義します．

$$F(\omega) = \mathcal{F}\{f(t)\} \quad \cdots\cdots\cdots\cdots\cdots\cdots\cdots\cdots\cdots\cdots\cdots\cdots\cdots\cdots (11\text{-}20)$$

$$G(\omega) = \mathcal{F}\{g(t)\} \quad \cdots\cdots\cdots\cdots\cdots\cdots\cdots\cdots\cdots\cdots\cdots\cdots\cdots\cdots (11\text{-}21)$$

ここで$\mathcal{F}\{\}$はフーリエ変換の操作です．それぞれ時間軸t（オシロスコープで見た信号）を周波数軸ω（スペアナで見たスペクトル※8や，フィルタなどの周波数応答特性など）に変換した相互関係を示しています．

なお以下では，文章中に意味の対比として，二つある説明の同じところに同じ番号（①-1など）を振っています．このポインタで相互がどういう関係かの理解に役立ててください．

▶ 時間領域の畳込み積分は周波数領域の掛け算

▲時間領域で，二つの時間信号を畳込み積分して，それを周波数軸に変換，つまり
　①　　　　　　　　　　　　　①-1　　　　　　　　　　　①-2
フーリエ変換したものと，▲二つの時間信号をフーリエ変換したものを，周波数
　①-3　　　　　　　　　　②-1
領域で掛け算したものは，▲同じ，ということです．これを式で示すと，
　　②-2　　　　　　　③

$$\mathcal{F}\{f(t) * g(t)\} = F(\omega) \times G(\omega) \quad \cdots\cdots\cdots\cdots\cdots\cdots\cdots\cdots\cdots\cdots (11\text{-}22)$$

※7：実際は以後に説明するように周波数軸での畳込みもあるが，変復調の文献で説明されているものは，ほぼ100％時間軸での畳込みであるため，このように説明している．

※8：といってもスペクトル自体はパワー（$A(\omega) \cdot A^*(\omega)$）なので，厳密に言うとスペクトルではなく，フーリエ変換された周波数軸の複素波形という意味合いが正しい．以下でも簡単に理解してもらうために，意図的に**スペクトル**という用語を乱用している．

となります．これは**図11-3 畳込み積分の概念**で示したような時間信号とフィルタの関係になります．

例えば，変調信号の周波数帯域特性 $S(\omega)$ とフィルタの周波数応答特性 $H(\omega)$ とを，それぞれ周波数スペクトルの領域として掛け算すると，フィルタを通したあとの周波数波形 $R(\omega)$ を以下の式(11-23)のように求めることができます．

$$R(\omega) = H(\omega) \times S(\omega) \quad \cdots\cdots(11\text{-}23)$$

時間軸で考えた場合は，変調信号の時間波形 $s(t)$ とフィルタのインパルス応答 $h(t)$ を畳込み積分すると，フィルタを通したあとの時間波形 $r(t)$ を以下の式(11-24)のように求めることができます．

$$r(t) = \int_{-\infty}^{+\infty} s(x)h(t-x)dx \quad \cdots\cdots(11\text{-}24)$$

また，第6章の電波伝搬で説明したような無線通信路も，マルチパスという時間遅延があるため**フィルタ**として考えることができます．無線通信路のインパルス応答というのは結局，マルチパスによる遅延波が受信側に到来したタイミングということですから，まるっきりフィルタと同じなわけです．この場合も上記のフィルタの例と同様，送信信号の時間波形 $s(t)$ と無線通信路のインパルス応答 $h(t)$ を畳込み積分することで，受信端での受信波形 $r(t)$ を求めることができるのです．

▶ 周波数領域の畳込み積分は時間領域の掛け算

その逆の場合です．

▲周波数領域で，二つの時間信号をフーリエ変換したものを畳込み積分して，
　　　　　①　　　　　　　　　　　　①-1
それを時間軸に変換，つまり逆フーリエ変換したものと，▲二つの時間信号を，
　　①-2　　　　　　　①-3　　　　　　　　　　　　　　②-1
掛け算したものは，▲同じ，ということです．これを式で示すと，
　②-2　　　　　　　③

$$\frac{1}{2\pi}\mathcal{F}^{-1}\{F(\omega) * G(\omega)\} = f(t) \times g(t) \quad \cdots\cdots(11\text{-}25)$$

となります．

これはあまり用いられないアプローチですが，実際の状況では，キャリアに対して変調をかける（この場合片側の関数が線スペクトルになる），SS通信において，受信した狭帯域妨害信号が拡散符号で再拡散（受信希望信号は拡散符号で逆拡散）

される，移動体通信などでの通信路のレベル変動により受信信号が変動する，などの状況が挙げられるでしょう．

▶ 掛け算と畳込み積分と，時間と周波数の関係を図で示す

それでは，この節の最後に，ここまで説明してきた関係を**図11-4**で示しておきます．このように時間信号と周波数軸にフーリエ変換されたものとは**逆・裏・対偶**のような関係があるのです．

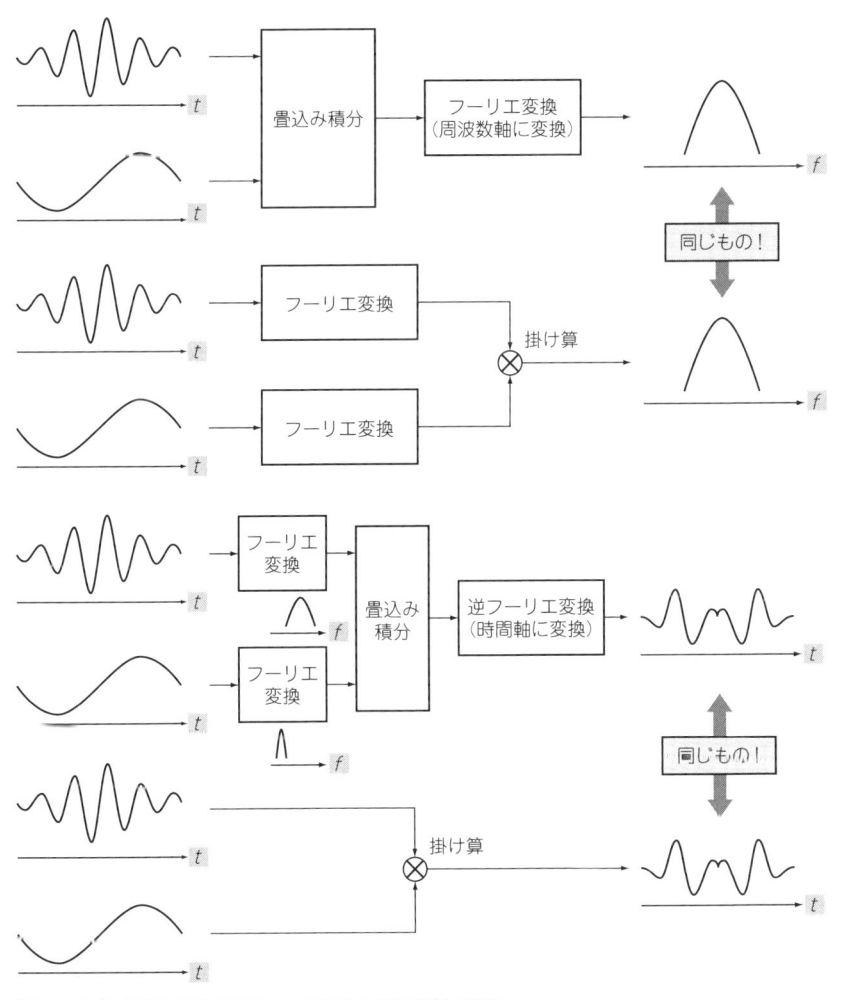

[図11-4] 掛け算と畳込み積分と，時間軸と周波数軸の概念

11-3 理論式を読みこなすためのポイント

　無線通信，さらにはディジタル変復調で使う理論式は，あるパターンなり，よく使われる表現があります．これを知っておくと，難解に見える数式も「ああ，そういうことが言いたいんだな」と理解可能になります．

● 雑音の表現は何のことはない，正規分布の応用

　雑音が加法性(additive)であることは，第5章で白色雑音として説明してきました．受信端において，受信アンテナのインピーダンスの抵抗成分や受信回路の内部雑音が白色雑音を発生させるとも説明しました．理論式では以下の式(11-26)のように，足しあわされる雑音$n(t)$として表わしています．これをAWGN(Additive White Gaussian Noise)といいます．この式は式(11-24)を利用し，書き直したものです．

$$r(t) = \int_{-\infty}^{+\infty} s(x)h(t-x)dx + n(t) \quad \cdots\cdots (11\text{-}26)$$

　ここで$s(t)$は送信信号，$h(t)$は無線通信路のインパルス応答です．$r(t)$は受信機で受信され，上記の雑音成分$n(t)$が付加されたものとして示されています．

　ここで，$n(t)$自体がどんな波形であるかは問題にはせず，ただ単純に**雑音が足されている**と理解してください．実際の回路設計という面では，雑音量(σ^2)が変動パラメータとして入りますので，$n(t)$は$n(t,\sigma)$とするのがNF(雑音指数)の悪い無線機の場合は適切かもしれません．

● 数式はブロック図と一緒(のものも多い)

　工学をやっているのに，数学をやっているのかと思うほど(厳密には数学で求める工学か？)，数学として本格的なむずかしい理論式も多く出てきます．しかし中には，ブロック図やタイミング・チャートで示せば，もっと理解しやすくなるのに，わざわざ数式で書いてある理論式もあります．これに気がつくと，依然としてむずかしいものもあるとはいえ，理解度が結構進むといえるでしょう．

　それでは，式(11-27)～(11-30)に変調～無線通信路，受信して雑音が乗って，さらにそれをそのままディジタル・サンプリングして，ディジタル・フィルタを通してそれを2値化するというものを説明してみます(ちょっと強引だが)．送信信号

$s(t)$ は,

$$s(t) = \sum_{k=-\infty}^{+\infty} D_T(k) A \cos(\omega t) \quad \cdots\cdots (11\text{-}27)$$

ここで $D_T(k)$ は送信ビット列 $(+1, -1)$, A は信号の包絡線振幅です. k と t との関係が示されていませんので, その点ではまったく厳密ではありません. 受信端で受信した信号 $r(t)$ は,

$$r(t) = \int_{-\infty}^{+\infty} s(\tau) h(t-\tau) d\tau + n(t) \quad \cdots\cdots (11\text{-}28)$$

ここで $h(t)$ は無線通信路のインパルス応答, $n(t)$ は加法性雑音です. これをサンプリングしてディジタル・フィルタを通した信号 $R(x)$ は,

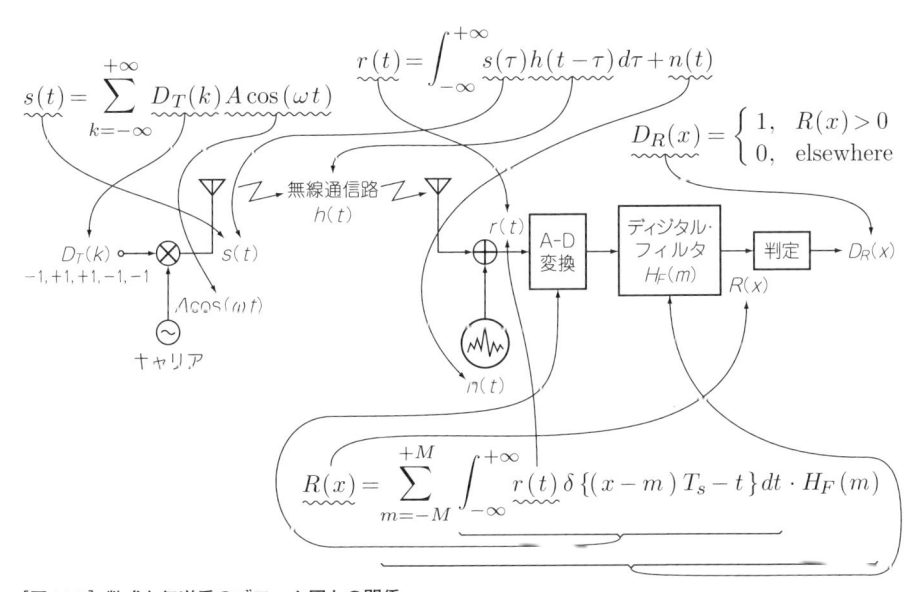

$$R(x) = \sum_{m=-M}^{+M} \int_{-\infty}^{+\infty} r(t) \delta\{(x-m)T_s - t\} dt \cdot H_F(m) \quad \cdots\cdots (11\text{-}29)$$

[図 11-5] 数式と伝送系のブロック図との関係

ここで $H_F(m)$ は，長さ $2M+1$ の受信ディジタル・フィルタのインパルス応答（離散値）です．これを判定すると，

$$D_R(x) = \begin{cases} 1, & R(x) > 0 \\ 0, & \text{elsewhere} \end{cases} \quad \cdots\cdots\cdots\cdots\cdots\cdots\cdots\cdots\cdots\cdots\cdots\cdots (11\text{-}30)$$

となります．

さて，次に図11-5にこれらの式がどのブロックにそれぞれあたるかを示してみます．このように式の部分ごとに，伝送系のブロックに対応しているのです．

● **ディジタル信号処理の概念の理解も重要**

ディジタル変復調は，その信号処理をディジタル回路やDSP（Digital Signal Processor）で行うことがほとんどです．そのため理論式なども，離散値で $x(1)$，$x(2)$，$\cdots$，$x(n)$ と表記されることが多々あります．

これらを理解するには，ディジタル信号処理の概念を理解する必要があると言えるでしょう．ここで一つ言えることは，離散値で**級数和**になっているのは，連続値での積分と一緒だと考えておいてよいということです．以下にディジタル変復調の観点から見た，ディジタル信号処理のキーポイントをいくつか示しておきます．

- サンプリング・レートの半分の周波数で信号のスペクトルが折り返される（ただし実数信号の場合）
- 矩形波（帯域制限されていないビット・データ）は周波数軸では sinc 関数（$\sin(x)/x$）になる
- FIR（Finite Impulse Response）フィルタは直線位相をもつ素性の良いフィルタだが，そのかわり計算量が多い
- 離散値であっても，フーリエ変換や畳込みの考え方は，連続値とまったく同じ

● **抵抗の大きさは1Ω**

第5章でもところどころで出てきましたが，学術本では終端抵抗の大きさを1Ωとして正規化して取り扱います．回路屋から変復調理論に入った私も，最初は**電力はこうなります**の説明が理解できずに壁を感じました（高周波回路では終端抵抗 $Z_O = 50\,\Omega$ などを用いる）．しかし $R=1\,\Omega$ と仮定しているので，これらの本では，電力を求める式は，以下の式(11-31)のように抵抗の大きさ（変数）は省略されています．また，同じ関数が乗算（複素共役関数同士の乗算）されていたら**電力**だと思

ってください．例えば，

$$P = \frac{V^2}{R} = \frac{1}{R} \cdot \frac{1}{T} \int_{-T/2}^{+T/2} v(t) v^*(t) dt \bigg|_{R=1} = \frac{1}{T} \int_{-T/2}^{+T/2} v(t) v^*(t) dt \quad \cdots (11\text{-}31)$$

ここで$v(t)$は複素電圧，$v^*(t)$は$v(t)$の複素共役，Tは積分長です．

● **コピーしてペンで記入してみよう**

　数式が出てきたのを漫然と見ていても，結局理解できずじまいになりかねません．いったん別の紙にコピーするかして，そこにそれぞれの変数や式の部分が，それぞれ何を示しているか記入してみると，理解が進むと思います．

　まったく余談ですが，本を読むときも自分の本なら，ていねいに扱う必要はないのです．書き込む，付箋を貼る，マークするなど，ボロボロになるまで使い切ったほうが断然よいと言えます．

　この二つの話は同じことを意味していて，「理解が全然違うのだ」ということを言いたいのです．

● **ギリシャ文字に悩まされるな**

　どんな工学の本でも一緒ですが，ギリシャ文字を変数として多用している本が多いと思います．たしかにギリシャ文字を使えば，理論式をより一般的に，かつ数学的に理解しやすく説明できるのですが，私を含む多忙な現場技術者には，高い垣根に見えてしまいます．

　ところが，$y=x$でも，$\psi=\xi$であっても，中身としては同じです．そこで，変な（？）ギリシャ文字が変数として出てきた場合には，自分が得意とする（？）変数，例えばAでも，日本語の**振幅レベル**でも良いですから，とにかく書き換えてみてください．これは上記の「コピーしてペンで記入してみよう」にも深くつながりますが，とにかく理解できるようにメモやコメントをつけるということです．

11-4　数式の例

　それでは，この章の最後にいくつか数式の例を示してみましょう．まずは基本中の基本からです．

● 変調信号

$$s(t) = \sqrt{2}\,A\cos\left[2\pi\int\{f+f_m(t)\}dt\right] \quad \cdots\cdots(11\text{-}32)$$

$$s(t) = \sqrt{2}\,A\cos\{2\pi ft + \phi(t)\} \quad \cdots\cdots(11\text{-}33)$$

　まず，上式(11-32)はFM信号，下式(11-33)はPM信号となります．振幅（それも実効値）がA，キャリア周波数がfのものです．時間tで変化する周波数は$f_m(t)$です．$f_m(t)$が時間で変動するので位相量を求めるために積分されています．式(11-33)では時間tで変化する位相は$\phi(t)$で表わされています．[]，{}の中の全体が三角関数の角度（位相）を示しており，$2\pi ft$も時刻tのときの**位相**なのです．かつ，これに足しあわされる$\phi(t)$も位相です．

　ここで送信データをD_nとして，位相変化分ϕ_nを

$$\phi_n = \begin{cases} 0, & D_n = 0 \\ \pi, & D_n = 1 \end{cases} \quad \cdots\cdots(11\text{-}34)$$

などと定義されればBPSKですし，

$$\phi_n = \frac{\pi}{4} + \frac{\pi}{2}D_n, \qquad D_n = 0,\ 1,\ 2,\ 3 \quad \cdots\cdots(11\text{-}35)$$

となれば，QPSKであるといえます．ここで$\sin$と$\cos$を使って，

$$s(t) = D_I(n)\cos(2\pi ft) + D_Q(n)\sin(2\pi ft),$$
$$D_I(n),\ D_Q(n) = -1,\ +1 \quad \cdots\cdots(11\text{-}36)$$

として，$D_I(n)$，$D_Q(n)$にてI相成分とQ相成分の電圧振幅（尖頭値）で示しているものが多いといえます．ここで$D_I(n) = D_Q(n) = +1$だとすると合成された$s(t)$の電圧振幅（尖頭値）は$\sqrt{2}$倍されるので，振幅値としては，（11-33）式の$A=1$としたものと等しくなるのです．つまりI相，Q相信号のそれぞれはBPSKから3dB低い信号になるわけです．

　また，先に触れたように，この式ではnとtの関係が示されていないので，厳密ではありません．しかし大体このような記述になっています．式を見て**何を言いたいのか**を判断することが大切です．

▶ **解析関数だと**

さらに，QPSKなどの場合は$e^{j\omega t}$の解析関数を用いて説明する場合が多く，式(11-33)をexpとして書いてみると，

$$s(t) = \text{Re}\{\sqrt{2}\,A\exp(2\pi ft + \phi_n)\} \quad\cdots\cdots(11\text{-}37)$$

と表わしてあるものがあります．しかし，これは$e^{j\omega t}$**と複素数表記について**でも触れたように解析関数なので(Re{}としているので結局同じにはなるが)，注意してください．

また，第3章の脚注(p.49，p.62，p.69)のうち，ASKとPSKで説明してきたように，線形変調の場合，変調波と等価ベースバンド信号は同じと考えることができ，理論解析をする場合には，等価ベースバンド信号を用いて行うのが一般的です．

QPSKなどの信号をベースバンド信号として取り扱う場合には，このϕ_nという位相の概念をそのまま導入できません．そのため，複素数を用いて，

$$s(t) \stackrel{.}{=} D_I(n) + jD_Q(n) \quad\cdots\cdots(11\text{-}38)$$

と表わします．このj成分で90°ずれたsin成分を示すことができます．

● **マルチパス遅延広がり**

$$T_{rms} = \sqrt{\frac{\sum\{(\tau_i - \tau_a)^2 A_i^2\}}{\sum A_i^2}} \quad\cdots\cdots(11\text{-}39)$$

$$\tau_a = \frac{\sum \tau_i A_i^2}{\sum A_i^2} \quad\cdots\cdots(11\text{-}40)$$

これはマルチパスによる遅延広がり(delay spreadとも言う)T_{rms}をRMS(Root Mean Square；二乗平均)分散値として示したものです．ここでτ_iは特定のi番目のパスからの到来時間，A_iは特定の到来時間τ_iにおける振幅レベルです．

▶ **数式の読み方**

ここで示したいことは，まず式(11-40)でτ_aのRMS平均遅延時間を求めますが，A^2というのは**電力ですよ**ということ，さらにそれで重み付けされているということを示しています．また$\sum$の上下に範囲が設定されていませんが，単純に**存在す**

るパスのぶんだけを足していきますよということです．
　次に上の式(11-39)は，$(\tau_i - \tau_a)^2$としてSquareさせ，$\sqrt{}$でRootして，RMSを求めているというものです．先に説明したように式(11-40)のτ_aは，上の式で使われているので，鉛筆で矢印を引いてマルで囲むなどで理解を進めることも大切です．
　このように，マルチパスの遅延がどの程度広がっているかを，評価することもできるわけです．

● マルチパス・チャネル(伝送路)

$$h(t) = \sum_{n=0}^{N-1} c_n e^{-j\phi_n} \delta(t - \tau_n) \quad \cdots\cdots\cdots\cdots\cdots\cdots\cdots\cdots\cdots\cdots\cdots (11\text{-}41)$$

　これは，マルチパス・チャネルを遅延時間要素として時間軸で表わした例です．現実のふるまいとしては，マルチパスは複数のパスごとに，その前後に時間広がりしており，固有の**ある瞬間**だけの信号が到来することはありません．しかし数式表現としては，だいたいこのように**ある瞬間**だけに限定し単純化して表現しています．

▶ 数式の読み方

　この式(11-41)では，n番目としての，遅延時間がτ_nで位相ズレがϕ_nある信号が，伝搬ロス(この式の場合は振幅に掛け合わせる係数)c_nをもって受信端に到達し，それが$\sum$で足し算されている，ということを示しています．
　数式で積分記号なり，和記号がよく出てきますが，**足しているだけだよ**と思えば気も楽になるといえるでしょう．
　なお，**足しているだけだよ**ということから，$\int \sum$でも，$\sum \int$でも順序を変えても，結果は同じになります．これも数式をブロック図として解きほどいていく技として有効です．

● LMSアルゴリズム

　LMS(Least Mean Square；最小二乗平均)アルゴリズムというのは，ディジタル・フィルタの伝達関数を適応的に可変させて，最適なフィルタの特性を作りあげるというものです．

▶ ディジタル・フィルタを定義する

　まず，ディジタル・フィルタはトランスバーサル型，つまりタップが入力から

順番に従属接続されたFIR（Finite Impulse Response）型であるとし，そのフィルタの形状$\mathbf{H}(n)$，およびタップ上の入力信号ベクトル（入力信号が順次サンプリングされたもの）$\mathbf{u}(n)$をそれぞれ，

$$\mathbf{H}(n)=\sum_{k=1}^{K}A(n,k)z^{-(k-1)}=A(n,1)+A(n,2)z^{-1}+\cdots+A(n,K)z^{-(K-1)} \cdots (11\text{-}42)$$

$$\mathbf{u}(n)=[x(n)\ x(n-1)\cdots x(n-K+1)]^T \quad \cdots\cdots\cdots (11\text{-}43)$$

と表わしておきます．Tは行列の転置です．ここでnという変数が出てきていますが，これはサンプリングした順番だと思ってください（$\mathbf{u}(n)$の要素xはnが小さくなる方向に並んでいることに注意）．またz^{-k}は**z変換**と呼ばれますが，ここでは単に**シフト・レジスタをある時間間隔でシフトする**だけだと思ってください．これを図で示すと**図11-6**のようになります．

基本的な動作としては，入力されたデータを一定遅延時間でシフト・レジスタによりタップごとにシフトさせ，そのタップごとのデータを$A(1)$〜$A(K)$と掛け算して重みづけをしたのちに足し算します[※9]．

このフィルタの係数$A(1)$〜$A(K)$を，以降に示すLMSアルゴリズムにより，サンプリングごとに補正係数で更新し，最適なフィルタ係数まで自動的に適応させ，**適応フィルタ**を実現します．

▶**LMSアルゴリズムで適応フィルタを実現する**

ではLMSアルゴリズムの式を示してみましょう．このようすも**図11-6**に示してあります．

$$\mathbf{h}(n+1)=\mathbf{h}(n)+\mu e(n)\mathbf{u}(n) \quad \cdots\cdots\cdots\cdots (11\text{-}44)$$

$$e(n)=d(n)-\mathbf{u}^T(n)\mathbf{h}(n) \quad \cdots\cdots\cdots\cdots (11\text{-}45)$$

ここで$\mathbf{h}(n)$はnサンプル目のフィルタのタップ係数をベクトル$[A(n,1)\ A(n,2)\cdots A(n,K)]^T$としたもの，$\mu$はステップ係数，$e(n)$は以降に示すフィルタ応答の誤差量，$d(n)$は基準信号波形です．より詳しいことは参考文献(1)，(8)，(22)を参照するとよいでしょう．

さて，具体的な動作は，式(11-44)のように，まず1サンプリングの計算が終わ

※9：このあたりの話はディジタル・フィルタの本が詳しいので，そちらを参考にしてほしい．

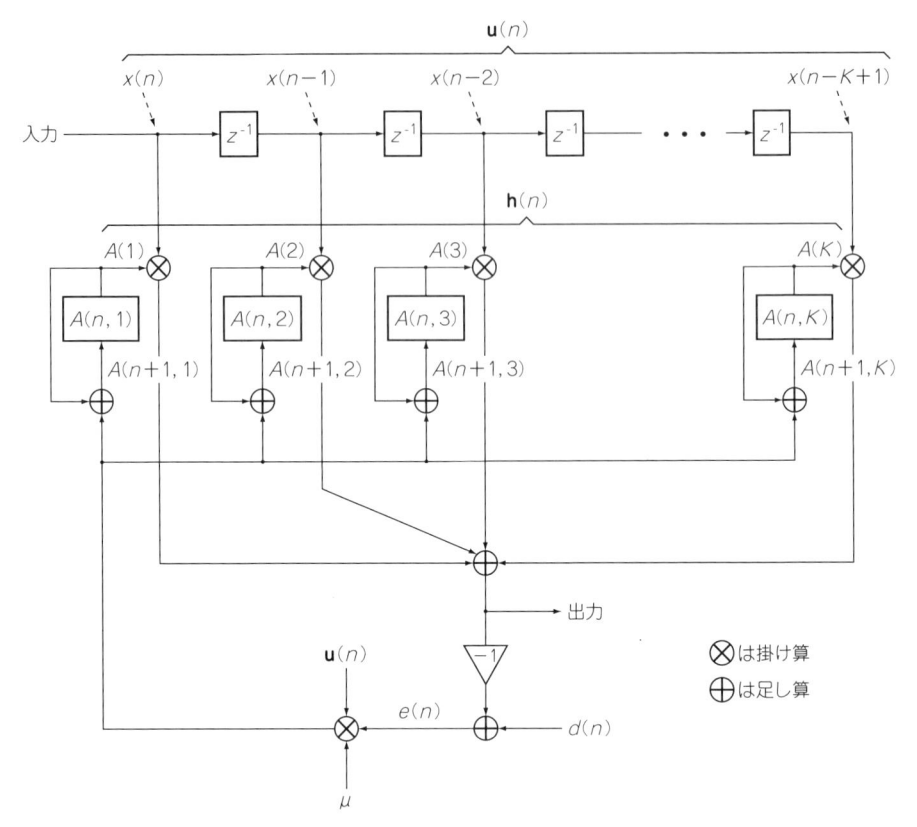

[図11-6] 適応ディジタル・フィルタの回路
(フィルタ係数を適応的に可変させ最適なフィルタ特性を実現する)

　った段階で，フィルタ応答の誤差量$e(n)$(これは細字なので単なる値)を求めます．これと係数μおよび入力ベクトル$\mathbf{u}(n)$をもって，タップ係数ベクトル$\mathbf{h}$を(n)から$(n+1)$に更新して，徐々に，適応的に等化させましょう，ということがLMSアルゴリズムです．

　その誤差量$e(n)$は，式(11-45)のように，基準信号波形$d(n)$(目的とする応答波形，これも単なる値)と，現在のフィルタ係数$\mathbf{h}(n)$および入力信号$\mathbf{u}(n)$(実際は受信したトレーニング・シーケンス)とを畳込んだもの，つまりフィルタ出力値とで求めます．

▶LMSアルゴリズムは何に使われる？

　LMSアルゴリズムは，無線通信路でマルチパスが発生して受信波形に歪みが生じてしまうのを，適応等化で補償して歪みを取り除くためのフィルタ，**適応等化器**として用いられます(ほかの用途もある)．トレーニング・シーケンスを情報データの前に送っておき，そのトレーニング・シーケンスで等化器を設定後に情報データを受信して等化する，というように応用されます．これが第6章の式(6-5)を実現する方式になるのです(実際には収束速度の問題もあり，もっと高速なアルゴリズムも使われる)．

▶数式の読み方

　大枠の見方としては，同じパラメータ(ここでは$\mathbf{h}$)にnと$n+1$(もしくは$n-1$)があれば「離散的に処理してるんだ」と「フィードバックがかかっているな」と思ってください．

　また，$\mathbf{h}(n)$，$\mathbf{u}(n)$は太字になっており，ここではベクトル(数式によっては行列の場合もある)ですが，ブロック図として読む場合には，深く考えずに(相当荒っぽいが)，ただメモリに入っている1ブロックぶんのデータ同士を掛けているんだと思っても，大きな的外れにはなりません．一方でμ，$d(n)$，$e(n)$は細字なので，これらはベクトルではなく単なる値です．

● OFDM

$$\dot{s}(t) = w_T(t) \sum_{k=-N_{ST}/2}^{N_{ST}/2} C_k \exp(j2\pi k \Delta_f)(t - T_{GUARD}) \quad \cdots\cdots\cdots (11\text{-}46)$$

　この式は，OFDMの複素ベースバンド信号の1シンボル長分を表わしています．またIEEE 802.11aの規格書を参考にし記載しています．

　この式は，逆フーリエ変換(実際のDSPでの処理としてはIFFT)操作を意味しており(といってもサブキャリアごとを足しているだけと見ることもできる)，式(11-16)の離散逆フーリエ変換と同様の式といえます．異なる点としては，式(11-16)は$f = 2\pi$までの周波数であるとして記述しているのに対し，この式(11-46)は，実際のサブキャリア周波数間隔を逆フーリエ変換した結果として得られるように，周波数間隔をΔ_fとしています．

　この式は，離散時間要素(k)と実時間(t)が混在しているため，式としての厳密度が欠けているとは思いますが，意味していることを式で伝えたいというところでし

ょうか．なお，その他の変数は，

- $w_T(t)$はシンボルごとに処理する窓関数であり，シンボルが矩形である場合に発生する$\sin(x)/x$のサイドローブを低減させるようにする（ここでは詳細には述べないが，シンボルの立ち上がりと立下りを滑らかにする操作）
- C_kは送信したいサブキャリアごとのシンボル（全部でN_{ST}個のサブキャリアがあり，そのk番目のシンボル）で4値（QPSK）以上であれば複素データになっている
- T_{GUARD}はガード・インターバル（p.330，第10章10-3「OFDMを実際に応用するうえでの基本ポイント」の「OFDMガード・インターバル」の項で説明したもの）

となっています．なお，この式自体では窓関数$w_T(t)$の仕様は示せません．別の式で$w_T(t) = $ ……と示されるべきものです．

● インパルス方式UWB
▶ シャノンの通信容量定理

従来から，さらにUWBに関連した論文などであらためてよく見られるようになった定理です．通信路の理論的容量限界Cを示す式です．

$$C = B \log\left(1 + \frac{P}{N}\right) \quad \cdots\cdots(11\text{-}47)$$

ここで，Bは帯域幅，Pは電力，Nは雑音電力です．B，Pそれぞれを大きくしていけば，Cはそれに応じて大きくなることを表わしていますが，Cは理論限界ということで，UWBにかかわらず，ここに到達できる変調方式や符号化方式は，いまだに見つかっていません．

▶ モノサイクル

モノサイクルの送信波形$s(t)$と送信エネルギーE_g，受信波形$r(t)$を示してみます．$s(t)$はガウス関数の微分で1次エルミート・ガウス関数と呼ぶようです．$r(t)$は$s(t)$をさらに微分したもので，都合二階微分となります．

$$s(t) = \sqrt{2\pi e}\, \frac{t}{T} \exp\left\{-\pi\left(\frac{t}{T}\right)^2\right\} \quad \cdots\cdots(11\text{-}48)$$

$$E_g = \frac{Te}{\sqrt{8}} \quad \cdots\cdots(11\text{-}49)$$

$$r(t) = a \cdot \left\{1 - \pi \left(\frac{t}{T}\right)^2\right\} \exp\left\{-\frac{\pi}{2} \cdot \left(\frac{t}{T}\right)^2\right\} \quad \cdots\cdots\cdots\cdots(11\text{-}50)$$

ここで，Tは基準のパルス長です．式の形はこの後に式(11-53)で示すようなガウス波形を基にしていることがわかります．ガウス波形（ガウス関数）は無線通信では絶対に覚えておくべきことがらと言えるでしょう．$r(t)$の式にaが乗算されていますが，これはだいたい「レベルが変化してなんらかの大きさです，それはいくつかはわからないけど」というような意味でとらえていれば良いといえます．

▶UWB タイム・ホッピング

UWBで，ユーザごとに時間を分割して送信する場合の，パルス波形に関する数式です．各種文献でよく引用されている式です．「こういう変数がいっぱいあるのが，わからないんだ」となりがちですが，よく見てみましょう．

$$S^{(k)}(t) = \sum_j W[t - j \cdot T_f - C_j^k \cdot T_c - \delta \cdot d^{(k)}] \quad \cdots\cdots\cdots\cdots(11\text{-}51)$$

ここで$W(t)$は<u>UWBのモノサイクル・パルス波形</u>です．これが大事で，実はWの波形形状はなんでもよいし，なんだか訳がわからないままなのですが，その理解でいいのです．また，jも使われていますが，これは$j = \sqrt{-1}$ではなくj番目ということです（$\sum$の下にjがあるので，足しているということが解読できる）．

また，式の左が$S^{(k)}$となっていますが，これはk番目のもの（この場合はk番目のユーザ）ということを示しています．kの番号が何番であるかも問題ではなく，マルチ・ユーザであるということを示しているだけです．

さらに，T_fはパルス間隔，$C_j^k \cdot T_c$はk番目のユーザのj番目のホッピング系列にホッピング・チップ長T_cを掛けたもので，これがタイム・ホッピングのコアになります．最後のδは引数もないので**ある瞬間だけそのデータが有効**という意味あいで，**そのデータ**というのがk番目のユーザのデータ$d^{(k)}$となっています．

ここで訳がわからないと見える数式も，"$W[t -$"で始まるところを見れば，「あるtから時間をずらしているだけなのではないか？」という切り口をもって，その数式の解読の糸口をつかみ，さらに全体のパターンを見て最終的な解読に至ることができます．

● **落穂ひろい　ざっと目をとおして直感しよう**

例えば，

$$g(x) = \frac{\sin(x)}{x}, \qquad g(x) = \mathrm{sinc}(x) \quad \cdots\cdots (11\text{-}52)$$

のようなパターンの式が入っていたら,「時間軸か周波数軸で矩形の波形形状だな」と思ってくれてかまいませんし,

$$g(w) = \frac{1}{\sqrt{2\pi}\sigma} \exp\left(-\frac{x^2}{2\sigma^2}\right) \quad \cdots\cdots (11\text{-}53)$$

か,この二乗形式であれば,「ガウス関数に対して何かの操作をしているんだ」と思っていいでしょうし,これに積分記号があれば「エラー率を求めているんではないか」と考えてよいでしょう.

また,式(11-12)の再掲になりますが,

$$F(\omega) = \int_{-\infty}^{+\infty} f(t) e^{-j\omega t} dt \quad \cdots\cdots (11\text{-}54)$$

のようなパターンになっていれば,「周波数軸に変換しているんだ」と,$e^{j\omega t}d\omega$ となっていれば,「時間軸に変換しているんだ」と思って,ほぼまちがいないでしょう[※10].

※10:余談といえば余談だが,英語の論文などは数式は文章表現の一部であるという考えのもと,文章の途中に数式が挿入されており,カンマ","が必要な箇所には",",が,文章が終結するところには,ピリオド"."が打たれている.

Column 8
産・学でアナログ技術者の養成を

アナログと聞いてどんなイメージがありますか？　多分一般の人に聞くと**時代遅れ**とか**古い**とかほとんどの人は言うでしょうし，学術研究分野だと「やり尽くされていてテーマがない」ということを言う研究者もいます（その一方で，アナログ技術でがんばっている大学もある）．オーディオ・アンプもしかりで，世間の新しモノ好きのニーズに引っ張られてD級ディジタル・アンプに移行しています．やはり**ディジタル**でしょうか？

しかし，本書を読んでいただくとわかるように，また現代のコンピュータのプリント基板設計が伝送線路の設計であることや，シリアルATAなどの超高速伝送技術などでも，アナログ技術が最先端技術として蘇っています．つまり最先端の電子回路設計はアナログ技術であると言っても過言ではないでしょう．また蘇っているというよりも，その一方でそれを蘇らせる技術者が圧倒的に不足しています．

同じことが無線通信，RF回路設計分野でも言えます．とくにこの分野は，いっそうその技術が必要となっているし，人材が大幅に不足しています．これは転職支援Webサイトを見ても一目瞭然ではないでしょうか．

私は，アマチュア無線がこの業界に入るきっかけでしたが，いろいろな業務を担当するうちに，独学でRF回路を含む電子回路全般を理解することができました（RF回路がもっとも難易度が高いと思う）．その経験から，アナログ技術者を育てるにはOJTでのトレーニングが最適だと思いますが，時間の問題で，なかなか現場ではそうも言っていられないでしょう．

業者によるアナログ/RF関連のセミナも多数開催されていますが，「ここは大学にがんばってもらえればなぁ」と心から思っています．上記に示したようにアナログはテーマの設定がむずかしいのも事実なので，10年～30年先を見ている学術研究には向かないのは承知のことです．しかし，産業界では圧倒的にこれらの技術者が不足しています．このギャップを埋めることが技術立国の当面の課題だと考えるからです．

もし私が大学の教員であったら，学生に対して研究室で，とことん旧来のアナログ回路をたたきこんでみたいと思っています．しかし，学術論文で評価される現在の研究者評価システムでは，私が教員として論文も出さずに学生に従来回路の指導ばかりしていると，「論文の少ない研究室/研究者」と評価されて「あそこはレベルの低い研究室」とまわりにはとられてしまうでしょうけれども（笑）．

参考文献

(1) 斉藤洋一；ディジタル無線通信の変復調，電子情報通信学会，1996．
(2) 奥村善久，進士昌明；移動通信の基礎，電子情報通信学会，1986．
(3) 西村芳一；無線によるデータ変復調技術，CQ出版，2002．
(4) 藤野忠；ディジタル移動通信，昭晃堂，2000．
(5) 横山光雄；移動通信技術の基礎，日刊工業新聞社，1994．
(6) 桑原守二；ディジタル移動通信，科学新聞社，1992．
(7) 笹岡秀一；移動通信，オーム社，1998．
(8) 三瓶政一；ディジタルワイヤレス伝送技術，ピアソン・エデュケーション，2002．
(9) 谷萩隆嗣；情報通信とディジタル信号処理，コロナ社，1999．
(10) 関清三；わかりやすいディジタル変復調の基礎，オーム社，2001．
(11) 山内雪路；ディジタル移動通信方式，第2判，東京電気大学出版局，2000．
(12) 丸林元，中川正雄，河野隆二；スペクトル拡散通信とその応用，電子情報通信学会，1998．
(13) 松尾憲一；スペクトラム拡散技術のすべて，東京電気大学出版局，2002．
(14) 真田幸俊，サイバネットシステム（株）；MATLAB/SimulinkによるCDMA，東京電気大学出版局，2000．
(15) F.R. Connor，関口利男ほか訳；ノイズ入門，森北出版，1985．
(16) 松尾博；やさしいフーリエ変換，森北出版，1986．
(17) 三谷政昭；やり直しのための工業数学，CQ出版，2001．
(18) 足立修一；ディジタル信号とシステム，東京電気大学出版局，2002．
(19) 三上直樹；ディジタル信号処理の基礎，CQ出版，1998．
(20) 中村尚五；ビギナーズディジタルフィルタ，東京電気大学出版局，1989．
(21) 三谷政昭；ディジタルフィルタデザイン，昭晃堂，1987．
(22) S.ヘイキン，武部幹訳；適応フィルタ入門，現代工学社，1999．
(23) Craig Marven, Gillian Ewers, 山口博久訳；ディジタル信号処理の基礎，丸善，1995．
(24) 芦野隆一，Remi Vaillancourt；はやわかりMATLAB，共立出版，1997．
(25) 小柴典居，植田佳典；発振・変復調回路の考え方，オーム社，1979．
(26) Behzad Razavi，黒田忠広監訳；RFマイクロエレクトロニクス，丸善，2002．
(27) 市川裕一，青木勝；GHz時代の高周波回路設計，CQ出版，2003．
(28) 本城和彦；マイクロ波半導体回路，日刊工業新聞社，1993．

(29) 上野伴希；無線機RF回路実用設計ガイド，総合電子出版社，2004．
(30) 荻野芳造，小滝国雄；無線機器システム，東京電気大学出版局，1994．
(31) 堤坂秀樹，大庭秀雄；テキストブック無線通信機器，日本理工出版会，1991．
(32) トランジスタ技術編集部；無線データ通信の基礎とRF部品活用法，CQ出版，2003．
(33) トランジスタ技術編集部；電波による無線データ伝送技術，CQ出版，1999．
(34) 井上信雄；通信の最新常識，日本実業出版社，1993．
(35) Analog Devices；OPアンプの歴史と回路技術の基礎知識，CQ出版，2003．
(36) 三輪進，加来信之；アンテナおよび電波伝搬，東京電気大学出版局，1999．
(37) 進士昌明；無線通信の電波伝搬，電子情報通信学会，1992．
(38) 木下耕太；やさしいIMT-2000，電機通信協会，2001．
(39) 立川敬二；W-CDMA移動通信方式，丸善，2001．
(40) 杉浦彰彦；IMT-2000携帯電話通信技術ガイド，リックテレコム，2001．
(41) 松下温，中川正雄；ワイヤレスLANアーキテクチャ，共立出版，1996．
(42) 松江英明，守倉正博；802.11 高速無線LAN教科書，IDGジャパン，2003．
(43) 総務省情報通信審議会；UWB無線システム委員会中間報告，2004．
(44) 特集 ディジタル無線データ通信，トランジスタ技術，2001年7月号，pp.183-266，CQ出版．
(45) 河野隆二，石井聡；ワイヤレス・データ通信の研究，トランジスタ技術，1999年10月号，pp.207-225，CQ出版．
(46) 河野隆二；超広帯域(UWB)ワイヤレス通信の基礎と動向，Interface，2003年2月号，pp.100-113，CQ出版．
(47) 大野光平，井家上哲史；UWB Impulse Radioに対する他システムからの被干渉に関する考察，信学技報 WBS2003-18, pp. 47-51，2003年5月．
(48) 長沼伸一郎；物理数学の直感的方法，第2版，通商産業研究社，2000．
(49) 泉信一ほか；共立数学公式，共立出版，1953．
(50) 数学セミナー編集部；数学100の定理，日本評論社，1999．
(51) 宮崎隆男；マエストロ、時間です，ヤマハミュージックメディア，2001．
(52) Alan Oppenheim, Ronald Schafer；Digital Signal Processing, Prentice Hall, 1975.
(53) Kamilo Feher；Advanced Digital Communications: Systems and Signal Processing Techniques, Prentice Hall, 1986.
(54) Norihiko Morinaga, Ryuji Kohno, Seiichi Sampei；Wireless Communication Technologies New Multimedia Systems, Kluwer Academic Publishers, 2000.
(55) R. Benjamin, et.al.；Smart Base Stations for "Dumb" Time-Division Dupulex Terminals, IEEE Communication Magazine, Feb. 1999, pp. 124-131.
(56) ARIB STD-T63-25.213 V3.9.0 Spreading and modulation(FDD)(Release 1999).
(57) ARIB STD-T64-C.S0002-C v1.0 Physical Layer Standard for cdma2000 Spread

Spectrum Systems Release C.
(58) Ulrich Rohde, Jerry Whitaker, T.T.N. Bucher ; Communication Receiver, Second Edition, McGraw-Hill, 1996.
(59) Les Besser, Rowan Gilmore ; Practical RF Circuit Design, Vol. 1, Artech House, 2003.
(60) Les Besser, Rowan Gilmore ; Practical RF Circuit Design, Vol. 2, Artech House, 2003.
(61) Wes Hayward, Doug DeMaw ; Solid State Design for the Radio Amature, American Radio Relay League, 1986.
(62) Terence Barrett ; History of Ultra Wideband Communications and Radar: Part I, UWB Communications, Microwave Journal, Jan. 2001, pp. 22-56, Horizon House.
(63) Application Note ; HPSK Spreading for 3G, AN 1335, Agilent Technologies.
(64) Bob Pearson, Application Note ; Complementary Code Keying Made Simple, AN9850.2, Intersil, 2001.
(65) Application Note ; 8 Hints for Making Better Spectrum Analyzer Measurements, AN 1286-1, Agilent Technology.
(66) Application Note ; Spectrum Analysis Basics, AN 150, Agilent Technology.
(67) Application Note ; Spectrum Analyzer Measurements and Noise, AN 1303, Agilent Technology.
(68) http://standards.ieee.org/getieee802/download/802.11a-1999.pdf
(69) http://standards.ieee.org/getieee802/download/802.11b-1999.pdf
(70) http://standards.ieee.org/getieee802/download/802.11g-2003.pdf
(71) http://standards.ieee.org/getieee802/download/802.15.4-2003.pdf
(72) http://standards.ieee.org/wireless/
(73) https://www.bluetooth.org/
(74) http://www.zigbee.org/
(75) http://www.3gpp.org/
(76) http://www.3gpp2.org/
(77) http://www.arib.or.jp/IMT-2000/ARIB-STD.html
(78) http://www.geocities.com/bioelectrochemistry/nyquist.htm
(79) http://en.wikipedia.org/
(80) http://en.wikipedia.org/wiki/Hadamard_matrix
(81) http://www.multibandofdm.org/
(82) http://www.uwbforum.org/
(83) http://www.intel.com/technology/ultrawideband/
(84) http://impulse.usc.edu/ (Intel UWB Database)

索引

【数字・アルファベット】

1/f雑音 —— 137, 298
1dB利得圧縮点 —— 305
1X —— 261
1次変調 —— 222
2次変調 —— 222
2値 —— 42
2値化 —— 41
3GPP —— 261
3GPP2 —— 262
3X —— 261
4相PSK —— 87
8相PSK方式 —— 88
ACP —— 93, 307
AGC —— 314
AM —— 29
AM/PM変換 —— 308
ASK(Amplitude Shift Keying) —— 47
AWGN —— 139, 360
BER —— 151
BERT —— 156
Bluetooth —— 255
BPSK —— 65, 364
Brick Wall Filter —— 109
Carl Friedrich Gauss —— 146
CAコード —— 257
CCK変調 —— 252
CDMA —— 248, 259
cdma2000 —— 260
cdmaOne —— 215, 261
Channelization Code —— 276
CN —— 180

convolution —— 355
CRC —— 125
CSM —— 342
CSMA/CA —— 212
CTS-RTS制御 —— 213
DBM —— 69
dBm —— 178
DBM —— 224
dBμV —— 178
dBμVemf —— 178
DCオフセット —— 299, 303
delay spread —— 365
DPCCH —— 268
DPDCH —— 268
DS —— 219
DS-CDMA —— 261
DSP —— 95
DS-UWB —— 341
DS方式 —— 223
E_b/N_0 —— 180
Edwin Howard Armstrong —— 293
EMF —— 179
erfc —— 152
EVM —— 83
EXCEL —— 153
FCC —— 334
FDD —— 261
FDMA —— 248
FER —— 187
FFT —— 325
FH —— 220
FH方式 —— 244

FIR —— 206, 362, 367
FIR 型ディジタル・フィルタ —— 203
FM —— 31, 364
FOMA —— 215
FPGA —— 164
FSK (Frequency Shift Keying) —— 53
GMSK —— 101
Gnuplot —— 350
Gold 系列 —— 230
Gold 符号 —— 281
GPS —— 256, 280
GSM —— 261
Harry Nyquist —— 95
Hedy Lamarr —— 216
HPSK —— 283
IEEE 802.11a/g —— 319
IEEE 802.11b —— 252
IEEE 802.15.3a —— 334
IEEE 802.15.4 —— 256
IF —— 43, 170, 294
IIR —— 206
IMT-2000 —— 260
IQ 軸 —— 79
IQ 相 —— 79
IQ 平面 —— 79, 328
IS-54 —— 262
IS-95 —— 262
LMS アルゴリズム —— 209, 366
LOS —— 209
MATLAB —— 153, 350
MBOA —— 342
MC-CDMA —— 261
MSK —— 62, 120
Multi Band OFDM —— 339
M 系列 —— 229
NF —— 182
NLOS —— 209
Noise Factor —— 182

Noise Figure —— 182
OFDM —— 319
OQPSK —— 122, 307
Orthogonal Modulation —— 280
OVSF 符号 —— 268
PAR —— 332
PDC —— 262
PDCA —— 316
PDF —— 146
PLL —— 56
PM —— 32, 364
PN 符号 —— 52, 228
PRBS —— 52, 156
Process Gain —— 239
PSK (Phase Shift Keying) —— 64
P コード —— 257
Q function —— 152
QAM —— 90, 319
QPSK —— 87, 120, 364
Rake 受信 —— 250
RC —— 270
RF —— 42
RF 信号発生器 —— 130, 158, 306, 312
RLS アルゴリズム —— 209
RMS —— 365
SciLab —— 350
SFN —— 332
sinc 関数 —— 49, 228
SIR —— 274
SN —— 180
SPICE シミュレータ —— 310
Spreading Factor —— 236
SS 通信 —— 215
S カーブ —— 57
S パラメータ —— 309
TCXO —— 171, 304
TDMA —— 248
Ternary code —— 341

UWB Forum ——340
UWB（Ultra Wide Band）——333
VCO ——56
VCXO ——55
Walsh関数 ——276
Walsh符号 ——270, 276
Wavelet ——336, 342
W-CDMA ——260
XOR ——227
ZigBee ——256
z変換 ——205
π/4シフトQPSK ——89

【あ行】

アームストロング ——293
アイ・パターン ——123
アウタ・ループ ——274
アダマール（Hadamard）行列 ——277
アッパー・ヘテロダイン ——296
アナログ・フィルタ ——96, 170
アンダシュート ——107
位相 ——64, 72
位相変調 ——32
イメージ受信 ——296
インナ・ループ ——274
インパルス ——108
インパルス応答 ——108, 204
インパルス方式 ——334
遠近問題 ——249, 273
オーバシュート ——107
オープン・ループ制御 ——274
音声圧縮技術 ——266

【か行】

カーソン則 ——61
ガード・インターバル ——330, 370
ガード・タイム ——330
開口率 ——126

解析関数 ——350, 365
ガウス・フィルタ ——101
ガウス波形 ——101, 335
ガウス分布 ——145
拡散 ——218
拡散符号 ——228
拡散率 ——236
隠れ端末問題 ——211
可変ビット・レート ——266, 289
可変拡散率 ——280
加法性白色ガウス雑音 ——139
干渉除去 ——207
規格化 ——81
疑似雑音符号 ——228
技術基準 ——93, 125, 236, 295
軌跡 ——82
奇対称 ——112
基本チャネル ——270
逆FFT ——325
逆拡散 ——237, 279, 282
逆特性 ——205
逆フーリエ変換 ——354
キャリア ——28
キャリア・スリップ ——304
キャリアつきインパルス方式 ——335
キャリア・リーク ——302
極座標 ——75
局部発振 ——43, 294, 322
局部発振器 ——244
虚数部 ——349
切り分け ——314
偶対称 ——112
矩形フィルタ ——109
クリッピング ——307, 333
クリフ現象 ——184
クローズド・ループ制御 ——274
クワドラチャ検波 ——56
群遅延 ——97, 172

高速フーリエ変換 ——325
コサイン・ロールオフ・フィルタ ——108
コンスタレーション ——75

【さ行】
サイト・ダイバシティ ——292
サイド・バンド ——42, 307
サイドローブ ——233
雑音 ——135, 324
雑音指数 ——182
雑音電力 ——146
サブキャリア ——319
残留FM雑音 ——84
残留雑音 ——301
時間分割多元接続 ——248
閾値 ——39
自己相関特性(奇相関) ——233
自己相関特性(偶相関) ——233
システム・テスト ——314
ジッタ ——132
実数部 ——349
シャドウイング ——191
シャノンの通信容量定理 ——370
周期性 ——229
自由空間の伝搬損失 ——141
周波数 ——72
周波数繰り返し ——272
周波数選択性フェージング ——200, 319
周波数分割多元接続 ——248
周波数変調 ——31
周波数ホッピング ——220
周波数ミキサ ——74
収容ユーザ数 ——271
受信限界感度 ——143
乗算 ——72
小信号特性 ——308
状態 ——42, 44
ショット雑音 ——136

処理利得 ——239
ジョンソン雑音 ——136
シングル・コンバージョン ——297
振幅制限器 ——32
振幅変調 ——29
シンボル ——42, 44
シンボル間干渉 ——104, 197
シンボル・タイミング ——132
シンボル・タイミング・トラッキング
　　 ——114
シンボル・ポイント ——82
シンボル・レート ——42
スーパー・ヘテロダイン方式
　　 ——42, 170, 293
スクランブル・コード ——281
スピーチ・コーデック ——265
スプリアス ——170
スプリアス受信 ——171, 296
スプリアス発射 ——295
スペクトラム・アナライザ
　　 ——91, 176, 315
スペクトル拡散通信 ——215
スペクトル・マスク ——338
スレッショルド ——39
正規分布 ——145
セクタ化 ——273
絶対温度 ——136
セル・システム ——271
セル設計 ——271
ゼロIF ——298
線形変調 ——49, 69
相関器 ——241
相互相関 ——278
相互相関特性 ——235
送信ダイバシティ ——292
送信パワー・コントロール ——273
ソフト・ハンド・オーバ ——291
ソフト・ハンド・オフ ——291

【た行】

帯域制限 ——93, 168
帯域制限白色雑音 ——176
大信号特性 ——308
タイミング・クロック ——158
タイム・ホッピング ——221, 337, 371
ダイレクト・コンバージョン ——298
ダイレクト・デジタル・シンセサイザ
　——245
畳込み積分 ——114, 117, 355
畳込み和 ——355
多値 ——42, 46
タップ ——114
ダブル・コンバージョン ——293
チェック・コード ——124
遅延検波方式 ——71
遅延広がり ——204, 365
遅延プロファイル ——204
チップ ——235
チップ・レート ——235
チャープ ——221
チャネル・モデル ——204
チャネル応答 ——205
忠実度 ——39
仲上ライス分布 ——200
直行 ——154
直交 ——62, 79, 80, 322, 352
直交周波数分割多重 ——319
直交変調 ——280
直接拡散 ——219
直線性（リニアリティ）——99
追加チャネル ——270
通信フレーム ——123
通信路等化 ——265
通路差 ——197
低雑音増幅器 ——183
ディジタルTV放送 ——319
ディファレンシャル方式 ——257

適応等化器 ——369
適応マルチレート符号化 ——266
デルタ関数 ——108, 347, 352
電力利用効率 ——283, 290, 304
等化 ——205
等化器 ——209
同期検波方式 ——71
同期追従 ——241
同期保持 ——241, 246
同期捕捉 ——241, 247
トランスバーサル型 ——366
トリガ・タイミング ——128
トレーニング・シーケンス ——267, 369

【な行】

ナイキスト・フィルタ ——95, 106
ナイキストの第1基準 ——108
ナイキストの第2基準 ——114, 129
二乗和平方根値 ——84
ヌル・ポイント ——49
熱雑音 ——136
熱雑音電圧 ——136
熱雑音電力 ——136
ノイズ・マッチ ——183, 300

【は行】

バースト誤り ——187
パーセバル（Parseval）の定理 ——354
ハード・ハンド・オーバ ——291
ハイブリッド ——221
パイロット・シーケンス ——265
パイロット・シンボル ——124
パイロット・チャネル ——270
白色雑音 ——138, 360
パス・ダイバシティ ——251, 292
パスバンド・リプル ——170
バックオフ ——307, 333
判定 ——41

ハンド・オーバ ——272
ハンド・オフ ——272
ピコ・ネット ——337
ヒステリシス差電圧 ——41
歪み ——201
非線形変調 ——58
比帯域 ——337
ビット ——44
ビット・エラー ——42, 135
ビット・エラー・レート ——42, 151
ビット・エラー・レート・テスタ
　　——156
ビット・レート ——42
ビット誤り ——42
秘匿性 ——221
秘話性 ——221
品質管理 ——145
フィードバック制御 ——274
フィルタリング ——93, 322
フーリエ変換 ——353
復号 ——41
副次発射 ——295
複素数 ——252, 289, 348
符号分割多元接続 ——248
プリアンブル ——124
フリッカ雑音 ——137, 298
フレーム・エラー・レート ——186
フレーム同期 ——124
ベースバンド ——42
ベクトル ——84
ベクトル・シグナル・アナライザ
　　——81, 130, 312
ベッセル・フィルタ ——98
ベッセル関数 ——60
変調指数 ——54
ボイス・アクティベーション ——264
包絡線 ——31, 42
ボコーダ ——265

【ま行】
マッチド・フィルタ ——242
間引き ——285, 288
マルチパス ——105, 192
マルチパス・フェージング ——192, 330
無音区間 ——264
無線チャネル ——42
無線通信路 ——42
モノサイクル・パルス方式 ——334

【や行】
ユニーク・ワード ——124

【ら行】
ランダム・データ ——52
ランダム性 ——229
リアルタイム・キネマティック方式
　　——257
離散信号 ——352, 353
離散値 ——352
理想ナイキスト帯域幅 ——110
リファレンス・リーク ——302
リンギング ——107
隣接チャネル漏洩電力 ——93, 307
ルート・コサイン・ロールオフ・フィルタ
　　——113, 341
レイク受信 ——250, 292
レイリー分布 ——209
連続信号 ——352, 353
ロー IF ——297
ローカル ——294
ローパス・フィルタ ——36
ロールオフ率 ——108
ロワー・ヘテロダイン ——296

〈著者略歴〉

石井　聡（いしい・さとる）

1963年	千葉県生まれ
1985年	第1級無線技術士（旧制度．現在の第1級陸上無線技術士）合格
1986年	東京農工大学工学部電気工学科卒業
1986年	双葉電子工業株式会社入社
1994年	技術士（電気・電子部門）合格，登録30023号
2002年	横浜国立大学大学院博士課程後期（電子情報工学専攻・社会人特別選抜）修了　博士（工学）
2009年	アナログ・デバイセズ株式会社入社
現在	同社セントラル・アプリケーションズ所属

［専門分野］
アナログ回路・RF回路・大規模ディジタル回路・組み込みソフトウェア・ワイヤレスシステムの設計，解析
JM1MQG（第1級アマチュア無線技士，ただしQRT中）

- ●本書記載の社名，製品名について ── 本書に記載されている社名および製品名は，一般に開発メーカーの登録商標です．なお，本文中ではTM，®，©の各表示を明記していません．
- ●本書掲載記事の利用についてのご注意 ── 本書掲載記事は著作権法により保護され，また産業財産権が確立されている場合があります．したがって，記事として掲載された技術情報をもとに製品化をするには，著作権者および産業財産権者の許可が必要です．また，掲載された技術情報を利用することにより発生した損害などに関して，CQ出版社および著作権者ならびに産業財産権者は責任を負いかねますのでご了承ください．
- ●本書に関するご質問について ── 文章，数式などの記述上の不明点についてのご質問は，必ず往復はがきか返信用封筒を同封した封書でお願いいたします．ご質問は著者に回送し直接回答していただきますので，多少時間がかかります．また，本書の記載範囲を越えるご質問には応じられませんので，ご了承ください．
- ●本書の複製等について ── 本書のコピー，スキャン，デジタル化等の無断複製は著作権法上での例外を除き禁じられています．本書を代行業者等の第三者に依頼してスキャンやデジタル化することは，たとえ個人や家庭内の利用でも認められておりません．

JCOPY 〈出版者著作権管理機構委託出版物〉
本書の全部または一部を無断で複写複製(コピー)することは，著作権法上での例外を除き，禁じられています．本書からの複写を希望される場合は，出版者著作権管理機構(TEL：03-5244-5088)にご連絡ください．

RFデザイン・シリーズ
無線通信とディジタル変復調技術

2005年8月15日　初版発行　© 石井 聡 2005
2021年10月1日　第10版発行

著　者　石井　聡
発行人　小澤拓治
発行所　CQ出版株式会社
　　　　東京都文京区千石4-29-14（〒112-8619）
電話　販売　03-5395-2141
　　　広告　03-5395-2132

本文イラスト　神崎真理子
DTP　西澤賢一郎
印刷・製本　三晃印刷株式会社
乱丁・落丁本はご面倒でも小社宛お送りください．送料小社負担にてお取り替えいたします．
定価はカバーに表示してあります．
ISBN978-4-7898-3034-8
Printed in Japan